MINERALOGIE UND PETROGRAPHIE IN EINZELDARSTELLUNGEN

HERAUSGEGEBEN VON

W. v. ENGELHARDT UND J. ZEMANN

ZWEITER BAND

DER PORENRAUM DER SEDIMENTE

VON

WOLF v. ENGELHARDT

DR. PHIL., O. PROFESSOR DER MINERALOGIE
AN DER UNIVERSITÄT TÜBINGEN

MIT 83 ABBILDUNGEN

Springer-Verlag Berlin Heidelberg GmbH 1960

ISBN 978-3-540-02577-1   ISBN 978-3-662-21761-0 (eBook)
DOI 10.1007/978-3-662-21761-0

BRÜHLSCHE UNIVERSITÄTSDRUCKEREI GIESSEN

Vorwort

Die Petrographie pflegt allein die festen Mineralien zu betrachten, aus denen die Gesteine zusammengesetzt sind, und nur gelegentlich die Flüssigkeiten und Gase zu erwähnen, die sich in ihnen finden. Diese Beschränkung ist für die metamorphen und die meisten magmatischen Gesteine berechtigt, die fast ausschließlich aus festen Mineralien bestehen, so daß die geringen Mengen eingeschlossener beweglicher Phasen — wenn man von einigen Ausnahmen wie blasenreichen Laven absieht — weder für ihren Stoffbestand noch für ihre innere Struktur von wesentlicher Bedeutung sind. Ganz anders verhält es sich aber mit den Sedimentgesteinen. Sie entstehen in der Mehrzahl so, daß sich einzelne feste Mineralteilchen aneinanderlagern, was niemals lückenlos erfolgen kann und daher zu Strukturen mit oft sehr erheblichem Porenraum führt. Auch alle Sedimente, die durch Kristallisation und Ausfällung entstehen, bilden Anlagerungsgefüge, die nicht notwendig porenfrei sind, zumal diese Vorgänge bei geringem Druck an der Erdoberfläche stattfinden.

Die Sedimente bestehen daher im Augenblick ihrer Bildung zu einem wesentlichen Teil aus Porenraum, der zunächst mit dem Medium ihres Bildungsortes — Wasser oder Luft — angefüllt ist. Bei den Tonen als den porösesten Sedimenten kann der Porenraum 80 und mehr Prozent des Gesamtvolumens betragen, doch besteht auch bei den weniger porösen Sanden immer noch etwa 40% des Sedimentvolumens aus Hohlräumen. Der Volumanteil des Porenraums, seine Geometrie im einzelnen und die Zusammensetzung der Flüssigkeiten und Gase in ihm sind daher für die meisten Fragen der Sedimentpetrographie von großer Bedeutung. Der Charakter und die systematische Stellung eines Sedimentgesteins wird zwar immer durch die Natur seiner festen Bestandteile bestimmt sein. Alle Prozesse im Sediment aber, insbesondere die nach der Ablagerung einsetzenden Umbildungen zum festen Gestein (Diagenese), können nur verstanden werden, wenn man außer dem festen Rahmen auch die beweglichen Phasen des Porenraums betrachtet. Diese Umbildung erfolgt unter allmählicher Verdichtung der zuerst sehr lockeren Sedimente, wobei sich z. B. der Porenraum der tonigen Gesteine von über 80% auf wenige Prozente verringert. Im Verlaufe dieser Vorgänge, die sich im obersten Teil der Erdrinde abspielen (man kennt heute Beispiele poröser Sedimente aus Tiefen bis gegen 7000 m), müssen große Mengen des Poreninhalts, vornehmlich von Flüssigkeiten bewegt werden. Ihre ursprüngliche Zusammensetzung und die Veränderung ihres Chemismus während dieser Wanderungen werden die diagenetischen Um- und Neubildungen der Mineralsubstanz der Sedimente beeinflussen.

Zu den auffallendsten Prozessen während dieser Zeit gehört die räumliche Differenzierung größerer Massen nichtmischbarer Phasen im Porenraum. Es trennen sich Gase von Flüssigkeiten, flüssige Kohlenwasserstoffe von Elektrolytlösungen. Diese verschiedenen Phasen verteilen sich auf die zur Verfügung stehenden Porenräume der Gesteine, wobei nach Maßgabe der Dichten und

Grenzflächeneigenschaften diejenige Ordnung erstrebt wird, die ein Minimum an potentieller Energie darstellt. Es spielt dabei sowohl die makroskopische Geometrie der geologischen Körper (tektonische und sedimentogene Strukturen) als auch die mikroskopische Geometrie der Porenräume der verschiedenen Gesteine die entscheidende Rolle.

Da es für das Vorhandensein nutzbarer Anreicherungen von gasförmigen oder flüssigen Kohlenwasserstoffen im tieferen Untergrund kein direktes Indizium gibt, ist man darauf angewiesen, solche Lagerstätten dort zu suchen, wo nach der Natur und der Lagerungsart der Gesteine ihre Bildung möglich, weil energetisch günstig erscheint. Die Erdölindustrie ist daher schon lange an einem genauen Studium des Porenraumes der Sedimente, der in ihm enthaltenen Flüssigkeiten und Gase und deren Bewegungsmöglichkeiten interessiert gewesen, zumal es sich bald herausstellte, daß eine solche Kenntnis nicht nur für das Auffinden neuer Lagerstätten, sondern vor allem auch für die Produktion von Kohlenwasserstoffen aus den gefundenen Lagerstätten von Bedeutung ist. Bei dieser Förderung werden ja durch technische Maßnahmen Fließvorgänge in den Gesteinsporen hervorgerufen, die man um so besser im gewünschten Sinne lenken kann, je vollständiger das Wissen über den Porenraum der betreffenden Gesteine, die Flüssigkeiten und Gase in ihm und die Art ihrer Bewegungen ist.

Der Porenraum der Sedimente ist aus diesen Gründen vornehmlich in den Laboratorien der Erdölindustrie und in den ihr nahestehenden Forschungsinstituten untersucht worden. Seit den Jahren nach dem ersten Weltkrieg geschah dies fast ausschließlich in den Vereinigten Staaten. Die Ergebnisse dieser Forschungen liegen dort in einer umfangreichen und schnell sich vermehrenden Literatur vor, die sich in erster Linie an die Spezialisten wendet, die als Geologen und Ingenieure mit der Aufsuchung und Behandlung von Erdöl- und Erdgaslagerstätten zu tun haben.

Der Plan zu dem vorliegenden Versuch einer Darstellung aller Erscheinungen und Probleme des Porenraums der Sedimente ist nicht aus der Meinung entstanden, daß der Stand unseres Wissens heute schon eine abschließende Theorie erlaubt. Die Menge der sich täglich mehrenden Beobachtungen und die komplizierter werdenden Methoden drohen aber dem Praktiker die Übersicht immer mehr zu verdunkeln und dem Außenstehenden den Einblick in ein Gebiet zu verwehren, das jeden angeht, der sich als Geologe, Mineraloge und Petrograph für die Vorgänge in der äußeren Erdrinde interessiert. So soll in den Kapiteln dieses Buches das zum größten Teil im Rahmen angewandter Forschung gesammelte und heute noch auf vielen Teilgebieten recht unvollständige, ungleichmäßig entwickelte Wissen dargestellt werden, das den Porenraum und seine diagenetische Veränderung, die Fließ- und Diffusionsvorgänge in ihm und die Natur und Eigenschaften der ihn füllenden Phasen betrifft. Im Hinblick auf eine mögliche Anwendung für Fragen der Petrogenese und Geochemie sollen Erfahrungen, Daten, experimentelle und mathematische Methoden mitgeteilt werden, die vor allem in der Verfolgung praktischer Zwecke gewonnen und entwickelt wurden. Wo Zusammenfassungen versucht werden, wird sich immer wieder die Unvollkommenheit der theoretischen Einsicht kundtun, aus der sich Anregungen für die künftige Forschung ergeben können. Dem Geologen, Petrographen und Ingenieur, der sich praktisch handelnd mit den Lagerstätten der Kohlenwasserstoffe zu beschäftigen hat, mag dieser Versuch, die ihm im einzelnen wohlbekannten Methoden und Erkenntnisse in einen größeren Zusammenhang zu stellen, von Vorteil sein, da allein die richtige Einsicht in den theoretischen Zusammenhang die unfruchtbare Spezialisierung vermeidet und den technischen Fortschritt verbürgt.

Die vorliegende Schrift entstand aus meiner Tätigkeit als Leiter eines geologischen und lagerstättenkundlichen Laboratoriums der Gewerkschaft Elwerath, Erdölwerke Hannover. Ich danke der Direktion der Elwerath und insbesondere Herrn Direktor Dr. A. ROLL, dem Leiter der Geologischen Abteilung, für alle großzügige Förderung wissenschaftlicher Arbeiten und für die Möglichkeit, die während dieser Jahre gewonnenen Erfahrungen hier zu verwenden. Ich danke besonders meinen Mitarbeitern in Hannover, den Herren Dr. H. FÜCHTBAUER, Dr. W. TUNN, Dr. D. MARSAL und Dr. G. MIESSNER, die mit Beobachtungen in Feld und Laboratorium, mit theoretischen Erwägungen und durch zahlreiche Gespräche an der folgenden Darstellung einen größeren Anteil haben, als ich es im einzelnen ausdrücklich nachzuweisen vermag. Herrn Dozent Dr. S. HAUSSÜHL, Tübingen, danke ich für die sorgfältige Durchsicht des Manuskripts.

WOLF V. ENGELHARDT

Tübingen, Dezember 1959

Mineralogisches Institut der Universität

Inhaltsverzeichnis

A. Die Porosität

1. Begriff und Messung der Porosität

Das Gesamtvolumen (V_g) einer Gesteinsprobe setzt sich aus dem Volumen der festen Bestandteile (V_f) und dem Volumen der Hohlräume oder Poren (V_p) zusammen:

$$V_g = V_f + V_p .\tag{1}$$

Als Porosität (ε) ist der Porenraum in Teilen des Gesamtvolumens definiert:

$$\varepsilon = \frac{V_p}{V_g} = \frac{V_g - V_f}{V_g} .\tag{2}$$

Neben der Porosität benutzt man zur Kennzeichnung von Gesteinen auch den relativen Porenraum E:

$$E = \frac{V_p}{V_f} .\tag{3}$$

Beide Größen stehen im folgenden Zusammenhang:

$$\varepsilon = \frac{E}{1 + E} . \qquad E = \frac{\varepsilon}{1 - \varepsilon} .\tag{4}$$

Ist ϱ_f die Dichte der festen Bestandteile und ϱ_g die Dichte des Gesteins, dessen Poren mit Luft gefüllt sind, so gilt (unter Vernachlässigung der Luftdichte):

$$\varepsilon = 1 - \frac{\varrho_g}{\varrho_f} ,\tag{5}$$

$$E = \frac{\varrho_f}{\varrho_g} - 1 .\tag{6}$$

Die so definierte Porosität ε (bzw. der relative Porenraum E) umfaßt alle Hohlräume des Gesteins. Man spricht deshalb von der totalen Porosität. Von ihr zu unterscheiden ist die effektive Porosität, auch Nutzporosität genannt. Sie ist kleiner als die totale Porosität und mißt nur denjenigen Porenraum, der aus allen miteinander verbundenen Hohlräumen besteht. In einem frisch abgelagerten Sediment, das aus lose zusammengelagerten Mineralkörnern besteht, sind totale und effektive Porosität praktisch gleich groß. In einem verfestigten Sedimentgestein kann die effektive Porosität auch kleiner als die totale Porosität sein, wenn nämlich durch die Vorgänge der Verfestigung allseitig abgeschlossene Porenräume entstanden sind. Da im folgenden der Porenraum der Sedimente vornehmlich hinsichtlich der Strömungs- und Diffusionsvorgänge behandelt werden soll, die sich durch das ganze Gestein erstrecken, wird, wenn nicht ausdrücklich anders vermerkt, unter Porosität (ε) und relativem Porenraum (E) immer die effektive Porosität und der relative effektive Porenraum gemeint sein.

Zur Messung der Porosität müssen je zwei der in der Gl. (1) genannten Volumina bestimmt werden. Die zahlreichen in der Literatur angegebenen Methoden unterscheiden sich danach, welche Volumina gemessen werden und wie dies geschieht. Übersichten über gebräuchliche Methoden finden sich in den Büchern von MUSKAT (1949), PIRSON (1958) (siehe auch POLLARD und REICHERTZ [1952]).

Das Gesamtvolumen (V_g) einer Gesteinsprobe erhält man am bequemsten aus einer Wägung der getrockneten Probe in Luft und der Bestimmung desjenigen Gewichtes, das nötig ist, um die Probe in Quecksilber unterzutauchen. Die Differenz beider Gewichte ist das Gewicht des von der Probe verdrängten Quecksilbers. Das Quecksilber darf dabei nicht in die Gesteinsporen eindringen, eine Voraussetzung, die gut erfüllt ist, wenn die Porenweite etwa 0,3 mm nicht übersteigt. Für grobporige und wenig verfestigte Gesteine empfiehlt sich ein anderes Verfahren: Die getrocknete Gesteinsprobe wird im Vakuum mit einer geeigneten Flüssigkeit gesättigt. Danach mißt man die durch diese gesättigte Probe in einem geeigneten kalibrierten Gefäß in derselben Flüssigkeit erzeugte Verdrängung. Als Immersionsflüssigkeiten eignen sich Tetrachlorkohlenstoff oder Tetrachloräthan. Bei diesem Verfahren ist besonders darauf zu achten, daß keine Luftbläschen an der Gesteinsoberfläche haften bleiben. Für wenig verfestigte Gesteine wurde auch empfohlen, das Probestück mit einer dünnen Schicht von Paraffin zu überziehen und das Volumen durch Bestimmung des Auftriebs oder der volumetrischen Verdrängung in Wasser zu messen. Dabei müssen Korrekturen für den Paraffinüberzug berücksichtigt werden.

Das feste Volumen (V_f) kann man direkt messen, indem man eine Probe des Gesteins zerkleinert und das Volumen des Pulvers in üblicher Weise im Pyknometer bestimmt. Aus diesem Volumen und dem Gesamtvolumen der Probe erhält man die totale Porosität, wenn man fein genug gepulvert hat. Interessiert man sich aber nur für die effektive Porosität und hat man Grund zur Annahme, daß dieselbe kleiner als die totale Porosität ist, so muß das feste Volumen am unzerstörten Gestein bestimmt werden. Man hat dafür verschiedene Verfahren vorgeschlagen, die auf der Volumenänderung des im Porenraum enthaltenen Gases bei bekannten Druckänderungen beruhen. Man bringt z. B. die getrocknete Gesteinsprobe in ein Stahlgefäß von bekanntem Volumen v_1 und komprimiert die Luft bis zum Druck p_1. Expandiert man die eingeschlossene Luft in einen zusätzlichen Raum vom Volumen v_2, so stellt sich ein niedrigerer Druck p_2 ein. Das feste Volumen der Gesteinsprobe ergibt sich dann als

$$V_f = v_1 - \frac{p_2}{p_1 - p_2}\, v_2 \,. \tag{7}$$

Andere Methoden beruhen auf der Füllung des Porenraumes mit einer Flüssigkeit. Ein bequemes Verfahren, das genaue und gut reproduzierbare Werte ergibt, ist das folgende: Die getrocknete Probe wird zunächst in Luft gewogen. Danach wird dieselbe Probe in einem Gefäß mit Tetrachlorkohlenstoff übergossen und das Ganze auf etwa 50 Torr evakuiert. Dabei tritt auch bei dichten Gesteinen eine vollständige Füllung des Porenraums ein. Danach wird das Gewicht der Probe in $C\,Cl_4$ bestimmt. Aus beiden Gewichten erhält man das Volumen der festen Substanz des Gesteins.

Das effektive Porenvolumen (V_p) könnte man direkt so bestimmen, daß man das Gewicht der trockenen sowie das der mit einer Flüssigkeit getränkten Probe bestimmt und aus der Differenz beider Gewichte das Volumen der in die Poren aufgenommenen Flüssigkeit ermittelt. Als Tränkungsflüssigkeit wurde neben organischen Flüssigkeiten wie Tetrachlorkohlenstoff auch Wasser empfohlen. Diese Methode hat den Nachteil, daß die Wägung nicht sehr genau erfolgen kann, da die Gefahr besteht, wegen anhaftender Flüssigkeit zu hohe Werte zu finden, oder, wenn man die Proben äußerlich abtrocknet, auch zu niedrige Werte zu erhalten.

Die Porositätsbestimmung wird daher wohl immer so erfolgen, daß man Gesamtvolumen (V_g) der Probe und Festvolumen (V_f) nach einer der genannten Methoden bestimmt und aus der Differenz beider gemäß Gl. (2) die Porosität berechnet. Für die Beurteilung der Genauigkeit dieser Messungen ist zu bedenken, daß sich die Porosität aus einer kleinen Differenz von zwei großen Zahlen ergibt. Will man genaue Porositätswerte erhalten, sind daher an die Bestimmung von V_g und V_f hohe Anforderungen zu stellen.

2. Die Porosität der sandigen Sedimente

Sandige und tonige Sedimente. Die klastischen oder Trümmersedimente sind durch die Ablagerung einzeln transportierter Mineral- oder Gesteinskörner entstanden. Gegenüber diesen primären Komponenten spielen die durch diagenetische Vorgänge später im Sediment gebildeten Mineralien im allgemeinen eine mengenmäßig untergeordnete Rolle, so daß sich eine Einteilung dieser Sedimente auf Art und Beschaffenheit der primären Gefügekörner gründen läßt. Die wichtigste Gliederung ergibt sich aus der Größe dieser Bestandteile, die man am unverfestigten Sediment nach den Methoden der Sieb- und Schlämmanalyse, am verfestigten Gestein im Mikroskop bestimmen kann.

In diesem Buch sollen die in der Tab. 1 verzeichneten Einteilungen und Benennungen verwendet werden, wie sie seit Jahren von den Geologen der deutschen Erdölgesellschaften benutzt werden und auch sonst in Deutschland anerkannt sind (vgl. hierzu FÜCHTBAUER 1959a). Als wichtigste Grundtypen der klastischen Sedimente erscheinen Sande und Tone. Andere Schemata der Einteilung unterscheiden sich von der vorliegenden vor allem bezüglich der Lage der Grenze zwischen Sand und Ton; vielfach hat man auch eine dritte selbständige Klasse klastischer Sedimente (Schluff, Silt) zwischen Sand und Ton eingefügt. Die Unsicherheit der Grenzziehung zwischen Sand und Ton beruht darauf, daß man in der Natur keine scharfe Grenze findet, sondern die Begegnung von zwei Typen, die sich am reinsten im Grobsand (0,2 bis 2 mm) und im Feinton (unter 0,002 mm) darstellen. Feinsand und Grobton sind in mancher Hinsicht Übergänge zwischen diesen Haupttypen.

Die Korngröße ist nur das äußerliche Kennzeichen, nach dem sich Sand und Ton voneinander unterscheiden. Es bestehen darüber hinaus wesentliche Unterschiede hinsichtlich der Form der Teilchen und ihrer mineralogischen Natur. Diese Unterschiede treten am deutlichsten, wenn auch natürlich nicht scharf und diskontinuierlich, an der Korngrößengrenze von 0,02 mm hervor. Die Tone bestehen aus blättchenförmigen Tonmineralien, die den Gruppen der Glimmer-, Kaolin-, Chlorit- oder Montmorin-Mineralien zugehören. Dagegen sind die Sande ganz vorwiegend aus mehr oder minder kugelähnlichen Körnern hauptsächlich von Quarz zusammengesetzt. Die Geometrie des Porenraums ist daher bei Sanden und Tonen sehr verschieden; so ist z. B. wegen der Kleinheit und der Form der Teilchen die innere Oberfläche von Tonen sehr viel größer als die von Sanden gleicher Porosität. Auch die Veränderung des Porenraums während der Diagenese geht bei Sanden und Tonen in grundsätzlich verschiedener Weise vor sich. Schließlich sind die Wechselwirkungen zwischen den Medien der Porenfüllung und den festen Oberflächen wegen deren verschiedener Natur bei Tonen und Sanden verschieden.

Es ist deshalb zweckmäßig, die Porosität der Sande getrennt von der der Tone zu behandeln, wobei also unter Sand und Ton nicht nur zwei durch eine scharfe Grenze unterschiedene Korngrößengruppen verstanden sein sollen, sondern die zwei Grundtypen der klastischen Sedimente, die in der Natur sowohl durch Übergänge als auch durch Mischungen mannigfach miteinander verbunden sind.

Modellbetrachtungen. Das wichtigste Mineral der sandigen Sedimente ist der Quarz; daneben findet man in fast allen Sanden und Sandsteinen Feldspäte. In manchen Sanden sind Carbonate (Kalkspat, Dolomit) wesentliche Gemengteile. Die als Grauwacken bezeichneten sandigen Gesteine enthalten auch Bruchstücke von Gesteinen. Neben diesen Hauptbestandteilen spielen Erze und die akzessorischen Minerale mit hohem spezifischen Gewicht (sog. Schwerminerale) eine nur untergeordnete Rolle. Schichtsilikate, wie vor allem Glimmer, findet man in manchen Sandsteinen als zusätzliche Gemengteile, die sich meist lagenweise anreichern, mengenmäßig den Hauptkomponenten aber immer unterlegen sind. Die Hauptbestandteile Quarz, Feldspat, Carbonate und Gesteine bilden Körner mehr oder weniger vollkommener Rundung, die meist nahezu isometrisch sind. Zwar pflegen die Quarzkörner oft nach der c-Achse gestreckt zu sein (s. S. 19, 132f.) und bei Feldspäten und Karbonaten können zufolge ihrer Spaltbarkeit plattige Formen vorkommen. Verglichen mit der Blattgestalt der Schichtsilikate (Glimmer), wie sie bei den Teilchen der Tone vorwiegen, sind diese Abweichungen aber verhältnismäßig gering, so daß man einen glimmerfreien bis glimmerarmen Sand als eine Packung annähernd isometrischer Körner beschreiben kann.

Es liegt daher nahe, Sandablagerungen mit Kugelpackungen zu vergleichen. In einem natürlichen Sand, der aus etwa gleichgroßen Körnern besteht, sollte sich jedes Korn wie jedes andere verhalten. Es sollte also auch bei der Ablagerung jedes Korn wie jedes andere angeordnet werden. Das Modell eines solchen Sandes könnte daher eine homogene Kugelpackung sein, eine Packung, in der alle Kugeln geometrisch gleichwertige Lagen einnehmen und so auch die gleiche Anzahl (Koordinationszahl) nächster Nachbarn haben. Es gibt sehr viele homogene Kugelpackungen mit Koordinationszahlen zwischen 3 und 12 (einige sind z. B. bei MANEGOLD [1955] beschrieben). Die wahrscheinlich poröseste Packung hat die Koordinationszahl 3 und eine Porosität $\varepsilon = 0,944$. Von den vielen Packungen mit geringerer Porosität ist allein die dichteste Kugelpackung mit $\varepsilon = 0,26$ und der Koordinationszahl 12 ausgezeichnet (Abb. 1). Würde die Ablagerung von Sanden nur nach dem Prinzip möglichst dichter Lagerung erfolgen, so müßten homodisperse Sande Porositäten von etwa 0,26 zeigen.

Tabelle 1. *Einteilung der klastischen Sedimente nach der Korngröße*

Durchmesser mm		
	Blockwerk	
200		
	Grobkies	
20		} Kies
	Feinkies	
2		
	Grobsand	
0,2		} Sand
	Feinsand	
0,02		
	Grobton (Schluff)	
0,002		} Ton
	Feinton	

Tatsächlich liegen die Porositäten natürlicher, unverfestigter Sande zwischen 0,40 und 0,45. Auch durch das Einrütteln homodisperser Sande im Laboratorium erhält man nicht wesentlich dichtere Packungen. Die in der Literatur mitgeteilten Zahlenwerte für die Porositäten solcher künstlicher Sandpackungen liegen zwischen 0,35 und 0,45 (v. ENGELHARDT und PITTER [1951], FRASER [1935], SMITH [1932], WESTMANN und HUGILL [1930; 1936]). Die dichteste Packung wird also bei natürlicher und künstlicher Ablagerung längst nicht erreicht, obwohl diese Packung der Zustand kleinster potentieller Energie ist, dem das System im

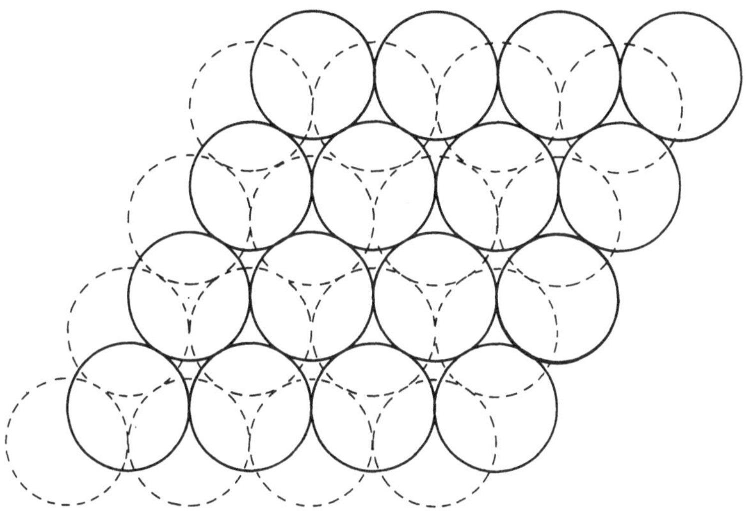

Abb. 1. *Aufbau einer dichtesten Kugelpackung.* Die erste (unterste) Schicht ist gestrichelt, die darauf folgende zweite Schicht ausgezogen gezeichnet. Die dritte Schicht liegt wieder so wie die erste usw., so daß jede Kugel von 12 Nachbarn berührt wird.

Schwerkraftfeld zustrebt. Daß dieser Endzustand nicht erreicht wird, kann nur daran liegen, daß die Reibung an den Berührungsstellen der Körner schließlich so groß wird, daß Bewegungen der Körner gegeneinander, die zur Herstellung der dichtesten Packung notwendig wären, nicht mehr möglich sind. Die mittlere Koordinationszahl in homodispersen Sanden ist daher auch kleiner als 12. SMITH (1932) bestimmte diese mittlere Koordinationszahl in Packungen aus Bleikugeln, indem die Kontaktstellen in eingerüttelten Kugelpackungen durch die Bildung von Bleiacetat (erzeugt durch an den Kontakten capillar hängenbleibende Essigsäure) markiert und ausgezählt wurden. Die in einem großen Becher hergestellten Kugelpackungen ergaben Porositäten von rund 0,45 und Koordinationszahlen zwischen 5 und 10, mit einem Mittel von 7 Kontaktstellen je Kugel. Durch Einschütten kleinerer Partien und gründliches Schütteln nach jeder Zugabe wurde die Porosität auf 0,36 herabgesetzt; die Koordinationszahlen lagen zwischen 5 und 12 mit einem Maximum bei 8 Kontakten pro Kugel. Eine homogene Kugelpackung der Koordinationszahl 8 mit einer ähnlichen Porosität von $\varepsilon = 0,395$ ist in Abb. 2 dargestellt.

Kleinere Porositäten sind in Packungen aus verschieden großen Sandkörnern zu erwarten, da dann die kleinen Kugeln ganz oder doch zum Teil im Porenraum

zwischen den großen Kugeln verschwinden können. So kann man durch regelmäßigen Einbau kleinerer Kugeln in die Lücken homogener, symmetrischer
Kugelpackungen heterogene Strukturen aufbauen, deren Porosität sehr viel
niedriger ist als die der homogenen Packung. Solche Modelle, wie sie z. B. bei
MANEGOLD (1955) behandelt werden, sind für natürliche Sande aus mehreren
Korngrößen wohl ohne Bedeutung, da ja nicht einmal homodisperse Sande nach
dem Muster idealgeordneter Kugelpackungen verstanden werden können.

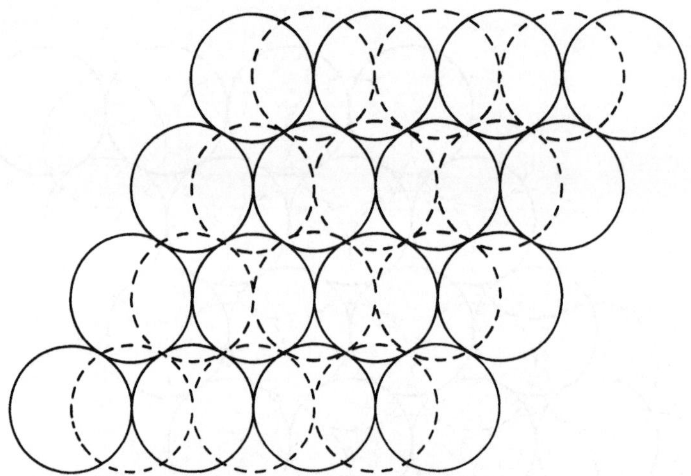

Abb. 2. *Aufbau einer homogenen Kugelpackung der Koordinationszahl 8*. Die erste (unterste) Schicht ist gestrichelt,
die darauf folgende zweite Schicht ausgezogen gezeichnet. Die dritte Schicht liegt wieder so wie die erste usw., so
daß jede Kugel von 8 Nachbarn berührt wird.

Ohne Bezugnahme auf ein spezielles Modell sollte die Porosität von Mischungen
zweier nur nach der Größe unterschiedener Kornarten in einfachen Fällen auf die
folgende Weise zu beschreiben sein: Die Packung aus der Kornart I mit dem Durchmesser d_1 habe die Porosität ε_1, die aus der Kornart II mit dem Durchmesser d_2
die Porosität ε_2. Eine Mischung aus m Volumteilen Packung I und $(1 - m)$ Volumteilen Packung II wird eine Porosität ε_{12} haben, die geringer ist, als es der einfachen
Mischungsregel entspricht, weil die großen Körner zum Teil zwischen den kleinen
verschwinden:

$$\varepsilon_{12} = m\,\varepsilon_1 + (1 - m)\,\varepsilon_2 - \varDelta\,. \tag{8}$$

Das Porositätsdekrement $\varDelta$ wird um so größer sein, je mehr kleine Körner vorliegen und je mehr Porenraum zwischen den großen Körnern zur Verfügung steht,
d. h. es wird dem Produkt $m\,(1 - m)$ proportional sein. Der Proportionalitätsfaktor α_{12} soll Mischungskoeffizient heißen. Er wird vom Größenverhältnis d_1/d_2
abhängen und um so größer sein, je größer dieses Verhältnis ist. Man erhält also:

$$\varepsilon_{12} = m\,\varepsilon_1 + (1 - m)\,\varepsilon_2 - m\,(1 - m)\cdot\alpha_{12}\,. \tag{9}$$

Differenziert man das Dekrement $\varDelta$ nach m, so erhält man:

$$\frac{d\,\varDelta}{d\,m} = \alpha_{12} - 2\,m\,\alpha_{12}\,. \tag{10}$$

Daraus erhält man für die Mischung mit dem größten Dekrement:

$$m^* = 0,5 \, .$$

Die größte Abweichung von der Additivität ist also bei binären Mischungen dann zu erwarten, wenn gleiche Mengen beider Kornarten miteinander vermischt werden. Das maximale Porositätsdekrement solcher Mischungen beträgt:

$$\Delta_{max} = 0,25 \cdot \alpha_{12} \, . \tag{11}$$

Ist $\varepsilon_1 = \varepsilon_2$, so ist die Mischung $m = 0,5$ auch die Mischung minimaler Porosität. Ist aber $\varepsilon_1 > \varepsilon_2$, so enthält die Mischung mit der kleinsten Porosität mehr als 50% der Packung II. Man bekommt dann durch Differenzierung von (9):

$$m_{min} = \frac{1}{2} \left(1 - \frac{\varepsilon_1 - \varepsilon_2}{\alpha_{12}} \right) \tag{12}$$

für die Mischung mit minimaler Porosität. Die Reihe enthält keine Mischung mit einer kleineren Porosität als ε_2, wenn

$$\varepsilon_1 - \varepsilon_2 \lessgtr \alpha_{12} \, .$$

Einige Versuchsreihen von KING (1898) über die Porosität von Mischungen je zweier homodisperser Sande bestätigen diese Gleichungen recht gut.

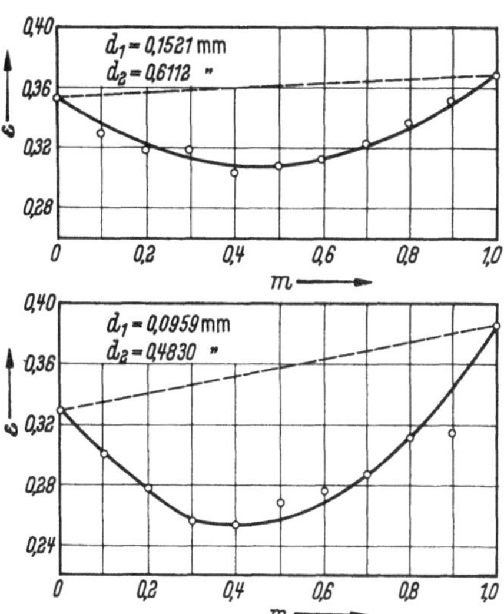

Abb. 3. *Porosität binärer Mischungen aus homodispersen Sanden* nach KING (1898)

Die Ergebnisse dieser Versuche sind in der Abb. 3 wiedergegeben. Die Punkte sind die Meßwerte, die ausgezogene Kurve ist gemäß Gl. (9) berechnet mit den Werten:

$$\alpha_{12} = 0,400 \text{ für den Versuch mit } d_1 = 0,0959 \text{ mm}, \ d_2 = 0,4830 \text{ mm} \, ,$$

$$\alpha_{12} = 0,208 \text{ für den Versuch mit } d_1 = 0,1521 \text{ mm}, \ d_2 = 0,6112 \text{ mm} \, .$$

Andere Daten über die Porosität binärer Mischungen von ANDREASEN (1930) sowie von TICKELL, MECHEM und McCURDY (1933) zeigen ähnliche Funktionen mit maximalem Porositätsdekrement in der Nähe von $m = 1/2$. Wenn das Maximum bei solchen Mischungen aus natürlichen Sandfraktionen nicht immer genau bei $m = 1/2$ gefunden wurde, so mag diese Abweichung vom theoretischen Verhalten unter anderem daher rühren, daß die Sandfraktionen niemals streng homodispers waren und wohl auch Körner verschiedener Gestalt oder sonst unterschiedlichen Verhaltens enthielten.

Die Porositäten von Mischungen aus mehr als zwei Kornarten, die sich nur nach der Größe unterscheiden, können entsprechend den binären Mischungen behandelt werden. Die Porositäten der homodispersen Packungen I, II, III seien $\varepsilon_1, \varepsilon_2, \varepsilon_3$; ihre Volumanteile in der Mischung: m_1, m_2, m_3. Es gilt $m_1 + m_2 + m_3 = 1$. Auch hier wird die Porosität der Mischung geringer sein als es einer linearen Mischungsregel entspricht. Das Porositätsdekrement kann man in drei Anteile zerlegen, die der Wechselwirkung zwischen I und II, I und III, II und III entsprechen. So bekommt man für die Porosität ε_{123} der Mischung:

$$\varepsilon_{123} = m_1 \varepsilon_1 + m_2 \varepsilon_2 + m_3 \varepsilon_3 - \alpha_{12} m_1 m_2 - \alpha_{13} m_1 m_3 - \alpha_{23} m_2 m_3. \tag{13}$$

Die Zusammensetzung der Mischung mit maximalem Porositätsdekrement hängt von den Koeffizienten α_{12}, α_{13} und α_{23} ab. Für den besonderen Fall, daß diese Koeffizienten einander gleich sind, liegt diese Mischung im Zentrum des Konzentrationsdreiecks mit $m_1 = m_2 = m_3 = {}^1/_3$. Es werden aber die drei Koeffizienten immer voneinander verschieden sein. Dann wird der Ort mit maximalem Dekrement im Konzentrationsdreieck derjenigen Dreiecksseite genähert sein, die der binären Mischungsreihe mit dem größten Porositätsdekrement entspricht.

Ein System aus drei Kugelarten verschiedener Größe ist in Abb. 4 nach Messungen von FRASER (1935) dargestellt. Die Packungen bestanden aus Bleikugeln von 1,3; 2,3 und 8,1 mm Durchmesser. Von den 20 mitgeteilten Porositätswerten ordnen sich 19 derart, daß die in der Abb. 4 eingezeichneten Linien gleicher Porosität konstruiert

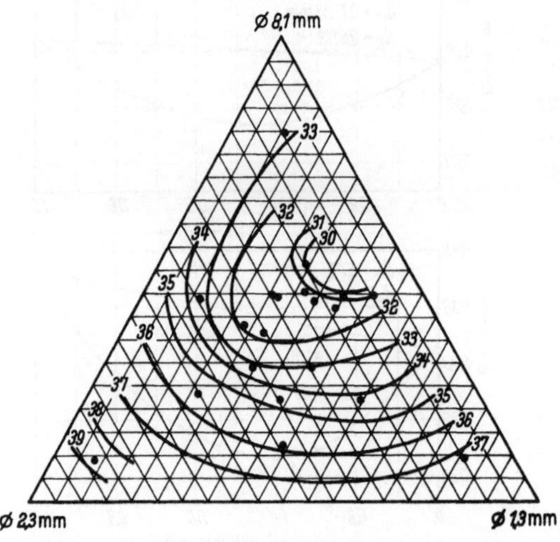

Abb. 4. *Porosität ternärer Mischungen von Bleikugeln* nach FRASER (1935)

werden können. Das Minimum der Porosität liegt wie zu erwarten, nicht in der Mitte des Konzentrationsdreiecks, sondern in der Nähe des binären Systems aus den größten und kleinsten Kugeln, etwa bei $m_1 = 0,30$; $m_2 = 0,22$; $m_3 = 0,52$. Auch für ein von TICKELL, MECHEM und McCURDY (1933) mitgeteiltes ternäres System liegt das Minimum der Porosität sehr nahe derjenigen Dreieckseite, die die darstellenden Punkte der Packungen aus den größten und kleinsten Körnern verbindet.

Die Brauchbarkeit der Formeln vom Typus der Gl. (9) und (13) zur Berechnung der Porositäten binärer und ternärer Mischungen sollte durch die Untersuchung von Modellpackungen geprüft werden. Es lassen sich nämlich auf dieser Grundlage auch die Porositäten komplizierterer Systeme aus vielen verschiedenen Kornarten behandeln. So ergibt sich unter der Voraussetzung, daß die einfachen Annahmen auch für polynäre Mischungen zutreffen, für den Zusammenhang zwischen Korngrößenverteilung und Porosität von Sandschüttungen, die aus verschieden großen, aber gleichgeformten Körnern bestehen, das folgende Bild:

Die geometrisch ähnlichen Körner des Sandes seien der Größe nach in n Klassen eingeteilt, die fortlaufend von 1 (kleinste Korngröße) bis n (größte Korngröße) numeriert werden. Jede Klasse ist durch ihren Kornradius r_q ($q = 1 \ldots n$) charakterisiert. Die Klassen sind so eingeteilt, daß die Radien je zweier aufeinanderfolgender Klassen in konstantem Verhältnis zueinander stehen:

$$r_q : r_{q+1} = \text{const}. \tag{14}$$

Die Radien der Kornklassen bilden also eine geometrische Reihe. Der Mengenanteil (Gewichtsteil) der q^{ten} Klasse sei m_q. Es soll gelten:

$$\sum_1^n m_q = 1 \,. \tag{15}$$

Die Porosität $\varepsilon_1 \ldots {}_n$ des gesamten Systems stellen wir uns zusammengesetzt vor aus den Porositäten ε_q der homodispersen Klassen, wobei wieder ein Porositätsdekrement $\varDelta$ zu berücksichtigen ist:

$$\varepsilon_1 \ldots {}_n = \sum_1^n m_q \varepsilon_q - \varDelta \,. \tag{16}$$

Das Dekrement $\varDelta$ berechnen wir wie im binären und ternären System auf Grund der Vorstellung, daß jede Kornklasse mit jeder anderen Kornklasse in Wechselwirkung tritt („sich in ihr löst"), wodurch jeweils spezifische Dekremente entstehen. Das Dekrement $\varDelta_{q,\ q+p}$ aus der Wechselwirkung zwischen der q^{ten} und $(q + p)^{ten}$ Klasse wird dem Produkt der entsprechenden Mengen: $m_q \cdot m_{q+p}$ proportional sein. Weiter wird angenommen, daß der Proportionalitätsfaktor nur vom Radienverhältnis der beiden Klassen abhängt, d. h. also wegen der getroffenen Festsetzung der Klasseneinteilung nur von der Zahl p; die vorkommenden Mischungskoeffizienten sind also durch Bezeichnungen α_p eindeutig gekennzeichnet, wobei p alle ganzzahligen Werte zwischen 1 und $(n-1)$ durchläuft. Für jedes spezifische Porositätsdekrement erhält man somit

$$\varDelta_{q,\ q+p} = \alpha_p \cdot m_q \cdot m_{q+p} \,. \tag{17}$$

Das gesamte Porositätsdekrement ist die Summe aller spezifischen Werte:

$$\varDelta = \sum_{p=1}^{n-1} \sum_{q=1}^{n-p} \alpha_p \cdot m_q \cdot m_{q+p} \,. \tag{18}$$

Ordnet man die Glieder dieser Summe nach steigenden p, so erhält man $(n-1)$ Glieder mit α_1, $(n-2)$ Glieder mit α_2, allgemein $(n-p)$ Glieder mit α_p und demnach 1 Glied mit $\alpha_{(n-1)}$. Insgesamt sind das $\frac{1}{2}(n^2 - n)$ Glieder.

Mit Hilfe der Gl. (18) kann man den Einfluß besonderer Korngrößenverteilungen auf das Porositätsdekrement und damit die Gesamtporosität von heterodispersen Sanden qualitativ überblicken. Wir wählen für eine solche Diskussion die in Abb. 5 bezeichneten 5 Typen.

1. Gleichförmige Verteilung. Der Anteil aller Korngrößenklassen ist gleich: $m_q = 1/n$ für $q = 1 \ldots n$. Damit hängt $\varDelta$ allein von n, der Breite der Korngrößenverteilung und von den α_p ab:

$$\varDelta = \frac{1}{n^2} \sum_1^{n-1} \alpha_p (n - p) \,. \tag{19}$$

Die Mischungskoeffizienten steigen mit wachsendem p stark an, weil sehr kleine Kugeln z. B. völlig in den Zwischenräumen zwischen den großen verschwinden. Daher nimmt das Dekrement $\varDelta$ mit wachsendem n zu. Gleichförmige Verteilungen werden also um so kleinere Porositäten zeigen, je breiter der Korngrößenbereich ist.

2. Symmetrische Verteilung mit Maximum. Der Mengenanteil $m_{n/2}$ der mittleren Korngrößenklasse ist maximal. Alle Klassen mit kleineren oder größeren Radien sind mit kleineren Mengen beteiligt. Die Produkte $m_q \cdot m_{q+p}$ sind daher für großes p immer klein. Andererseits sind die α_p allgemein klein für kleines p und groß für großes p. Die Glieder der Summe in Gl. (18) sind hier also immer kleine Zahlen: bei kleinem p wegen α_p und bei großem p wegen $m_q \cdot m_{q+p}$. Das Porositätsdekrement ist daher relativ gering und man kann voraussehen, daß symmetrische Verteilungen mit einem Maximum verhältnismäßig hohe Porositäten zeigen werden. Die Porosität wird um so größer sein, je schärfer das Maximum ist, d. h. je kleiner n ist.

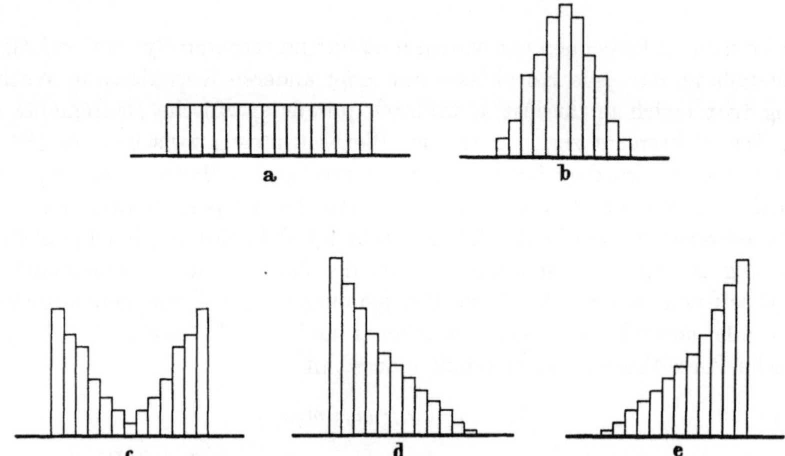

Abb. 5. *Typen der Korngrößenverteilung.* a) Gleichförmig; b) Symmetrisch mit Maximum; c) Symmetrisch mit Minimum; d) Unsymmetrisch und abfallend; e) Unsymmetrisch und ansteigend

3. Symmetrische Verteilung mit Minimum. Dieser Typus ist die Umkehrung des vorigen. Der Mengenanteil m der mittleren Klasse ist minimal. Alle Klassen mit kleineren oder größeren Radien sind mit größeren Mengen beteiligt. Die Produkte $m_q \cdot m_{q+p}$ sind groß für großes p. Mit wachsendem p steigen auch die Mischungskoeffizienten α_p, so daß die Summe aus lauter großen Gliedern besteht. Das Porositätsdekrement ist daher relativ hoch und man erhält Packungen mit sehr kleiner Porosität. Die Mischung geringster Porosität im oben behandelten ternären System kann als eine einfache Veranschaulichung eines solchen Systems dienen (sie enthielt 30% der kleinsten, 52% der größten und 22% der mittleren Kugeln). In der Natur wird es Korngrößenverteilungen dieses Typus sicherlich nur sehr selten geben.

4. Unsymmetrische Verteilung, ansteigend. In diesem Fall ist die kleinste Korngröße am wenigsten, die größte Korngröße am meisten vertreten. Je nach dem speziellen Verlauf der Häufigkeitskurve werden die Produkte $m_q \cdot m_{q+p}$ von p abhängen und im allgemeinen mit wachsendem p abnehmen; sie werden jedoch niemals für große p so stark gegen 0 konvergieren wie im Falle eines symmetrischen Maximums (Typus 2). Die hohen Werte der α_p für großes p werden sich daher auswirken und das Porositätsdekrement wird verhältnismäßig groß sein.

5. Unsymmetrische Verteilung, abfallend. Hier ist die größte Korngröße am wenigsten, die kleinste am meisten vertreten. Es gilt sinngemäß alles über die

ansteigende unsymmetrische Verteilung Gesagte. Das Porositätsdekrement wird verhältnismäßig groß sein.

Die Korngrößenverteilungen natürlicher Sande zeigen meistens ein mehr oder minder deutliches Maximum. Die größten Porositäten wird man in solchen Sanden erwarten, die — entsprechend dem Typus 2 — ein sehr scharfes Maximum zeigen. Verbreitert sich das Maximum symmetrisch — entsprechend einem Übergang zum Typus 1 — so wird die Porosität abnehmen. Noch geringere Porositäten wird man in Sedimenten mit stark unsymmetrischer Lage des Maximums erwarten dürfen — entsprechend den Übergängen zu den Typen 4 oder 5 —, wo also die häufigste Korngröße ganz am grobkörnigen oder ganz am feinkörnigen Ende der Korngrößenverteilung liegt. Die für die Zwecke der keramischen und der Zement-industrie empirisch ermittelten Kornverteilungsfunktionen mit möglichst geringer Porosität (Fullerkurve u. ä.) entsprechen alle einer abfallenden unsymmetrischen Verteilung, bei der also die kleinste Korngröße am häufigsten vertreten ist (vgl. hierzu ANDREASEN 1930).

Nur in einer vorläufigen und summarischen Betrachtung können die Körner eines Sandes als Kugeln angesehen werden. Im Hinblick auf die wirklichen Sande wird also zu fragen sein, welchen Einfluß die Gestalt der Körner auf die Porosität der Packungen haben kann.

Betrachten wir zunächst Packungen nichtkugeliger Körner von gleicher Gestalt, so scheinen die wenigen vorliegenden Beobachtungen zu zeigen, daß alle nicht kugeligen Partikel Packungen höherer Porosität als Kugeln ergeben. Tab. 2 enthält Beobachtungen von FRASER (1935) über die Porosität der durch Ein-rütteln verschiedener Teilchen sich einstellenden Packungen. Alle untersuchten Stoffe waren gesiebt und hatten einen mittleren Durchmesser von 1,5 mm.

Die niedrigsten Porositäten (0,35—0,38) ließen sich mit Kugeln und den kugelähnlichen Sandkörnern herstellen. Höhere Porositäten ergaben splitterig brechender Quarz (0,41) und die spaltbaren Minerale Calcit (0,41) und Steinsalz (0,43). Besonders hohe Porositäten fand man mit dem blättchenförmigen Glimmer (0,86). Es ist bemerkenswert, daß von ebenen Flächen begrenzte Teilchen, wie Calcit- und Steinsalzbruchstücke oder Glimmerblättchen so lockere Packungen bilden, obwohl sich doch gerade solche Körper fast lückenlos packen lassen sollten. Der Unterschied zwischen diesen möglichen Anordnungen und den realisierbaren Packungen ist etwa der zwischen einer ordentlich gefügten Mauer und einem

Tabelle 2. *Einfluß der Kornform auf die Porosität* (nach FRASER 1935)

Material	Spez.-Gew.	Art der Packung			
		Trocken		Feucht	
		lose	gepreßt	lose	gepreßt
Blei-Kugeln	11,21	0,4006	0,3718	0,4240	0,3889
Schwefel-Kugeln	2,024	0,4338	0,3735	0,4414	0,3824
Meeressand	2,681	0,3852	0,3478	0,4296	0,3504
Küstensand	2,658	0,4117	0,3655	0,4655	0,3846
Dünensand	2,681	0,4117	0,3760	0,4493	0,3934
Calcit, gemahlen	2,665	0,5050	0,4076	0,5450	0,4274
Quarz, gemahlen	2,650	0,4813	0,4120	0,5388	0,4396
Steinsalz, gemahlen	2,180	0,5205	0,4351	—	—
Glimmer, gemahlen	2,837	0,9353	0,8662	0,9238	0,8728

wirren Haufen von Ziegelsteinen. Wie bei den Kugelpackungen sieht man auch hier, daß in der Natur die hochsymmetrischen Anordnungen geringster Porosität nicht verwirklicht werden. Man wird daher in natürlichen Sanden einheitlicher Kornform um so höhere Porositäten erwarten, je größer die Abweichung der Körner von der Kugelgestalt ist.

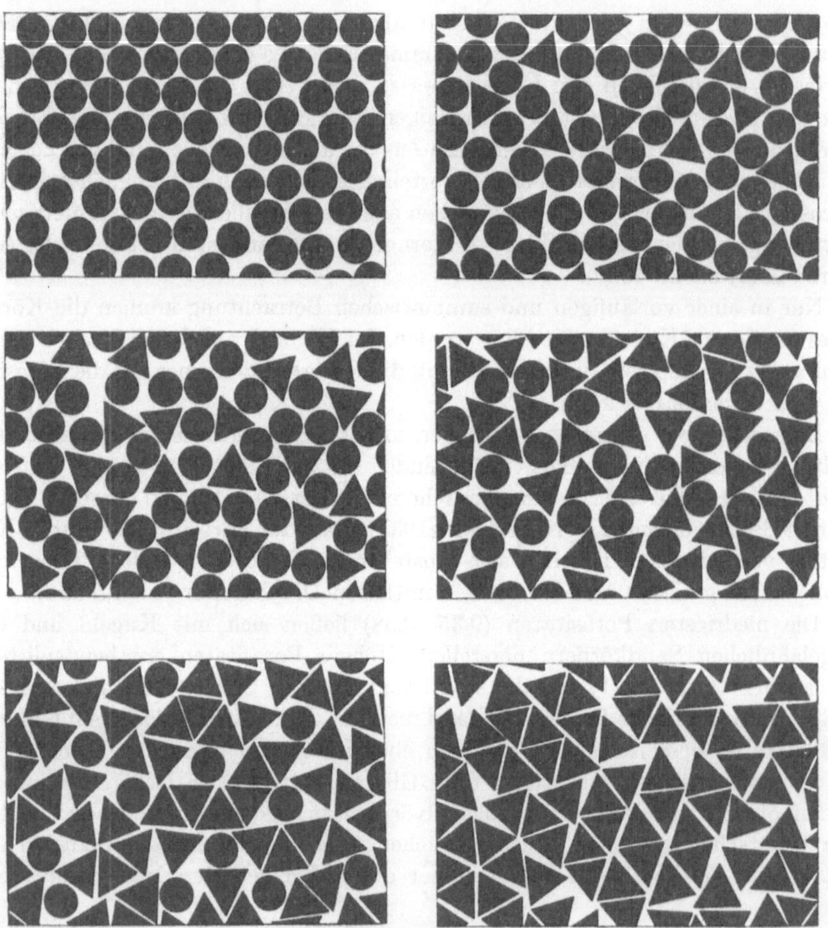

Abb. 6. *Vom Mischungsverhältnis abhängige Aufweitung in dichten ebenen Packungen von Kreisen und Dreiecken.* Modellversuche von K. L. WOLF

Von besonderem Interesse ist die Frage nach der Porosität von Packungen, die aus Partikeln verschiedener Gestalt bestehen, wie sie etwa in einem Sand aus Quarzkörnern und Glimmerblättchen vorliegen. Modellversuche, die das Grundsätzliche klären, wurden von WOLF (1959b; S. 454) unternommen, um die beim Mischen von Flüssigkeiten verschiedener Molekülgestalt auftretenden Volumeneffekte zu klären: Ebene Gebilde unter sich gleicher Art, z. B. Ringe, Quadrate, Dreiecke, Stäbe u.dgl. wurden auf einer ebenen Fläche ausgebreitet und in einem kassettenartigen Rahmen ohne merklichen Druck bis zur dichten Berührung zusammengeschoben. Von einer bestimmten Anzahl dieser Gebilde wird dann eine charakteristische Fläche eingenommen. Werden solche Versuche mit Gemischen von je zwei Arten dieser Gebilde durchgeführt, so nehmen die Gemische eine größere Fläche ein, als man nach einer additiven Mischungsregel erwarten würde. In der Abb. 6 sind derartige Mischungen aus Kreisen und Dreiecken wiedergegeben. Betrachten wir statt der gesamten Flächen den uns interessierenden Porenraum, so ergeben diese Versuche für die Porosität ε_{12} einer aus zwei verschiedengestalteten Körpern bestehenden Packung:

$$\varepsilon_{12} = m \, \varepsilon_1 + (1 - m) \, \varepsilon_2 + \varDelta \, . \tag{20}$$

m ist der Mengenanteil der ersten, $(1 - m)$ der der zweiten Teilchensorte, ε_1 und ε_2 sind die Porositäten der beiden Teilchenarten in reinem Zustand. Statt des Porositätsdekrements bei der Vermischung ähnlicher, aber verschiedengroßer Partikel (Gl. 8) tritt bei der Vermischung verschieden gestalteter Körner ein Porositätsinkrement auf. Für die Abhängigkeit dieses Inkrements von dem Mengenverhältnis wird man eine der Gl. (9) analoge Form wählen, da ja anzunehmen ist, daß die gegenseitige Störung sowohl der Konzentration der ersten, wie auch der der zweiten Teilchenart proportional ist. So erhält man:

$$\varepsilon_{12} = m \, \varepsilon_1 + (1 - m) \, \varepsilon_2 + \beta_{12} \, m \, (1 - m) \, . \tag{21}$$

Der hier auftretende Mischungskoeffizient β_{12} wird um so größer sein, je unähnlicher die Gestalt der Partner ist.

Wie im Falle der Mischung verschieden großer Kugeln findet man auch hier das maximale Inkrement bei $m = 0{,}5$:

$$\varDelta_{max} \, (\text{bei } m = 0{,}5) = 0{,}25 \, \beta_{12} \, . \tag{22}$$

Die Gl. (21) wurde sowohl durch die erwähnten Modellversuche als auch durch das Verhalten verschiedener dipolfreier Flüssigkeitspaare qualitativ und quantitativ bestätigt (WOLF l. c.). Diese Flüssigkeiten (z. B. CS_2-Cyclohexan, CS_2-Benzol, Cyclohexan-Benzol, CCl_4-Benzol u. a.) mischen sich stets unter einer Volumenvermehrung, die bei $m = 0{,}5$ den maximalen Wert hat. Das morphologische Prinzip, daß Ähnliches in Ähnlichem sich am vollkommensten löst, führt auf die Gleichung

$$\left(\frac{d \, \varDelta}{d \, m} \right)_{\text{für } m \, = \, 0{,}5} = 0 \, , \tag{23}$$

woraus WOLF den in den Gl. (21) und (22) ausgedrückten Zusammenhang ableitet.

Untersuchungen an natürlichen Sanden mit verschiedenen Kornformen stehen noch aus. Es dürfte jedoch nicht daran zu zweifeln sein, daß die Porosität heteromorpher Sande von diesen Prinzipien bestimmt wird.

Größe und Form der Körner sind die wichtigsten Faktoren, von denen die Porosität der Sande abhängen kann. Daneben wird man aber auch noch an einige andere Einflüsse denken müssen. Natürliche Ablagerungen erfolgen in einem meist bewegten Medium und die Dichte der Lagerung wird bestimmt durch das Wechselspiel zwischen verdichtender Schwerkraft und diese Verdichtung hemmender Reibung. Neben den bisher behandelten geometrischen Faktoren sind also auch diese Kräfte zu betrachten.

So wird man von vornherein einen Einfluß des Transportmittels und seines Bewegungszustandes erwarten müssen. Es ist wohl anzunehmen, daß der am

Grunde eines schnell strömenden Flusses abgelagerte Sand unter sonst gleichen Bedingungen eine andere Porosität hat als die im Brandungsbereich der Küste, in der Flachsee oder als Düne gebildeten Sandsedimente. Hierüber liegen noch keine Beobachtungen vor, so daß nur auf die Möglichkeit solcher Unterschiede hingewiesen werden kann.

Da die Schwerkraft verdichtend wirkt, sollten spezifisch schwere Mineralkörner bei sonst gleichen Bedingungen weniger poröse Sande bilden. Hierzu gibt es noch keine Beobachtungen. Dagegen zeigen die Porositätsbestimmungen von FRASER (vgl. Tab. 2) geringere Porositäten bei den in Wasser gebildeten Packungen, was man vielleicht durch den größeren Auftrieb der Partikel im Wasser erklären kann. Vergleichende Beobachtungen an Wasser- und Dünensanden wären hier erwünscht.

Schließlich ist auch auf die Bedeutung der Reibung hinzuweisen. Die Tatsache, daß niemals die geometrisch möglichen und durch das absolute Mininum des Schwerkraftpotentials ausgezeichneten dichtesten Packungen realisiert werden, zeigt, daß eine Haftreibung zwischen den Sandkörnern wirksam ist. Da relativ hohe Porositäten auch bei erheblicher Bedeckung erhalten bleiben, muß man annehmen, daß diese Haftreibung sehr groß sein kann. Körner mit glatter Oberfläche sollten weniger poröse Sande bilden als rauhe Körner. Körner verschiedener Minerale werden auch verschiedene Reibungskräfte aufeinander ausüben. Es ist wohl denkbar, daß unter besonderen Umständen diese Reibungskräfte und ihre Unterschiede, über die man noch nichts weiß, die Porosität stärker beeinflussen als die geometrischen Faktoren der Kornform und -größe.

Natürliche Sande. Wie dies für Kugelpackungen zutreffen sollte, ist die primäre Porosität frisch sedimentierter Sande bis in den Feinsandbereich hinein von der Korngröße nahezu unabhängig. Abb. 7 zeigt nach Messungen von FÜCHTBAUER und REINECK die Porosität rezenter Nordseesedimente in Abhängigkeit vom Mediandurchmesser. Es handelt sich um 80 Einzelmessungen, die so zusammengefaßt wurden, daß für alle Sedimente mit gleichem Mediandurchmesser die mittlere Porosität berechnet wurde. Alle Proben mit Mediandurchmessern unter 10 μ wurden zu einem Mittelwert vereinigt. Abb. 8 zeigt Messungen an rezenten Sedimenten vor der Californischen Küste (San Diego Co.) von HAMILTON und MENARD (1956). Die von Tauchern gewonnenen Proben stammen von der obersten Bodenschicht aus 3 bis 30 m Wassertiefe. Die Nordseesedimente zeigen zwischen 240 und 120 μ Mediandurchmesser eine korngrößenunabhängige Porosität zwischen 0,40 und 0,44. Bei den Californischen Sanden reicht der konstante Bereich nicht ganz so weit nach unten: Zwischen 700 und 200 μ Mediandurchmesser liegt die Porosität zwischen 0,38 und 0,45.

Aus diesen Zahlen geht hervor, daß die im vorigen Abschnitt behandelten Modellvorstellungen höchstens auf die gröberen Sande anzuwenden sind und im Bereich der feinsten Sande zunehmend an Bedeutung verlieren. Eine Abhängigkeit der Porosität von der Korngröße, wie sie sich in der starken Porositätszunahme nach den feinsten Sedimenten hin kundtut, läßt sich rein geometrisch nicht erklären. Voraussichtlich macht sich bei den kleinen Teilchen zunehmend der Einfluß der Reibungskräfte bemerkbar, der vermutlich proportional der Oberfläche der Körner anzusetzen ist, während die verdichtend wirkende Schwerkraft dem Kornvolumen proportional ist. Das Verhältnis Reibungskraft:Schwerkraft = Oberfläche:Volumen wird also je Korn mit abnehmender Korngröße schnell zunehmen (bei Kugeln umgekehrt proportional dem Kugelradius). Den Beobachtungen an natürlichen Sanden entsprechen auch technische Erfahrungen über das Verhalten von Sandmischungen. So lassen sich z. B. Gießereisande (mit Porositäten zwischen 0,45 und 0,40 bei Korngrößen zwischen 100 und 500 μ) um so weniger stark verdichten, je feinkörniger sie sind (HOFMANN 1956).

Es liegen noch keine systematischen Untersuchungen über die primäre Porosität rezenter Sande verschiedener Bildungsbereiche vor, so daß aus den im vorigen

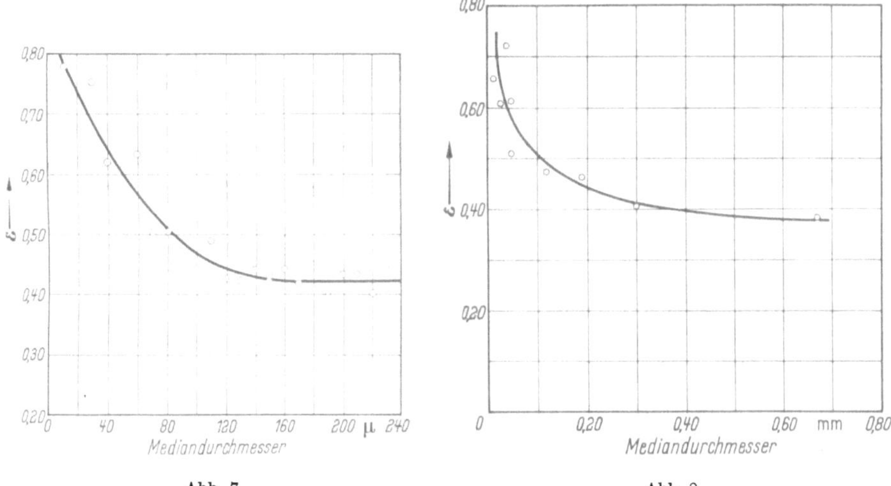

Abb. 7   Abb. 8

Abb. 7. *Mediandurchmesser und Porosität rezenter Nordseesedimente von Wilhelmshaven* nach FÜCHTBAUER und REINECK (80 Einzelmessungen)

Abb. 8. *Mediandurchmesser und Porosität rezenter Flachseesedimente vor der Californischen Küste* (San Diego County) nach HAMILTON und MENARD

Abschnitt entwickelten Vorstellungen vorläufig nur einige Vermutungen abgeleitet werden können, die noch der Prüfung bedürfen.

Gutsortierte und daher hochporöse Sande wird man überall dort finden, wo durch Luft- oder Wasserströmungen eine scharfe Korngrößenauslese stattfindet, also in den Sandbänken und an den Ufersäumen der Flüsse, in der Brandungszone von Binnenseen und Meer, in der Flachsee und in Dünen. Geologisch besonders wichtig sind die marinen Bildungen. Da die Wasserbewegungen in der Brandungszone stärker sind als die Strömungen am Grunde der Flachsee, werden am Meeresstrand gröbere Sedimente entstehen, wie sie als Transgressionsbildungen aus vielen Formationen bekannt sind, während sich gutsortierte, recht feinkörnige und deshalb hochporöse Sande in der Flachsee bilden können. Fossile Bildungen dieser Art sind z. B. in Nordwestdeutschland Sandsteine des Mittleren Valendis (Bentheimer Sandstein), des Dogger β und des Lias α, die wichtige Ölspeichergesteine sind.

Schlechtsortierte und deshalb weniger poröse Sedimente bilden sich dann, wenn die Geschwindigkeit von Strömungen plötzlich verringert wird, so daß alles transportierte Material an einer Stelle ausfällt. Solche Bildungen findet man z. B. in den Überschwemmungsgebieten von Strömen oder als Deltaablagerungen dort, wo große Flüsse in das Meer oder in Binnenseen münden (Beispiele siehe bei

Tabelle 3. *Beispiele tiefliegender Sandsteine mit relativ hohen Porositäten*

Lokalität	Formation	Tiefe m	Porosität
USA			
1. Rangely, Colorado	Weber, Pennsylvanian	1860	0,176
2. Katy, Texas	Cockfield, Eocän	2100	0,298
3. University Field, Louisiana	Miocän	2160	0,280
4. Big Medicine Bow, Wyoming	Tennsleep, Pennsylvanian	2280	0,195
5. Davis Lens, Texas	Eocän	2320	0,270
6. Liberty Co., Texas	Eocän	2340	0,315
7. Fishers Reef, Texas	Frio, Oligocän	2740	0,282
8. Lindsay, Oklahoma	Oil Creek, Ordovizium	3260	0,067
9. Fillmore, Californien	Pliocän	4300	0,200
10. Carter Knox Field, Oklahoma	Bromide, Ordovizium	4600	0,050
Italien			
11. Cortemaggiore b. Piacenza	Unterpliocän	1555	0,360
12. Cortemaggiore b. Piacenza	Unterpliocän	1575	0,232
13. Cortemaggiore b. Piacenza	Unterpliocän	1595	0,317
14. Cortemaggiore b. Piacenza	Unterpliocän	1930	0,280
15. Cortemaggiore b. Piacenza	Unterpliocän	1960	0,273
16. Budrio Ost b. Bologna	Obermiocän	2530	0,300

Nr. 1, 2, 6, 7, 8 nach WINSAUER, SHEARIN, MASSON, WILLIAMS (1952)
Nr. 3, 5 nach LEVORSEN (1956)
Nr. 4 nach WALDSCHMIDT (1941)
Nr. 9 nach HENRIKSEN (1958)
Nr. 10 nach STEARNS (1957)
Nr. 11—16 nach AGIP (1959)

DOEGLAS 1950). Die Subalpine Molasse [LEMCKE, V. ENGELHARDT, FÜCHTBAUER (1953)] und ähnliche Formationen in der Vortiefe von schuttliefernden Gebirgen sind reich an solchen schlechtsortierten, wenig porösen Sedimenten. Man findet bei Ablagerungen dieses Typus zum Teil Verteilungskurven mit sehr breiten symmetrischen Maxima, vor allem aber unsymmetrische Verteilungsfunktionen mit dem Maximum nahe an der grobkörnigen Grenze. Als weitere Beispiele für schlechtsortierte Sedimente wären die Ablagerungen mariner Schlammströme (turbidity currents) und Moränenbildungen (Beispiele von Korngrößenverteilungen mit mehreren Maxima siehe bei CORRENS 1939, S. 154) zu nennen.

Die diagenetische Reduktion der Porosität durch mechanische Prozesse. Auf der Suche nach Erdöl- und Erdgaslagerstätten hat man in vielen Sedimentbecken noch in recht großen Tiefen Sandsteine mit erheblicher Porosität angetroffen. Einige Beispiele tief gelegener Sandsteine mit hohen Porositäten aus den Vereinigten Staaten, Italien und Deutschland sind in den Tab. 3 und 4 zusammengestellt. Diese Vorkommen zeigen, daß Sande auch bei starker Belastung durch die darüber-

Tabelle 4. *Kaum verfestigte Sandsteine aus deutschen Erdölfeldern*

Lokalität	Formation	Tiefe m	Porosität	d_{50} mm	d_{75}/d_{25}	s
Eldingen b. Celle	Lias α	1483	0,28	0,133	1,60	1,12
Eldingen b. Celle	Lias α	1463	0,29	0,105	1,20	1,11
Scheerhorn b. Nordhorn	Valendis	1104	0,23	0,340	1,49	1,04
Scheerhorn b. Nordhorn	Valendis	1120	0,27	0,113	1,60	1,23
Rühlermoor b. Meppen	Valendis	842	0,30	0,270	1,67	1,01
Rühlermoor b. Meppen	Valendis	853	0,33	0,138	1,59	1,10

liegenden Gesteinsschichten einen erheblichen Anteil ihres primären Porenraums bewahren können, sofern derselbe nicht durch chemische Prozesse mit sekundären Bildungen angefüllt wird.

In vielen Fällen gehen diese chemischen Prozesse Hand in Hand mit mechanischen Vorgängen. Dies gilt besonders für größere Tiefen. Doch finden sich auch

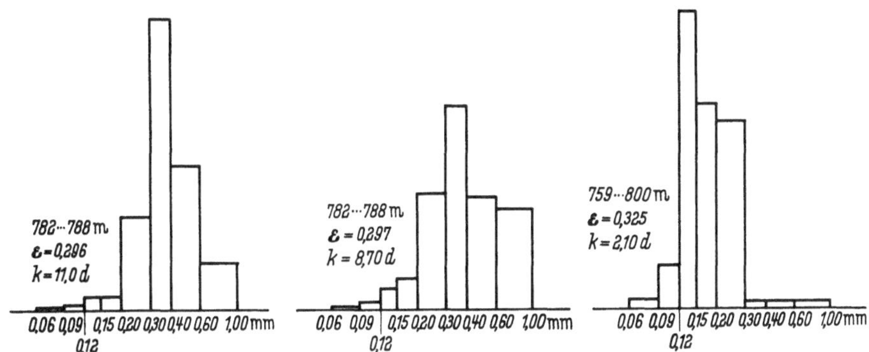

Abb. 9. *Korngrößenverteilung. Porosität (ε) und Permeabilität (k_∥ in Darcy) kaum verfestigter Sandsteine des Valendis (Bentheimer Sandstein)*. Tiefbohrungen im Erdölfeld Rühlermoor bei Meppen/Ems. (Laboratorium der Gewerkschaft Elwerath)

vielerorts Sande verschiedenen geologischen Alters in beträchtlicher Tiefe, in denen chemische Neubildungen so geringfügig sind, daß sie unverfestigt und locker blieben und sich äußerlich nur wenig von frisch abgelagerten Sedimenten unterscheiden. An solchen Sanden kann studiert werden, wie die mechanische Kompression allein den Porenraum zu reduzieren vermag.

Die Tab. 4 und die Abb. 9, 10 und 11 enthalten einige Beispiele von Sanden und Sandsteinen aus deutschen Erdölfeldern, die im wesentlichen nur mechanisch komprimiert sind und sehr wenig Neubildungen enthalten. Der Sand von Rühlermoor ist ganz locker, der von Scheerhorn sehr schwach und der von Eldingen etwas mehr verfestigt. Zur Kennzeichnung der Korngrößenverteilung enthält die Tab. 4 den Mediandurchmesser d_{50} (50 Gewichtsprozent des Sandes besteht aus Körnern, die kleiner als d_{50} sind) und das Verhältnis d_{75}/d_{25}; d_{75} und d_{25} bezeichnen diejenigen

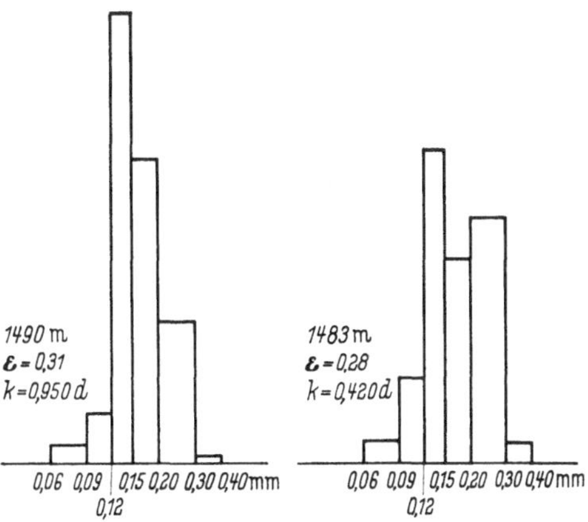

Abb. 10. *Korngrößenverteilung, Porosität (ε) und Permeabilität (k_∥ in Darcy) von wenig verfestigten Sandsteinen des Lias α*. Tiefbohrungen im Erdölfeld Eldingen bei Celle (Laboratorium der Gewerkschaft Elwerath)

Durchmesser, unter denen 75 bzw. 25 Gewichtsprozent des Sandes liegen. Ferner ist s als Maß für die „Schiefe" der Verteilungsfunktion angegeben, $s = d_{50}/\sqrt{d_{10} \cdot d_{90}}$. Für eine symmetrische Verteilungsfunktion ist $s = 1$. Wie die Korngrößenverteilungen zeigen, handelt es sich um gut sortierte Sande mit einem scharfen Maximum (kleine Werte von d_{75}/d_{25}). Die Mediandurchmesser liegen zwischen 0,1 und 0,34 mm und die Verteilungskurve ist recht symmetrisch (s-Werte nahe an 1,0). Alle Sande sind marinen Ursprungs. Nach den im letzten Kapitel besprochenen Erfahrungen werden solche Sande eine primäre Porosität von rund 0,40 gehabt haben. Die Porosität hat also ohne chemische Ausfüllung

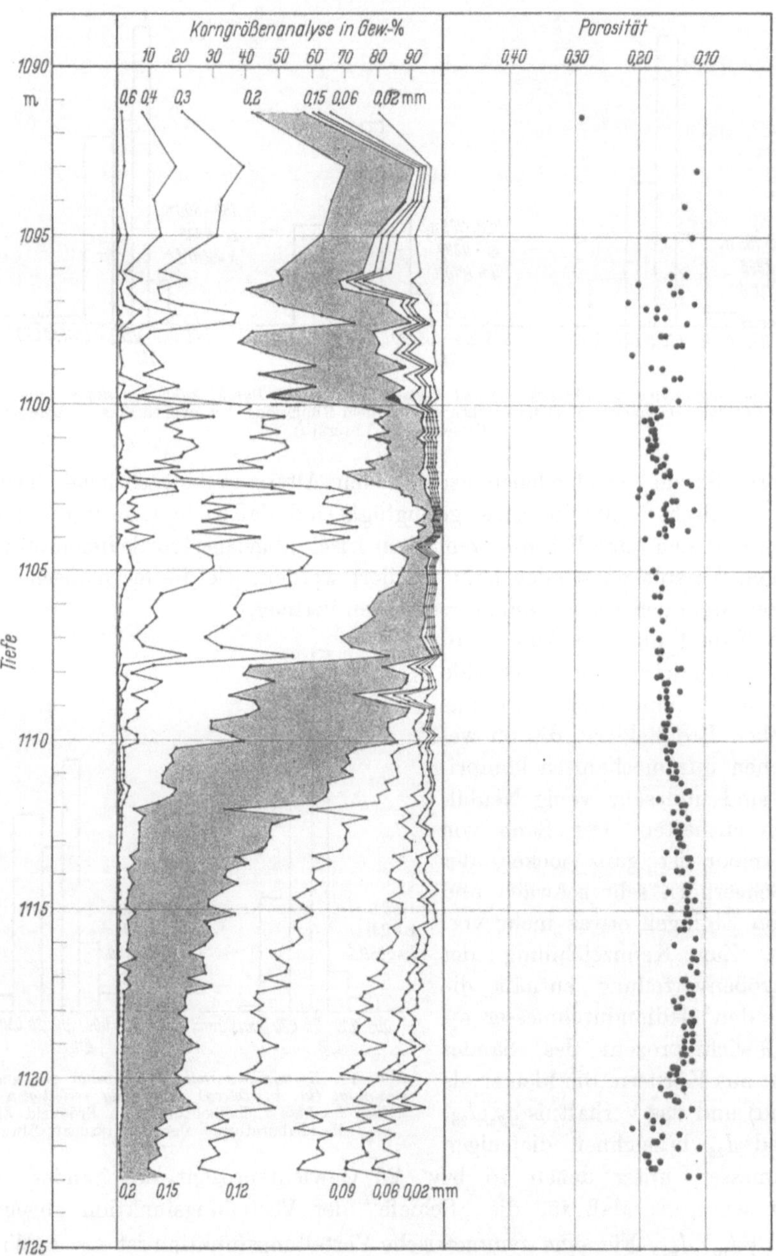

Abb. 11. *Korngrößenverteilung und Porosität in einem Profil durch den Bentheimer Sandstein (Valendis).* Tiefbohrung im Erdölfeld Scheerhorn bei Lingen/Ems. (Laboratorium der Gewerkschaft Elwerath)

des Porenraums von 0,40 auf 0,23 bis 0,33, d. h. um etwa 40—20% des ursprünglichen Wertes abgenommen.

Bei der geringen Verformbarkeit des Quarzes ist eine plastische Deformierung des Korngefüges jedenfalls in solchen, vornehmlich aus Quarz bestehenden Sanden ausgeschlossen. Eine Zerbrechung von Körnern ist nicht zu sehen. Auch amerikanische Beobachter berichten übereinstimmend, daß man in Sandsteinen wohl zerbrochene Glimmer, Feldspäte und Gesteinsstücke, aber keine zerbrochenen Quarzkörner findet (TAYLOR 1950, LOWRY 1956). Die Verminderung des Porenraums von Quarzsanden kann also, sofern keine chemischen Vorgänge stattfanden, nur durch eine Umlagerung der einzelnen Körner unter dem Einfluß des Druckes geschehen sein. Geometrisch ist dies möglich, da ja, wie in den vorigen Abschnitten gezeigt wurde, natürliche Sande bei der Ablagerung niemals die dichtest-möglichen Anordnungen bilden.

Bei dieser inneren Umordnung des Sandgefüges, die dichtere Packungen erzeugt, müssen die einzelnen Körner relativ zueinander nicht unerhebliche Bewegungen ausführen. Es ist deshalb von vornherein mit der Möglichkeit zu rechnen, daß bei der Sedimentbildung entstandene Texturen des Gefüges (Schichtung, Kornregelung) durch diese Vorgänge deformiert werden. Darauf wird bei einer genauen Analyse der Textur von Sandsteinen zu achten sein. In manchen Sandsteinen wurde eine Orientierung langgestreckter Quarzkörner beobachtet und mit Strömungsrichtungen des ablagernden Gewässers in Verbindung gebracht (GRIFFITHS 1953, RUSNAK 1957). In derart geregelten Sandsteinen mögen die Bewegungen der Körner bei der Kompression des Sediments im wesentlichen Rotationen um die längsten Kornachsen gewesen sein; andernfalls hätte sich die Orientierung nicht erhalten können. Man wird aber auch daran denken müssen, daß eine Orientierung nach der Kornform unter Umständen durch die Umordnung des Sandes zur dichteren Packung weitgehend umgeformt oder überhaupt neu erzeugt werden kann, wenn nämlich die ursprüngliche Schichtfläche schräg gestellt wird, oder wenn zum normalen Schweredruck gerichtete Druckkomponenten tektonischen Ursprungs hinzukommen.

Eine Möglichkeit, den Grad der Umlagerung eines Sandes unter dem Einfluß des Gebirgsdruckes durch eine statistische Erfassung der Art des Korngefüges zu beobachten, hat TAYLOR (1950) angegeben. Es werden die Typen der Kornkontakte ausgezählt, wie sie in der Ebene eines Dünnschliffs erscheinen, wobei die folgenden Arten unterschieden werden: 1. Tangentiale, d. h. punktförmige Kontakte; 2. Lange Kontakte längs einer geraden Linie; 3. Konkav-konvexe Kontakte,

Tabelle 5. *Kornkontakte in Dünnschliffen von verschiedenen Sandsteinen aus Wyoming*
(nach TAYLOR)

	Künstl. Sand	880 m Mesaverde	1340 m Shannon	2080 m Lower First Wall Creek	2220 m Frontier	2540 m Morrison
Zahl der Kontakte pro Korn.	1,6	2,5	3,5	4,4	4,9	5,2
% Körner ohne Kontakte	16,6	3	—	—	—·	—
% Tangentiale K. . . .	59,4	51,9	21,4	0,9	—·	—
% Lange Kontakte . . .	40,8	38,1	59,8	51,6	51,5	45,0
% Konkav-Konvexe K. .	—	9,6	19,1	28,5	28,1	23,1
% Suturen	—	—	—	18,5	19,7	31,8

längs einer gekrümmten Linie; 4. Suturen, d. h. Kontakte längs welliger oder
gekerbter Konturen, die durch chemische Auflösung von Quarzsubstanz entstanden sind.

Die Ergebnisse einer Auszählung an Dünnschliffen von Jura- und Kreidesand-
steinen aus Tiefbohrungen in Wyoming sind nach TAYLOR (1950) in der Tab. 5
und Abb. 12 wiedergegeben.

Die Gesteine bestehen vorwiegend aus Quarz mit geringeren Mengen von
Gesteinsbruchstücken und Feldspat. Sekundäre Abscheidungen im Porenraum
von Carbonat, Quarz, Anhydrit sind nur in geringer Menge vorhanden. Die

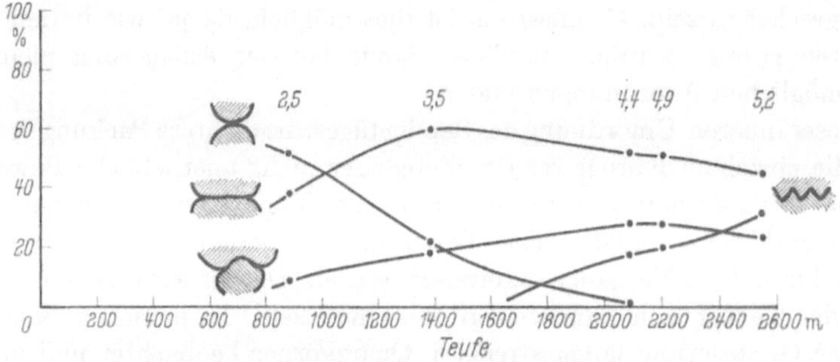

Abb. 12. *Häufigkeit von punktförmigen, flachen, konvex-konkaven und suturierten Kornkontakten in nordamerikani-
schen Kreide- und Jurasandsteinen in Abhängigkeit von der Bedeckungstiefe.* Die Zahlen 2,5 bis 5,2 bezeichnen die
mittlere Zahl der Kontakte pro Korn in Dünnschliffen. Nach TAYLOR (1950)

Häufigkeit der Kontakttypen ändert sich offensichtlich mit der Tiefe. So nehmen
die tangentialen Kontakte sehr schnell ab, die langen Kontakte zeigen ein Maximum, die konkav-konvexen Kontakte nehmen mit der Tiefe zu, in den größten
Tiefen erscheinen die Suturen. In der Zunahme der Kontaktzahl pro Korn und der
Veränderung der drei ersten Kontaktarten wird man im wesentlichen die Folge
mechanischer Umlagerungen sehen dürfen, während das Auftreten der Suturen
auf das Einsetzen chemischer Vorgänge hinweist, über die im nächsten Abschnitt
zu sprechen sein wird.

Die von TAYLOR untersuchten Sandsteine sind tektonisch kaum beansprucht;
der wirksame Druck stammt allein von den überlagernden Gesteinsschichten.
In tektonisch bewegten Gebieten wird man auch eine Einwirkung tektonischer
Drucke auf den Porenraum von Sandsteinen berücksichtigen müssen. Untersuchungen hierüber liegen noch nicht vor; es ist denkbar, daß die Reduktion des
Porenraums eines Sandsteines im Bereich steiler Flanken weiter fortgeschritten
ist als in den Zonen der Sättel und Mulden (LOWRY 1956).

Der Widerstand, den ein Sand der Kompression durch äußeren Druck ent-
gegensetzt, hängt von der Reibung ab, die an jeder Berührungsstelle benachbarter
Körner überwunden werden muß, wenn diese Körner bei der inneren Umordnung
und Verdichtung aneinander vorbei bewegt werden müssen. Der gesamte Ver-
formungswiderstand ist daher einerseits von der Zahl der Kornkontakte pro
Volumeneinheit, andererseit von der Art der Kornkontakte bestimmt. Tangentialen Kontakten ist die geringste Reibung zuzuordnen, stärker wird die Reibung
an langen Kontakten und am stärksten die an konkav-konvexen Kontakten sein.
Da nach der Tab. 5 mit zunehmender Verdichtung sowohl die Zahl der Kontakte

überhaupt als auch der Anteil derjenigen mit hoher Reibung zunimmt, wird ein Sandstein mit zunehmender Verringerung des Porenraums eine zunehmende Verfestigung erfahren. Für jeden Sandstein bestimmter Größen- und Formverteilung der Körner wird es schließlich eine minimale Porosität geben, die durch mechanische Wirkung allein nicht unterschritten werden kann. Diese minimale Porosität wird in ähnlicher Weise wie die primäre Porosität von der Größen- und Formverteilung der Körner abhängen.

Werden Sande verschiedener Form- und Größenverteilung der Körner in gleicher Weise beansprucht, so wird die mechanische Reduktion des primären

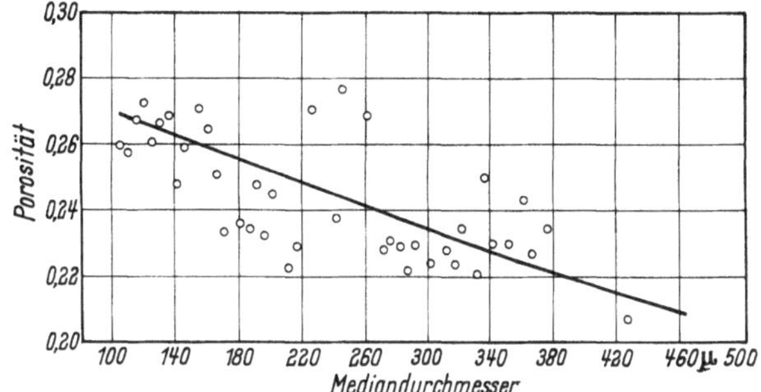

Abb. 13. *Porosität verschiedener Schichten des Bentheimer Sandsteins (Valendis) aus einer Tiefbohrung im Erdölfeld Scheerhorn in Abhängigkeit vom Mediandurchmesser.* 190 Einzelmessungen

Porenraums verschieden sein. Man wird erwarten, daß unter sonst gleichen Bedingungen ein feinkörniger Sand eine geringere Reduktion des Porenraumes erfährt als ein grobkörniger, da in ihm die Zahl der Kornkontakte pro Volumeneinheit und daher der Widerstand gegen die Verformung größer ist. Auch die Kornform wird insofern eine Rolle spielen, als Sande mit unregelmäßigen Kornoberflächen voraussichtlich leichter höhere Porositäten bewahren werden als solche aus glatten, kugelähnlichen Körnern, da in den ersteren mehr lange und konkav-konvexe Kontakte vorkommen werden.

Ein Einfluß der Korngröße in der geschilderten Art auf die mechanische Reduktion der Porosität läßt sich in der Tat in solchen Fällen beobachten, wo Sande verschiedener Korngröße gleicher mechanischer Beanspruchung unterworfen waren. In der Abb. 13 ist ein Beispiel aus dem Bentheimer Sandstein (Valendis) des Erdölfeldes Scheerhorn bei Nordhorn, Emsland dargestellt. Der etwa 25 m mächtige Sandstein ist in seinem oberen Teil grobkörnig und wird nach unten hin feiner. Die Gestalt der Korngrößenverteilungskurve, insbesondere der Sortierungsgrad ist für alle Zonen recht gleichmäßig, so daß sich die Sande im wesentlichen nur in der Korngröße unterscheiden, die durch den Mediandurchmesser dargestellt werden kann. Er bezeichnet, da die Verteilungskurve recht symmetrisch ist, im wesentlichen das Maximum der Korngrößenverteilung. Trotz einiger Streuung ist der erwartete Zusammenhang deutlich erkennbar, indem die Porosität der feinkörnigen Sande im Mittel höher ist als die der groben.

Die diagenetische Reduktion der Porosität durch chemische Prozesse. Der mechanischen Reduktion des Porenraums von Sandsteinen ist durch die Gestalt der Sandkörner eine Grenze gesetzt, die nur unterschritten werden könnte, wenn der

Druck an den Berührungsstellen der Körner die Druckfestigkeit der Minerale — also im wesentlichen die des Quarzes — übertrifft. Es könnten dann aus den großen Körnern viele kleine Bruchstücke entstehen, die den Porenraum vollständiger ausfüllen. Für die Druckfestigkeit des Quarzes werden Werte von 23000 bis 28000 kg cm^{-2} angegeben. Derartige Drucke könnten an einzelnen Berührungsstellen wohl auftreten, wenn der Sandstein einige tausend Meter tief versenkt wird. Tatsächlich scheinen aber — wenn man von tektonischen Myloniten absieht — zerbrochene Quarzkörner in Sandsteinen bisher noch nicht beobachtet worden zu sein. Der Grund ist wohl der, daß immer schon vor der Erreichung der Drucke, die die Festigkeit des Quarzes übertreffen, chemische Vorgänge einsetzen, die den Porenraum so weit ausfüllen, daß an keiner Stelle die Druckfestigkeit überschritten wird.

Chemische Neubildungen im Porenraum bilden einen Zement, der den vorher lockeren Sand zu einem Sandstein verfestigt. Nach der Art der Neubildungen kann man die Zemente und Sandsteine auf die folgende Weise einteilen:

Ein autochthoner Zement hat sich aus dem Stoffbestand des Sandes ohne Zufuhr von außen gebildet. Ein allochthoner Zement dagegen ist von außen zugeführt worden. Ein Sandstein soll homogen heißen, wenn der Zement nicht andere Mineralien enthält als diejenigen, die auch schon als klastische Komponenten vorliegen. Ein heterogener Sandstein enthält dagegen im Zement Mineralien, die als klastische Körner nicht vorkommen. In der Natur findet man alle Kombinationen. So gibt es z. B. autochthone homogene Quarzite, deren Quarzkörner durch Quarzsubstanz verkittet sind, die durch teilweise Auflösung der klastischen Quarze entstand. Es gibt aber auch allochthone homogene Quarzite, wie z. B. die Tertiärquarzite in vielen Gegenden Deutschlands, deren porenfüllende Quarzsubstanz aus Verwitterungslösungen stammt. Heterogene Sandsteine werden meistens allochthon sein, doch gibt es z. B. auch autochthone heterogene Kalksandsteine, deren Kalksubstanz aus klastischen Kalkkomponenten stammt, die während der Zementbildung aufgelöst wurden. Im Einzelfall wird es allerdings oft schwierig sein, eine sichere Entscheidung darüber zu treffen, ob ein Zement autochthon oder allochthon gebildet wurde.

Bildet sich ein autochthoner Zement aus dem Stoffbestand des Sandes ohne äußere Zufuhr, so kann ein heterogenes oder ein homogenes Gestein entstehen, je nachdem, ob die interne Materialwanderung neue Mineralien erzeugt oder nicht. Ein homogenes Gestein kann sich auf Grund der Beeinflussung der Löslichkeit von Kristallen durch den Druck bilden. Vergleicht man die Sättigungskonzentration c_1, die sich einstellt, wenn Kristall und Lösung unter Atmosphärendruck stehen, mit der Sättigungskonzentration c_p, die für den Fall gilt, daß Kristall und Lösung unter dem allseitigen Überdruck p stehen, so gilt:

$$\ln \frac{c_p}{c_1} = \frac{\Delta V \cdot p}{RT} \, . \tag{24}$$

ΔV ist die Differenz zwischen dem Volumen eines Mols der Substanz plus dem Volumen der Lösungsmittelmenge, in der es sich löst, und dem Volumen der Lösung; R ist die Gaskonstante und T die absolute Temperatur. Ist ΔV positiv, so tritt eine Erhöhung der Löslichkeit mit zunehmendem Druck auf. Befindet sich aber der Kristall unter dem höheren Druck $p + \Delta p$ und die Lösung unter dem

Druck p, so ist die dann sich einstellende Sättigungskonzentration $c_{p+\Delta p}$ höher als c_p:

$$\ln \frac{c_{p+\Delta p}}{c_p} = \frac{V_f \cdot \Delta p}{RT}. \tag{25}$$

V_f ist das Molvolumen der kristallisierten Substanz. Diese Beziehung ist als „Rieckesches Prinzip" bekannt und besagt, daß ein einseitig gepreßter Kristall eine erhöhte Löslichkeit aufweist [zur thermodynamischen Ableitung und Geschichte vgl. CORRENS und STEINBORN (1939), CORRENS (1949), BREHLER (1951)].

Eine Schwierigkeit in der Anwendung der Gleichung für die Wirkung des einseitigen Drucks besteht darin, daß das Molvolumen V_f nicht einfach auf das Molekulargewicht zu beziehen ist, sondern, wie die thermodynamische Ableitung zeigt, auf die Masse derjenigen Teilchen bezogen werden muß, die in der Lösung als osmotisch selbständig wirksam vorkommen. Bei einer Dissoziation wird also V_f kleiner, bei einer Assoziation größer als das formale Molvolumen sein, und entsprechend wird sich der Einfluß des Druckes auf die Sättigungskonzentration verändern. Dieser Druckeinfluß wird also für eine Kristallart nicht unveränderlich sein, sondern von den Eigenschaften des Lösungsmittels abhängen. Es ist ferner zu berücksichtigen, daß die Gleichung in dieser einfachen Form streng nur auf sehr verdünnte Lösungen anwendbar sein kann, da die Ableitung auf einfachen Beziehungen (ideales Gasgesetz) aufbaut, die nur für unendliche Verdünnung gelten.

Wendet man die Gleichung trotz dieser Bedenken — um die Größenordnung der Druckwirkung abzuschätzen — auf Quarz an, so erhält man die folgenden Zahlen:

Einseitiger Druck	Sättigungskonzentration bei Belastung / Sättigungskonzentration ohne Belastung
Δp [at]	$c_{1+\Delta p}/c_1$
10	1,099
100	2,518
500	111
1000	10000

Dabei wurde für V_f das Volumen von einem Mol SiO_2 im Quarz (22,7 cm³) eingesetzt, und eine Temperatur von 293° abs. angenommen.

Im Porenraum der Gesteine herrscht ein hydrostatischer Druck, der nach allen Erfahrungen bei Erdöltiefbohrungen nur selten wesentlich vom Druck in einer bis an die Erdoberfläche reichenden Wassersäule abweicht, wobei als spez. Gewicht dieses Wassers je nach dem Elektrolytgehalt Werte zwischen 1,0 und 1,1 einzusetzen sind. Dieser allseitige Druck ist natürlich kleiner als der am einzelnen Kornkontakt durch das Gewicht der überlagernden Schichten bedingte gerichtete Druck (Δp). Die durch den gerichteten Druck erhöhten Löslichkeiten sind zu vergleichen mit dem durch den allseitigen Druck hervorgerufenen. Es liegen für die Löslichkeit des Quarzes nicht ausreichende Daten vor, um die Volumdifferenz ΔV zu berechnen; es ist jedoch ohne weiteres klar, daß diese Differenz bei einem so schwer löslichen Stoff sehr klein ist, so daß die Löslichkeitserhöhung durch den in der Lösung des Porenraums herrschenden hydrostatischen Druck jedenfalls sehr viel niedriger ist als die an den Kornkontakten. Die Gl. (25) gilt für diejenigen Flächen des Kristalls, die senkrecht auf der Richtung des Druckes stehen. Daß auch die sog. „freien“, d. h. die nicht senkrecht zur Druckrichtung stehenden Flächen eine Erhöhung der Löslichkeit erfahren, hat zuerst WILLIAMSON (1917) gezeigt. Nach einer später von GORANSON (1940) angegebenen Formel gilt für die Gleichgewichtskonzentration an den „freien“ Flächen:

$$\ln \frac{c'_{p+\Delta p}}{c_p} = \frac{V_f\,(\Delta\,p)^2}{RTE}\,, \tag{26}$$

wobei E = Elastizitätsmodul. Da E z. B. bei Quarz von der Größenordnung 10^6 kg/cm^2 ist, ist die Löslichkeitserhöhung der „freien“ Flächen sehr viel kleiner als die der senkrecht zur Druckrichtung verlaufenden.

Nach dem Mechanismus des „Rieckeschen Prinzips“ ist also zu erwarten, daß sich Sandkörner an den Stellen mit kleinen Kontaktflächen senkrecht zur Druckrichtung auflösen und daß die in der Porenlösung gelöste Substanz irgendwo im Porenraum, z. B. auch an den „freien“ Flächen derselben Sandkörner erneut zur Abscheidung kommt. Dieser interne Materialtransport wird um so schneller erfolgen, je größer die Belastung ist, je höher also die Drucke an den Kontaktstellen, und je größer die Löslichkeit der betreffenden Mineralart überhaupt ist. Er wird langsamer werden, wenn sich die Kontaktflächen durch die Lösung vergrößern, so daß die Druckwirkungen abnehmen und schließlich ganz zum Stillstand kommen, wenn die Kontaktstellen abgebaut sind und der Porenraum ganz mit der umgelagerten Substanz erfüllt ist. Das Endstadium des Vorgangs ist ein Sandstein ohne Porenraum, in dem der Druck des überlagernden Gebirges gleichmäßig verteilt ist. Sofern der Vorgang streng autochthon erfolgt, also keinerlei Substanz zu- oder abgeführt wird, muß der Sandstein schließlich einen Volumenschwund erfahren, der seinem ursprünglichen Porenraum gleich ist.

In vielen Sandsteinen beobachtet man Strukturen, die durch derartige Vorgänge entstanden sind. Es sind einerseits Lösungserscheinungen an den druck-beanspruchten Kornkontakten, andererseits Neubildungen im Porenraum (Beschreibungen u. a. bei WALDSCHMIDT, GILBERT, HEALD, LOWRY, SIEVER u. a.).

In Sandsteinen, die höheren Belastungen ausgesetzt waren, sind häufig benachbarte Quarzkörner durch Drucklösung mehr oder weniger stark ineinander verzahnt. Die im Dünnschliff sichtbaren sägezahnartigen oder gewellten Grenzlinien solcher Körner nennt man Drucksuturen. Die gegenseitige Durchdringung benachbarter Körner kann so weit gehen, daß sich stylolithische Strukturen bilden, die sich unter Umständen zu makroskopisch sichtbaren Stylolithsäumen vereinigen, die das Gestein parallel zur Schichtung durchziehen (HEALD 1955). Es dringen dann unregelmäßig geformte Zapfen des einen Korns tief in das andere ein, wobei sich an der Front der Zapfen oft ein Saum aus unlöslichen Rückständen ansammelt. Besonders schöne Mikrostylolithen dieser Art beschrieben SLOSS und FERRAY (1948) aus einem Unterkreidesandstein in Nordmontana. In einer systematischen Untersuchung zahlreicher Sandsteine aus dem Osten der USA fand HEALD (1955) stylolithische Strukturen in Sandsteinen aller Formationen vom Cambrium bis zur Trias. Der Drucklösung sind vornehmlich diejenigen Kornkontakte ausgesetzt, deren Kontaktfläche normal zum herrschenden Gebirgsdruck steht. Es können daher Gesteine mit geplätteten Quarzkörnern entstehen, von denen HEALD (1955) schöne Beispiele abgebildet hat. Eine Abhängigkeit der Drucklösung von der kristallographischen Richtung ist wohl denkbar.

hat sich aber am Quarz noch nicht nachweisen lassen. Dagegen hat man festgestellt, daß detritische Körner aus feinkörnigen Quarzgesteinen wie Hornstein (Feuerstein)

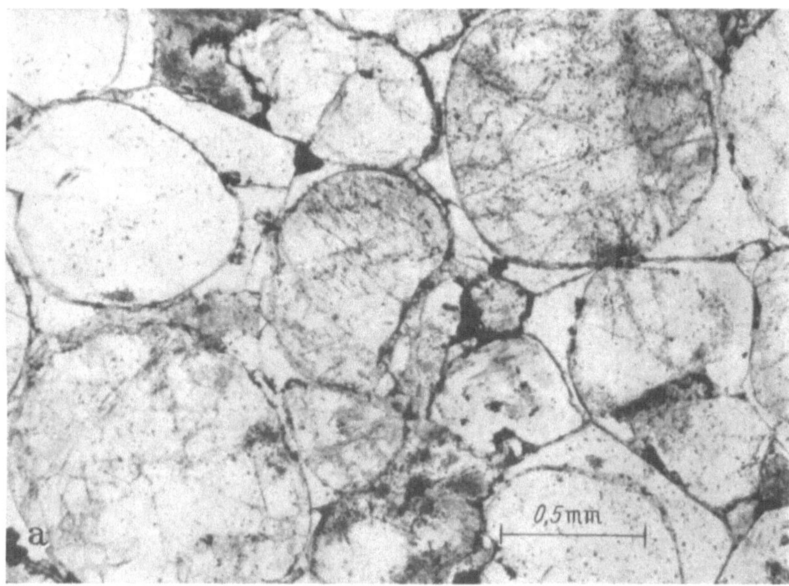

Abb. 14. *Weitergewachsene Quarzkörner im mittleren Buntsandstein* (Amorbach/Odenwald). a, b gewöhnliches Licht

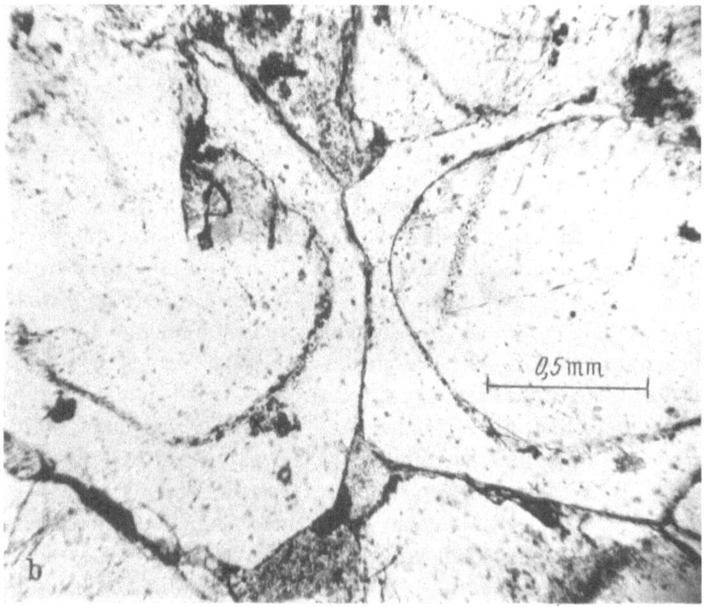

der Drucklösung stärker verfallen als grobkristalliner Quarz [SLOSS und FERRAY (1948), HEALD (1955)]. Nach SIEVER (1959) sind in Sandsteinen des Pennsylvanian in einem großen Gebiet der USA, wo Drucklösung von Quarzen sehr verbreitet ist, metamorphe Quarz- und Quarzitkörner der Auflösung stärker anheimgefallen als mechanisch nicht beanspruchter Quarz.

Die Abscheidung des an den Druckstellen aufgelösten Quarzes im Porenraum pflegt in einer Form zu geschehen, die man „Weiterwachsen" nennt (Abb. 14). Die gelöste Quarzsubstanz wird orientiert an den schon vorhandenen Körnern abgeschieden, sie mit einem Saum umkleidend. Dieser Saum kann sich natürlich nur an den „freien Flächen" d. h. außerhalb der druckbeanspruchten Kontaktgebiete bilden. Er unterscheidet sich im Dünnschliff im allgemeinen durch größere

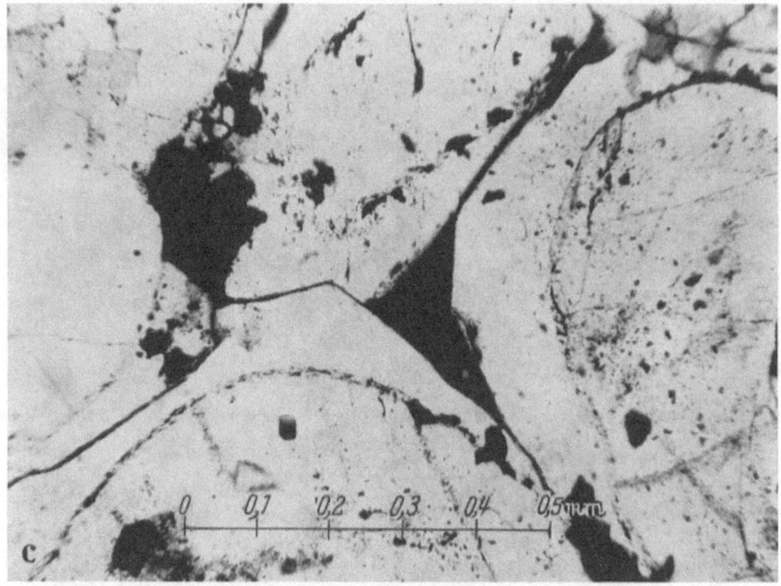

c gekreuzte Nicols

Klarheit und Einschlußfreiheit von der primären Quarzsubstanz. Häufig bezeichnet ein Ring dunkler Einschlüsse („Staubring") die ehemalige Oberfläche der Quarzkörner, so daß es möglich ist, im Dünnschliff die Porosität des Gesteins vor der Bildung des Quarzzements und die Menge des letzteren abzuschätzen. Solange die neugebildeten Quarzsäume den Porenraum noch nicht ganz ausgefüllt haben, sind an ihnen häufig Kristallflächen zu beobachten („Kristallsandsteine").

Die an den Druckstellen gelöste Quarzsubstanz wird häufig in unmittelbarer Nachbarschaft derselben abgeschieden, so daß ein Gestein entsteht, das nebeneinander Drucksuturen und neugebildete Quarzsäume enthält. Solche Beispiele beschreiben z. B. WALDSCHMIDT (1941) aus Sandsteinen der Rocky Mountains oder SIEVER (1959) von Sandsteinen des Pennsylvanian in den USA. Sehr oft aber ist die Quarzsubstanz auch weiter gewandert, ehe sie abgeschieden wurde. So beobachteten SLOSS und FERRAY (1948) an dem erwähnten Unterkreidesandstein daß die Stylolithbildung vornehmlich in den hornsteinreichen Partien vorkam, dort wurde also der meiste Quarz gelöst; die Quarzabscheidung fand dagegen bevorzugt in den quarzreichen Lagen statt. Trotz der Stylolithbildung war die Porosität in den hornsteinreichen Schichten deshalb höher als in den quarzreichen

Lagen, in denen der neugebildete Quarz den Porenraum erfüllt. Offenbar boten die großen Quarzkörner für die übersättigten Lösungen eine bessere Keimwirkung als die Hornsteine. Ähnlich fand auch HEALD (1956a) in den ordovizischen Simpson- und St. Peter-Sandsteinen (Oklahoma, Arkansas, Missouri) die stärksten Anzeichen für Drucklösung in anderen Schichten als dort, wo die deutlichste Abscheidung von sekundärem Quarz zu beobachten war. Auch hier ist also die gelöste Substanz in benachbarte Schichten gewandert, wo die Kristallisationsbedingungen offenbar besser waren. Auch SIEVER (1959) fand für Pennsylvanian-Sandsteine keine notwendige Korrelation zwischen der Häufigkeit von Drucklösung und der Menge von Quarzzement. Diese Beobachtungen und die überhaupt allgemein verbreitete Erscheinung, wie sie z. B. auch für den deutschen Buntsandstein bekannt ist (VALETON 1953), daß quarzitische, d. h. mit Quarz verfestigte Sandsteine in einzelnen Zonen oder Lagen vorkommen, ohne daß man einen Grund für diese Verteilung angeben kann, deutet darauf hin, daß das Rieckesche Prinzip wohl die Erklärungsgrundlage für die Entstehung der autochthonen Quarzite bildet, daß aber außerdem noch manche andere, heute unbekannte Bedingungen eine Rolle spielen.

Welche mindeste Versenkungstiefe nötig ist, damit in Quarzsandsteinen eine merkliche Drucklösung einsetzt, ist den vorliegenden Beobachtungen nicht mit Sicherheit zu entnehmen. Jedenfalls wurde bereits in Sandsteinen, die im Laufe ihrer Geschichte nicht tiefer als 1500 m versenkt waren, Drucklösung beobachtet. SIEVER (1959) beobachtete an Sandsteinen des Pennsylvanian eine sehr deutliche Abhängigkeit von tektonischer Beanspruchung: deformierte Gesteine aus den gefalteten Appalachen zeigten besonders starke Drucklösungserscheinungen. Über den Einfluß der Korngröße auf die Drucklösung ist noch nichts bekannt. Wegen der geringeren Zahl der Kornkontakte pro cm² sind in groben Sandsteinen anfangs höhere Kontaktdrucke als in feinkörnigen zu erwarten. Es sollte daher die Drucklösung in groben Sandsteinen bei geringerer Bedeckung als in feinkörnigen einsetzen.

Kalkspat (und ähnlich wohl auch Dolomit) reagiert auf Druckeinwirkung empfindlicher als Quarz. Daher tritt die Drucklösung in Gesteinen mit carbonatischen Bestandteilen besonders deutlich in Erscheinung. Bei einem Molvolumen von 37 cm³ ist die nach Gl. (25) formal zu berechnende Löslichkeit durch einseitigen Druck bei Kalkspat ungefähr doppelt so groß wie bei Quarz. Darüber hinaus wird aber der Unterschied im Verhalten beider Mineralien wahrscheinlich auf der absolut höheren Löslichkeit und Lösungsgeschwindigkeit der Carbonate beruhen. Die durch den einseitigen Druck verursachte Reaktion verläuft bei den Carbonaten offenbar sehr viel schneller als beim Quarz. Aus verschiedenen Gebieten sind seit langer Zeit junge Konglomerate mit „eingedrückten" Kalk- und Dolomitgeröllen ("pitted pebbles", "microstylolites") bekannt, die nur durch Drucklösung entstanden sein können. Derartige Erscheinungen, die von undifferenzierter Anlösung und glattflächigen Kontakten zu suturierten Korngrenzen und bis zu richtigen Stylolithen führen, hat z. B. MORAWIETZ (1958) aus der tertiären Juranagelfluh — grobkörnigen klastischen Sedimenten aus überwiegend carbonatischem Material — von der Schwäbischen Alb beschrieben. Dabei wurde festgestellt, daß diese Drucklösung bereits bei Bedeckungstiefen von nur wenigen Metern stattfindet.

Im Unterschied zu den Quarzgesteinen bildet der an den Druckstellen gelöste Kalk nicht Anwachssäume um schon vorhandene Kalkspatkristalle; er verteilt sich vielmehr im Porenraum und bildet einen feinkörnigen Zement, der die gröberen Bestandteile zusammenhält. Manche von den häufig vorkommenden Sandsteinen, die klastische Quarzkörner in einem kalkigen, feinkristallinen Mittel enthalten, mögen so entstanden sein, daß ursprünglich in den Sand eingebettete carbonatische Fossilreste durch Drucklösung zerstört und mehr oder minder gleichmäßig über den gesamten Porenraum des Gesteins verteilt wurden. Damit hängt es vielleicht zusammen, daß carbonatische Organismenreste in Sandsteinen verhältnismäßig selten sind.

In den carbonatreichen Sandsteinen der tertiären Molasse (FÜCHTBAUER, mündliche Mitteilungen und [1958]) des deutschen Alpenvorlandes nimmt die Porosität mit zunehmender Bedeckung stark ab, was im wesentlichen auf der Umkristallisation des Carbonats unter Druckwirkung zurückzuführen ist. Man findet ferner in diesen Gesteinen die Porosität bei gleicher Bedeckung um so geringer, je kleiner die Korngröße ist und je höher das Verhältnis Calcit zu Dolomit ist. Beides geht darauf zurück, daß in den feinen Fraktionen detritischer Calcit, in den groben aber detritischer Dolomit angereichert ist, und daß der feinkörnige Calcit wesentlich stärker rekristallisierte als der Dolomit. Dieselbe Ursache hat wohl auch die Erscheinung, daß in diesen Gesteinen häufig unversehrte Dolomitgerölle in einer ganz umkristallisierten Grundmasse aus Kalkspat anzutreffen sind.

Auch an Feldspatkörnern wurden in manchen Sandsteinen Erscheinungen der Drucklösung beobachtet (GILBERT 1949; HEALD 1955). Auf diese Weise kann auch Feldspatsubstanz in Lösung gehen und im freien Porenraum autochthoner sekundärer Feldspat entstehen. Nach vergleichenden Feststellungen von HEALD (1955, 1956b) zeigt aber Feldspat in vielen Sandsteinen und Arkosen weniger deutliche Drucklösungserscheinungen als Quarz. Daher beobachtet man nie zerbrochene Quarzkörner, wohl aber unter der Wirkung des Gebirgsdrucks zerbrochene Feldspäte (HEALD 1956b, TAYLOR 1950).

Gelegentlich sind Erscheinungen der Drucklösung auch an anderen Mineralien der Sandsteine zu beobachten, so z. B. an Muskowit und an Schwermineralien wie Titanit und Turmalin. Diese Mineralien lösen sich aber offensichtlich sehr viel schwerer als Carbonate, Quarz und Feldspat. Deshalb findet man die Glimmer unter dem Einfluß des Druckes oft verbogen oder auch zerbrochen und Schwerminerale an den Lösungssuturen einander durchdringender Quarzkörner angereichert.

Nach Beobachtungen an cambrischen bis triassischen Sandsteinen gibt HEALD (1955) die folgende Reihenfolge für abnehmende Löslichkeit unter dem Einfluß des Druckes: Calcit, Quarz, Feldspat, Titanit mit Turmalin, Zirkon und Pyrit. Die Löslichkeit von Hämatit wird als etwa ebenso hoch wie die von Quarz und Feldspat angegeben, da primäre Hämatitüberzüge von Quarzkörnern an suturierten Lösungskontakten fehlen.

Auf Grund der Abhängigkeit der Löslichkeit vom gerichteten Druck kann Mineralsubstanz der klastischen Komponenten in Bindemittel verwandelt werden, wobei nur eine Stoffverlagerung geschieht, aber keine neuen Mineralien gebildet werden. Der so verfestigte Sandstein ist autochthon und homogen. Es können ebenfalls autochthon, d. h. ohne Stoffzufuhr von außen auch neue Mineralien im Zement entstehen, wenn nämlich klastische Bestandteile des Sandsteines mit der

Porenlösung nicht im Gleichgewicht sind und zerfallen. Es bilden sich dann aus der Lösung im Porenraum neue Mineralien und es entstehen so autochthone, aber heterogene Sandsteine.

So mag in vielen Fällen der Kaolinit, den man in zahlreichen Sandsteinen als sichere Neubildung gefunden hat, auf Kosten zerfallender Feldspäte entstanden sein. In vielen Sandsteinen, so z. B. im Bentheimer Sandstein (Mittelvalendis) des Emslandes (Nordwestdeutschland) (FÜCHTBAUER 1955) oder auch im Stubensandstein (Mittlerer Keuper) Süddeutschlands kommen große, geldrollenförmige Aggregate von Kaolinit vor, die in dieser Form nicht transportiert und abgelagert sein können und daher im Porenraum entstanden sein müssen. Im Stubensandstein beobachtet man neben dem Kaolinit auch neugebildeten Quarz. In manchen Sandsteinen kann man auch den Zerfall des Feldspats in der Porenlösung beobachten. So beschrieb FOTHERGILL (1955) aus den mächtigen tertiären Sanden Venezuelas die Neubildung von Kaolinit und Quarz zusammen mit Auflösungserscheinungen an klastischen Feldspatkörnern. In Sandsteinen der Mississippi-Formation von West-Virginia fand HEALD (1950) Alkalifeldspäte durch Calcit, Dolomit, Quarz und Kaolinit verdrängt; der Kaolinit bildet große plattige Aggregate im Porenraum. In diesen Fällen ist es deutlich, daß der klastische Feldspat in der Porenlösung aufgelöst wird und, genau wie bei der Verwitterung im Boden Kaolinit und Quarz als Neubildungen entstehen. Dabei muß sich Alkali in der Porenlösung anreichern, über dessen weiteres Schicksal nichts bekannt ist. In manchen Fällen zeigt auch der Vergleich mit der Mineralsubstanz benachbarter oder eingelagerter Tonschichten, daß in Sandsteinen vorkommender Kaolinit im Porenraum entstanden ist. So enthält z. B. der Lias-α-Sandstein des Erdölfeldes Eldingen bei Celle als einziges Tonmineral Kaolinit, während die zahlreichen eingeschalteten Tone, die die Natur des angelieferten klastischen Materials aufzeigen, vorwiegend aus Glimmer bestehen. Ähnliche Beobachtungen sind vielfach bekannt geworden. GLASS, POTTER und SIEVER (1956) untersuchten den Tonmineralgehalt der Sandsteine an der Basis des Pennsylvanian von Illinois, Indiana, Kentucky und Ohio und verglichen ihn mit den Mineralien der eingelagerten Tone und Tonschiefer. Es zeigte sich in den Sandsteinen stets eine Vorherrschaft von Kaolinit, während in den Tonen stets Glimmer überwog. Kaolinit fand sich vielfach in groben, wurm- oder buchähnlichen Aggregaten in den Zwischenräumen der Sandkörner, so daß eine Neubildung im Sandstein sicher ist, zumal nach den Verbandsverhältnissen zwischen Ton- und Sandsteinschichten keine Änderung der Materialzufuhr anzunehmen ist. Auch HOPKINS (1958) beschrieb das Vorkommen von grobkristallinem Kaolinit in einem pennsylvanischen Sandstein (Auvil Rock Sandstein, McLeansboro Gruppe) des südlichen Illinois, dessen Tonzwischenlagen vorwiegend Glimmer und Mixedlayer-Minerale enthalten.

Möglicherweise ist auch der Chlorit, von dessen Vorkommen als sichere Neubildung in manchen Sandsteinen berichtet wird, aus dem Stoffbestand zerfallender Silikate entstanden. So kommt nach HEALD (1950) in den eben erwähnten Sandsteinen von West-Virginia ein hellgrüner Chlorit vor, der mit winzigen Nadeln (wenige μ lang, weniger als 1 μ dick) die Sandkörner überzieht, so daß die Innenwände der Poren von Chlorit gebildet werden. Ganz ähnliche Rasen von neugebildeten Chloritkristallen überziehen auch die Körner des Valendissandsteins von Barenburg bei Nienburg a. d. Weser, wie dies in Abb. 15 dargestellt ist.

In vielen Fällen wird es schwierig sein, mit Sicherheit zu entscheiden, ob ein bestimmter Zement aus dem eigenen Stoffbestand des Gesteins stammt, oder ob er von außen zugeführt wurde. In manchen Fällen werden sich wohl auch autochthone und allochthone Bestände mischen. Sicher allochthonen Ursprungs ist der Quarzzement solcher Quarzite, die sich ganz oberflächennah gebildet haben, wie

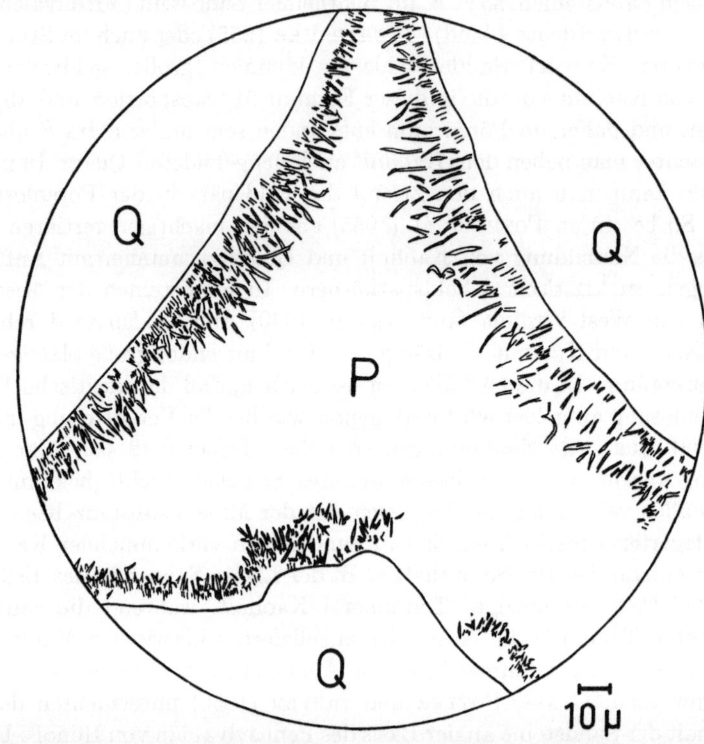

Abb. 15. *Chloritkristalle als diagenetische Neubildung in einem Valendissandstein aus dem Erdölfeld Barenburg (nordwestl. Hannover).* Q = Quarzkörner, P = Porenraum. Nach einer Zeichnung von H. DRONG

die tertiären Quarzite Mittel- und Süddeutschlands, die auf einer Landoberfläche unter dem Einfluß SiO_2-reicher Verwitterungslösungen entstanden. In solchen Quarziten ist eine verhältnismäßig lockere und poröse Sandpackung vollständig mit einem Quarzzement imprägniert.

Carbonate (Kalkspat, Dolomit, Eisenspat) mögen oft als echte allochthone Zemente vorkommen. Da die Löslichkeit der Carbonate außer von der Konzentration der betreffenden Ionen stark vom p_H, von der Temperatur, vom Gesamtdruck, von der CO_2-Tension und beim Eisencarbonat auch noch vom Oxydationspotential abhängt, können Ausfällung und Auflösung von Carbonaten durch geringe Änderungen der genannten Parameter leicht hervorgerufen werden. Die Carbonate erscheinen daher von allen porenfüllenden Substanzen am beweglichsten und dem stärksten Wechsel unterworfen. Interessant sind die Beobachtungen von FOTHERGILL (1955) über die Verteilung carbonatischer Bindemittel in den tertiären Sandsteinen Venezuelas. Carbonatische Porenfüllungen finden sich in diesen Sanden vor allem in der Nachbarschaft der liegenden und hangenden Tongesteine, so daß man annehmen kann, daß aus den mit der Absenkung immer mehr komprimierten Tonen Ca- und Mg-Ionen in den Porenraum der Sandsteine diffundierten und die Bildung carbonatischen Zementes verursachten. Ähnliche Erscheinungen sind auch von deutschen Erdölfeldern bekannt: Lagen von dichten Sandsteinen mit carbonatischem Bindemittel pflegen im Valendissandstein des Emslandes und auch in jurassischen Sandsteinen Niedersachsens bevorzugt in der Nähe von hangenden Tongesteinen vorzukommen. Es wäre hier allerdings noch zu untersuchen, ob diese Kalksandsteine nicht doch schon primär gebildet wurden. In manchen Sandsteinen beobachtet man eine Verdrängung von klastischem oder neugebildetem Quarz durch Calcit, so z. B. im Pennsylvanian der USA (SIEVER 1959). Hier muß also im Zusammenhang mit der Absenkung des Gesteins in Gebiete höherer Temperatur und höheren Druckes die Löslichkeit des Quarzes in der Porenlösung zu und die des Calcits abgenommen haben.

Von neugebildetem Feldspat wird aus vielen Sandsteinen berichtet. Der Fall eines untercambrischen Sandsteins („Franconia"-Formation) aus Minnesota, den BERG (1952) beschrieb, und der zu 48 Vol.-% aus im wesentlichen neugebildetem Mikroklin ($Or_{98}Ab_2$) bestand, dürfte wohl eine seltene Ausnahme sein. Doch kennt man viele Sandsteine mit geringeren Mengen von sicher neugebildetem Feldspat. Im devonischen Oriskany-Sandstein von West Virginia fand HEALD (1950) Ränder von neugebildetem Mikroklin, Orthoklas und (seltener) Albit um detritische Körner derselben Mineralien. Dieselben Feldspäte fand GILBERT (1949) als Neubildungen in tertiären Sandsteinen Californiens. Die neugebildeten Feldspäte sind immer klarer als die detritischen, d. h. frei von Einschlüssen und zeigen idiomorphe Formen und Kristallflächen, wo sie den Porenraum noch nicht ganz ausgefüllt haben. Auch aus den ordovizischen Simpson- und St. Peter-Sandsteinen von Oklahoma, Arkansas und Missouri beschreibt HEALD (1956a) die Neubildung von geringeren Mengen Mikroklin, Orthoklas und Albit als Ränder um detritische Körner. Daß neugebildeter Feldspat in großem Umfang durch Zufuhr von außen entstehen kann, hat HEALD (1956b) am Beispiel triassischer Arkosen von Connecticut und Massachusetts gezeigt. In diesen Gesteinen ist Feldspat (vornehmlich Albit) die wichtigste Neubildung im Porenraum. Er kommt als Saum um detritische Körner, als Füllung von Spalten in Feldspatkörnern und als mikrokristallines Aggregat in den Poren vor. Drucklösung an detritischen Feldspatkörnern wurde kaum beobachtet, so daß der neugebildete Feldspat wahrscheinlich aus Lösungen magmatischen Ursprungs stammt. Die mit Feldspat imprägnierten Arkosen sind im Durchschnitt 2000 m mächtig und enthalten rund 5 Vol.-% neugebildeten Albit; der zugeführte Albit würde also einer Mächtigkeit von 100 m entsprechen.

Von anderen Mineralien, die gelegentlich als Porenfüllung von Sandsteinen vorkommen, sind noch Anhydrit, Baryt und in geringerem Umfang Pyrit zu nennen. Anhydrit und Baryt werden in der Regel wohl autochthonen Ursprungs sein.

In den bisher untersuchten Sandsteinen wiegen Quarz und Carbonate als Zementsubstanz bei weitem vor. Nach einer Zusammenstellung von 277 Sandsteinen aus einem weiten stratigraphischen und geographischen Bereich durch TALLMANN (1949) gelten für die Verbreitung carbonatischer und kieseliger Bindemittel folgende Zahlen:

Alter	% SiO_2-Zement	% Carbonatzement
Trias-Gegenwart	52	48
Devon-Perm	75	25
Cambrium-Silur	84	16

Danach scheint in jüngeren Sandsteinen Carbonatzement, in den älteren Quarzzement zu überwiegen. Die Gründe für diesen Unterschied sind noch nicht bekannt.

Zusammenfassend ist festzustellen, daß der durch mechanische Umordnung der Körner niemals ganz zu schließende Porenraum der Sandsteine durch mannigfache Neubildungen von Mineralien mehr oder minder vollständig ausgefüllt werden kann. Die bis heute vorliegenden Beobachtungen bieten kaum mehr als eine erste Übersicht über die häufigsten Arten der Porenfüllung, wie sie sich autochthon oder allochthon in der oberen Erdrinde bilden können. Alle diese Prozesse verlaufen über die Porenlösung und man wird die Zusammensetzung dieser Lösungen und alle chemischen und physikalischen Änderungen in ihr zu erschließen oder zu bestimmen haben, bevor man die Prozesse der chemischen Porenfüllung wirklich verstehen kann. Solche Veränderungen werden in der Geschichte eines Sandsteins durch Absinken in größere Tiefen, d. h. in Gebiete höheren Druckes und höherer Temperatur, durch den Zutritt gelöster Stoffe aus benachbarten Tonsedimenten während deren Kompression, und durch die aus größerer Tiefe aufsteigenden Lösungen in mannigfacher Weise erfolgen.

Auf die für die Aufsuchung von Erdöl- und Erdgasvorkommen wichtige Frage, unter welchen Umständen der Porenraum eines Sandsteins auch in größeren Tiefen erhalten bleiben kann, gibt es keine einfache Antwort. Carbonathaltige Sande werden wohl auf jeden Fall schon in mäßigen Tiefen bevorzugt zu Gesteinen mit geringer Porosität umgeformt werden. In feldspatreichen Sanden (Arkosen) kann die Bildung von Kaolinit den Porenraum verringern. Am ehesten werden wohl reine Quarzsande bis in große Tiefen einen wesentlichen Anteil ihres ursprünglichen Porenraumes bewahren. Dies gilt aber nur für den Fall, daß keine Stoffzufuhr von außen die Bildung allochthonen Bindemittels erzeugt.

Da verdichtende Neubildungen im Porenraum immer über die Porenlösung erfolgen, wird vor allem dann eine ursprüngliche Porosität erhalten bleiben, wenn der Porenraum frühzeitig mit nicht-wäßrigen Medien gefüllt wurde. In der Tat scheinen in manchen Kohlenwasserstofflagerstätten im öl- oder gasgefüllten Gestein Porosität und Permeabilität höher zu sein als in den mit Salzwasser gefüllten Gesteinsbereichen rings um die Lagerstätte. Da Porosität und Permeabilität in der Regel nur an Gesteinsproben aus der Lagerstätte gemessen werden und für die umliegenden Bereiche weniger gut bekannt sind, ist es schwierig, diese Verteilung von Porosität und Permeabilität durch exaktes Zahlenmaterial zu belegen. Einige Beobachtungen aus deutschen Erdölfeldern seien hier erwähnt: Im Erdölfeld Hohenassel bei Braunschweig ist der ölführende Korallenoolith (Malm) ein sehr poröses, fast sandähnliches Gestein; in strukturtiefen Bohrungen im Westen des Feldes wurde er wassergefüllt und dicht, mit sehr niedriger Porosität und Permeabilität angetroffen. Im Bereich des Erdölfeldes Eldingen (östlich Celle) ist der rund 1500 m tief liegende Lias α-Sandstein dort, wo er ölgefüllt ist, von höherer Permeabilität als in den mit Wasser gefüllten Regionen. Aus dem benachbarten Gebiet der Erdölfelder Hankensbüttel, Örrel und Hohne am NW-Rand des Gifhorner Troges berichtete HEDEMANN (1954), daß die Dogger β-Sandsteine besonders dann quarzitisch oder kalkig verkittet und damit dicht und undurchlässig angetroffen wurden, wenn sie kein Erdöl enthielten. Auch im Emsland scheint eine frühe Füllung mit Erdöl die Zementation des Bentheimer Sandsteins (Valendis) im Bereich der Erdölfelder verhindert zu haben. Es folgt daraus, daß man aus dem Grad der Zementation, den man in wassergefüllten Partien eines Sandsteins antrifft, durchaus nicht auf die Porosität desselben Gesteins an Orten schließen kann, wo es mit nichtwäßrigen Phasen gefüllt ist. Auch ein heute ganz verdichtetes Gestein kann in frühzeitig mit nichtwäßrigen Phasen gesättigten Bereichen Erdgas- oder Erdöllagerstätten enthalten.

In keinem Fall läßt sich eine Tiefe angeben, unterhalb welcher das Vorkommen poröser Sandsteine generell ausgeschlossen ist. Auch die bisher tiefsten Bohrungen, die im Bereich der Golfküste bis in Tiefen um 7000 m vordrangen, haben immer noch poröse, mit Kohlenwasserstoffen gefüllte Gesteine angetroffen. Eine untere Grenze für das Vorkommen poröser Sandsteine ist mit den heute zur Verfügung stehenden technischen Mitteln jedenfalls noch nicht erreicht worden.

3. Die Porosität der tonigen Sedimente

Die primäre Porosität der Tone. Die primäre Porosität toniger Sedimente ist sehr viel höher als die der Sande. Wie die Porosität frischer Sedimente mit abnehmender Korngröße ansteigt, zeigen Abb. 7 (S. 15) für rezente Nordseesedimente und Abb. 8 (S. 15) für Ablagerungen vor der Californischen Küste. Die Porositäten steigen demnach im Übergang vom Grobsand bis zum Feinton außerordentlich stark an. Für frisch abgelagerte Feintone, die im wesentlichen aus Teilchen unter 2 μ Durchmesser bestehen, muß man jedenfalls Porositäten annehmen, die über 0,80 liegen. Solche Werte wurden verschiedentlich gemessen.

Tabelle 6. *Mittelwerte der Porosität toniger Sedimente vor der südcalifornischen Küste.* (25 cm unter der Oberfläche; nach EMERY und RITTENBERG 1952)

Mediandurchmesser	mittlere Porosität
0,010 mm	0,73
0,003 mm	0,80
0,001 mm	0,89

Tabelle 7. *Porosität rezenter Wattsedimente der Nordsee vor Wilhelmshaven* (nach FÜCHTBAUER und REINECK)

% Ton (< 0,02 mm)	Porosität
52,6	0,807
55,0	0,759
57,8	0,778
59.4	0,801
60,0	0,761
66,8	0,802
67,6	0,834
68,7	0,827
71,4	0,798
73,0	0,810
74,2	0,823
77,0	0,825
77,7	0,820
79,1	0,863
83,0	0,812

Tab. 6 zeigt die von EMERY und RITTENBERG (1952) bestimmten Mittelwerte der Porosität toniger Sedimente vor der südcalifornischen Küste.

Die Porosität rezenter Nordseesedimente vor Wilhelmshaven in Abhängigkeit vom Tongehalt zeigt nach Messungen von FÜCHTBAUER und REINECK Tab. 7.

Ähnliche Werte haben auch SHEPARD und MOORE (1955) in Sedimenten des Küstengebietes von Centraltexas (Rockport-Gebiet) gemessen. Sie fanden für Tongehalte zwischen 20 und 80% Porositäten zwischen 0,5 und 0,9. Zwischen 0,5 und 0,7 lagen die von SUTTON, BERKHEMER und NAFE (1957) bestimmten Porositäten von Tiefseetonen aus dem Atlantik. Ähnliche Werte bestimmte früher schon CORRENS (1937) an Sedimenten des Atlantik.

Während Sande in der Hauptsache aus mehr oder weniger rundlichen Quarz-, Feldspat- und Carbonatkörnern bestehen, nimmt mit abnehmender Korngröße die Menge der verschiedenen Schichtsilikate zu. Diese, der Kaolin-, Montmorin-, Glimmer- und Chloritgruppe angehörigen Mineralien haben die Gestalt von oft außerordentlich dünnen Blättchen. Aus elektronenoptischen Aufnahmen weiß man, daß in Montmorillonittonen Teilchen von 20—$30 \cdot 10^{-8}$ cm Dicke mit einer Flächenausdehnung von mindestens $10^{10} \cdot 10^{-16}$ cm^2 vorkommen. Auch unvollständige Glimmer (Illite) kommen in den Tonen als sehr dünne Blättchen vor.

Rein geometrisch könnten sich Blättchen zu einem kompakten Sediment fast ohne Porenvolumen zusammenlagern. Die Porosität der Tone müßte dann wesentlich kleiner als die der Sande sein, deren kugelähnliche Teilchen auch bei dichtester Lagerung immer einen Porenraum bilden müssen. Daß die Tone sich ganz anders verhalten, zeigt, daß man ihre Porosität nicht mehr nach einfachen geometrischen Modellen verstehen kann, wie dies bei den Sanden mittels der Kugelpackungen wenigstens qualitativ noch möglich war.

Das besondere Verhalten der Tone beruht auf der sehr großen Oberfläche ihrer Teilchen. Das Verhältnis von Oberfläche zu Volumen ist für das einzelne Teilchen so groß, daß alle von der Oberfläche ausgehenden Kräfte die Volumenkraft weit überwiegen. Für die Anordnung der Teilchen bei der Ablagerung spielt daher das Teilchengewicht gegenüber den Wechselwirkungskräften der Oberflächen eine geringe Rolle. Durch diese Oberflächenkräfte werden die sich ablagernden Teilchen in sehr lockeren Gerüststrukturen aufgefangen, die unter den Bedingungen der Sedimentation über 80% Porenraum enthalten.

Aus Laboratoriumsuntersuchungen über das Sedimentvolumen feinteiliger Pulver verschiedener Kristallarten in Flüssigkeiten weiß man, daß das Porenvolumen der künstlichen Sedimente eines bestimmten Feststoffes stark von der Art der Flüssigkeit abhängt. Daraus ist zu schließen, daß die zwischen den Teilchen wirksamen Oberflächenkräfte von der Natur der Flüssigkeit abhängen, die die Teilchenzwischenräume ausfüllt (WOLF 1959a, S. 324ff.). Die Versuche zeigen, daß es bei festen Stoffen, die Ionenbindungen enthalten, zu denen auch die Tonmineralien gerechnet werden dürfen, wesentlich auf die Absättigung polarer von der Teilchenoberfläche ausgehender Kräfte ankommt. Die Sedimentvolumina sind klein in solchen Flüssigkeiten, die Moleküle mit leicht zugänglicher polarer Gruppe oder Ionen enthalten, also etwa in primären Alkoholen, Alkylaminen, Wasser und besonders in wäßrigen Elektrolytlösungen. Die Sedimentvolumina sind groß in unpolaren Flüssigkeiten wie etwa Cyclohexan oder Tetrachlorkohlenstoff. Polare Moleküle und Ionen können demnach die Haftkräfte zum Teil absättigen, die zwischen den Teilchenoberflächen wirken und die lockeren Gerüststrukturen hervorrufen. Aus diesem Grunde besteht für Tone ein Zusammenhang zwischen Sedimentvolumen (bzw. Porosität) und Elektrolytgehalt der wäßrigen Lösung, indem sich die höchsten Sedimentvolumina und Porositäten in elektrolytfreiem Wasser bilden. In der Tab. 8 ist nach Messungen von HOFMANN und HAUSDORF(1945)die Porosität eines Montmorillo-

Tabelle 8. *Sedimentvolumen und Porosität von Bentonit in* NaCl-*Lösungen* (nach HOFMANN und HAUSDORF)

Mole NaCl/l	Sedimentvolumen cm^3/g trockener Ton	Porosität
2,0	4,3	0,903
0,2	10,0	0,956
0,02	19,0	0,976
0,004	etwa 70	0,99

nittones(Bentonit) in NaCl-Lösungen dargestellt. Die Porosität wurde aus dem gemessenen Sedimentvolumen mit einer Dichte des Montmorillonits von 2,2 berechnet.

Aus diesen Beobachtungen muß man schließen, daß unter sonst gleichen Bedingungen die primäre Porosität von Süßwassertonen höher sein wird, als die mariner Tonsedimente.

Die diagenetische Reduktion der Porosität durch mechanische Prozesse. Wegen der lockeren Struktur der frisch abgelagerten Tone ist zu erwarten, daß die Überlagerung durch neues Sediment die Porosität auf mechanischem Wege verringern wird. In einer grundlegenden Arbeit hat SORBY bereits im Jahre 1908 darauf aufmerksam gemacht, daß wasserreiche Tonschlämme durch Druck weitgehend entwässert werden können, so daß man sich vorstellen kann, daß Tongesteine älterer Formationen vor allem durch die mechanische Wirkung der überlagernden Schichten entwässert und verdichtet worden sind. In der Zwischenzeit ist durch das Vordringen der Erdölbohrungen in immer größere Tiefen neues Material über die Porosität tiefversenkter Tongesteine bekannt geworden, es sind Beobachtungen über die frühdiagenetische Verdichtung rezenter Tone gemacht worden und man hat einige Erfahrungen über das Verhalten von Tonen unter Druck im Laboratorium sammeln können, so daß ein erster Überblick über die mechanische Verminderung der Porosität von Tongesteinen möglich ist, wenn auch, wie sich im folgenden zeigen wird, der Grundmechanismus der so einfach erscheinenden mechanischen Kompression von Tonen heute immer noch durchaus

unverstanden ist (vgl. zum folgenden auch zusammenfassende Artikel von JONES [1944] und WELLER [1959]).

Recht wenige und zum Teil einander widersprechende Daten liegen über die frühdiagenetische Veränderung des Porenraums rezenter Tone vor. In Tonschlämmen des Firth of Clyde (Schottland) fand MOORE (1931) an der Oberfläche eine Porosität von 0,80—0,85, 25—30 cm darunter nur 0,70—0,75. Untersuchungen an tonigen Sedimenten des Schwarzen Meeres durch SAWELJEW (1958) ergaben eine Verdichtung von der Porosität 0,8 in 2 m Tiefe auf etwa 0,65 in 7,5 m Tiefe.

Auch EMERY und RITTENBERG (1952) fanden in den tonigen Sedimenten vor der californischen Küste eine deutliche Abnahme der Porosität mit der Tiefe unter der Oberfläche. Die Ergebnisse von Messungen an einem etwa 5 m langen Kern sind nach einer graphischen Darstellung der Autoren (Abb. 16) in der Tab. 9 zusammengefaßt.

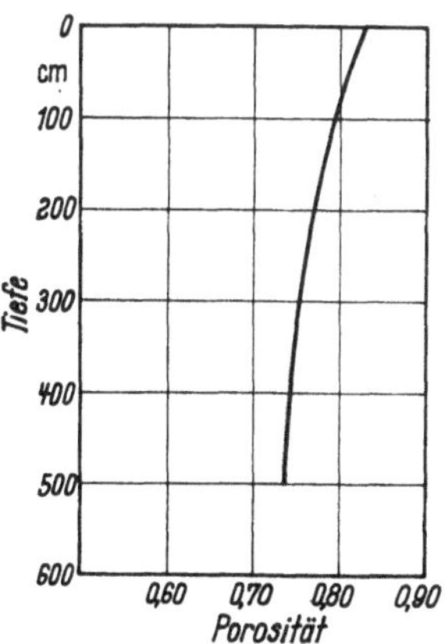

Abb. 16. *Abnahme der Porosität mit der Tiefe in rezenten Meeressedimenten vor der Californischen Küste* (Santa Barbara Basin, Meerestiefe 530m, Mediandurchmesser 0,0029—0,0041 mm). Nach EMERY und RITTENBERG (1952)

Eine, wenn auch undeutlichere Abnahme der Porosität mit der Tiefe fanden SUTTON, BERKHEMER und NAFE (1957) in 4 bis 6 m langen Kernen aus rezenten bis miocänen Tiefseesedimenten des Atlantik. Im Gegensatz zu diesen Beobachtungen konnten SHEPARD und MOORE (1955) im Golf von Mexiko keine merkliche Änderung der Porosität mit der Tiefe beobachten. Es handelte sich hier allerdings zum großen Teil um Sedimente mit gröberen Komponenten, deren Anteil sich im Profil oft änderte, so daß von vornherein kein regelmäßiger Gang der Porosität zu erwarten war.

Verschiedene Niveauveränderungen in Gebieten rascher und junger Sedimentation von Tonen sind wahrscheinlich auf den Volumenschwund der unter ihrem eigenen Gewicht sich verdichtenden Ablagerungen zurückzuführen. So ist nach UMBGROVE (1951) die Senkung des niederländischen Küstengebietes zu einem wesentlichen Teil durch die allmähliche Verdichtung toniger Sedimente zu erklären. Im Randgebiet des Mississippideltas beobachtet man eine Verdichtung der Sedimente (SHEPARD 1956). Im Gebiet der Pomündung sinkt die Landoberfläche ständig um zum Teil sehr erhebliche Beträge. Nach DAL PIAZ (1959) ist dieses Phänomen nur zu einem Teil durch einen allgemeinen Anstieg des mittleren Meeresniveaus verursacht; eine wesentliche Rolle spielt die Verdichtung der überaus mächtigen jungen Tonsedimente dieses Raumes. Allein im Quartär wurden hier 2400 m überwiegend tonige Sedimente abgelagert. Bekannt ist die in allen alten Städten dieses Gebietes zu beobachtende Erscheinung, daß Bauwerke im Laufe der Jahrhunderte im tonigen Boden versinken, indem sie ihn durch ihr Gewicht komprimieren. So entstanden die schiefen Türme Bolognas und so sanken Theoderichgrabmal und die Kirchen des 6. Jahrhunderts in Ravenna mit ihren Fundamenten tief in den Boden ein.

Tabelle 9. *Abnahme der Porosität mit der Tiefe in rezenten Tonsedimenten vor der californischen Küste* (nach EMERY und RITTENBERG)

Tiefe m	Porosität
0,20	0,82
0,50	0,81
1,00	0,80
2,00	0,77
3,00	0,75
4,00	0,74
5,00	0,73

Von den verschiedenen Beobachtungen über die Verdichtung toniger Schichten in älteren Formationen seien hier nur einige typische Beispiele erwähnt. In der Abb. 17 ist der angeschliffene Längsschnitt eines Bohrkerns durch einen Ton des Dogger β (Tiefbohrung Vorhop, 1135 m Tiefe) nördlich von Braunschweig wiedergegeben. Der Ton wird quer zur Schichtung von einem vertikalen, maximal 2 cm hohen und 0,5 mm breiten Sandblatt durchzogen, das durch einen Riß entstanden sein mag, der im frisch abgelagerten Ton mit Sand gefüllt wurde. Der Ton ist tektonisch ganz ungestört, so daß die feine Fältelung des Sandblattes nur durch den Unterschied der Setzung von Ton und Sand entstanden sein kann. Eine Ausmessung ergibt, daß der Ton sich 2,19 mal so stark gesetzt hat als der Sand. Der Sand hat eine Porosität von etwa 0,20; nimmt man eine ursprüngliche Porosität von 0,40 an, so ergibt sich als Setzungsfaktor für den Sand 1,33 und für den Ton 2,92. Dessen (gemessene) Porosität beträgt heute 0,115. Die ursprüngliche Porosität errechnet sich also zu 0,697. Diese Porositätsreduktion wurde durch die Versenkung in etwa 1135 m Tiefe erzeugt. Ähnliche Beobachtungen an sandgefüllten Trockenrissen in carbonischen Schiefertonen wurden von TEICHMÜLLER (1955) beschrieben.

Manche Carbonatgeoden in tonigen Gesteinen können auf die frühdiagenetische Abscheidung von Carbonat in der Porenlösung des Tones zurückgeführt werden. In diesem Fall ist der Volumenanteil des Carbonats in der Geode der Porosität des Tones kurz nach der Ablagerung gleichzusetzen (LIPPMANN 1955). Für Kalk- und Eisenspatgeoden in der Unterkreide (Barrême) fand LIPPMANN auf diese Weise ursprüngliche Porenwassergehalte von etwa 55 Gew.-%, was einer ursprünglichen Porosität des Tones von etwa 0,75 entspricht. Der so fixierte ursprüngliche Porenraum kann mit der jetzt vorhandenen Porosität des nicht carbonatisierten Tones außerhalb der Geode verglichen werden, woraus sich dann Maßzahlen für die stattgefundene Setzung ergeben.

Wenn eine ursprünglich gleichmächtige Sedimentdecke örtlich viele Sande enthält und an anderen Stellen nur aus Tonen besteht, werden zufolge der verschieden starken mechanischen Verdichtung von Tonen und Sanden Mächtigkeitsschwankungen entstehen. Die Serie wird dort, wo sie mehr Sandsteine enthält,

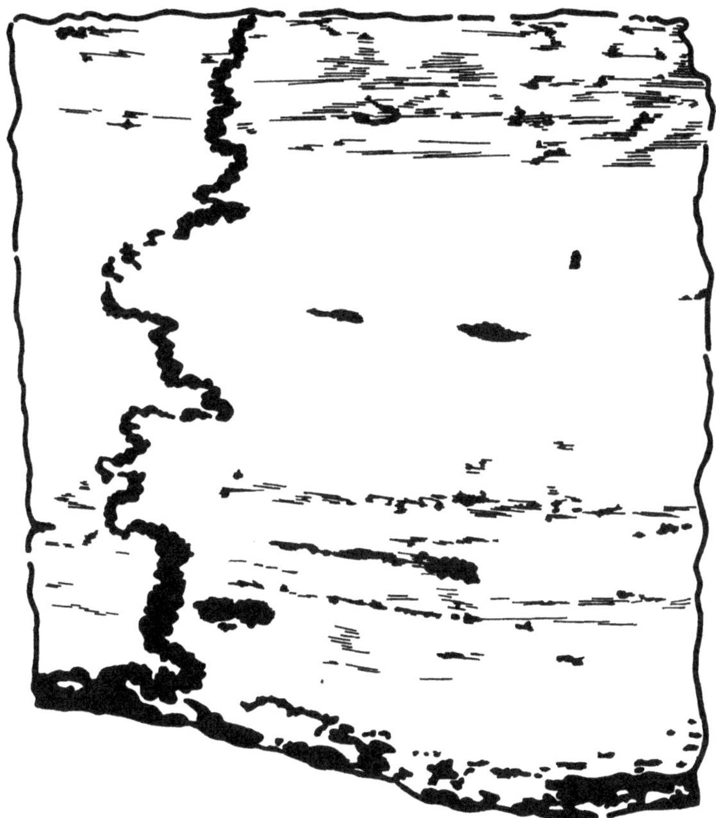

Abb. 17. *Längsschnitt durch einen Bohrkern im sandhaltigen Tonstein des Dogger β aus einer Tiefbohrung im Erdölfeld Vorhop*, nördlich Braunschweig (1135 m). Weiß = Ton. Schwarz = Sand. Nach einer photographischen Aufnahme von H. FÜCHTBAUER

relativ mächtiger erscheinen. Solche Beobachtungen beschreiben MUELLER und WANLESS (1957) aus dem Pennsylvanian von Illinois. An Profilen von Tiefbohrungen läßt sich dort nachweisen, daß bestimmte, durch regional verbreitete Kohlenlager und Kalkschichten abgegrenzte Abteilungen klastischer Sedimente in den rinnenförmigen Verbreitungsgebieten der Sandsteine ("channel"-Sandsteine) mächtiger sind als in den dazwischen liegenden, später stärker verdichteten Räumen toniger Sedimentation.

Auf diese Weise kann eine ursprünglich horizontale Schichtfläche dort Aufwölbungen erfahren, wo unter ihr begrenzte Sandkörper liegen, wie dies schematisch in der Abb. 18 für eine Sandlinse in Ton gezeigt ist. Es entstehen auf diese

Weise Schichtaufwölbungen, die für die Bildung von Lagerstätten der Kohlenwasserstoffe von Bedeutung sein können, und die man nicht mit tektonischen Strukturen vom Antiklinaltypus verwechseln darf. Es scheint, daß einige der

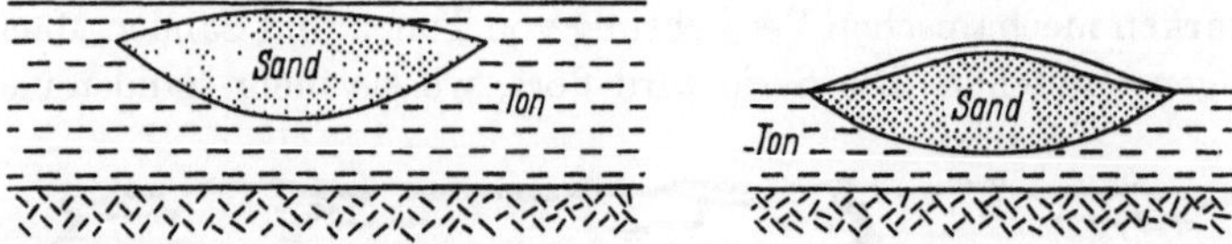

Abb. 18. *Zur Entstehung scheinbarer Schichtaufwölbungen durch die unterschiedliche Verdichtung von Ton und Sand*

flachen Strukturen der Gasfelder des oberitalienischen Pobeckens derartige Pseudoantiklinalen sind, die durch den verschieden starken Volumenschwund toniger und sandiger Sedimente entstanden (STORER 1959).

Die erste ausführliche Zusammenstellung über die Porosität rezenter und alter Tonsedimente veröffentlichte HEDBERG (1926). Aus den an Tongesteinen aus einer Bohrung in Kansas gewonnenen Daten ergab sich eine regelmäßige Abnahme der Porosität mit der Tiefe, und diese Beobachtung führte zu der Annahme, daß die Verdichtung und Verfestigung von Tonen in erster Linie eine Folge der einfachen mechanischen Druckwirkung ist. Die später von ATHY (1930) gesammelten

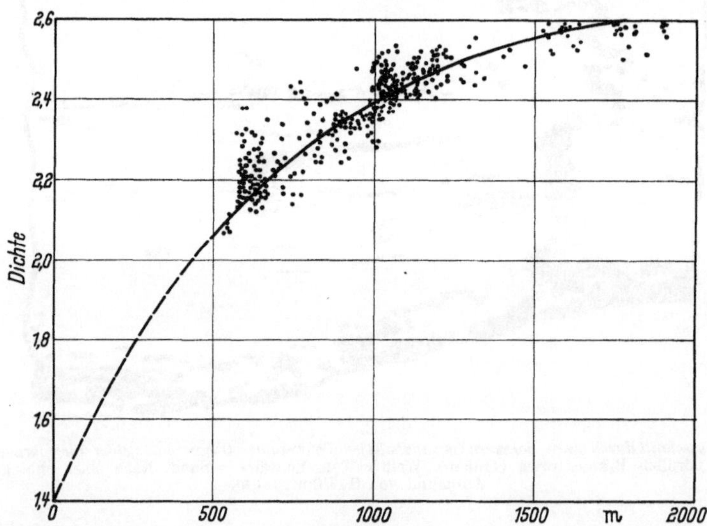

Abb. 19. *Dichte von Tongesteinen aus Tiefbohrungen in Oklahoma in Abhängigkeit von ihrer maximalen Bedeckungstiefe.* Nach ATHY

2200 Dichtebestimmungen an Bohrkernen aus Oklahoma und Texas (Abb. 19) bestätigten einen relativ einfachen Zusammenhang zwischen Gesteinsdichte und Tiefe. Es ist anzunehmen, daß die Dichte der festen Mineralien in den von ATHY untersuchten Gesteinen nicht wesentlich verschieden ist. Dann kann man die Gesteinsdichte als ein Maß für die Porosität ansehen. In den oberen Tiefen herrscht eine recht gute Übereinstimmung zwischen den Werten von ATHY und den früher von HEDBERG (1926) veröffentlichten Zahlen. In Tiefen über 600 m haben aber die Gesteine von ATHY höhere Dichten, was ATHY darauf zurückführte, daß diese

Proben aus tektonisch beanspruchten Räumen stammen. Dort mag ein zusätzlicher tangentialer Druck die Wirkung des normalen Gebirgsdrucks erhöht haben.

Um diese Wirkung des normalen Gebirgsdrucks möglichst rein zu erfassen, untersuchte HEDBERG (1936) die Porosität toniger Gesteine aus der großen tertiären Geosynklinale von Venezuela. Es handelt sich um ganz ungestörte, horizontal gelagerte Schichten grauer bis grüngrauer Tone von im wesentlichen gleicher Entstehungsart und wohl auch recht gleichförmiger Mineralzusammensetzung. Die Proben stammen hauptsächlich aus einer 1800 m tiefen Bohrung, einige ergänzende Gesteine aus zwei benachbarten Bohrungen gleicher geologischer Lage.

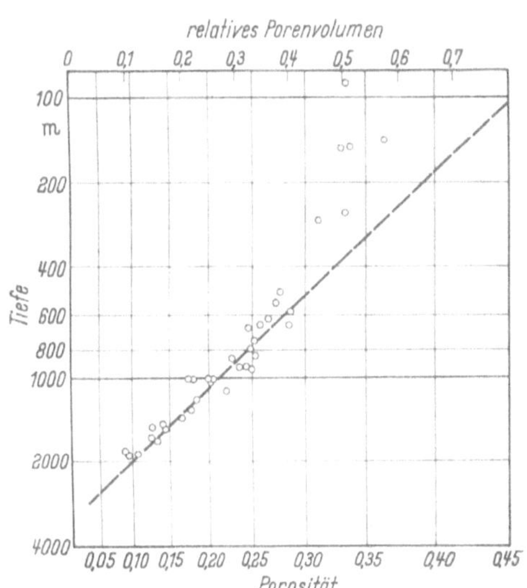
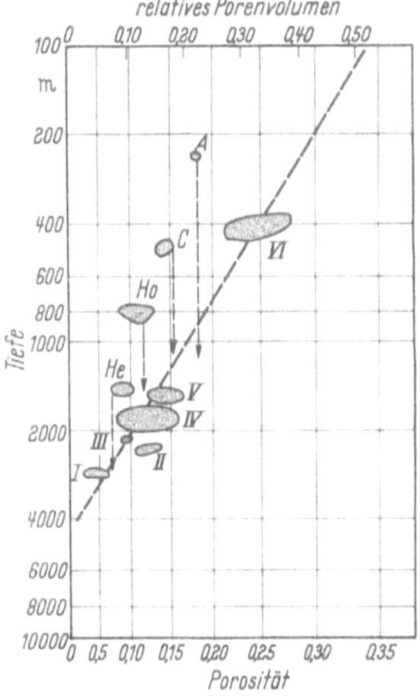

Abb. 20   Abb. 21

Abb. 20. *Porosität und relatives Porenvolumen tertiärer Tongesteine von Venezuela in Abhängigkeit von ihrer Tiefenlage. Nach* HEDBERG (1936)

Abb. 21. *Porosität und relatives Porenvolumen toniger Sedimente des Lias α aus Tiefbohrungen in Nordwestdeutschland in Abhängigkeit von der heutigen Tiefenlage. Nach Messungen von* FÜCHTBAUER. (Zahl der untersuchten Proben in Klammern.) I: Harsebruch 2, SO Celle (20); II: Wettenbostel 2, SW Lüneburg (4); III: Bokel, S Ülzen (10); IV: Ölfelder Hohne (6) und Wesendorf, Flanke (27); ferner Bohrungen Glinde 1, SSO Hamburg (4); Glückstadt 1, WNW Hamburg; Bodenteich 6, S Ülzen (3); Helmerkamp 1, O Celle (7); Unterlüss 1 und 2, NO Celle (9); V: Ölfeld Eldingen, NO Celle (32); VI: Ölfeld Wesendorf, Dach des Salzstocks (5); He: Groß Hehlen 1, NNW Celle (7); Ho: Ölfeld Hohenassel, O Hildesheim (3); C: Ölfeld Calberlah, N Braunschweig (7); A: Ölfeld Abbensen, ONO Hannover (7)

Die Ergebnisse von HEDBERG sind in der Abb. 20 wiedergegeben. Es ergibt sich für die meisten Punkte eine lineare Abhängigkeit, wenn man das relative Porenvolumen ($E = \varepsilon/1 - \varepsilon$) gegen den Logarithmus der Tiefe aufträgt. Das relative Porenvolumen (vgl. S. 1) ist das auf eine Volumeneinheit Festsubstanz entfallende Porenvolumen. Es entspricht also bis auf einen Zahlenfaktor dem in manchen Arbeiten angegebenen Wassergehalt eines wassergesättigten porösen Gesteins, wenn man diesen auf die Gewichtseinheit des trockenen Gesteins bezieht.

An Tonen des unteren Lias aus verschiedenen Tiefbohrungen in Nordwestdeutschland wurden von FÜCHTBAUER (vgl. ROLL 1956) im Laboratorium der Elwerath (Hannover) Porositätsbestimmungen ausgeführt. Es ergibt sich für eine Anzahl von Vorkommen, wie Abb. 21 zeigt, die sich auf 150 Einzelbestimmungen der Porosität gründet, wieder eine annähernd lineare Beziehung, wenn man das relative Porenvolumen gegen den Logarithmus der Tiefe aufträgt. Auch hier handelt es sich um tektonisch nicht beanspruchte Tone von gleichförmiger mineralogischer Zusammensetzung. Die Hauptbestandteile sind nach röntgenographischer Analyse Kaolinit und Glimmer (Illit) mit weniger Chlorit und geringen Mengen von Quarz. Die etwa auf der Geraden liegenden Proben der Nr. I bis VI stammen von Lagen, deren heutige Tiefe etwa der maximalen Bedeckungstiefe gleichkommt. Dagegen ist der Lias von Hehlen, Hohenassel, Calberlah und Abbensen im Verlauf des Aufstiegs der Salzstöcke etwa um die durch die Pfeile angedeuteten Beträge gehoben worden, die sich aus rein geologischen Argumenten ergeben.

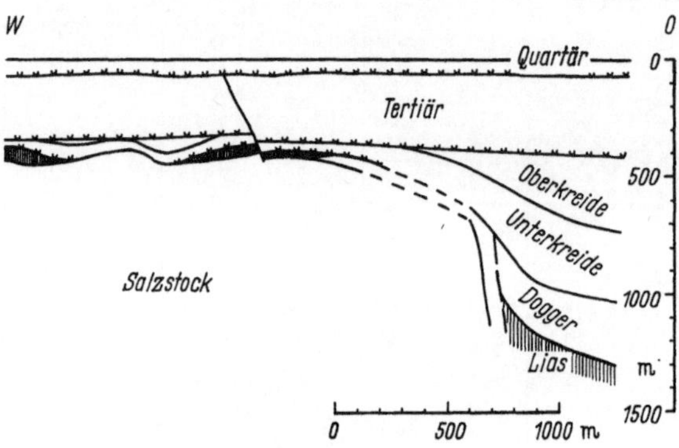

Abb. 22. *Schnitt durch die O-Flanke des Salzstocks Wesendorf.*
(Vereinfacht nach ROLL 1956)

Alle diese Proben haben daher niedrigere Porositäten als es ihrer heutigen Tiefe entspricht; aus den heutigen Porositäten kann man auf ihre maximale Tiefenlage schließen. Besonders interessant sind die Verhältnisse am Salzstock Wesendorf (ROLL 1956), dessen Schichtlagerung in Abb. 22 dargestellt ist: Die geringe Porosität der Liastone der Salzstockflanke entspricht ihrer tiefen Lage.

Die hohe Porosität der auf dem Dach des Salzstocks erhaltenen Liasschollen zeigt, daß sich diese Tone niemals sehr viel tiefer als heute befunden haben. Damit wird die aus geologischen Gründen erschlossene Tatsache bestätigt, daß die Hebung dieses Salzstocks schon früh, d. h. nicht lange nach der Lias-Zeit begann.

Aus dem tiefen Pobecken, das mit pliocänen und miocänen, hauptsächlich tonigen Sedimenten gefüllt ist, veröffentlichte STORER (1959) Daten über die Abhängigkeit der Gesteinsdichte von der Tiefe, die in Abb. 23 wiedergegeben sind. Aus diesen Dichtezahlen wurden unter der Annahme von $\varrho_f = 2{,}65$ für die feste Mineralsubstanz nach den Gl. (5) und (6) Porosität und relatives Porenvolumen berechnet. Auch hier ergibt sich eine lineare Beziehung zwischen Porenvolumen und Logarithmus der Tiefe, die in Abb. 24 dargestellt ist. Zur Streuung der Einzelwerte ist zu bemerken, daß sie zum Teil durch den verschiedenen Kalkgehalt bedingt ist. Es haben nämlich, wie von STORER im einzelnen belegt wird, die kalkreichen Sedimente durchweg höhere Dichten. Auch ist ein Einfluß der Zeit zu bemerken, indem, wie STORER zeigt, die miocänen Sedimente bei gleicher Tiefenlage im Durchschnitt eine höhere Gesteinsdichte haben als die pliocänen.

Die lineare Beziehung zwischen dem relativen Porenraum und dem Logarithmus der Tiefe, wie sie sich empirisch aus den Beobachtungen in Venezuela, Nordwestdeutschland und im Pobecken ergibt, läßt sich durch die folgende Gleichung darstellen:

$$E = E'_1 - b' \lg t \, . \tag{27}$$

E ist der relative Porenraum in der Tiefe t [m]. Die Konstante E'_1 bedeutet den relativen Porenraum in der Tiefe $t = 1$ m und die Konstante b' mißt die Zusammendrückbarkeit des betreffenden Tones (Kompressibilitätsindex). Gilt die Formel bis zum völligen Verschwinden des Porenraums, so läßt sich auch die Tiefe t_0 angeben, in der keine Porosität mehr besteht ($E = 0$):

$$\lg t_0 = E'_1/b' . \tag{28}$$

Für die besprochenen drei Tongesteine, deren Verdichtungskurven in der Abb. 24 noch einmal zusammengestellt sind, gelten die folgenden Konstanten:

	E'_1	b'	ε_1	t_0 m
Tertiär, Venezuela. . . .	1,844	0,527	0,65	3160
Tertiär, Pobecken	1,700	0,481	0,63	3500
Lias, NW-Deutschland . .	1,160	0,317	0,54	4570

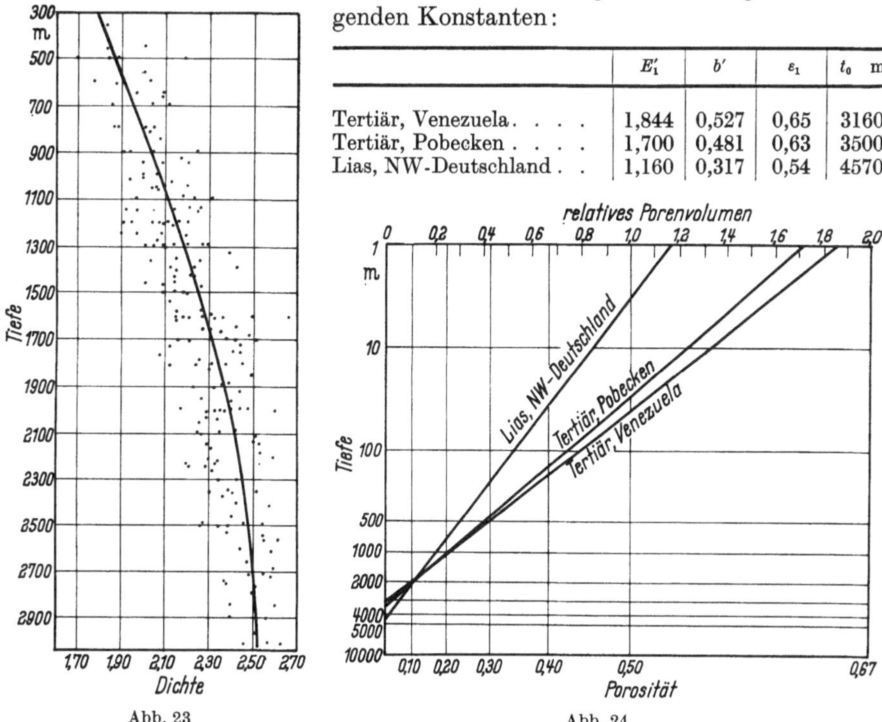

Abb. 23

Abb. 24

Abb. 23. *Dichte tertiärer Tongesteine aus Tiefbohrungen im Pobecken.* Nach STORER
Abb. 24. *Schematische Darstellung der Abhängigkeit der Porosität verschiedener Tonsedimente von der Bedeckungstiefe*

Mit der Aufstellung der empirischen Gl. (27) soll natürlich nicht behauptet werden, daß dieser einfache Zusammenhang über alle Tiefen besteht. In einem mittleren Tiefenbereich scheinen die Beobachtungen durch die Gleichung recht gut dargestellt zu werden. Es sind aber Abweichungen sowohl für geringe als auch für große Tiefen zu erwarten. In großen Tiefen wird der Porenraum wahrscheinlich langsamer mit der Tiefe abnehmen, als es die Gleichung beschreibt. Die nach Gl. (28) berechnete Tiefe t_0 hat daher wohl auch keine reale Bedeutung. Es werden sicherlich auch noch in größeren Tiefen kleine Porositäten vorkommen. Immerhin wird man aber 4000 m tief und darunter nur noch Tonporositäten von höchstens wenigen Prozent erwarten dürfen. Für die Neubildung von Feldspäten und Glimmern bei der metamorphen Umkristallisation von Tongesteinen steht also aus der Porenlösung nur sehr wenig Alkali (Na) zur Verfügung. Auch für geringe Tiefen sind vielleicht Abweichungen von der einfachen Formel zu erwarten, wie dies z. B. Abb. 20 zeigt. Hier sind die wirklichen Porositäten niedriger als die berechneten.

In der Literatur finden sich manche Diskussionen über eine allgemeingültige Beziehung zwischen Tonporosität und Tiefe. Es ist nicht anzunehmen, daß es eine solche gibt. Korngrößenverteilung, Mineralgehalt, Zusammensetzung der Porenlösung, Zeitdauer der Verdichtung, sekundäre Mineralbildungen im Porenraum und manche andere Faktoren werden eine Rolle spielen. Es ist also wohl anzunehmen, daß Tone verschiedener Natur und verschiedener geologischer Geschichte sich durchaus verschieden verhalten werden. Darüber wird man erst durch weiteres Beobachtungsmaterial genauere Vorstellungen gewinnen können. Bei künftigen Untersuchungen wird auch die bei den bisherigen Beobachtungen noch gar nicht beachtete Veränderung der Textur der Tongesteine mit zunehmender Kompression zu verfolgen sein. Es ist anzunehmen, daß die blättchenförmigen Einzelteilchen mit der Verringerung des Porenraums immer mehr ausgerichtet werden.

Unter der Voraussetzung der Gültigkeit der logarithmischen Beziehung (27) läßt sich leicht abschätzen, um welche Beträge das Volumen eines Tonsediments abnehmen wird, wenn es in größere Tiefen versenkt wird. Eine Tonmenge, die gerade 1 cm³ feste Mineralsubstanz enthält, hat in 1 m Tiefe das Volumen

$$V_1 = E_1 + 1 . \tag{29}$$

Dieselbe Tonmenge erfährt bei einer Versenkung in t m Tiefe eine Verdichtung und nimmt dort das Volumen V_t ein:

$$V_t = E_t + 1 = E_1 - b \lg t + 1 \tag{30}$$

Die Volumenabnahme beträgt:

$$V_1 - V_t = b \lg t . \tag{31}$$

Tabelle 10. *Volumenabnahme von Tonsedimenten bei der Absenkung in verschiedene Tiefen unter der Erdoberfläche*

Tiefe m	Tertiärtone Venezuela %	Tertiärtone Pobecken %	Lias-Tone Nordwestdeutschland %
500	50,0	48,0	39,6
1000	55,5	53,4	44,0
2000	61,1	58,7	48,5
3000	64,4	61,7	51,0

oder in Teilen des anfänglichen Volumens ausgedrückt

$$\Delta V_t = \frac{V_1 - V_t}{V_1} = \frac{b \lg t}{E_1 + 1} . \tag{32}$$

Die so berechnete Volumenabnahme des Tonsedimentes bei der Absenkung von der Erdoberfläche ($t = 1$) bis in verschiedene Tiefen ist, ausgedrückt in %, in der Tab. 10 für die drei näher bekannten Tongesteine zusammengestellt.

Die Volumenabnahme ist also bis 500 m sehr stark und wird mit zunehmender Versenkung immer geringer. Der Abnahme an Porenraum entspricht ein Verlust von Porenlösung, denn alle Poren sind mit Elektrolytlösungen erfüllt, sofern nicht die viel selteneren Gase oder Erdöl darin enthalten sind (vgl. S. 148 ff.). Lösungsmengen, die den obigen Zahlen entsprechen, müssen den Ton in einem aufwärts gerichteten Strom verlassen, dessen Geschwindigkeit von der herrschenden Druckdifferenz und der Fähigkeit des Tones, Lösungen hindurch zulassen (Permeabilität), abhängt. Da die Tonpermeabilitäten sehr klein sind (S. 130), wird die Geschwindigkeit der Verdichtung unter Umständen nicht nur von der Geschwindigkeit der Absenkung, bzw. der Bedeckung mit neuem Sediment abhängen, sondern auch durch die Strömungsgeschwindigkeit der Porenlösung bestimmt sein. In tonigen Formationen, deren Verdichtung noch nicht abgeschlossen ist, wo also noch Porenlösung aufwärts strömt, muß diese Lösung in einem bestimmten Horizont unter einem Druck stehen, der höher ist, als der dort normalerweise herrschende hydrostatische Druck. Befinden sich dort eingeschaltete Lagen leicht durchlässiger Sandsteine, so wird sich der erhöhte Druck auf deren Porenfüllung übertragen und kann in Tiefbohrungen gemessen werden.

In der Tat hat man solche übernormale Drucke in verschiedenen Sedimentbecken gefunden, die mit mächtigen Serien vorwiegend toniger Ablagerungen

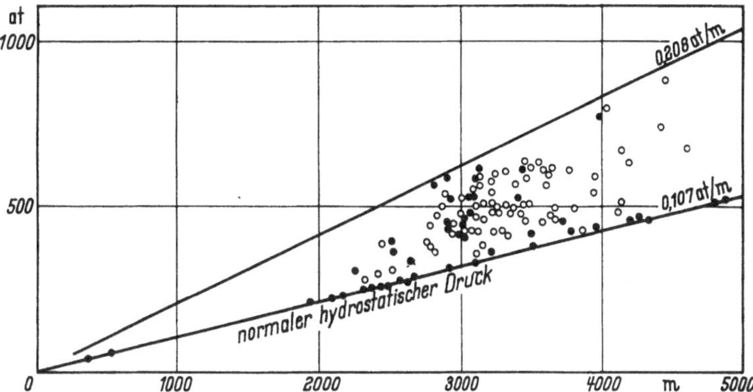

Abb. 25. *Übernormale Drucke in tertiären Sandsteinen von Louisiana.* Nach DICKINSON. (● gemessene Drucke, O geschätzte Drucke)

jungen geologischen Alters gefüllt sind. Diese Ablagerungen haben offenbar noch nicht das Endstadium der Verdichtung erreicht. In dem mit jungtertiären Tonen gefüllten Ventura-Becken in Californien hat man im Ventura-Avenue-Ölfeld in 2700 m tiefen Sanden Drucke festgestellt, die einen Gradienten von 0,23 at/m erzeugen (WATTS 1948). Dieser Druck entspricht etwa dem Gewicht der überlagernden Schichten. Auch im tertiären Becken der Golfküste von Louisiana hat man in zahlreichen Ölbohrungen übernormale Drucke gemessen (DICKINSON 1953). Eine Übersicht verschiedener Werte ist in der Abb. 25 zusammengestellt. Die niedrigsten Zahlen ergeben den normalen hydrostatischen Druckgradienten dieses Gebietes von 0,107 at/m, entsprechend der Dichte einer 10%igen NaCl-Lösung. Die höchsten Drucke ergeben dagegen einen Gradienten von 0,21 at/m, der der mittleren Dichte der überlagernden Gesteine zugeschrieben werden kann. Die miocänen und oligocänen Schichten dieses Raumes bestehen aus einer hangenden, vorwiegend sandigen Abteilung und tieferen tonigen Schichten. Die erhöhten Drucke wurden jeweils unter der Grenze zwischen sandiger und toniger Facies gefunden, in solchen Sanden, die inmitten oder unterhalb größerer Tonserien liegen und gegen Sande mit normalem Druck abgeschlossen sind. Die Faciesgrenze liegt im küstenfernen Gebiet im Oligocän und steigt gegen das Mississippidelta zu hoch in das Miocän hinauf, so daß die Sande mit überhöhten Drucken, je nach geographischer Position, von oligocänem bis miocänem Alter sind. Auch in dem mit miocänen bis pliocänen Tonen und Sanden großer Mächtigkeit gefüllten oberitalienischen Pobecken ist die Verdichtung der Tone offenbar noch nicht abgeschlossen. So fand man z. B. im Gasfeld von Caviaga bei Mailand einen rund 10% höheren Druck, als er dem Gewicht einer Salzwassersäule entspräche (Facca 1951).

Experimente über die Zusammendrückbarkeit von Tonen sind vor allem aus praktischen Gründen ausgeführt worden, da die Kenntnis der Kompressibilität wasserhaltiger Tone für die Baugrundforschung wichtig ist. Nach einer zuerst von Terzaghi (1925; 1955) beschriebenen Methode wird die seitlich begrenzte Tonmasse zwischen zwei Platten aus porösem Stein belastet, durch die das ausgepreßte Wasser austreten kann. Dabei wird die Volumenverminderung gemessen, die sich für bestimmte Drucke als Endzustand einstellt. Terzaghi (1925) fand, daß die Ergebnisse an verschiedenen Tonen im untersuchten Druckbereich befriedigend durch die folgende empirische Gleichung wiedergegeben werden können:

$$E = E_1 - b \lg p \tag{33}$$

E und E_1 sind die Werte des relativen Porenraums für die Drucke p at und 1 at. Aus einer Zusammenstellung derartiger Messungen von Skempton (1944) sind in Tab. 11 die Werte E_1 und b für einige Tone verzeichnet [vgl. auch Jones (1944)].

Tabelle 11. *Laboratoriumsversuche über die Kompressibilität verschiedener Tone* (nach Skempton 1944)

	E_1 relativer Porenraum bei 1 kg cm^{-2}	ε_1 Porosität bei 1 kg cm^{-2}	b	Max. Druck im Versuch kg cm^{-2}	Autor
Mariner Ton, Bosporus . . .	0,97	0,492	0,32	18	Terzaghi 1923
Gosport-Ton, Flußmündung	1,11	0,525	0,46	8,9	Skempton 1944
Ganges-Delta	1,22	0,544	0,42	9,1	Skempton 1944
Blauer London-Ton, Eocän .	1,28	0,560	0,49	70	Skempton 1944
Bett des Mississippi.	1,50	0,600	0,64	3,2	Terzaghi 1927
Yaguajai-Ton, Cuba	1,81	0,644	0,90	3,1	Terzaghi 1927
Eocän, Pariser Becken . . .	1,82	0,645	0,81	15	Skempton 1944
Eocän, Dänemark	2,18	0,685	0,91	5	Hvorslev 1937

Die Gl. (33) ist formal mit Gl. (27) identisch, die als empirische Beziehung zwischen relativem Porenraum und Tiefenlage natürlicher Tongesteine gefunden wurde. Eine nähere Betrachtung zeigt jedoch, daß diese Übereinstimmung nicht genau zutreffen kann und wohl nur durch die naturgemäß ungenauen Daten über Tiefe und Porenvolumen der natürlichen Sedimente vorgetäuscht wird. Die Übereinstimmung beider Formeln wäre z. B. erfüllt, wenn zwischen der Tiefe t und dem komprimierend wirkenden Druck p eine lineare Beziehung bestände:

$$p = \gamma \cdot t . \tag{34}$$

Sind die überlagernden Schichten wasserdurchlässig und mit Porenlösung getränkt, so gilt für den komprimierenden Druck in der Tiefe t [m]:

$$p = \frac{1}{10} (\bar{\varrho}_g' - \bar{\varrho}_w) t . \tag{35}$$

$\bar{\varrho}_g'$ ist die mittlere Dichte des mit Porenlösung gefüllten Gesteins, $\bar{\varrho}_w$ ist die mittlere Dichte her Porenlösung. Es wird dabei angenommen, daß das überlagernde Gestein durch die Porenlösung einen Auftrieb erfährt, da diese ja in den Gesteinsporen (wenn auch unter Umständen sehr langsam) beweglich ist. Setzt man diesen Wert in die Gl. (33) ein, so bekommt man:

$$E = E_1 - b \lg \frac{\bar{\varrho}_g' - \bar{\varrho}_w}{10}\, t \,. \tag{36}$$

Ist die Differenz $(\bar{\varrho}_g' - \bar{\varrho}_w)$ von der Tiefe unabhängig, so kann man die Gl. (33) und (27) unmittelbar miteinander vergleichen. Die Konstanten b beider Gleichungen sind dann identisch, denn es gilt:

$$\frac{d E}{d \lg t} = - b \,. \tag{37}$$

Für die Beziehung zwischen E_1' und E_1 findet man:

$$E_1' = E_1 - b \lg \frac{\bar{\varrho}_g' - \bar{\varrho}_w}{10} \tag{38}$$

Die Dichte des mit Porenlösung gesättigten Tones (ϱ_g') ist gleich der Summe der Gewichte der in 1 cm³ Ton enthaltenen festen Substanz (Dichte ϱ_f) und Porenlösung (ϱ_w):

$$\varrho_g' = \frac{\varrho_f}{E + 1} + \frac{\varrho_w E}{E + 1} \,. \tag{39}$$

Für die Differenz $(\varrho_g' - \varrho_w)$ bekommt man also

$$\varrho_g' - \varrho_w = \frac{\varrho_f - \varrho_w}{E + 1} \,. \tag{40}$$

Für ϱ_w, die Dichte der Porenlösung, kann man einen etwa konstanten Wert annehmen, wenn auch feststeht, daß die Salzkonzentration mit der Tiefe ansteigt. Es kann aber $\varrho_g' - \varrho_w$ nicht von der Tiefe unabhängig sein, weil E mit der Tiefe abnimmt. Daher wird die formale Übereinstimmung der Gl. (27) und (33) nicht wirklich reell sein. Stimmt die experimentelle Gl. (27), so dürfte keine lineare Beziehung zwischen relativem Porenvolumen und Bedeckungstiefe bestehen. Es sollte vielmehr, da der komprimierende Druck schneller als linear mit der Tiefe ansteigt, das Porenvolumen mit der Tiefe stärker abnehmen, als es die Gl. (27) angibt.

Nimmt man einmal, was für Überschlagsrechnungen genügen mag, eine Konstanz von $(\bar{\varrho}_g' - \bar{\varrho}_w)$ an, so erhält man mit $\varrho_f = 2{,}65$, $\bar{\varrho}_w = 1{,}0$ und einem mittleren Wert von $\bar{E} = 0{,}4$ (entsprechend $\varepsilon = 0{,}286$) gemäß Gl. (38) den folgenden Ausdruck für die Umrechnung des relativen Porenraums für 1 m Sedimentüberdeckung (E_1') in den relativen Porenraum für 1 at Druck (E_1):

$$E_1' = E_1 + 0{,}922\, b \,.$$

Durch diese Umrechnung bekommt man für die Tongesteine von Venezuela, vom Po-Becken und von Nordwestdeutschland die folgenden E_1-Werte:

	b	E_1
Tertiär, Venezuela	0,527	1,359
Tertiär, Po-Becken	0,481	1,257
Lias, NW-Deutschland . .	0,317	0,868

Diese Zahlen kann man mit den im Laboratorium bestimmten b- und E_1-Werten der Tab. 11 vergleichen. Es zeigt sich (besonders deutlich in der Abb. 26), daß die Kompressibilitätsindizes um so höher sind, je größer der relative Porenraum bei 1 at ist. Die Werte für die natürlichen Tongesteine und für die im Laboratorium gepreßten Proben liegen recht gut auf einer Kurve. E_1- und b-Werte werden von der Korngröße und vom Mineralgehalt der Tone abhängen, und zwar sind E_1 und b um so größer, je feinteiliger der Ton ist. Darauf weisen die Beobachtungen von Skempton (1944), nach denen der Kompressibilitätsindex b mit der sog. Fließgrenze nach Atterberg linear zunimmt. Diese Fließgrenze bezeichnet denjenigen Wassergehalt, bei dem der Ton aufhört, eine plastische Masse zu bilden und flüssigkeitsähnlich zu fließen beginnt. Die Fließgrenze nimmt mit der Kornfeinheit zu.

Tabelle 12. *Relatives Porenvolumen und Porosität eines Kaolinit-Wasser-Systems bei verschiedenen Drucken* (nach Norton und Johnson)

Druck at	Porosität ε	relatives Porenvolumen E beobachtet	relatives Porenvolumen E berechnet
0,6	0,774	3,43	3,45
1,0	0,760	3,17	3,17
3,3	0,711	2,46	2,50
7,0	0,670	2,03	2,09
14,1	0,606	1,54	1,56
26,0	0,589	1,43	1,36
38,0	0,557	1,26	1,15
63,2	0,518	1,075	0,86

Systematische Untersuchungen an Tonen mit verschiedenem Mineralgehalt und variierter Korngröße, die allein Klarheit bringen könnten, liegen noch nicht vor, so daß vorläufig nur qualitativ festgestellt werden kann, daß Tonsedimente bis in um so größere Tiefen Porosität und Porenlösung bewahren können, je feinteiliger sie sind.

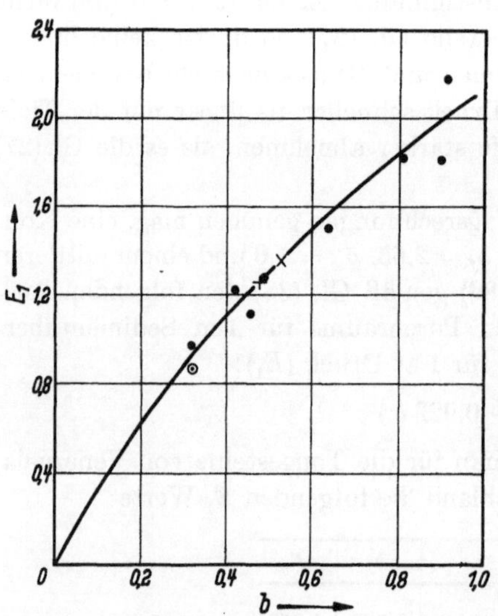

Abb. 26. *Zur Kompressibilität von Tonen.* ● Experimentell bestimmte Werte (vgl. Tab. 11); ⊙ Lias α Nordwestdeutschland; × Tertiär Pobecken; + Tertiär Venezuela

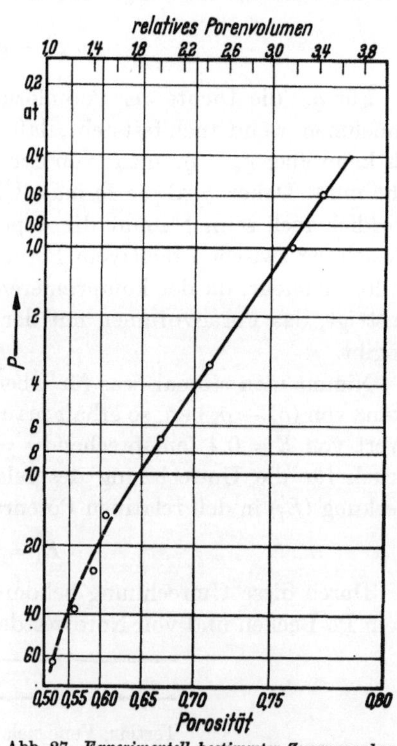

Abb. 27. *Experimentell bestimmter Zusammenhang zwischen Porosität und Druck von Kaolinit-Wassersystemen.* Nach Daten von Norton und Johnson

Die einzige bekannte Messung des Druckverhaltens eines nach Mineralgehalt und Korngrößenverteilung definierten Tones stammt von Norton und Johnson (1944). Es handelt sich um einen reinen Kaolinit-Ton, dessen Teilchengröße durch

Zentrifugieren genau eingestellt war. Die Blättchen hatten einen mittleren Durchmesser von 0,32 μ und eine mittlere Dicke von 0,04 μ. Die an einem System aus diesen Teilchen und Wasser gemessenen Werte des Porenraums bei verschiedenen Drucken sind in der Abb. 27 und in der Tab. 12 verzeichnet.

Man erkennt in der Abb. 27, daß auch hier ein großer Teil der Meßpunkte durch eine lineare Funktion zwischen E und $\lg p$ dargestellt werden kann, entsprechend Gl. (34). Man findet die Konstanten:

$$E_1 = 3,17; \quad b = 1,28 .$$

Mit diesen Zahlen sind die Werte in der Tab. 12 berechnet. Bei höheren Drucken nehmen die Abweichungen zu.

Die Volumenverminderung fester, flüssiger oder gasförmiger Körper bei konstanter Masse durch Druck wird durch den Kompressibilitätskoeffizienten gemessen. Bei der Verdichtung von Tonsedimenten bleibt die Masse nicht konstant, da Porenlösung ausgepreßt wird. Dennoch kann man auch hier einen scheinbaren Kompressibilitätskoeffizienten berechnen, für den sich aus Gl. (33) ergibt:

$$\varkappa' = \frac{1}{V} \cdot \frac{d V}{d p} = - \frac{1/p}{(E_1 + 1)/b - \lg p} . \tag{41}$$

$V = V_f + V_p$ ist das aus Porenraum und fester Substanz bestehende Gesamtvolumen des Tones (S. 1). Die Kompressibilität der festen Mineralsubstanz wurde vernachlässigt. Der scheinbare Kompressibilitätskoeffizient eines Tonsediments nimmt gemäß dieser Gleichung mit dem Druck sehr stark ab. In Tab. 13 sind für einen Ton mit $b = 0,5$ und $E_1 = 1,3$ (also etwa den Tertiärtonen des Pobeckens entsprechend) einige Werte des scheinbaren Kompressibilitätskoeffizienten berechnet.

Die Gl. (27) und (34) sind nur empirischer Natur und sagen nichts darüber aus, wie sich die Umordnung der Tonteilchen und die Verringerung des Porenraumes in dem sich verdichtenden Tonsediment im einzelnen vollziehen. So kann vorläufig nur festgestellt werden, daß die Verdichtung gegen einen Widerstand erfolgt, den die Teilchen der zu einer größeren Annäherung führenden Bewegung entgegensetzen. Den wasserhaltigen Ton kann man nach HOFMANN (1945) (vgl. auch WOLF 1959a, S. 338) als ein sperriges Gerüst der an einzelnen Haftstellen sich berührenden Tonmineralblättchen verstehen. Die Isolierung der flüssigkeitsfreien Gerüste aus sehr porösen Montmorillonitsedimenten gelang WEISS, FAHN und HOFMANN (1952) durch Entfernung der Flüssigkeit aus dem eingefrorenen Sediment mittels Sublimation. Solche Gerüste besitzen hohe mechanische Festigkeit und eine erhebliche Elastizität, was auf die Festigkeit der Haftstellen weist. Der Widerstand, den Tonsedimente gegen die Verdichtung leisten, wird nach einem solchen Modell als eine an den einzelnen Berührungsstellen wirksame Haftreibung aufzufassen sein. Mit zunehmender Kompression bilden sich immer dichtere Strukturen, d. h. Gerüste mit zunehmender Anzahl von Haftstellen pro Volumeneinheit. Darum

Tabelle 13. *Druckabhängigkeit des scheinbaren Kompressibilitätskoeffizienten eines Tonsediments mit $b = 0,5$; $E_1 = 1,3$*

Druck (at)	Scheinbarer Kompressibilitätskoeffizient (at^{-1})
1	0,218
10	0,0278
20	0,0152
30	0,0102
50	0,00690
70	0,00519
80	0,00463
100	0,00385
200	0,00218

wächst die gesamte Haftreibung, und es muß der zur Erzeugung weiterer Verdichtung erforderliche Druck ansteigen. Die Abhängigkeit des Porenvolumens vom Druck und die Abnahme des scheinbaren Kompressibilitätskoeffizienten mit zunehmender Verdichtung sind auf diese Weise qualitativ verständlich.

Im porenfreien oder doch porenarmen Sediment müssen die Tonmineralblättchen im wesentlichen parallel zueinander gelagert sein; je poröser das Gerüst ist, desto ungeordneter liegen die Blättchen zueinander. In mechanisch verdichteten Tongesteinen sollte daher die Textur um so geregelter sein, je geringer die Porosität ist. Diese Beziehung ist bisher weder für natürliche Sedimente noch für künstlich komprimierte Tone systematisch untersucht worden.

Die Haftkräfte, die sich in Erscheinungen wie der des bereits erwähnten Sedimentvolumens, des Haftens feiner Teilchen an Platten aus dem gleichen Material sowie der Thixotropie manifestieren (vgl. hierzu WOLF 1959a, S. 322ff.) und wohl auch das viscose Verhalten von Ton-Wasser-Systemen bestimmen, werden in wäßrigem Medium stark vom Elektrolytgehalt beeinflußt. So hängt z. B. die kritische Schubspannung plastischer Ton-Wasser-Gemenge, oberhalb welcher die Masse zu fließen beginnt, sehr stark vom Elektrolytgehalt ab. Es ist deshalb zu vermuten, daß auch die Verdichtung von Tonsedimenten vom Elektrolytgehalt der Porenlösung abhängt, was bisher noch nicht untersucht wurde. Diese Frage ist wichtig, weil die Porenlösung der Sedimente Elektrolyte verschiedener Konzentration enthält (vgl. S. 150ff.).

Sollte sich der Salzgehalt der Porenlösung qualitativ und quantitativ während und durch den Verdichtungsvorgang ändern, so ergäben sich Folgerungen für die Erklärung der bis heute noch nicht verstandenen, allgemeinen Zunahme des Salzgehaltes der Porenlösung aller Gesteine mit der Tiefe, über die in anderem Zusammenhang noch ausführlich zu berichten sein wird (s. 158ff.).

Von besonderer Bedeutung für die Diagenese der Tongesteine ist die Tatsache, daß die Verdichtung eines Tones im wesentlichen plastisch, d. h. irreversibel ist. Ein einmal komprimierter Ton nimmt bei Fortfall der Belastung, auch wenn ihm die ausgepreßte Lösung wieder angeboten wird, von selbst nicht wieder das ursprüngliche Volumen ein. Wohl gibt es ,,Quellungs‘‘-Phänomene, bei denen Tone bei konstantem Druck oder bei Druckentlastung ihr Porenvolumen vergrößern und Wasser aufnehmen, doch treten solche Wirkungen immer nur bei starker Veränderung des Salzgehaltes (im allgemeinen bei Konzentrationsverringerung) der Lösung ein, die mit dem Ton in Berührung ist. Bei konstantem Elektrolytgehalt, d. h. unveränderten Haftkräften bleibt die durch höheren Druck erzeugte Gerüststruktur auch bei niedrigem Druck erhalten. Die mechanische Verdichtung der Tonsedimente kann man deshalb nicht durch eine elastische Verbiegung der Mineralblättchen erklären. Der irreversible Charakter der Tonverdichtung, den experimentell zuerst CASAGRANDE (1932) nachwies (siehe auch SKEMPTON 1944), ist geologisch wichtig. Es folgt aus diesem Verhalten, daß die Porosität eines Tongesteins vom maximalen Druck bestimmt wird, dem es einmal ausgesetzt war und daher die maximale Bedeckungstiefe anzeigt. Dies ließ sich, wie oben gezeigt (S. 39f.), recht deutlich an den Lias-Tonen Nordwestdeutschlands demonstrieren. Bereits SORBY (1908) fand die Porositäten oberflächlicher Diluvialtone in England merkwürdig niedrig (0,24—0,25) und von derselben Größenordnung wie die mesozoischer Tongesteine; er schloß daraus auf eine komprimierende Wirkung durch das Inlandeis. Spätere Bestimmungen haben diese Erscheinung für England, Wales und Dänemark bestätigt (BOSWELL 1953); für deutsche Vorkommen hat DÜCKER (1951) auf diesem Wege versucht, die Dicke des Inlandeises zu berechnen, wobei sich durchaus plausible Werte ergaben.

Chemische Vorgänge im Porenraum. Daß die Porosität der Tone und Tongesteine, wie in den vorangegangenen Abschnitten beschrieben, vielfach in einem so einfachen Zusammenhang zur Bedeckungstiefe steht, beweist, daß die Verminderung der Porosität der Tone in der äußeren Erdrinde vor allem durch mechanische Druckwirkung und weniger durch chemische Neubildungen hervorgerufen wird. In dieser Hinsicht unterscheiden sich die Tone wesentlich von den Sanden, deren Porosität, wie wir sahen, im Verlauf der Diagenese nur wenig durch mechanische Einflüsse, stark jedoch durch chemische Prozesse verringert wird. Für diesen Unterschied dürfte vor allem die Unwegsamkeit der Tone für alle Arten des Materialtransportes maßgeblich sein, während in den viel weiteren Porenräumen der Sande Fließen und Diffusion wesentlich ungehemmter stattfinden können. Auch dürften die Schichtgittersilikate der Tone unter den Bedingungen der obersten Erdrinde besonders stabil sein und sich weniger leicht zersetzen als z. B. Feldspat in porösen Sandsteinen.

Trotz dieser Einschränkung unterliegt es jedoch keinem Zweifel, daß auch in Tongesteinen diagenetische Neubildungen stattfinden. Sie sind noch wenig erforscht, da es schwierig ist, in einem Ton die diagenetisch gebildeten Minerale von den detritischen zu unterscheiden. Einige Schlüsse lassen sich wohl aus dem Mineralgehalt verschieden alter oder verschieden tief versenkter Tongesteine ziehen, wenn man genügend viele Einzelbestimmungen miteinander vergleicht. So schloß GRIM (1953) aus der Seltenheit von Montmorillonit in prämesozoischen Tonsedimenten der USA, daß dieses Mineral diagenetisch allmählich in einen Glimmer übergeht; dabei müßte freilich Mg und K zugeführt werden. Ebenso fand GRIM den Kaolinit in sehr alten Sedimenten weniger häufig als in postdevonischen Formationen, was ebenfalls auf eine Neubildung von Glimmer zurückgeführt werden kann. In einer neueren Zusammenstellung der Ergebnisse von Tonuntersuchungen in den USA fand WEAVER (1959) eine Reihe weiterer Argumente für die diagenetische Bildung von Illit und Illit-Montmorillonit-Mischmineralien auf Kosten von Montmorillonit. So wurde in mehreren Untersuchungen an mächtigen Tonserien (Tertiär der Golfküste, Mississippian-Schiefer des südlichen Oklahoma, Pliocän von Kalifornien), eine deutliche Abnahme des Montmorillonitgehaltes mit der Tiefe festgestellt. Für Tiefen unter etwa 3000 m scheint der Montmorillonit allmählich durch ein Illit-Montmorillonit-Mischmineral ersetzt zu werden. Zwischen 5000 und 6000 m ist das Mengenverhältnis Illit : Montmorillonit in diesem Mineral etwa 7 : 3. Gesteine, die einmal etwa 8000 m tief versenkt waren, zeigen Verhältnisse von 9 : 1 bis 4 : 1. Tiefere Versenkung mag ein völliges Verschwinden des Montmorillonit bewirken. Die immer wieder festgestellte Häufigkeit von 7 : 3-Mischmineralien wird nach WEAVER vielleicht darauf beruhen, daß wenige Sedimente tiefer als etwa 7000 m versenkt wurden. Dieser Umwandlung der Montmorillonitminerale entspricht auch die von GRIM (1953) schon erwähnte, von WEAVER noch ausführlich belegte wesentlich größere Häufigkeit des Montmorillonit in Post-Untermississippian-Sedimenten der USA. Die älteren Tongesteine enthalten alle vorwiegend Illit mit Chlorit und wenig Kaolinit, seltener auch

Illit-Montmorillonit-Mischmineralien. In den jüngeren Tonen kommen sehr viel mineralreichere Paragenesen vor, indem die Mischmineralien, Montmorillonit und Kaolinit häufiger werden. Verschiedene Beobachtungen, über die ECKHARDT (1958) berichtete, sprechen für eine diagenetische Bildung des Chlorit, wie sie ja auch durch die Häufigkeit von Chlorit in den älteren Tongesteinen der Vereinigten Staaten nahegelegt wird.

Vielfach werden sich die diagenetischen Neubildungen in Tonen darauf beschränken, daß bereits vorhandene Kristalle zu größeren und besser geordneten anwachsen. So kann man nach FÜCHTBAUER (unveröffentlichte Beobachtungen im Laboratorium der Elwerath, Hannover) erkennen, daß in Wealdentonen des Erdölfeldes Dalum bei Meppen/Ems eine frühe Tränkung gewisser Lagen mit Bitumen Kristallisationsvorgänge verhindert hat. Die Tone bestehen aus Kaolinit, Glimmer und Chlorit, die in den nicht bituminösen Lagen besser kristallisiert sind, obwohl das primäre Material sicherlich identisch war. MURRAY und HARRISON (1957) berichteten, daß in jungen Sedimenten aus dem Golf von Mexiko die obersten Lagen schlecht kristallinen Illit und Chlorit enthielten, die in tieferen Zonen in viel besser kristallisiertem Zustand gefunden wurden.

4. Die Porosität der carbonatischen Sedimente

Allgemeines. Reine Carbonatgesteine sind durch mannigfache Übergänge mit den bisher behandelten carbonatarmen bis carbonatfreien klastischen Gesteinen verbunden. Sande werden über kalkige Sande und Kalksande zu Sandkalken und sandigen Kalken; Tone über kalkige Tone und Tonmergel zu Kalkmergeln und tonigen Kalken. Entsprechendes gilt für die dolomitischen Gesteine. Für die Einteilung und Nomenklatur der aus Carbonat, Ton und Sand bestehenden Gesteine sei auf einen Aufsatz von FÜCHTBAUER (1959a) verwiesen.

Reine Carbonatgesteine können unverfestigt Schlämme bilden, die nach ihrer Korngröße den nichtcarbonatischen Tonen entsprechen. Gröbere Carbonatgesteine aus Organismenschalen oder anorganisch gebildeten Ooiden haben dieselben Korngrößen wie nichtcarbonatische Sande und Kiese. Vieles, was über den Porenraum der klastischen Sedimente gesagt wurde, besonders über die primäre Porosität und deren Abhängigkeit von Korngröße und Kornform kann daher sinngemäß auf Carbonatgesteine angewendet werden. Dennoch scheint es geboten, den Porenraum der reinen Carbonatgesteine gesondert zu behandeln, da sie in vieler Hinsicht besondere Eigenschaften zeigen. Dies hängt in erster Linie damit zusammen, daß die Carbonate unter den Bedingungen der Erdoberfläche und der äußeren Erdrinde sehr viel löslicher sind als die Bestandteile der silikatischen Sedimente. Die Struktur des Porenraums dieser Gesteine wird daher in starkem Maße durch chemische Vorgänge der Lösung und Abscheidung bestimmt. Aus diesem Grunde entstehen Carbonatgesteine nicht nur in unverfestigter Form, sondern auch primär als feste Auf- und Anwachsgesteine.

In Anlehnung an ein Schema von NIGGLI (1952) und in Übereinstimmung mit einem neueren Vorschlag von FÜCHTBAUER (1959a) können die Carbonatgesteine in folgender Weise eingeteilt werden:

I. *Unverfestigte Kalke und Dolomite:*
  1. < 0,02 mm   : Kalkschlamm, Dolomitschlamm
  2.   0,02—2 mm: Kalkgrus, Dolomitgrus (z. B. Kalkooidgrus, Kalkschill usw.)
  3. > 2 mm   : gerundet: Kalkkies, Dolomitkies
                    eckig: Kalkschutt, Dolomitschutt

II. *Sekundär verfestigte Kalke und Dolomite:*
  1. < 0,02 mm   : Kalkstein, Dolomit
  2.   0,02—2 mm: Kalkarenit, Dolomitarenit (z. B. Kalkoolith, Schalenkalk usw.)
  3. > 2 mm   : gerundet: Kalkkonglomerat, Dolomitkonglomerat
                    eckig: Kalkbreccie, Dolomitbreccie

III. *Primäre Festkalke:*

Anwachskalke, Anwachsdolomite.
Durch Organismen oder chemische Abscheidung gebildet. Hierzu gehören
z. B. : Primär feste Korallenkalke der Riffe, Algenkalke, Kalkkrusten der Verwitterungszone, Quellsinter usw.

Die primäre Porosität der Carbonatgesteine. Die rezente Bildung unverfestigter Carbonatsedimente ist vom Insel- und Flachseegebiet der Großen Bahamabank und von der Küste von Süd-Florida beschrieben worden (ILLING 1954; NEWELL und RIGBY 1957; GINSBURG 1957). Es bilden sich dort verschiedene Kalkgesteine, die der Korngröße nach den Sanden entsprechen (Kalkgrus). Diese bestehen in der Nähe der Korallenriffe aus den Bruchstücken organischer Gerüste, in den weiten Gebieten der Flachsee, wo das Wasser an $CaCO_3$ übersättigt ist, dagegen aus rundlichen Körnern und Kornaggregaten, die durch einen noch nicht verstandenen Mechanismus der Fällung und Agglutination, vielleicht unter Mitwirkung von Organismen entstehen. An Orten mit starker Wasserbewegung wachsen um solche Körner und andere Kerne konzentrische Kalkschichten, so daß sich wohlgerundete Ooide bilden. Alle diese Gebilde von Sandkorngröße bestehen zunächst — besonders, sofern sie sich anorganisch bildeten — hauptsächlich aus Aragonit. Die primäre Porosität dieser Kalkgruse ist noch nicht gemessen worden. Sie dürfte ebenso groß wie die der Sande sein.

An anderen Orten bilden sich auf der Bahamabank und vor der Küste von Florida feinkörnige Kalkschlämme aus Aragonit. Sie haben nach GINSBURG (1957) in Florida an der Oberfläche Wassergehalte von 250% (bezogen auf das Trockengewicht), was einer Porosität von 0,87 entspricht. In 120 cm Tiefe wurden 135% Wasser ($\varepsilon = 0{,}78$), in 280 cm Tiefe 110% Wasser ($\varepsilon = 0{,}75$) und in 340 m Tiefe 105% Wasser ($\varepsilon = 0{,}75$) gefunden. Die primären Porositäten dieser Schlämme sind also sehr hoch und von ähnlicher Größe wie die der silikatischen Tone.

Über die frühdiagenetische Verdichtung der Kalkschlämme und Kalkgruse ist wenig bekannt. Nach R. TERZAGHI (1940) verläuft die Verdichtung der Aragonitschlämme der Bahamabank im Experiment ähnlich wie die von silikatischen Tonen. Entsprechend der auf S. 44 genannten Formel werden für zwei solche Schlämme angegeben: $E_1 = 1{,}03$ bzw. $1{,}45$ und $b = 0{,}23$ bzw. $0{,}35$. ILLING (1954) beobachtete in unverfestigten Ooid-Kalken der Bahamabank die Bildung von Aragonitkristallen. Es entstehen jedoch auf diesem Wege keine festen und dichten Gesteine. Bei Bohrungen auf Atollen im Pazifik wurden 150—300 m tief noch weiche und unverfestigte Kalke angetroffen. In einem Bohrloch auf dem Atoll Eniwetok waren die Kalke in 600 m Tiefe so porös und durchlässig, daß sich die Druckschwankungen der Gezeiten noch bemerkbar machten. Eine starke Verfestigung und damit wohl auch eine Verringerung des primären Porenraums stellt sich überall dort ein, wo Kalkschlämme und Kalkgrus durch Schwankungen des Meeresspiegels oder durch Wind über den Wasserspiegel gehoben und der Wirkung des Regenwassers ausgesetzt werden.

Hochporöse Gesteine entstehen als biogene Anwachskalke in den Riffen. Riffe sind aus Carbonaten (vornehmlich $CaCO_3$) bestehende Massen, die in ihrem Kern von festsitzenden Organismen aufgebaut werden wie Korallen, Stromatoporiden, Algen, Bryozoen, Mollusken, Crinoiden u. a. und die sich infolge des Wachstums dieser Kolonien mehr oder weniger hoch über den umgebenden Meeresboden erheben. Da die Lebensgemeinschaft eines Riffs sehr verschiedene Organismen enthält, deren Arten in Raum und Zeit weithin variieren, bilden sich innerhalb eines Riffs sehr verschiedene Anwachskalke. Außerdem entstehen auch Kalkschlamm und Kalkgrus verschiedener Art. Diese lockeren Massen bestehen entweder aus organischem Detritus, der aus der zerstörenden Wirkung von Organismen und Wellenschlag stammt, oder aus anorganisch abgeschiedenem Kalk. Immer aber bilden die primär festen Anwachskalke das feste Skelett der Riffe, kraft dessen sie dem Einfluß der Meereswellen widerstehen und poröse Strukturen auch unter tiefer Bedeckung für lange Zeit bewahren können.

Durch das Wachstum der verschiedenen Organismenarten entstehen in den Riffen Bauten, die oft viele und im allgemeinen recht große Hohlräume enthalten. In rezenten Riffen spielt dabei die Kalkalge Lithothamnium eine hervorragende Rolle. In vier quantitativ untersuchten Riffen des pazifischen Ozeans, von Australien, von Florida und von den Bahamas beträgt der Anteil der Kalkalgen 18 bis 49% der ganzen Riffmasse (THORP 1936). Die Kalkalgen bedecken feste und lose Bestandteile mit einem recht widerstandsfähigen Überzug von Mg-reichem Kalkspat. Da sie nur langsam wachsen, können sie größere Höhlungen zwischen den Korallenkolonien nicht ausfüllen. So entsteht in den Gebieten reichen Algenwachstums eine charakteristische Formation mit großen Kavernen und Kanälen, die mechanisch widerstandsfähig ist und bei späterer Bedeckung durch jüngere Sedimente erhalten bleiben kann (KUENEN, 1950, S. 430).

In porösen Riffgesteinen haben sich vielerorts große Erdöllagerstätten angesammelt. Zahlreiche Beispiele sind aus allen geologischen Perioden vor allem vom amerikanischen Kontinent bekannt geworden (LEVORSEN 1956, 223): Ölführende silurische Riffe sind in Wisconsin, Indiana, Ontario und Illinois verbreitet. Die großen Ölvorräte der Canadischen Provinz Alberta finden sich in Riffen des Unterdevon. Viele Öl- und Gaslagerstätten kommen in den Permischen Riffen des westlichen Texas und in New Mexiko vor. Ebenfalls in Texas gibt es Lagerstätten in Riffen des Mississippian (Untercarbon) und Pennsylvanian (Obercarbon). In Mexiko kennt man ölführende Riffe aus der Mittleren Kreide und an der Golfküste solche aus dem Oligocän.

In Deutschland sind die Methanvorkommen der Zechsteindolomite des Emslandes z. T. an poröse Zonen der Dolomite geknüpft, die noch alte Algenstrukturen erkennen lassen. Methanvorkommen im Raum von Mühldorf a. Inn finden sich in oligocänen Lithothamnienkalken.

Die diagenetische Veränderung des Porenraumes. Ursprünglich als poröser Kalkschlamm abgelagerte Sedimente der geologischen Vergangenheit liegen heute im allgemeinen als dichte Kalksteine mit sehr geringer Porosität vor. Die Porositäten solcher Kalksteine scheinen kaum bekannt zu sein. An einem Kalk aus dem Unteren Muschelkalk (Basis des Wellenkalkes, Steudnitz b. Jena) mit einer Korngröße von $1 - 13 \cdot 10^{-4}$ cm fand H. MÜLLER (1958) eine Porosität von 0,0184. Die Verdichtung und Verfestigung von Kalkschlämmen wird einerseits ähnlich wie bei den silikatischen Tonen auf mechanischem Wege erfolgen (R. TERZAGHI 1940). Andererseits werden hier Lösungs- und Umkristallisationsvorgänge eine hervorragende Rolle spielen. Dabei ist besonders daran zu erinnern, daß man nach den Beobachtungen über die rezente Bildung von Kalkschlamm auf der Bahamabank und an der Küste von Florida annehmen muß, daß solche Schlämme vielfach zunächst aus dem metastabilen Aragonit bestehen. Die wahrscheinlich bald einsetzende Umwandlung in Kalkspat wird wohl immer mit einer Verminderung des Porenraums einhergehen.

Die im Vergleich zu den starren Riffen starke Verminderung des Porenvolumens voluminöser Kalkschlämme im Verlauf der Diagenese läßt sich besonders deutlich an den Flanken fossiler Riffe beobachten (PETTIJOHN, S. 397). Man findet dort wohlgeschichtete Carbonatsedimente, die mit Winkeln bis zu 50° vom Kern des Riffs nach außen abfallend allmählich in die flachliegenden Kalksteine oder Dolomite der äußeren Beckenzonen übergehen. Diese steilen Fallwinkel sind zu einem Teil sicher primär; vielleicht wirkt sich aber auch die stärkere Verdichtung der riffernen und heute wenig porösen Carbonatfacies aus. Für die Wanderung von Kohlenwasserstoffen und ihre Ansammlung in den porösen Riffen und den Schuttzonen, die sie umgeben, haben solche Vorgänge eine große Bedeutung.

Neben den zu harten Kalksteinen mit ganz geringer Porosität verdichteten Kalkschlämmen gibt es in Europa (Norddeutschland, Dänemark, S-Küste der Britischen Inseln, Belgien, Frankreich) und Nordamerika (Selma Chalk in Alabama, Mississippi, Tenessee; Niobrara Chalk in Nebraska; Fort Hays Chalk in Kansas) die sog. Schreibkreide, ein poröses und weiches Kalkgestein der Oberen Kreideformation, das ebenfalls primär als Kalkschlamm abgelagert wurde. Die Schreibkreide besteht zu einem wesentlichen Teil aus den Schalenresten pelagischer Foraminiferen, deren Arten sich besonders seit der Kreidezeit entwickelt haben; daneben finden sich in einer feinkörnigen Kalkgrundmasse Reste planktonischer Algen, Schwammnadeln und Radiolarien. Man nimmt an, daß sich dieses Sediment in verhältnismäßig tiefem Wasser aus den kalkigen Gerüsten einer schwebenden Lebewelt (Plankton) gebildet hat. Entsprechend der Feinheit der Kalkteilchen sind die einzelnen Poren klein und von der Größenordnung einiger μ. Die Porosität ist aber recht hoch. Sie beträgt nicht nur in Oberflächenaufschlüssen, sondern auch in Proben, die von Tiefbohrungen aus 1 500 m Tiefe stammen, 0,30 bis 0,40. Diese Tatsache ist sehr merkwürdig, da doch aus Silikatmineralien bestehende Tone in entsprechender Tiefe sehr viel geringere Porositäten haben.

In Norddeutschland ist die poröse Schreibkreidefacies aus Erdölbohrungen bis in Tiefen um 1500 m bekannt; die lockeren, der Bohrspülung leicht Wasser entziehenden Kalke sind bohrtechnisch recht gefürchtet.

Es ist noch nicht bekannt, wie die hohe Porosität der Schreibkreide zu erklären ist. Es wurde die Meinung geäußert, daß sich dieser Kalkschlamm primär nicht als Aragonit, sondern als Calcit bildete und so wegen der höheren Stabilität der Calcitkriställchen von einer späteren verdichtenden Umkristallisation verschont blieb (PETTIJOHN, S. 401). Dennoch scheint es bei der starken Löslichkeit des $CaCO_3$ unverständlich, daß sich so poröse Kalke bei der Versenkung in Tiefen über 1000 m erhalten können. Möglicherweise handelt es sich hier nicht um primäre Strukturen, sondern um die Folge von Lösungsvorgängen im Verlauf der Diagenese. Daß chemische Umsetzungen stattgefunden haben, zeigt das Vorkommen der aus Chalcedon bestehenden, diagenetisch gebildeten Feuersteinknollen, die gerade in der Schreibkreide reichlich auftreten. Vielleicht hat die Wanderung von ursprünglich gleichmäßig im Sediment verteilter SiO_2 zu den Konkretionszentren der Feuersteinlagen poröse Strukturen hinterlassen.

Wegen der verhältnismäßig hohen Löslichkeit sind Carbonatgesteine aller Korngrößen in besonders starkem Maße Umkristallisationen und Umsetzungen ausgesetzt. Diese Umwandlungen, die die primären Strukturen stark verändern und sogar ganz verwischen können, erfolgen zumeist unter dem Druck der darüberliegenden Schichten und haben deshalb die Tendenz, den Porenraum zu vermindern. So gibt es dichte, grobkristalline, marmorartige Gesteine, die aus Kalksedimenten verschiedenster Korngröße entstanden sind, in denen kalkige Fossilien nicht mehr oder nur noch in schwachen Umrissen erhalten blieben. Es ist denkbar, daß solche Rekristallisationen hervorgebracht werden, wenn die Löslichkeit der Carbonate etwa durch Temperatur- oder Druckschwankungen kleine Veränderungen erfährt.

Wie schon im vorigen Kapitel erwähnt, spielt Drucklösung nach dem Rieckeschen Prinzip in Carbonatgesteinen sicherlich eine hervorragende Rolle. Mikrostylolithen zwischen Fossilteilen, gröberen Geröllen usw. zeugen von diesen Vorgängen im Gestein. Besonders häufig findet man aber in Carbonatgesteinen Stylolithen und Drucksuturen größeren Maßstabes, die sich meist parallel zur Schichtung anordnen und die durch Lösungsprozesse in dem schon festen Sediment entstanden sind. Aus der Menge des unlöslichen Tones, der sich in der Fuge der Drucksutur, besonders als Kappe auf den einzelnen Stylolithen angesammelt hat, oder auch aus der Länge der Stylolithen ergibt sich ein Maß für die durch Lösung erfolgte Volumenreduktion. Aus der Länge der Stylolithen, die natürlich nur eine untere Grenze für die Verringerung des Volumens liefert, berechnete STOCKDALE (1926) für Kalke des Unteren Mississippian von Missouri Volumenreduktionen von 13 bis 34%. Der so gelöste Kalk mag an nicht gedrückten Stellen im Porenraum desselben Gesteins wieder abgelagert werden, so daß die Porosität auf diese Weise abnimmt.

Häufig findet man in Carbonatgesteinen die Spuren der auflösenden Wirkung von wäßrigen Lösungen, die das Gestein durchdrungen haben. Da Niederschlagswässer CO_2 enthalten, aber frei von Kationen sind, wirken sie besonders stark lösend auf alle Carbonate. Es wurde bereits erwähnt, wie deshalb durch Auflösung und Wiederabscheidung aus unverfestigten marinen Kalken feste Gesteine werden, wo diese Ablagerungen aus dem Meerwasser erhoben und den Niederschlägen ausgesetzt sind. Wo ältere Carbonatgesteine an der Erdoberfläche liegen und von Niederschlagswässern durchströmt werden, entstehen karstartige Verwitterungsformen und Lösungsstrukturen, die unter Umständen von der Oberfläche aus sehr tief in das Gestein hineinreichen. Bestehende Klüfte, auf denen sich das Wasser bewegt, werden erweitert, und gemäß den Unregelmäßigkeiten der Gesteinsstruktur nach Korngröße, Beimengungen usw. entstehen unregelmäßig geformte, kavernöse Höhlungen verschiedenster Größe. Charakteristisch für diese „sekundäre" Porosität der Carbonatgesteine ist die große Unregelmäßigkeit in Form und Verteilung der neuentstandenen Porenräume und die verhältnismäßige Weite der Öffnungen und Kanäle. Diese durch Auflösung entstandenen porösen Systeme bieten daher, weil sie selbst durch strömende Lösungen gebildet wurden, Flüssigkeitsbewegungen verhältnismäßig geringen Widerstand. Die Durchlässigkeit solcher Gesteine ist im allgemeinen größer als die aller anderen Sedimente.

Wenn verkarstete Carbonatgesteine später von neuem Sediment bedeckt werden, kann ihre hohe Porosität bis in spätere geologische Zeiten erhalten bleiben. Die starre Gerüststruktur des festen Kalksteins vermag auch hohen Drucken einer späteren Bedeckung zu widerstehen. Für die Bewegungen und Sonderungen flüssiger und gasförmiger Medien in der Erdrinde bieten diese Gesteine bequeme Bahnen und Sammelbecken. So haben sich in solchen Karstbildungen vielfach bedeutende Erdöllagerstätten angesammelt. In den Vereinigten Staaten finden sich Lagerstätten in verkarsteten paläozoischen Kalken unterhalb permischer, unter- und obercarbonischer Transgressionen (Beispiele siehe bei LEVORSEN 1956, S. 241—245). Die besonders hohen Porositäten verschiedener Kalke im Iran, in Saudi-Arabien und Kuweit, in denen die ergiebigsten Erdölfelder der Welt liegen, beruhen zu einem wesentlichen Teil auf Lösungserscheinungen, die durch descendente Wässer hervorgebracht wurden. Die sehr große Produktivität der dortigen Sonden ist durch die großen Kavernen und Systeme erweiterter Klüfte zu erklären, die in diesen Kalken durch Auflösung entstanden sind.

In CO_2-haltigem Wasser ohne sonstige gelöste Bestandteile ist Calcit löslicher als Dolomit. Dementsprechend findet man bei der Einwirkung von Niederschlagswässern auf Gesteine, die Calcit und Dolomit enthalten, eine bevorzugte Auflösung von Calcit. Aus solchen Gesteinen können sich während der Verkarstung sehr poröse, dolomitreiche Restgesteine bilden. Doch können in der Porenlösung im Inneren der Gesteine auch andere Bedingungen herrschen. So beobachtete H. MÜLLER (1958) im Basiskalk des Unteren Muschelkalk bei Jena Hohlräume, die durch die selektive Auflösung von Dolomitrhomboedern aus der sonst aus Calcit bestehenden Grundmasse entstanden sind. Es entstand dadurch ein Gestein mit einer Porosität von 0,22.

Die wichtigste Umwandlung primär aus Kalkspat oder Aragonit bestehender Carbonatgesteine ist die Dolomitisierung. Abgesehen von der Bildung einzelner Dolomitrhomboeder ist eine primäre Entstehung von Dolomit bekanntlich am heutigen Meeresboden nicht beobachtet worden. Unter besonderen, heute nicht realisierten Bedingungen (z. B. bei hoher Salzkonzentration) mögen sich in der geologischen Vorzeit auch primäre Dolomite gebildet haben. Die heute vorliegenden aus Dolomit bestehenden Gesteine sind mindestens zu einem wesentlichen Teil diagenetisch aus Calcit- oder Aragonitgesteinen entstanden. Viele organogene

Calcitgesteine enthalten primär recht hohe Mg-Gehalte. Nach Untersuchungen von CHAVE (1954) vermögen verschiedene Organismen Calcit mit hohen Mg-Gehalten aufzubauen. Der Mg-Gehalt ist für verschiedene Arten verschieden hoch und nimmt für jede Art mit der Wassertemperatur zu. Vergleicht man verschiedene Organismenklassen, so scheint der Mg-Gehalt bei primitiven Pflanzen und Tieren größer zu sein als bei höher organisierten. So wurden die höchsten Gehalte — bis zu 30% $MgCO_3$ — im Calcit von Kalkalgen wie Lithothamnium gefunden. Korallen und Foraminiferen können bei Temperaturen um 30° bis zu etwa 15% $MgCO_3$ in das Calcitgitter einbauen. Auch anorganische Calcitausscheidungen mögen in warmem Wasser $MgCO_3$ enthalten (vgl. hierzu und zu dem folgenden FAIRBRIDGE 1957).

Diese Mg-reichen Calcite sind wahrscheinlich die Ansatzpunkte einer späteren metasomatischen Umwandlung, die unter Zufuhr von $Mg^{\cdot\cdot}$ und $CO_3^{''}$ oder durch den Austausch von $Ca^{\cdot\cdot}$-Ionen gegen gelöste $Mg^{\cdot\cdot}$-Ionen erfolgt. Die Austauschreaktion kann für reinen Calcit in folgender Weise geschrieben werden:

$$2\ CaCO_3 + Mg^{\cdot\cdot} \longrightarrow CaMg(CO_3)_2 + Ca^{\cdot\cdot}.$$

Es war bereits 1837 BEAUMONT bekannt, daß bei dieser Reaktion ein Volumenverlust von 12% eintritt: 2 Grammole Calcit ($d = 2{,}71$) nehmen 73,8 cm³ ein, während 1 Grammol Dolomit ($d = 2{,}85$) 64,8 cm³ beansprucht. Zunehmender Druck sollte also eine solche Dolomitisierung befördern. Wenn ein Austausch dieser Art aus dem Mg-Gehalt von eingeschlossenem oder äußerlich zudringendem Meerwasser erfolgt, so sollte aus dem ursprünglichen Calcitgestein entweder ein weniger voluminöses oder bei konstantem Volumen poröseres Dolomitgestein werden. Eine solche Dolomitisierung ist wohl die einzige diagenetische Reaktion zwischen Gestein und Porenlösung, die die Porosität zu erhöhen vermag.

Daß eine Dolomitisierung calcitischer Sedimente durch das Meerwasser erfolgen kann, hat die bekannte Bohrung auf dem Atoll Funafuti gezeigt, wo calcitische Korallenkalke in 195 m Tiefe in Dolomit übergehen, der weiterhin anhält. Auch auf der Koralleninsel Eniwetok im Pazifik wurde (allerdings in größerer Tiefe) Dolomit gefunden, und viele andere, über den Meeresspiegel erhobene Atollinseln des Pazifik sind, vor allem in ihrem Kern, dolomitisiert (FAIRBRIDGE). Dolomitbildung kann auch im festen Sediment erfolgen, da die eingeschlossene Porenlösung primär Mg-Ionen enthält. Diese können freilich nur einen kleinen Teil des Kalkes dolomitisieren, in dem sie enthalten sind. Für eine vollständige Dolomitisierung müßten Mg-Ionen aus den Porenlösungen umgebender Gesteine hinzuwandern. Es wird später gezeigt werden (S. 162), daß sich die in älteren Sedimenten angetroffene Porenlösung gerade darin vom Meerwasser unterscheidet, daß sie an Mg verarmt und dafür an Na und Ca angereichert ist. Neben anderen Prozessen mag die Dolomitisierung diese Abnahme der Porenlösungen an Mg hervorrufen.

Man findet oft gerade in Dolomiten besonders hohe Porositäten. Dafür haben die Aufschlüsse der Erdöl- und Erdgasbohrungen viel Material geliefert. So sind z. B. im Lima-Indiana-Ölfeld, das sich in Ohio und Indiana über ein Gebiet von 260×64 km erstreckt, die Erdölvorkommen an dolomitisierte Partien eines ordovizischen Kalksteins gebunden. Die Dolomitpartien sind porös, die umgebenden Kalksteine immer dicht. Es sind verschiedene Öllagerstätten dieses Typus bekannt (LEVORSEN). Die organogenen Riffe, die große Erdöllagerstätten enthalten, sind meist dolomitisiert. Daß die Riffe bevorzugt der Dolomitisierung anheimfallen, wird auf die Abscheidung besonders Mg-reicher Kalke durch verschiedene Rifforganismen zurückzuführen sein. Die große Erdöllagerstätte von Parentis bei Bordeaux ist in teilweise dolomitisierten Kalken der Unterkreide enthalten, die ihre Porositäten vielleicht einer späten Dolomitisierung verdanken (GARREAU 1959).

Im Einzelfall ist es immer schwierig zu entscheiden, ob die höhere Porosität eines dolomitischen Gesteins die Folge eines Volumenschwundes bei der Dolomitisierung ist, oder andere Ursachen hat. Wenn die Dolomitisierung sehr frühdiagenetisch erfolgt, in einem Zeitpunkt, zu dem das Gestein noch unverfestigt und verformbar ist, kann sich der Volumenschwund wohl kaum in einer Porositätserhöhung bemerkbar machen. Bei den hochporösen, dolomitisierten Riffen ist es besonders schwierig zu erkennen, welcher Anteil der Porosität auf die primär porös-stabile Struktur des Riffs zurückzuführen ist und welcher Anteil bei der Dolomitisierung entstand. So gibt es unter den erdölführenden devonischen Riffen von Alberta (Kanada) die lange Reihe vollständig dolomitisierter Riffe der sog. Rinbey-Meadowbrook-Kette im Gebiet von Edmonton und etwa 50 km nordöstlich davon das nicht minder poröse reine Kalksteinriff von Redwater (ANDRICHUK 1958). Hier scheint also die Porosität in erster Linie durch die primäre Riffstruktur bestimmt zu sein. Ähnlich beobachtet man in den methanführenden Zechsteindolomiten im Emsland Nordwestdeutschlands die maximale Porosität (5—10%) dort, wo sich im Dünnschliff Algen oder oolithische Strukturen feststellen lassen (FÜCHTBAUER 1959b). Manches spricht dafür, daß sich diese Dolomite sehr frühdiagenetisch gebildet haben.

In nicht vollständig dolomitisierten Gesteinen kann durch spätere Einwirkung CO_2-haltiger Wässer der Calcit bevorzugt herausgelöst werden, so daß poröse dolomitische Gesteine entstehen.

In dichten Carbonatgesteinen finden sich besonders häufig durch tektonische Beanspruchung entstandene Klüfte, die mehr oder weniger regelmäßig angeordnet sind und häufig eine Beziehung zum Plan der Tektonik zeigen. Im allgemeinen bildet der Hohlraum der Klüfte nur einen sehr geringen Anteil des gesamten Gesteinsvolumens. Die Kluftporosität spielt daher nur in sehr dichten Gesteinen mengenmäßig eine Rolle. Doch sind die Klüfte für alle Transportvorgänge wichtig, wie z. B. für die Migration von Kohlenwasserstoffen, die über solche Kluftsysteme sehr viel schneller erfolgt, als durch den Porenraum des festen Gesteins. Ein Zeichen für Transporte und Reaktionen in den Klüften sind die verschiedenen Mineralien, mit denen die Klüfte manchmal ganz oder teilweise ausgefüllt sind und die von weither zugeführt sein müssen, wenn sie sich vom Mineralbestand der die Kluft umgebenden Gesteine unterscheiden.

Stark zerklüftete Kalksteine sind verschiedentlich als Träger von Lagerstätten der Kohlenwasserstoffe bekannt geworden. Hier sei nur auf die stark zerklüfteten tertiären Kalke hingewiesen, die die größten Kohlenwasserstofflagerstätten der Welt im Iran und Irak enthalten (DANIEL 1954).

Es scheint, daß Dolomitgesteine eher als Kalksteine zur Klüftung neigen. Zahlreiche Erdgas- und Erdöllagerstätten hat man in zerklüfteten Dolomiten gefunden. So ist das Gas der großen Lagerstätte von Lacq bei Pau am Nordrand der Pyrenäen (etwa 3000 m tief) in 200 bis 250 m mächtigen, dolomitischen Kalken enthalten, die dem Oberen Jura bis zum Neokom angehören, und die sehr stark zerklüftet sind. Im deutsch-holländischen Grenzgebiet kommen in flachen Antiklinalen der Zechsteindolomite in Tiefen zwischen 1500 und 3000 m Methanlagerstätten vor. Kalkige Triassedimente sind dort bruchlos verformt, während die Dolomite von vielen Klüften durchsetzt sind, deren Richtungen Beziehungen zum Bau der Antiklinalen aufweisen. Man schätzt die Kluftporosität in diesen gasgefüllten Antiklinalen zu höchstens 0,005, während die Porosität der porenreichsten Lagen der Dolomite (ohne Klüfte) 0,05 bis 0,1 beträgt (FÜCHTBAUER 1959b). Die Klüfte sind teilweise mit Anhydrit ausgefüllt.

Solche Beobachtungen deuten auf eine größere Sprödigkeit des Dolomits im Vergleich zum Kalkstein, wie sie auch tatsächlich kürzlich experimentell gefunden wurde. HANDIN und HAGER (1957) zeigten, daß sich Dolomite gegenüber einseitiger Beanspruchung bei höherem allseitigem Druck wesentlich spröder als Kalksteine verhalten. Mit steigendem allseitigem Druck nimmt bei allen Gesteinen die Duktilität zu, d. h. die totale Deformation bei einseitiger Belastung bis zum Bruch. Bei den untersuchten Kalken liegt aber die Duktilität bei einem allseitigen Druck von 2500 kg/cm² bei über 25%, während sie für die untersuchten Dolomite beim selben allseitigen Druck nur 2 bis 4% beträgt.

B. Die Fließvorgänge im Porenraum

1. Allgemeines

Sind die miteinander in Verbindung stehenden Poren eines Gesteins mit einem Gas oder einer Flüssigkeit erfüllt, so können diese Medien durch das Gestein fließen, wenn eine äußere Kraft wirkt. Die sich einstellenden Fließgeschwindigkeiten und Fließrichtungen sind einerseits durch verschiedene physikalische Eigenschaften der fließenden Medien (Dichte, Viscosität, Kompressibilität), andererseits durch eine charakteristische Beschaffenheit des Porenraums bestimmt, die man als Permeabilität (Durchlässigkeit) des Gesteins messen kann. Diese Eigenschaft wird bedingt durch die spezielle geometrische Struktur des Porenraums, wie etwa die Querschnittsgröße und -form der einzelnen Fließkanäle, deren räumlichen Verlauf und ihre gegenseitige Verknüpfung; sie ist daher besonders spezifisch und von Gestein zu Gestein sehr viel stärkeren Veränderungen unterworfen als die Porosität, die nur die pauschale Summe aller Hohlräume erfaßt.

Durch die Bestimmung der Permeabilität erhält man deshalb einen tieferen Einblick in die Struktur des Porenraums. Andererseits ist die Kenntnis der Permeabilität und der physikalischen Grundlagen der Fließvorgänge in porösen Medien unerläßlich für das Verständnis der chemischen und physikalischen Prozesse in der oberen Erdrinde, die dem Bereich der Diagenese und z. T. wohl auch schon der beginnenden Metamorphose angehören. Für viele praktische Probleme, so vor allem für die Bewegungen des Grundwassers und für die Förderung von Erdgas und Erdöl, stehen Fließvorgänge in porösen Gesteinen im Mittelpunkt des Interesses. Der Umfang der neueren Literatur über dieses Gebiet unter besonderer Berücksichtigung der praktischen und technischen Probleme ist daher sehr beträchtlich. In den folgenden Abschnitten soll versucht werden, eine möglichst allgemeine Darstellung der Fließvorgänge in Gesteinen zu geben, die eine Anwendung auf verschiedene besondere Bedingungen erlaubt, ohne allzusehr in die Besprechung von Spezialfällen einzutreten. Dies schien um so eher erlaubt, als aus den letzten Jahren eine Reihe von Monographien vorliegt, in denen ein ausführlicher Nachweis der Literatur und vor allem die Behandlung technisch wichtiger Spezialfälle des Fließens durch Gesteine zu finden ist. Es sei daher für eine Vertiefung und Ergänzung der im folgenden vorgetragenen Darstellung verwiesen auf die Artikel von Hubbert (1940; 1956) und auf die Bücher von Muskat (1937; 1949), Manegold (1955), Carman (Strömen von Gasen; 1956) und Scheidegger (1957; mit besonders ausführlichem Literaturverzeichnis).

Um die grundlegenden Begriffe zunächst an möglichst einfachen Systemen zu gewinnen, beginnen wir mit dem Fluß einer einzigen Phase (homogener Fluß) und betrachten zuerst lineare Systeme, um danach zu räumlichen Fließvorgängen und schließlich zum Fließen mehrerer Phasen (heterogener Fluß) überzugehen.

2. Die Darcy-Gleichung für den homogenen Fluß in linearen Systemen

Der Begriff der Permeabilität ist mit dem Namen des französischen Ingenieurs Henry Darcy (1803—1858; vgl. Fancher, Hubbert 1956) verknüpft, der im Zusammenhang mit Arbeiten für die Wasserversorgung der Stadt Dijon die ersten Versuche über das Strömen von Wasser durch Sandpackungen unternahm. Die Interpretation dieser Experimente führte zur Formulierung einer sehr einfachen empirischen Fließgleichung. Sie definiert — zunächst für die Strömung in einem linearen Kanal — die Permeabilität als charakteristische Gesteinskonstante und hat sich bei Beachtung der im folgenden Abschnitt zu besprechenden Gültigkeitsgrenzen bis heute zur Beschreibung der Fließvorgänge in porösen Gesteinen bewährt. Darcy ließ durch ein vertikal stehendes, mit Sand gefülltes Rohr von oben nach unten Wasser strömen, wie es im Schema Abb. 28 zeigt, und beobachtete die Fließgeschwindigkeit in Abhängigkeit von der Höhendifferenz zwischen Ein- und Auslauf und den dort gemessenen Drucken. Diese Drucke wurden mit Hilfe von Wassermanometern bestimmt; als Maß diente die Höhe des Wasserspiegels in den Manometerrohren bezogen auf

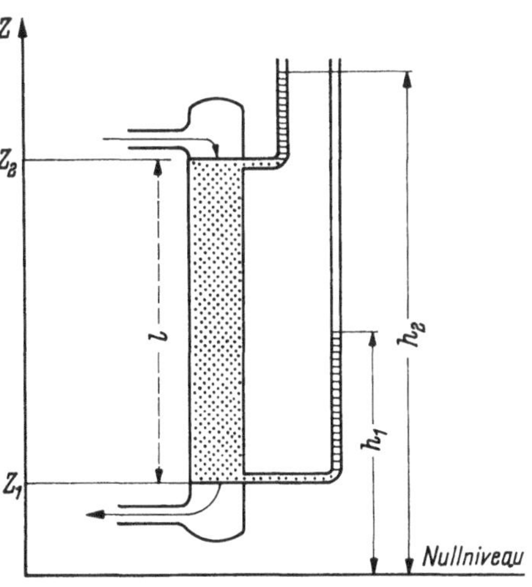

Abb. 28. *Schema der Versuchsanordnung von Darcy über die Strömung von Wasser durch Sandpackungen.* Das Wasser durchströmt das vertikal stehende, mit Sand gefüllte Rohr von oben nach unten vermöge einer Druckdifferenz zwischen Ein- und Auslauf, die durch die auf ein Nullniveau bezogenen Stände der beiden Wassermanometer h_2 (Einlauf) und h_1 (Auslauf) gemessen wird

ein gemeinsames Nullniveau. Darcy fand empirisch die folgende Beziehung:

$$Q = A \cdot K^* \frac{h_2 - h_1}{z_2 - z_1}\,. \tag{42}$$

Q = ausfließendes Wasservolumen pro Zeiteinheit; A = Querschnitt des Rohrs; h_1, h_2 = Höhe der Wasserstände in den Manometerrohren bei Aus- und Einlauf; z_1, z_2 = Höhen von Aus- und Einlauf über dem Nullniveau.

Den Proportionalitätsfaktor K^* nannte Darcy «Coefficient dépendant de la perméabilité de la couche». Er fand für K^* je nach der verwendeten Sandsorte verschiedene Werte.

Darcy führte seine Versuche nur mit Wasser durch. Um zu einem allgemeinen Ausdruck zu kommen, der auf beliebige strömende Medien und verschiedene geometrische Bedingungen angewendet werden kann, sind einige Verallgemeinerungen notwendig. Statt der Strömung durch die ganze Rohrlänge $(z_2 - z_1)$ betrachten wir den Fluß durch einen sehr dünnen Abschnitt der Länge dz. An die Stelle der Differenz der Manometerstände $(h_2 - h_1)$ tritt dann das Differential dh. Für Q/A führen wir den Vektor $\mathbf{q}$ ein, der nach Richtung und Betrag die Fließgeschwindigkeit als Volumendurchfluß pro Zeiteinheit und Einheit des Gesteinsquerschnitts darstellt (Dimension: cm³/sec cm² = cm/sec). Die Richtung z ist, wie in Abb. 28 dargestellt, aufwärts gerichtet. Darcys Gleichung erscheint dann in der Form:

$$\mathbf{q} = -K^* \operatorname{grad} h \,. \tag{43}$$

Spätere Versuche mit verschiedenen Flüssigkeiten ergaben, daß K^* der Viscosität μ umgekehrt und der Dichte ϱ der Flüssigkeit direkt proportional ist:

$$K^* \sim \frac{\varrho}{\mu} \,. \tag{44}$$

Dementsprechend definiert man zweckmäßig eine neue Konstante, die von der Art der Flüssigkeit unabhängig ist:

$$K' = \frac{\mu}{\varrho} K^* \,. \tag{45}$$

Dann heißt die Gleichung:

$$\mathbf{q} = -K' \cdot \frac{\varrho}{\mu} \cdot \operatorname{grad} h \,. \tag{46}$$

Anstelle des Manometerstandes h soll nun der Druck eingeführt werden. Der an einem bestimmten Punkt in der Höhe z über dem Nullniveau gemessene Druck p ist für inkompressible Flüssigkeiten der Dichte ϱ:

$$p = \varrho g h - \varrho g z \,, \tag{47}$$

wenn g die Schwerebeschleunigung bedeutet. Daraus erhält man

$$-g \cdot \operatorname{grad} h = -\frac{1}{\varrho} \cdot \operatorname{grad} p - g \cdot \operatorname{grad} z \,, \tag{48}$$

$\operatorname{grad} z$ ist der Einheitsvektor in der z-Richtung. $-g \cdot \operatorname{grad} z$ ist daher nach Richtung und Größe die auf die Masseneinheit wirkende Schwerkraft $\mathbf{g}$. Somit erhält man:

$$-g \cdot \operatorname{grad} h = \mathbf{g} - \frac{1}{\varrho} \operatorname{grad} p \,. \tag{49}$$

Dieser Ausdruck kann in die obige Gl. (46) eingesetzt werden und ergibt dann

$$\mathbf{q} = \frac{K'}{g} \cdot \frac{\varrho}{\mu} \left\{ \mathbf{g} - \frac{1}{\varrho} \operatorname{grad} p \right\} \,. \tag{50}$$

Es ist nun zweckmäßig, eine neue Konstante $k = \dfrac{K'}{g}$ einzuführen, so daß man bekommt:

$$\mathbf{q} = \frac{k}{\mu} \cdot \varrho \left\{ \mathbf{g} - \frac{1}{\varrho} \operatorname{grad} p \right\} \,. \tag{51}$$

Die Konstante k heißt Permeabilität oder Durchlässigkeit. Der Vektorausdruck in der Klammer ist die auf die Masseneinheit des fließenden Mediums wirkende Kraft **E**. Man kann diese Kraft, wie die Gl. (51) zeigt, auf ein Potential Φ zurückführen, das an jedem Ort der Strömung einen bestimmten Wert hat, und den Gehalt an potentieller Energie anzeigt, der der an diesem Orte befindlichen Masseneinheit zukommt:

$$\mathbf{E} = \mathbf{g} - \frac{1}{\varrho}\,\mathrm{grad}\,p = -\,\mathrm{grad}\,g\,h = -\,\mathrm{grad}\,\Phi\,. \tag{52}$$

Entsprechend kann man auch eine Größe **H** definieren, die die auf die Volumeneinheit des strömenden Mediums wirkende Kraft bezeichnet:

$$\mathbf{H} = \mathbf{g}\,\varrho - \mathrm{grad}\,p = -\,\varrho \cdot \mathrm{grad}\,\Phi = \varrho\,\mathbf{E}\,. \tag{53}$$

Die Strömungsgleichung (51) kann man dann in abgekürzter Form in einer der folgenden Weisen schreiben:

$$\mathbf{q} = \frac{k}{\mu} \cdot \varrho \cdot \mathbf{E}\,. \tag{54}$$

$$\mathbf{q} = \frac{k}{\mu} \cdot \mathbf{H}\,. \tag{55}$$

In dem hier betrachteten linearen Fall wird, wie im Versuch von DARCY, ein zylindrisches Gesteinsstück durchströmt. Die z-Achse ist die Zylinderachse, Fließrichtung und Richtung des Druckgefälles, d. h. die Vektoren $\mathbf{q}$ und $\mathrm{grad}\,p$ fallen mit der z-Achse zusammen. Für den Betrag der Fließgeschwindigkeit in cm/sec gilt also

$$q = |\mathbf{q}| = \frac{k}{\mu}\,|\{\mathbf{g}\,\varrho - \mathrm{grad}\,p\,\}|\,. \tag{56}$$

Bildet die Zylinderachse mit der Vertikalen einen Winkel γ, so wirkt die Schwerkraft nur mit der Komponente $g\,\varrho \cdot \cos\gamma$ und man erhält:

$$q = \frac{k}{\mu}\left\{ g \cdot \varrho \cdot \cos\gamma - \frac{dp}{dz} \right\}\,. \tag{57}$$

Für die Strömungsgeschwindigkeit einer inkompressiblen Flüssigkeit durch einen zylindrischen Gesteinskörper der Länge l, an dessen Eintritts- und Austrittsfläche die Drucke p_2, bzw. p_1 herrschen mögen, erhält man also bei Vernachlässigung der Schwerkraft, d. h. für den Fall horizontaler Strömung ($\cos\gamma = 0$) oder bei $g\,\varrho \ll \mathrm{grad}\,p$ die Gleichung ($\Delta p = p_2 - p_1$):

$$q = \frac{k}{\mu}\,\frac{\Delta p}{l}\,. \tag{58}$$

Wie man leicht sieht, besitzt die Permeabilität k die Dimension cm^2, wenn man alle anderen Größen in Einheiten des cm g sec-Systems mißt. Es hat sich jedoch in den Laboratorien der Erdölindustrie eingebürgert, andere Maßeinheiten zu verwenden. Mißt man den in Klammern stehenden Ausdruck in at/cm, die Viscosität in Centipoise und die Fließgeschwindigkeit in cm sec^{-1}, so erhält man die Permeabilität in einer Einheit, die nach einem Vorschlag von WYCKOFF, BOTSET, MUSKAT und REED (1934) Darcy genannt wird. Es gelten die folgenden Umrechnungsfaktoren:

1 cm² = 9,87 $\cdot 10^7$ Darcy (p in techn. at = 9,81 $\cdot 10^5$ dyn cm^{-2})

1 cm² = 1,013 $\cdot 10^8$ Darcy (p in phys. at = 760 mm Hg)

Für alle praktischen Zwecke genügt es, zu setzen

$$1 \text{ Darcy} = 10^{-8} \text{ cm}^2.$$

Man pflegt das Darcy auch noch zu unterteilen:

$$1 \text{ Darcy} = 1000 \text{ Millidarcy}$$

Als Abkürzungen werden im folgenden die Buchstaben d für Darcy und md für Millidarcy gebraucht.

Die Gl. (51) bis (58) gelten nur für den Fluß inkompressibler Flüssigkeiten, deren Dichte vom Druck unabhängig ist. Wenn Gase durch einen Gesteinszylinder strömen, so ändert sich das fließende Volumen im selben Maße wie der Druck in der Fließrichtung abnimmt. Doch bleibt im stationären, d. h. zeitunabhängigen Fall die in der Zeiteinheit durch die Einheit des Querschnitts strömende Masse konstant. Wir verfolgen diesen Vorgang des Gasflusses zunächst ohne Berücksichtigung der Schwerkraft, indem wir also annehmen, daß die Kraft $g\varrho$ gegenüber grad p verschwindend klein ist, oder daß der Fluß in horizontaler Richtung (cos γ = 0) erfolgt. Dann gilt die Gleichung

$$\mathbf{q} = -\frac{k}{\mu} \operatorname{grad} p . \tag{59}$$

Da der Volumenfluß pro Einheit des Querschnitts nicht konstant ist, betrachten wir den Massenfluß, indem wir beide Seiten der Gleichung mit der Gasdichte multiplizieren:

$$\mathbf{j} = \varrho\, \mathbf{q} = -\frac{k}{\mu}\, \varrho \operatorname{grad} p . \tag{60}$$

Unter isothermen Bedingungen, die hier vorausgesetzt seien, ist die Gasdichte dem Druck proportional, so daß man erhält:

$$\varrho = \frac{M}{RT}\, p; \quad \mathbf{j} = \frac{pM}{RT}\, q = -\frac{k}{\mu}\, \frac{M}{RT}\, p \operatorname{grad} p = -\frac{1}{2}\, \frac{k}{\mu}\, \frac{M}{RT} \operatorname{grad} (p^2) . \tag{61}$$

Mit M = Molgewicht, R = Gaskonstante, T = abs. Temperatur.

Betrachtet man einen zylindrischen Gesteinskörper der Länge l, durch den das Gas strömt, und an dessen Eintritts- und Austrittsquerschnitt die Drucke p_2, bzw. p_1 herrschen sollen, so erhält man für die pro sec austretende Gasmasse j unter der Annahme der Gültigkeit des idealen Gasgesetzes

$$j = \frac{k}{\mu}\, \frac{M}{RT}\, \frac{p_2^2 - p_1^2}{2\,l} . \tag{62}$$

oder für das pro sec austretende Gasvolumen $q_1 = j/\varrho_1$:

$$q_1 = \frac{k}{\mu}\, \frac{1}{p_1}\, \frac{p_2^2 - p_1^2}{2\,l} . \tag{63}$$

Führt man einen mittleren Druck $\bar{p} = \frac{1}{2}\,(p_2 - p_1)$ und $\varDelta p = (p_2 - p_1)$ ein, so bekommt man:

$$q_1 = \frac{k}{\mu}\, \frac{\bar{p}}{p_1}\, \frac{\varDelta p}{l} . \tag{64}$$

Bei Gasströmungen, die mit kleinem Druckgradienten und in Richtungen verlaufen, die merklich von der Horizontalen abweichen (cos $\gamma \neq 0$) kann man die

Wirkung der Schwerkraft nicht vernachlässigen. Aus Gl. (51) erhält man dann anstelle von Gl. (59) den Ausdruck:

$$\mathbf{j} = \varrho\,\mathfrak{q} = \frac{k}{\mu}\,(\varrho^2\mathbf{g} - \varrho \cdot \operatorname{grad} p); \tag{65}$$

$$\mathbf{j} = \frac{k}{\mu} \cdot \left(\frac{M}{RT}\right)^2 p^2\mathbf{g} - \frac{k}{2\mu}\,\frac{M}{RT}\operatorname{grad}(p^2); \tag{66}$$

$$\frac{2\mu}{k}\,\mathbf{j} = \frac{2\,M^2}{(RT)^2}\,p^2\mathbf{g} - \frac{M}{RT}\operatorname{grad}(p^2). \tag{67}$$

Setzt man den absoluten Betrag des Volumenflusses j ein, so ergibt sich analog zu Gl. (61) (Vorzeichenwechsel beim Überwiegen des 2. Gliedes rechts):

$$\frac{2\,\mu\,j}{k} = \frac{2\,M^2 g \cos\gamma}{(RT)^2}\,p^2 - |\operatorname{grad}(p^2)|\,\frac{M}{RT}. \tag{68}$$

oder abgekürzt:

$$A = B\,\pi - |\operatorname{grad}\pi|; \tag{69}$$

mit

$$A = \frac{2\,\mu\,j}{k}\,\frac{RT}{M}; \quad B = \frac{2\,Mg \cos\gamma}{RT}; \quad \pi = p^2; \tag{70}$$

Die Lösung der Differentialgleichung lautet:

$$\pi = \alpha \cdot \exp(Bz) + \frac{A}{B}; \tag{71}$$

α ist durch die Randbedingungen zu bestimmen. Als solche setzen wir fest, daß an der Austrittsfläche des durchströmten Gesteinszylinders (Achse $= z$) der Druck p_1, an der Eintrittsfläche, bei $z = l$ der Druck p_2 herrschen soll:

$$p = p_1 \text{ für } z = 0; \quad p = p_2 \text{ für } z = l; \tag{72}$$

Es gilt also:

$$p_1^2 = \alpha + \frac{A}{B}; \qquad\qquad \alpha = \frac{p_2^2 - p_1^2}{\exp(Bl) - 1}; \tag{73}$$
$$p_2^2 = \alpha \cdot \exp(Bl) + \frac{A}{B};$$

Für die Austrittsfläche gilt:

$$A = B\,p_1^2 - \alpha\,B. \tag{74}$$

Setzt man die Werte für A, B, α ein, so erhält man für den Massenfluß:

$$j = \frac{k}{\mu} \cdot \frac{M^2 g \cos\gamma}{(RT)^2}\,p_1^2 - \frac{k}{\mu} \cdot \frac{M^2 g \cos\gamma}{(RT)^2}\,\frac{p_2^2 - p_1^2}{\exp(2\,l\,Mg \cos\gamma/RT) - 1}. \tag{75}$$

Da $j = \dfrac{M}{RT}\,p_1 q_1$ erhält man für den an der Austrittsfläche beobachteten Volumenfluß q_1:

$$q_1 = \frac{k}{\mu} \cdot \frac{Mg \cos\gamma}{RT}\,p_1 - \frac{k}{\mu} \cdot \frac{Mg \cos\gamma}{RT} \cdot \frac{1}{p_1} \cdot \frac{p_2^2 - p_1^2}{\exp(2\,l\,Mg \cos\gamma/RT) - 1}. \tag{76}$$

Diese Gleichungen beschreiben den stationären Fall des linearen Fließens von Gasen bei gleichzeitiger Wirkung von Schwerkraft und zusätzlichem Druckgefälle. Für den Grenzfall $j = 0$ erhält man die als barometrische Höhenformel bekannte Gleichung für die Druckverteilung in der im Porenraum ruhenden Gasmasse (l in der z-Richtung gemessen, d. h. $\cos\gamma = 1$):

$$p_2 = p_1 \exp(Mg\,l/RT). \tag{77}$$

Als weiteren Grenzfall ergibt Gl. (76) für horizontalen Fluß (cos $\gamma \to 0$) die bereits abgeleitete Formel Gl. (63).

Ein Vergleich der Formeln für den Fluß einer inkompressiblen Flüssigkeit und eines kompressiblen Gases zeigt als wesentlichen Unterschied, daß sich der Druck bei inkompressiblen Flüssigkeiten in der Fließrichtung linear mit der Entfernung ändert, während die Veränderung bei Gasen proportional der Wurzel aus der Entfernung erfolgt.

3. Die Grenzen der Gültigkeit der Darcy-Gleichung

Die einfache Darcy-Gleichung ist nur innerhalb gewisser Grenzen gültig. Bevor man das Fließen von Flüssigkeiten oder Gasen im Porenraum bestimmter Sedimentgesteine nach dieser Beziehung berechnet, sollte daher in jedem Fall geprüft werden, ob der betreffende Fließvorgang noch von der Darcy-Gleichung beschrieben wird. Dies ist z. B. beim langsamen Strömen von Elektrolytlösungen durch Tone oder tonige Gesteine im allgemeinen nicht mehr der Fall. Ferner werden Gase durch feinporige Gesteine schneller strömen, als man es nach der Darcy-Gleichung erwarten sollte, und es gelten ganz andere Beziehungen zwischen Druckgradient und Fließgeschwindigkeit, wenn die letztere eine kritische Grenze überschreitet. Wenn auch über diese Abweichungen nicht viel Sicheres bekannt ist, soll doch im folgenden wenigstens versucht werden, den Gültigkeitsbereich der Beziehung von Darcy so deutlich als möglich abzustecken.

Trägheitskräfte und Reynoldszahl. Betrachtet man die Kräfte, die auf ein Volumenelement dV des strömenden Mediums im Inneren des Porenraums wirken, so lassen sich diese zerlegen in eine treibende Kraft $d\mathbf{F}_p$ und eine widerstehende Kraft $d\mathbf{F}_v$, die von der Viscosität des Mediums herrührt. Die Vektorsumme beider Kräfte ist gleich dem Produkt aus Beschleunigung $\mathbf{a}$ und Masse dm des Volumenelements:

$$\mathbf{a}\, dm = d\,\mathbf{F}_p + d\,\mathbf{F}_v. \tag{78}$$

Wie von HUBBERT (1956) gezeigt wurde, kommt man über die Navier-Stokesschen Differentialgleichungen für die Strömung viscoser Flüssigkeiten dann zur Darcy-Gleichung, wenn man

$$d\,\mathbf{F}_v = -\,d\,\mathbf{F}_p \tag{79}$$

setzt. Die empirisch gefundene und so überraschend einfache Darcy-Gleichung gilt also nur für den speziellen Fall, daß die durch $\mathbf{a}\, dm$ gemessene Trägheitskraft gegenüber der Kraft der inneren Reibung vernachlässigbar klein ist. Abweichungen vom bisher behandelten Darcy-Fluß wird man dann beobachten müssen, wenn die Strömungsgeschwindigkeit und damit die Beschleunigung (Änderung der Geschwindigkeit nach Betrag und Richtung) in den engen Kanälen des Porenraums so groß wird, daß die Trägheitskraft neben der Kraft der inneren Reibung anfängt merklich zu werden.

Als ein Maß für das Verhältnis von Trägheitskraft zur Kraft der inneren Reibung dient in der Hydrodynamik bekanntlich die Reynoldszahl. Die Dimension der Trägheitskraft pro Volumenelement kann durch den Ausdruck $\varrho\, q^2/l$ bezeichnet werden, wenn ϱ die Dichte, q eine lineare Geschwindigkeit und l eine charakteristische Länge bezeichnen; die Dimension der Reibungskraft pro Volumenelement wird durch den Ausdruck $\mu q/l^2$ gemessen. Das Verhältnis beider ist die Reynolds-zahl R_e

$$R_e = \frac{\varrho\, q^2}{l} : \frac{\mu\, q}{l^2} = \frac{\varrho \cdot q \cdot l}{\mu}\,. \tag{80}$$

Bestünden die porösen Gesteine aus Capillarröhren von einheitlichem Durchmesser, so könnte man diesen Durchmesser als charakteristische Länge l einführen und erhielte eine definierte Reynoldszahl, mit deren Hilfe man verschiedene Gesteine und Fließvorgänge miteinander vergleichen könnte. Die Porenräume der Gesteine sind aber so kompliziert und verschiedenartig gebaut, daß es ganz unmöglich ist, ihre Geometrie durch eine einzige charakteristische Länge ausreichend zu beschreiben. Es überrascht daher nicht, daß es trotz umfangreicher Bemühungen [Literatur bei SCHEIDEGGER (1957) und bei MUSKAT (1949)] nicht gelungen ist, eine Zahl von der Art der Reynoldszahl zu definieren, durch die mit großer Genauigkeit für alle Gesteine das Gebiet zu vernachlässigender Trägheitskräfte abgegrenzt werden kann. Eine grobe Abgrenzung erhält man, wenn man für l den mittleren Korndurchmesser d einsetzt.

$$R_e' = \frac{\varrho\, q\, d}{\mu}\,. \tag{81}$$

So fanden FANCHER, LEWIS und BARNES (nach MUSKAT 1949, S. 127) Gültigkeit der Darcy-Gleichung in verschiedenen Sandsteinen und unverfestigten Sanden, wenn die so definierte Reynoldszahl nicht größer als 1 bis 10 war. Für höhere Reynoldszahlen ergeben sich höhere Fließwiderstände. Die Gültigkeit der Darcy-Gleichung ist also etwa an die Bedingung

$$R_e' = \frac{\varrho\, q\, d}{\mu} \lessgtr 1 \tag{82}$$

geknüpft.

Den höheren Fließwiderstand von Strömungen mit höheren R_e'-Zahlen pflegt man in Analogie zu den in geraden und glatten Rohren zu beobachtenden Erscheinungen als durch „Turbulenz" hervorgebracht zu erklären. In glatten, geraden Rohren kann man in der Tat beobachten, daß oberhalb einer kritischen Reynoldszahl die vorher laminar verlaufende Strömung unregelmäßig wirbelnd, d. h. turbulent wird. Derartige Beobachtungen sind in den porösen Gesteinen nicht möglich; wir wissen nicht, wie die Fließvorgänge sich im einzelnen ändern, wenn die R_e'-Zahl über die angegebene Grenze steigt. Es ist lediglich festzustellen, daß an dieser Grenze die vorher zu vernachlässigenden Trägheitskräfte beginnen eine Rolle zu spielen, so daß die Fließgeschwindigkeit langsamer mit den treibenden Kräften ansteigt, als es die Darcy-Gleichung beschreibt. Man wird deshalb statt von laminarer und turbulenter Strömung besser vom zähigkeitsbedingtem (Gültigkeit der Darcy-Gleichung) und trägheitsbestimmtem Fließen sprechen.

Daß es sich hier um andere Vorgänge handelt als um das Umschlagen der laminaren in die turbulente Rohrströmung, geht auch schon aus dem Unterschied der kritischen Reynoldszahlen hervor (HUBBERT 1956). Für Rohre liegt die kritische Reynoldszahl bei etwa 1000, für Gesteine jedenfalls deutlich unter 1, da ja der „mittlere Porendurchmesser", der dem Rohrdurchmesser zu vergleichen wäre, immer kleiner als der Korndurchmesser sein dürfte.

Aus der kritischen Reynoldszahl $R'_e = 1$ berechnet sich für Wasser eine kritische Geschwindigkeit q_{krit}:

$$q_{krit} = \frac{10^{-2}}{d} \ [\text{cm sec}^{-1}] \,. \tag{83}$$

Für horizontalen Fluß entsprechen diesen kritischen Geschwindigkeiten kritische Druckgradienten [vgl. Gl. (59)]:

$$(\text{grad } p)_{krit} = \frac{1}{k} \, q_{krit} \ [\text{at cm}^{-1}] \,. \tag{84}$$

Für einige Korngrößen (d) und die in Gesteinen vorkommenden Permeabilitäten von 0,1 und 1 d erhält man so die in der folgenden Tabelle verzeichneten kritischen Druckgradienten. Sie liegen zwischen 0,1 und 100 at/cm. Bei natürlichen Flüssigkeitsströmungen in Gesteinen dürften so hohe Druckgradienten und Geschwindigkeiten kaum je vorkommen.

Tabelle 14. *Kritische Druckgradienten für die Gültigkeit der Darcyschen Gleichung in Gesteinen* (für Wasser)

Korngröße r [cm]	q_{krit} [cm sec^{-1}]	$(\text{grad } p)_{krit}$ [at cm^{-1}]	
		$K = 0,1$ d	$K = 1$ d
10^{-1}	10^{-1}	1	10^{-1}
10^{-2}	1	10	1
10^{-3}	10	100	10

Für Gase ist das Verhältnis μ/ϱ von der Größenordnung 10^{-1} (statt 10^{-2} bei Wasser). Die kritische Geschwindigkeit für einen gegebenen Korndurchmesser und ebenso auch das kritische Druckgefälle für eine bestimmte Durchlässigkeit werden daher für Gase um den Faktor 10 größer als für Wasser. So werden auch die natürlichen Gasströmungen in Gesteinen im allgemeinen zähigkeitsbedingt, d. h. im Gültigkeitsbereich der Darcy-Gleichung verlaufen.

Gleitung und Knudsen-Fluß von Gasen [vgl. hierzu CARMAN (1956), SCHEIDEGGER (1957)]. Wie man seit Experimenten von KUNDT und WARBURG (1875) weiß, verhalten sich Gase beim Fließen längs festen Wänden grundsätzlich anders als Flüssigkeiten. Während Flüssigkeiten zufolge der stärkeren Wechselwirkung mit der Wand in einer äußersten Schicht fest an der Wand haften, gleiten Gase an der Wand entlang. Deshalb ist die Strömungsgeschwindigkeit eines Gases durch eine dünne Capillare größer als man es nach der normalen Hagen-Poiseuille-Gleichung erwarten sollte.

Diese lautet für inkompressible Flüssigkeiten:

$$- q = \frac{r^2}{8\mu} \frac{dp}{dz} \,. \tag{85}$$

und, entsprechend der Kompressibilität, für Gase:

$$- q_1 = \frac{r^2}{16\mu} \cdot \frac{1}{p_1} \cdot \frac{dp^2}{dz} \,. \tag{86}$$

Unter Berücksichtigung der Gleitung ist diese Gleichung zu erweitern:

$$- q_1 = \left(\frac{r^2}{16\mu} + \frac{r}{4\zeta} \right) \frac{1}{p_1} \cdot \frac{dp^2}{dz} \,. \tag{87}$$

ζ ist der Gleitungskoeffizient. Aus der kinetischen Gastheorie erhält man:

$$\zeta = \frac{1}{2} \varrho \, \bar{v} f \,; \qquad \mu = \frac{1}{2} \varrho \, \bar{v} \lambda \,; \tag{88}$$

ϱ ist die Gasdichte, $\bar{v}$ die mittlere Molekulargeschwindigkeit, λ die mittlere freie Weglänge und f ein Zahlenfaktor von der Größenordnung 1. Mit

$$\varrho = \frac{M}{RT}\,p\,; \qquad \bar{v} = \sqrt{\frac{8\,RT}{\pi\,M}}\,. \tag{89}$$

(M = Molgewicht) erhält man für Gl. (87):

$$-q_1 = \left(\frac{r^2}{4\,\lambda} + \frac{r}{f}\right)\sqrt{\frac{\pi RT}{8\,M}} \cdot \frac{1}{p_1} \cdot \frac{dp}{dz}\,. \tag{90}$$

Aus dieser Form der Gleichung ersieht man, daß die Korrektur für Gleitung nur dann eine Rolle spielen kann, wenn der Capillarenradius von gleicher oder ähnlicher Größenordnung ist wie die mittlere freie Weglänge der Gasmoleküle.

Für den Fluß durch poröse Gesteine, die man sich aus vielen kompliziert zusammenhängenden Capillaren zusammengesetzt vorstellen kann, wird man eine der Gl. (87) analoge Gleichung ansetzen dürfen, die die folgende Gestalt annimmt:

$$-q_1 = \frac{k}{2\,\mu} \cdot \frac{1}{p_1} \cdot \frac{dp^2}{dz} + \frac{\text{const.}}{\zeta} \cdot \frac{1}{p_1} \cdot \frac{dp^2}{dz}\,; \tag{91}$$

ersetzt man ζ wie oben, so erhält man:

$$-q_1 = \frac{1}{2} \cdot \frac{k}{\mu} \cdot \frac{1}{p_1} \cdot \frac{dp^2}{dz} + \frac{\sqrt{T/M}}{p_1} \cdot c \cdot \frac{dp}{dz}\,; \tag{92}$$

oder:

$$q_1 = \frac{k}{\mu}\,\frac{\bar{p}}{p_1}\,\frac{\Delta p}{l} + \frac{\sqrt{T/M}}{p_1} \cdot c \cdot \frac{\Delta p}{l}\,. \tag{93}$$

Die Gleitkonstante c sollte von der Natur des Gases unabhängig und für jedes Gestein eine charakteristische Größe sein, die durch die Geometrie des Porenraumes, insbesondere einen „mittleren Durchmesser" der Poren bestimmt ist. Vereinigt man die im Experiment kontrollierbaren Größen q_1, p_1, Δp und l auf der linken Seite, so erhält man

$$\frac{q_1\,p_1\,l}{\Delta p} = \frac{k}{\mu} \cdot \bar{p} + \sqrt{T/M} \cdot c\,. \tag{94}$$

In der Tat ist von verschiedenen Forschern (Lit. s. bei CARMAN 1956, S. 69) festgestellt worden, daß für verschiedene poröse Medien sowohl die Permeabilität k als auch die Gleitkonstante c charakteristische Konstanten sind, die von der Art des strömenden Gases nicht abhängen.

Sind die Poren wesentlich kleiner als die mittlere freie Weglänge der Gasmoleküle, so verliert der Begriff der Viscosität seinen Sinn. Die Gasmoleküle diffundieren bevorzugt in Richtung des Druckgefälles. In diesem Bereich ist die Gl. (90) allmählich durch eine andere zu ersetzen, die nach den Untersuchungen von KNUDSEN und SMOLUCHOWSKI (vgl. CARMAN 1956, S. 63) für eine Capillare wie folgt zu schreiben ist:

$$q_1 = \frac{2}{3}\,r\,\bar{v} \cdot \frac{1}{p_1} \cdot \frac{dp}{dz}\,. \tag{95}$$

Für ein poröses Gestein kann man dann setzen (analog zu Gl. (93)):

$$q_1 = \frac{\sqrt{T/M}}{p_1} \cdot e \cdot \frac{\Delta p}{l}\,. \tag{96}$$

Wieder sollte die Konstante für Knudsenfluß e von der Art des strömenden Mediums unabhängig sein und nur von der geometrischen Beschaffenheit des Porenraums abhängen.

Zusammenfassend kann man den Fluß von Gasen durch Gesteine mit kleinen Hohlräumen durch eine Gleichung der folgenden Form wiedergeben:

$$q_1 = \frac{k}{\mu} \cdot \frac{\bar{p}}{p_1} \cdot \frac{\Delta p}{l} + c \cdot \sqrt{\frac{T}{M}} \cdot \frac{1}{p_1} \cdot \frac{\Delta p}{l} \, . \tag{97}$$

Wird der mittlere Porendurchmesser kleiner als die mittlere freie Weglänge, so wird das erste Glied gleich Null und $c = e.\ c$, bzw. e wachsen also gegenüber k mit fallendem r. Daß die Koeffizienten der Gleitung und des Knudsenflusses für poröse Massen von ähnlicher Größe sind, ergibt sich nach CARMAN (1956) aus den vorliegenden Messungen.

Bei einer Temperatur von $0°$ gelten bei verschiedenen Drucken $\bar{p}$ die folgenden mittleren freien Weglängen in cm:

Gas	$\bar{p} = 760$ mm Hg	10^{-3} mm Hg	10^{-5} mm Hg
Sauerstoff .	$6{,}3 \cdot 10^{-6}$	4,8	480
Wasserdampf	$3{,}8 \cdot 10^{-6}$	2,9	290
Kohlendioxyd	$3{,}9 \cdot 10^{-6}$	3,0	300

In den Gesteinen der Erdrinde kommen wohl nur Drucke über 1 at vor, so daß man für natürliche Verhältnisse mit mittleren freien Weglängen rechnen muß, die höchstens von der Größenordnung von $5 \cdot 10^{-6}$ cm sind. Eine merkliche Erhöhung der Fließgeschwindigkeit durch Gleiten ist zu erwarten, wenn der Porenradius etwa das 100 fache der mittleren freien Weglänge der Moleküle beträgt. Abweichungen von der Darcy-Gleichung wird man also beim Strömen von Gasen bei solchen Gesteinen beobachten, deren Poren im Mittel kleiner als $10 \cdot 10^{-4}$ cm sind. Mit der Erhöhung des Druckes verschiebt sich diese Grenze zu kleineren Durchmessern. Die Diffusionsströmung wird bei 1 at dann einsetzen, wenn der Porendurchmesser kleiner als $0{,}1 \cdot 10^{-4}$ cm ist. Es ergibt sich daraus, daß Gase durch feinkörnige Sandsteine und vor allem durch alle Tone nicht gemäß der Darcy-Gleichung, sondern mit Gleitung oder gar im Knudsenfluß strömen. Dabei ist es bemerkenswert, daß sowohl die gleitende Strömung als auch der Knudsenfluß pro Einheit des Druckgefälles mehr Gas in der Zeiteinheit befördern als der rein viscose Fluß gemäß der einfachen Darcy-Gleichung. Diese Tatsache ist gewiß sowohl für die Vorgänge des Stofftransports in der tieferen Erdrinde bei Metasomatose und beginnender Metamorphose wie auch für die Wanderungen leichterer Kohlenwasserstoffe und anderer Gase in der oberen Erdrinde von großer Bedeutung.

Dabei ist vor allem von Wichtigkeit, daß die Diffusionsströmung, wie die Gl. (97) zeigt, eine Trennung der Gase nach ihrem Molekulargewicht erzeugt. Wenn die Poren des Gesteins so klein sind, daß das erste Glied der rechten Seite der Gleichung, das den viscosen Fluß beschreibt, keine Rolle mehr spielt, erfolgt die Strömung unabhängig von der Viscosität mit einer Geschwindigkeit, die umgekehrt proportional ist der Quadratwurzel aus dem Molekulargewicht. In einer Mischung aus verschiedenen Gasen wird jedes Gas unabhängig von den anderen Gasen mit einer Geschwindigkeit strömen, die durch sein Molekulargewicht und den Gradienten seines Partialdrucks bestimmt ist. Es können daher Trennungen von Gasen zustandekommen, wenn Gemische durch genügend feinkörnige Gesteine strömen. Die Molekulargewichte einiger in den Gesteinen der Erdrinde vorkommender Gase und die reziproken Werte der Quadratwurzeln daraus, die den Geschwindigkeiten beim Diffusionsfluß unter sonst gleichen Bedingungen proportional sind, enthält die nebenstehende Tabelle.

Tabelle 15. *Molekulargewichte einiger Gase*

Gas	Molekulargewicht M	$100 \cdot M^{-\frac{1}{2}}$
He	4,00	500
CH_4	16,04	250
H_2O	18,00	236
N_2	28,01	189
C_2H_6	30,07	181
CO_2	44,01	151
C_3H_8	44,09	151
C_4H_{10}	58,12	131

Die Flüssigkeitsströmung in sehr feinkörnigen Gesteinen. Während Gleitung und Knudsenfluß in sehr feinkörnigen Gesteinen die Durchflußgeschwindigkeit für Gase erhöhen, scheint für manche Flüssigkeiten ein zusätzlicher Fließwiderstand aufzutreten, wenn die Porenräume sehr eng sind. Praktische Beobachtungen dieser Art werden seit langem in den Ölfeldern gemacht, indem es sich immer wieder als besonders schwierig erweist, elektrolytarme Wässer in durchlässige Sandsteinschichten einzupressen, besonders wenn der betreffende Sandstein einen gewissen Tongehalt hat. Dagegen sind dieselben Schichten meistens in der Lage, Salzlösungen aufzunehmen, so als sei die Durchlässigkeit dieser Gesteine für Salzlösungen größer als für salzarme oder salzfreie Lösungen oder auch für flüssige Kohlenwasserstoffe. Diese Erfahrungen haben sich in so vielen Fällen bestätigt, daß man im Rahmen der jetzt in den meisten Ölfeldern der Welt schon frühzeitig begonnenen Maßnahmen zur Druckerhaltung lieber Salzlösungen einzupressen pflegt, als salzarme Oberflächenwässer. Systematische Untersuchungen dieser Erscheinungen sind noch nicht in ausreichendem Maße durchgeführt worden, so daß es noch nicht möglich ist, sich für eine der hier geäußerten Theorien zu entscheiden. Wegen der Effekte der Gleitung und des Knudsenflusses ist es natürlich nicht möglich, Unterschiede in den gemessenen „Durchlässigkeiten" für Luft und Wasser auf eine spezifische Hemmung der Wasserströmung zurückzuführen. Um einen besonderen Flüssigkeitseffekt nachzuweisen, muß man schon verschiedene Flüssigkeiten miteinander vergleichen. Die ersten ausführlichen Versuche dieser Art stammen wohl von JOHNSTON und BEESON (1945), die an kalifornischen Sandsteinen feststellten, daß die nach der einfachen Darcyformel berechnete Permeabilität von Sandsteinen am größten war für Luft, etwas kleiner für Salzwasser und noch kleiner für reines Wasser. Besonders die Unterschiede für salzhaltiges und salzfreies Wasser waren deutlich vom Tongehalt des Sandsteins abhängig. Weitere Untersuchungen mit ähnlichen Ergebnissen an Gesteinen aus Nord- und Südamerika und Deutschland sind bei MUSKAT (1949, S. 141) und bei v. ENGELHARDT und TUNN (1954) genannt.

v. ENGELHARDT und TUNN untersuchten schwach tonhaltige Lias- und Unterkreidesandsteine ($1{-}6\% < 20\,\mu$) aus deutschen Tiefbohrungen mit Permeabilitäten zwischen 0,2 und 1 Darcy, Porositäten um 0,25 und durchschnittlichen Korngrößen zwischen 0,10 und 0,17 mm. In allen Fällen ergab sich die nach der Darcyschen Beziehung ermittelte Permeabilität für Luft und unpolare organische Flüssigkeiten wie Tetrachlorkohlenstoff und Cyclohexan als etwa gleich. Dagegen wurden wesentlich geringere Werte mit destilliertem Wasser gemessen. Benzol ergab auch etwas erniedrigte Permeabilitäten (Tab. 16).

Tabelle 16. *Permeabilitäten von Lias-Sandsteinen aus deutschen Tiefbohrungen für verschiedene Medien* (nach v. ENGELHARDT und TUNN)

Nr.	Gehalt $< 20\,\mu$ %	ε	Permeabilität in Darcy für				
			Luft	CCl$_4$	C$_6$H$_{14}$	C$_6$H$_6$	H$_2$O
10 L	5	0,253	0,67	0,70	0,75	0,62	0,27
11 L	5	0,263	0,63	0,61	0,62	0,59	0,13
12 L	5	0,276	0,64	0,66	0,63	0,63	0,07
13 L	4	0,273	1,10	1,11	1,08	1,06	0,26

Bei Luft, Tetrachlorkohlenstoff und Cyclohexan stellte sich sogleich eine konstante Durchlaufgeschwindigkeit ein, während bei Wasser die Geschwindigkeit langsam abnahm und einem Endwert zuzustreben schien, für welchen die angeführten Permeabilitäten berechnet wurden. Es ist unsicher, ob es sich hier wirklich um einen Endwert handelt, jedenfalls spielen zeitliche Vorgänge eine Rolle, die die Permeabilität herabsetzen. Bei Elektrolytzusatz steigt die Permeabilität, und für gesättigte NaCl-Lösung wurden vielfach Werte gefunden, die den mit Luft gemessenen sehr nahe kommen. Während bei Tetrachlorkohlenstoff und Cyclohexan die berechnete Permeabilität vom Druckgefälle unabhängig war, ergaben sich für Wasser und wäßrige Lösungen um so geringere Werte der Permeabilität, je kleiner das Druckgefälle war. Mit künstlichen Gemischen aus reinen Tonmineralen und Quarzsand wurden ganz entsprechende Beobachtungen gemacht.

Das merkwürdige Verhalten des Wassers und der Salzlösungen wird auf die Wechselwirkungen der Wassermoleküle mit den Oberflächen der Mineralkörner zurückzuführen sein, die als eine Bindung von Wassermolekülen an den Porenraumwänden verstanden werden kann, eine Bindung, die man entweder als eine Verringerung der freien, für die Strömung zur Verfügung stehenden Porenquerschnitte oder als eine Erhöhung der Viscosität des Wassers beschreiben kann. Dabei spielt die Elektrolytkonzentration insofern eine Rolle, als bei hoher Salzkonzentration weniger Wassermoleküle zur Verfügung stehen als im destillierten Wasser, so daß die Behinderung des Durchflusses um so größer ist, je weniger Ionen in der Lösung sind.

Tabelle 17. *Permeabilitäten der Filterkuchen aus Suspensionen eines Unterkreidetones* (Altwarmbüchen) *bei verschiedenem Elektrolytgehalt* (Nach v. ENGELHARDT und SCHINDEWOLF)

NaCl in der Suspension g/l	Porosität des Filterkuchens ε	Permeabilität des Filterkuchens bei Filtrationsdruck von 7 at Darcy
1,0	0,618	$6,73 \cdot 10^{-6}$
5,0	0,603	$10,19 \cdot 10^{-6}$
15,0	0,626	$14,83 \cdot 10^{-6}$
20,0	0,628	$16,11 \cdot 10^{-6}$
25,0	0,646	$17,66 \cdot 10^{-6}$
30,0	0,666	$21,02 \cdot 10^{-6}$

Entsprechende Erscheinungen sind auch von Tonen bekannt. So zeigt z. B. Tab. 17 die Permeabilitäten von Filterkuchen, die aus Suspensionen eines natürlichen Tones in Lösungen mit verschiedenem NaCl-Gehalt hergestellt wurden.

Aus diesen Beobachtungen wird man ableiten müssen, daß durch tonige Gesteine wohl unpolare organische Flüssigkeiten, nicht aber Wasser und Elektrolytlösungen nach der Darcy-Gleichung strömen. Letztere erfahren einen zusätzlichen Fließwiderstand, der um so größer ist, je kleiner der Salzgehalt der Lösung ist. Tonhaltige Sandsteine, vor allem aber Tone können für salzarme Lösungen

Barrieren darstellen und salzreiche Lösungen viel schneller passieren lassen. Das Eindringen salzarmer Oberflächenwässer in tiefere Schichten könnte durch diesen Mechanismus gehemmt werden.

4. Der homogene Fluß im Raum

Die Feldgleichungen für den Fluß durch isotrope Gesteinskörper. Bisher wurde nur der Fluß von Flüssigkeiten und Gasen in linearen Systemen betrachtet, d. h., das in einer Richtung (Zylinderachse) verlaufende Fließen durch zylindrisch begrenzte Gesteinskörper. In der Natur hat man es jedoch mit der Strömung durch allseitig im Raum ausgedehnte Bereiche zu tun. Anstelle der linearen Variabilität der den Fluß bestimmenden Größen sind daher räumliche Felder der Fließgeschwindigkeit, des Druckes, der Dichte, der Permeabilität usw. zu betrachten, um die lineare Darcy-Gleichung zu Feldgleichungen zu entwickeln, aus denen sich räumliche Fließvorgänge und Druckverteilungen berechnen lassen.

Wie sich auf S. 61 ergab, ist die auf die Masseneinheit des strömenden Mediums wirkende Kraft

$$\mathbf{E} = \mathbf{g} - \frac{1}{\varrho}\,\mathrm{grad}\;p \tag{98}$$

auf die Volumeneinheit wirkt dagegen die Kraft:

$$\mathbf{H} = \mathbf{g}\,\varrho - \mathrm{grad}\;p\;. \tag{99}$$

Von diesen beiden Kräften ist $\mathbf{E}$, die Kraft pro Masseneinheit, besser für die Darstellung der Fließvorgänge im Raum geeignet, da sich nur $\mathbf{E}$ allgemeingültig auf ein Potential zurückführen läßt, wie dies schon S. 61 erwähnt wurde. Damit $\mathbf{E}$ als Gradient eines Potentials Φ aufgefaßt werden kann, muß gelten:

$$\mathrm{rot}\;\mathbf{E} = 0\;. \tag{100}$$

Nach dem Obigen ist

$$\mathrm{rot}\;\mathbf{E} = \mathrm{rot}\;\mathbf{g} - \mathrm{grad}\;\frac{1}{\varrho} \times \mathrm{grad}\;p - \frac{1}{\varrho}\,\mathrm{rot}\;\mathrm{grad}\;p = - \mathrm{grad}\frac{1}{\varrho} \times \mathrm{grad}\;p\;, \tag{101}$$

da sowohl rot $\mathbf{g}$ als auch rot grad p verschwinden. Die Bedingung heißt also

$$\mathrm{grad}\frac{1}{\varrho} \times \mathrm{grad}\;p = 0\;. \tag{102}$$

Diese Gleichung kann offenbar auf dreierlei Weise realisiert sein: es kann erstens grad $p = 0$ sein, d. h. $p = $ const; es kann zweitens grad $\frac{1}{\varrho} = 0$ sein, d. h. $\varrho = $ const; es können drittens die Vektoren grad p und grad $\frac{1}{\varrho}$ kollinear sein, so daß die Flächen gleichen Druckes und gleicher Dichte zusammenfallen. Die zweite Bedingung wird von inkompressiblen Flüssigkeiten, die dritte von kompressiblen Flüssigkeiten und Gasen unter isothermen oder adiabatischen Verhältnissen erfüllt, da dann nämlich $\varrho = f(p)$, die Dichte allein eine Funktion des Druckes ist und nicht außerdem noch von der Temperatur abhängt. Für inkompressible und chemisch homogene Flüssigkeiten sowie für Gase unter isothermen und adiabatischen Bedingungen hat also $\mathbf{E}$ ein Potential, so daß man schreiben kann:

$$\mathbf{E} = \mathrm{grad}\,\Phi = \mathbf{g} - \frac{1}{\varrho}\,\mathrm{grad}\;p \tag{103}$$

$$\Phi = g\,z + \int\limits_{0}^{p} \frac{1}{\varrho}\,d\,p\;. \tag{104}$$

Das so definierte Potential Φ bedeutet diejenige Arbeit, die aufzuwenden ist, um die Masseneinheit im Porenraum von einem Ort der Höhe $z = 0$ und des Druckes $p = 0$ an den Ort (z, p) zu bringen. Im Gegensatz zu E hat H, die Kraft pro Volumeneinheit, im allgemeinen kein Potential. Aus

$$\mathrm{rot}\, H = \mathrm{grad}\, \varrho \times g + \varrho\, \mathrm{rot}\, g - \mathrm{rot}\, \mathrm{grad}\, p = 0 \tag{105}$$

ergibt sich:

$$\mathrm{grad}\, \varrho \times g = 0\,. \tag{106}$$

Diese Bedingung ist nur erfüllt, wenn die Dichte konstant ist, oder wenn der Vektor $\mathrm{grad}\, \varrho$ vertikal gerichtet ist, die Flächen gleicher Dichte also horizontal verlaufen. H hat also im allgemeinen ein Potential nur für inkompressible und chemisch homogene Flüssigkeiten. Für die allgemeine Behandlung von Fließvorgängen dürften daher E, bzw. Φ vorzuziehen sein (HUBBERT 1956).

Die Fließgeschwindigkeit pro Einheit und Querschnitt nach Volumen und Masse bezeichnen die Fließvektoren q und j:

$$\varrho \cdot q = j\,. \tag{107}$$

Das Feld der Fließvektoren ist nach dem Muster der Darcy-Gleichung auf folgende Weise mit dem Feld der Kraftvektoren verknüpft:

$$q = -\frac{k}{\mu} \cdot \varrho \cdot E = -\frac{k}{\mu}\varrho \cdot \mathrm{grad}\, \Phi \tag{108}$$

oder:

$$j = -\frac{k}{\mu} \cdot \varrho^2 \cdot E = -\frac{k}{\mu} \cdot \varrho^2 \cdot \mathrm{grad}\, \Phi\,. \tag{109}$$

In diesen Gleichungen soll die Viscosität μ als unveränderlicher Skalar betrachtet werden. Die Permeabilität k kann für den gesamten betrachteten Gesteinskörper einen konstanten Wert haben oder sich örtlich ändern; wir sprechen dann von einem isopermeablen oder heteropermeablen Gesteinsraum. Außerdem kann die Permeabilität am betrachteten Ort von der Fließrichtung unabhängig sein oder mit dieser ihre Größe ändern. Die Permeabilität ist also entweder isotrop oder anisotrop. Nur bei isotroper Permeabilität steht die Strömungsrichtung q oder j antiparallel zum Gradienten des Potentials und die Fließrichtung senkrecht auf den Flächen gleichen Potentials. In diesem Abschnitt beschränken wir uns auf isotrope Permeabilität und es wird zunächst der Fluß in einem isopermeablen Gestein behandelt. Die in Sedimentgesteinen weitverbreitete Anisotropie der Permeabilität soll im folgenden Abschnitt betrachtet werden.

Für ein allseitig umschlossenes Volumenelement des durchströmten Gesteins erfordert das Prinzip der Erhaltung der Masse, daß der durch $\mathrm{div}\,(\varrho\, q)$ gemessene Überschuß von Ausströmung über Einströmung pro Zeiteinheit gleich ist der durch eine Dichteänderung in der Zeiteinheit in dem betrachteten Volumenelement erzeugten Verminderung der Masse. Da bei dieser Betrachtung nur der Porenraum des Volumenelements eine Rolle spielt, geht auch die Porosität ε ein und man erhält die sog. Kontinuitätsbedingung:

$$\mathrm{div}\,(\varrho\, q) = -\varepsilon \cdot \frac{\partial \varrho}{\partial t}\,. \tag{110}$$

Die folgende Betrachtung soll auf solche Fließvorgänge beschränkt bleiben, die stationär erfolgen, d. h. zeitlich keine Änderung erfahren. Bei künstlichen Eingriffen in die Fließ- und Druckgleichgewichte der natürlichen Gesteinskörper spielen unstationäre Fließvorgänge eine große Rolle, so z. B. bei der Förderung von Erdgas und Erdöl aus dem Porenraum von Gesteinen. Durch die in das Speichergestein einer Lagerstätte eingebrachten Sonden werden inmitten des öl- oder gaserfüllten Porenraums plötzlich Drucksenken erzeugt, Öl und Gas strömen zu diesen Sonden und steigen in ihnen zutage. Der beginnende Zustrom ist ebensowenig ein stationärer Vorgang wie der allmählich wieder einsetzende Anstieg des Druckes (Druckaufbau), den man in einer nach einer gewissen Förderzeit geschlossenen Sonde beobachten kann. Die Behandlung solcher nicht-stationärer Fließvorgänge bietet erhebliche mathematische Schwierigkeiten, die in verschiedenen Arbeiten aus Instituten der Erdölindustrie untersucht wurden, auf die hier verwiesen sei (vgl. z. B. MUSKAT (1937), VAN EVERDINGEN und HURST (1949), VAN EVERDINGEN (1953), HURST (1953), HORNER (1951), SCHEIDEGGER (1957), dort auch weitere Literatur). Im stationären Fall ist $\partial \varrho / \partial t = 0$ und man erhält als die grundlegende Differentialgleichung für stationären Fluß

$$\operatorname{div} (\varrho \, \mathbf{q}) = \operatorname{div} \mathbf{j} = 0 \, , \tag{111}$$

$$\operatorname{div} \mathbf{j} = \frac{k}{\mu} \cdot \nabla (\varrho^2 \operatorname{grad} \Phi) = 0 \, . \tag{112}$$

Für inkompressible Flüssigkeiten ($\varrho = \text{const}$) erhält man:

$$\nabla \operatorname{grad} \Phi = \nabla \mathbf{g} - \frac{1}{\varrho} \nabla \operatorname{grad} p = 0 \, , \tag{113}$$

woraus sich die bekannte Laplacesche Differentialgleichung für die Druckverteilung im Raum ergibt:

$$\nabla^2 p = \frac{\partial^2 p}{\partial x^2} + \frac{\partial^2 p}{\partial y^2} + \frac{\partial^2 p}{\partial z^2} = 0 \, . \tag{114}$$

Die Anwendung dieser Differentialgleichung auf spezielle Probleme erfordert die Berücksichtigung der das betreffende Problem kennzeichnenden Randbedingungen. Solche sind die geometrische Bezeichnung der Grenzen des Raumes, innerhalb dessen die Lösung der Differentialgleichung gesucht wird, und die Definition bestimmter physikalischer Bedingungen, die an diesen Raumgrenzen herrschen sollen.

Lösungen der Differentialgleichung sind insbesondere für solche Randbedingungen ausgearbeitet worden, wie sie für das Fließen von Öl bei der Ausbeute von Erdöllagerstätten technisch wichtig sind. Als ein einfaches Beispiel für die Anwendung der Gleichung betrachten wir die radialsymmetrische Strömung von Erdöl in eine Sonde. Dazu stellen wir die Achse der Sonde in die z-Richtung und führen statt der rechtwinkeligen Koordinaten x, y, die in der zur Sondenachse senkrechten Ebene liegen, die Polarkoordinaten r und ϑ ein, für welche gilt:

$$x = r \cos \vartheta; \quad y = r \sin \vartheta; \quad z = z \, .$$

Wir beschränken uns auf den zweidimensionalen Fall, für welchen gilt $\dfrac{\partial p}{\partial z} = 0$; und $\dfrac{\partial p}{\partial \vartheta} = 0$; dann bekommt man:

$$\nabla^2 p = \frac{1}{r} \frac{\partial}{\partial r} \left(r \frac{\partial p}{\partial r} \right) = 0 \, . \tag{115}$$

Die allgemeine Lösung dieser Gleichung lautet:

$$p = c_1 \ln r + c_2 \, . \tag{116}$$

Der Druck nimmt also mit dem Logarithmus der Entfernung von der Sondenmitte zu. Als Randbedingungen kann man den an der Peripherie der Sonde ($r = r_w$) herrschenden Druck ($p = p_w$) und den in großer Entfernung ($r = r_e$) von der Sonde herrschenden Formationsdruck ($p = p_e$) einführen:

$$p = p_w \text{ für } r = r_w$$

$$p = p_e \text{ für } r = r_e \,.$$

Daraus kann man c_1 und c_2 errechnen und bekommt für die Druckverteilung rings um die Sonde

$$p = p_w + \frac{p_e - p_w}{\ln \dfrac{r_e}{r_w}} \ln \frac{r}{r_w} \,. \tag{117}$$

Für die Fließgeschwindigkeit erhält man (da der Fluß horizontal verläuft, fällt das Schwerkraftglied fort):

$$q_r = \frac{k}{\mu} \operatorname{grad} p = \frac{k}{\mu r} \frac{p_e - p_w}{\ln \dfrac{r_e}{r_w}} \,. \tag{118}$$

Die gesamte pro Einheit der Höhe in der z-Richtung pro Sekunde in die Sonde einströmende Flüssigkeitsmenge ergibt sich zu

$$Q = \int\limits_0^{2\pi} r\,(q)_r\, d\vartheta = \frac{2\,\pi\,k(p_e - p_w)}{\mu \ln \dfrac{r_e}{r_w}} \,. \tag{119}$$

Für andere Lösungen der Laplacegleichung, besonders solche, die sich auf geometrische Bedingungen beziehen, wie sie sich bei der Förderung von Erdölfeldern ergeben, sei auf die Bücher von MUSKAT und auf die Literaturzusammenstellung bei SCHEIDEGGER (1957) verwiesen. Da sich bei der mathematischen Behandlung besonderer Fälle oft Schwierigkeiten ergeben und die Elektrizitätsleitung ebenfalls der Laplacegleichung gehorcht (die Stromstärke tritt an die Stelle von q, die Leitfähigkeit an die Stelle von $k\varrho/\mu$ und die elektrische Feldstärke an die Stelle von E), hat man sich vielfach mit Erfolg elektrischer Analogiemodelle bedient, um rechnerisch nicht lösbare Aufgaben zu bewältigen.

Bei der natürlichen Strömung von Flüssigkeiten durch Gesteinsschichten werden die Äquipotentialflächen anders als in fördernden Erdölfeldern mit ihren geometrisch komplizierten Sondennetzen meistens ebene oder annähernd ebene Flächen sein. Da Φ dann als lineare Funktion der Raumkoordinaten erscheint, ist die Laplacegleichung immer erfüllt. Mit den Schwierigkeiten der Lösung der Laplacegleichung für besondere Randbedingungen hat man es daher in den Fällen der natürlichen, großräumigen Fließbewegungen kaum zu tun. Dagegen ist es wichtig, die bisherige Annahme einer räumlich konstanten Permeabilität aufzugeben und den Einfluß einer Veränderlichkeit der Permeabilität im Raume zu prüfen, da auch in kleinen Gebieten der Erdrinde in der Regel die verschiedensten Gesteine mit sehr verschiedenen Permeabilitäten miteinander abwechseln.

Um das Fließen in heteropermeablen Gesteinsräumen zu untersuchen, betrachten wir im Anschluß an HUBBERT (1940) die Grenzfläche zwischen einem Gestein I mit der Permeabilität k_1 und einem Gestein II mit der Permeabilität k_2

(Abb. 29). Die Normale auf die ebene Grenzfläche sei n. Die Fließlinien q_1 und q_2 in den Gesteinen I und II mögen mit der Normale die Winkel ϑ_1 und ϑ_2 einschließen. Die Art des Übertrittes der Fließlinien von dem einen in das andere Gestein wird von den Prinzipien der Erhaltung des Stoffes und der Erhaltung der Energie bestimmt. Nach dem ersten Prinzip muß die Normalkomponente der Strömung q_1 gleich der Normalkomponente der Strömung q_2 sein. Sind Φ_1 und Φ_2 die auf die beiden Gesteine bezüglichen Potentiale, so muß also gelten:

$$k_1 \cdot \operatorname{grad} \Phi_1 \cdot \cos \vartheta_1 = k_2 \cdot \operatorname{grad} \Phi_2 \cdot \cos \vartheta_2 . \tag{120}$$

Zweitens muß für einen geschlossenen Weg, der zunächst parallel zur Grenzfläche im Gestein I, dann normal zur Grenzfläche in das Gestein II, parallel zur

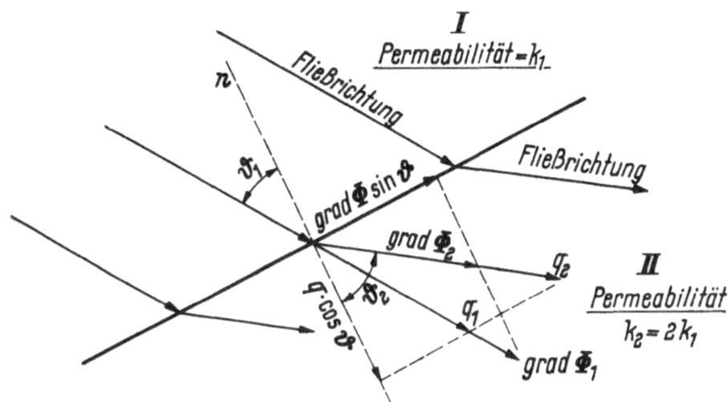

Abb. 29. *Brechung der Fließlinien beim Übertritt einer Strömung aus einem Gestein I mit niederer Permeabilität k_1 in ein Gestein II mit höherer Permeabilität $k_2 = 2\,k_1$*

Grenzfläche im Gestein II und schließlich normal zur Grenzfläche zum Ausgangspunkt im Gestein I zurückgeht, das Linienintegral über grad Φ verschwinden. Daher müssen die beiden tangentialen Komponenten des Gradienten (parallel zur Grenzfläche) einander gleich sein:

$$\operatorname{grad} \Phi_1 \cdot \sin \vartheta_1 = \operatorname{grad} \Phi_2 \cdot \sin \vartheta_2 . \tag{121}$$

Aus diesen Gleichungen ergibt sich das „Brechungsgesetz" der Fließlinien an der Grenze zweier Gesteine verschiedener Permeabilität:

$$\operatorname{tg} \vartheta_1 : \operatorname{tg} \vartheta_2 = k_1 : k_2 . \tag{122}$$

Die Tangenten des Eintritts- und Austrittswinkels verhalten sich wie die Permeabilitäten. Die Fließlinien sind daher im durchlässigeren Gestein stärker gegen die Normale der Grenzfläche geneigt. In den Abb. 30 u. 31 ist der Verlauf der Fließlinien durch Gesteinsfolgen verschiedener Permeabilität nach Versuchen von HUBBERT (1953) wiedergegeben. Da es sich hier um isotrope Gesteine handelt, verlaufen die Fließlinien parallel dem negativen Potentialgradienten, und die Äquipotentialebenen stehen senkrecht auf diesen Linien.

Zwei wichtige Grenzfälle sind hervorzuheben: 1. $k_2 \to 0$, ein durchlässiges Gestein grenzt an ein praktisch undurchlässiges. Aus Gl. (120) wird:

$$k_1 \operatorname{grad} \Phi_1 \cdot \cos \vartheta_1 = 0 . \tag{123}$$

Daraus folgt $\vartheta_1 = 90°$, die Fließlinien können nur parallel zur Grenzfläche verlaufen, und die Äquipotentiallinien stehen auf der Grenzfläche senkrecht. 2. $k_2 \to \infty$;

ein Gestein grenzt an ein anderes, dessen Durchlässigkeit sehr viel größer ist. Mit $k_2 \to \infty$ wird grad $\Phi_2 \to 0$ und aus der Gl. (121) wird:

$$\text{grad}\, \Phi_1 \cdot \sin \vartheta_1 = 0 . \tag{124}$$

Daraus folgt $\vartheta_1 = 0°$, die Fließlinien stehen senkrecht auf der Grenzfläche, die Äquipotentialflächen verlaufen parallel zur Grenzfläche. So werden also, wenn

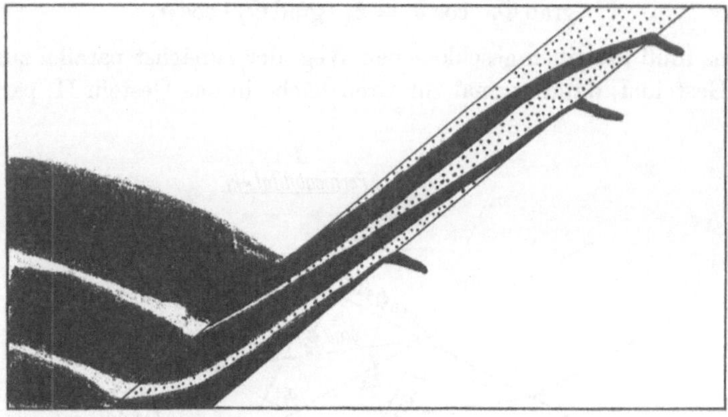

Abb. 30

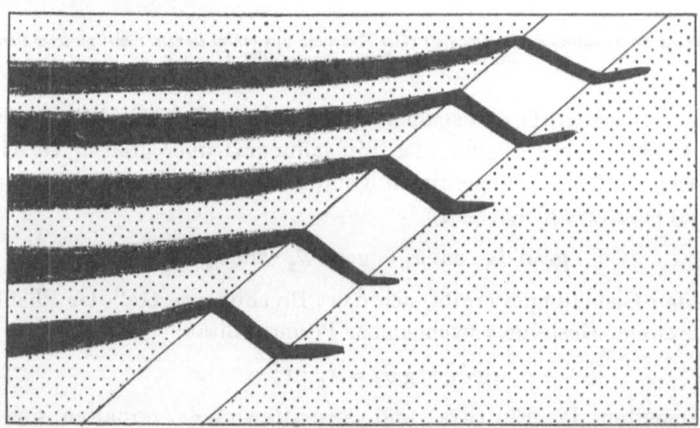

Abb. 31

Abb. 30—31. *Experimente über die Brechung von Fließlinien von* HUBBERT (1953): Durch Injektion von Farbstoff markiertes Wasser strömt von rechts nach links. Abb. 30. Eine dünne hochpermeable Sandschicht in niedrigpermeablem Sand. Abb. 31. Eine dünne Schicht geringer Permeabilität in hochpermeablem Sand

Sandstein und Ton aneinander grenzen, die Fließlinien aus dem Ton fast senkrecht zur Grenzfläche in den Sandstein einmünden und dann im Sandstein fast parallel zur Grenzfläche verlaufen. Der im Ton eingelagerte Sandstein wirkt wie eine Wasserleitung.

Für kompressible Gase erhält man aus der Kontinuitätsbedingung für stationären Fluß:

$$\text{div}\, \mathbf{j} = \frac{k}{\mu}\, \nabla\, (\varrho^2 \, \text{grad}\, \Phi) = 0 \tag{125}$$

unter der Annahme einer Proportionalität von ϱ und p [vgl. Gl. (65) und (66)]:

$$V p^2 \mathbf{g} \cdot \frac{M}{RT} - \frac{1}{2} V \operatorname{grad}(p^2) = 0 . \tag{126}$$

Man pflegt, um einfache Lösungen zu erhalten, das Schwerkraftglied zu vernachlässigen und bekommt so ebenfalls eine Laplacegleichung als Bedingung für den stationären isothermen Fluß von Gasen:

$$V^2 \pi = \frac{\partial^2 \pi}{d x^2} + \frac{\partial^2 \pi}{d y^2} + \frac{\partial^2 \pi}{\partial z^2} = 0 \tag{127}$$

mit $\pi = p^2$.

Bei Vernachlässigung der Schwerkraft können also die Lösungen für den Fluß inkompressibler Flüssigkeiten auf den Fluß von Gasen übertragen werden, wenn man für grad Φ grad p^2 einsetzt. So gelten z. B. die für den radialen Fluß abgeleiteten Gleichungen für Gase, wenn man für p jeweils p^2 setzt. Sollen die Betrachtungen über den Verlauf der Äquipotentialflächen auf Gase übertragen werden, so ist zu bedenken, daß auf den Flächen gleichen Potentials p^2 konstant ist.

Die Richtungsabhängigkeit der Permeabilität. In geschichteten Gesteinen hängt die Permeabilität oft stark von der Richtung ab. Im allgemeinen findet man für Fließrichtungen senkrecht zur Schichtfläche kleinere Permeabilitäten, und es sind auch Permeabilitätsunterschiede für Fließrichtungen innerhalb der Schichtfläche beobachtet worden. In vielen Fällen geht es daher nicht an, die Permeabilität wie bisher als skalare Größe zu behandeln; für die realen Fließvorgänge in vielen Sedimentgesteinen muß die Richtungsabhängigkeit der Permeabilität berücksichtigt werden.

Die bisher als skalare Größe k verstandene Permeabilität verknüpft die beiden Vektoren der Fließgeschwindigkeit $\mathbf{q}$ und der Kraft $\mathbf{E}$ (s. Gl. (54). Wir ersetzen nun k durch einen Operator $\boldsymbol{\psi}$, der die Vektoren $\mathbf{q}$ und $\mathbf{E}$ ineinander überführt, wobei diese allgemeine Vektorgleichung auch den allgemeinen Fall einschließt, daß sich $\mathbf{q}$ und $\mathbf{E}$ nicht — wie bisher — nur durch ihre absolute Größe, sondern auch nach der Richtung unterscheiden:

$$\mathbf{q} = -\frac{\varrho}{\mu} \, \boldsymbol{\psi} \cdot \mathbf{E} . \tag{128}$$

Der die Permeabilität darstellende Operator $\boldsymbol{\psi}$ ist mathematisch als eine symmetrische Dyade oder als ein symmetrischer Tensor 2. Stufe zu bezeichnen und heißt Permeabilitätstensor. Wie in den Lehrbüchern der Vektor- und Dyadenrechnung (vgl. z. B. LAGALLY 1949) im einzelnen dargelegt wird, ist ein solcher Tensor durch ein System von drei senkrecht aufeinander stehenden Achsen von Einheitslänge $\mathbf{i}$, $\mathbf{j}$, $\mathbf{k}$ und die drei Maßzahlen k_1, k_2, k_3 gekennzeichnet:

$$\boldsymbol{\psi} = k_1 \, \mathbf{i}\,\mathbf{i} + k_2 \, \mathbf{j}\,\mathbf{j} + k_3 \, \mathbf{k}\,\mathbf{k} . \tag{129}$$

Die Zahlen k_1, k_2, k_3 sind die Hauptpermeabilitäten. Gemäß Gl. (128) erhält man den Fließvektor $\mathbf{q}$ durch skalare Multiplikationen von $\mathbf{E}$ mit $\boldsymbol{\psi}$. Dafür wird $\mathbf{E}$ in die Komponenten nach $\mathbf{i}$, $\mathbf{j}$, $\mathbf{k}$ zerlegt:

$$\mathbf{E} = E_x \mathbf{i} + E_y \mathbf{j} + E_z \mathbf{k} \tag{130}$$

$$\mathbf{q} = -\frac{\varrho}{\mu} \{ k_1 E_x \mathbf{i} + k_2 E_y \mathbf{j} + k_3 E_z \mathbf{k} \} = -\frac{\varrho}{\mu} \{ E'_x \mathbf{i} + E'_y \mathbf{j} + E'_z \mathbf{k} \} . \tag{131}$$

Einer Kugeloberfläche vom Radius 1 im Raum der Vektoren E entspricht die Gleichung:

$$E_x^2 + E_y^2 + E_z^2 = 1 \,. \tag{132}$$

Durch den Operator ψ wird daraus die Oberfläche eines dreiachsigen Ellipsoids:

$$\frac{E_x'^2}{k_1^2} + \frac{E_y'^2}{k_2^2} + \frac{E_z'^2}{k_3^2} = 1 \,. \tag{133}$$

Dieses Ellipsoid kann zur Veranschaulichung des Permeabilitätstensors dienen. Die Halbachsen in den Richtungen $\mathbf{i}$, $\mathbf{j}$, $\mathbf{k}$ sind den drei Hauptpermeabilitäten k_1, k_2, k_3 $(k_1 \geqq k_2 \geqq k_3)$ gleich. In Sedimentgesteinen wird eine Hauptpermeabilität, und zwar meist die kleinste (k_3) senkrecht zur Schichtfläche verlaufen. Die größeren Hauptpermeabilitäten werden dann für Richtungen in der Schichtfläche gelten. Sie werden häufig nicht stark voneinander abweichen. Im Falle $k_1 = k_2$ artet das dreiachsige Ellipsoid in ein Rotationsellipsoid aus, dessen Rotationsachse die kürzeste Ellipsoidachse ist und senkrecht auf der Schichtfläche steht. Dies wird der Normalfall bei geschichteten Gesteinen sein.

Bei allgemeiner Lage des Kraftvektors E fällt die Richtung des Fließvektors $\mathbf{q}$ nicht in die Richtung der Kraftlinien, wenn die k_1, k_2, k_3 voneinander verschieden sind. Bei vorgegebener Lage des Kraftvektors zum Gesteinsgefüge, d. h. zu den Hauptachsen des Permeabilitätstensors, lassen sich Richtung und Größe der Fließgeschwindigkeit $\mathbf{q}$ nach den Regeln der Vektorrechnung bestimmen. So ergibt sich für den Betrag der Fließgeschwindigkeit:

$$q = \sqrt{|\mathbf{q}| \cdot |\mathbf{q}|} = \frac{\varrho}{\mu} \sqrt{k_1^2 E_x^2 + k_2^2 E_y^2 + k_3^2 E_z^2} \,. \tag{134}$$

Führt man statt der Komponenten E_x, E_y, E_z die Winkel α, β, γ ein, die E mit den Hauptachsen des Permeabilitätstensors bildet:

$$\alpha = \mathbf{E} \wedge \mathbf{i}, \quad \beta = \mathbf{E} \wedge \mathbf{j}, \quad \gamma = \mathbf{E} \wedge \mathbf{k},$$

so bekommt man:

$$q = \frac{\varrho}{\mu} |\mathbf{E}| \sqrt{k_1^2 \cos^2 \alpha + k_2^2 \cos^2 \beta + k_3^2 \cos^2 \gamma} \,. \tag{135}$$

Neben dem Betrag der Fließgeschwindigkeit interessiert auch die Richtung des Flusses. Für den Winkel zwischen Fließrichtung und Kraftvektor findet man:

$$\cos \mathbf{E} \wedge \mathbf{q} = \frac{\mathbf{E}\,\mathbf{q}}{|\mathbf{E}| \cdot |\mathbf{q}|} \tag{136}$$

$$\cos \mathbf{E} \wedge \mathbf{q} = \frac{k_1 E_x^2 + k_2 E_y^2 + k_3 E_z^2}{[(E_x^2 + E_y^2 + E_z^2)(E_x^2 k_1^2 + E_y^2 k_2^2 + E_z^2 k_3^2)]^{1/2}} \,. \tag{137}$$

Man sieht aus dieser Formel, daß der Fluß im allgemeinen nur dann in Richtung der Kraftlinien verläuft $(\cos = 1)$, wenn je zwei der Komponenten E_n verschwinden, wenn also die Kraft in der Richtung einer Hauptachse des Permeabilitätstensors wirkt.

Für die Winkel α', β', γ' zwischen Fließrichtung und Hauptachsen des Permeabilitätstensors

$$\alpha' = \mathbf{q} \wedge \mathbf{i} \quad \beta' = \mathbf{q} \wedge \mathbf{j} \quad \gamma' = \mathbf{q} \wedge \mathbf{k}$$

findet man:

$$\cos \alpha' = \frac{k_1 E_x}{A} \; ; \qquad\qquad \cos \alpha' = \frac{k_1 \cos \alpha}{B} \; ;$$

$$\cos \beta' = \frac{k_2 E_y}{A} \; ; \qquad\qquad \cos \beta' = \frac{k_2 \cos \beta}{B} \; ; \qquad\qquad (138)$$

$$\cos \gamma' = \frac{k_3 E_z}{A} \; ; \qquad\qquad \cos \gamma' = \frac{k_3 \cos \gamma}{B} \; .$$

Mit $A = \sqrt{k_1^2 E_x^2 + k_2^2 E_y^2 + k_3^2 E_z^2} \; ; \qquad B = \sqrt{k_1^2 \cos^2 \alpha + k_2^2 \cos^2 \beta + k_3^2 \cos^2 \gamma} \; .$

Die Anwendung dieser Gleichungen sei an einem Beispiel demonstriert: Zur Berechnung von E müssen $(\varrho \, g)$ und grad p in gleichem Maß gemessen werden. Es gilt:

$|\varrho \, g| = 981 \cdot \varrho \; [\text{g sec}^{-2}\text{cm}^{-2}];$

$|\text{grad } p| = 981 \cdot 10^3 \cdot p' \; [\text{g sec}^{-2}\text{cm}^{-2}];$ wenn p' in at cm^{-2} gemessen wird.

Ein Schichtpaket sei so geneigt, daß die Schichtfläche mit der Vertikalen einen Winkel von 60° bildet. Die Hauptpermeabilitäten in der Schichtfläche seien gleich $(k_1 = k_2)$ und größer als die Hauptpermeabilität (k_3) senkrecht zur Schichtfläche. Wir legen also die Koordinatenachse i in die Schichtfläche, die Koordinatenachse k senkrecht dazu (Abb. 32). Als fließendes Medium nehmen wir Wasser an $(\varrho = 1$; $\mu = 10^{-2} \; [\text{g cm sec}^{-1}])$. Für die Schwerkraft gilt, bezogen auf das Achsensystem i, k des Gesteins:

$$\varrho \, g = - 981 \, \{\cos 60° \, i + \cos 30° \, k\} = - 981 \, \{0,500 \, i + 0,866 \, k\} \, .$$

Für den Druckgradienten nehmen wir an:

$$\text{grad } p = - 981 \, \{2 \, i + 2 \, k\} \, ,$$

entsprechend einem Druckabfall von je 2 at/10 m in der i- und k-Richtung. So bekommt man für die gesamte Kraft:

$$\frac{\varrho}{\mu} \, E = (\varrho \, g - \text{grad } p) \frac{1}{\mu} = 9,81 \, \{1,500 \, i + 1,134 \, k\} \cdot 10^4 \, .$$

Als Hauptpermeabilitäten in der Schichtfläche und senkrecht dazu nehmen wir an:

$$k_1 = 2,5 \cdot 10^{-8} \; \text{cm}^2 = 2,5 \; \text{Darcy},$$

$$k_3 = 0,5 \cdot 10^{-8} \; \text{cm}^2 = 0,5 \; \text{Darcy}.$$

Der Permeabilitätstensor lautet

$$\boldsymbol{\psi} = 2,5 \cdot 10^{-8} \, i \, i + 2,5 . 10^{-8} \, j \, j + 0,5 \cdot 10^{-8} \, k \, k \, .$$

Für den Fluß erhält man:

$$q = \frac{\varrho}{\mu} \, E \, \boldsymbol{\psi} = 9,81 \cdot 10^{-4} \, \{3,75 \, i + 0,567 \, k\} \, .$$

Für den Betrag der Fließgeschwindigkeit findet man:

$$q = 37,2 \cdot 10^{-4} \; [\text{cm sec}^{-1}] \, .$$

Die Richtungen der verschiedenen Kräfte und die des resultierenden Flusses sind in der Abb. 32 dargestellt. Man sieht die starke Abweichung zwischen der Fließrichtung q und dem Potentialgradienten E. Der Winkel zwischen beiden Richtungen berechnet sich für diesen Fall nach Gl. (136) zu:

$$q \wedge E = 28° \, 10'.$$

Beobachtet man den Fluß durch einen Gesteinszylinder, der beliebig aus einem anisotropen Gestein geschnitten ist, und dessen zylindrische Oberfläche undurchlässig sein soll, so muß die Fließrichtung parallel zur Zylinderachse verlaufen.

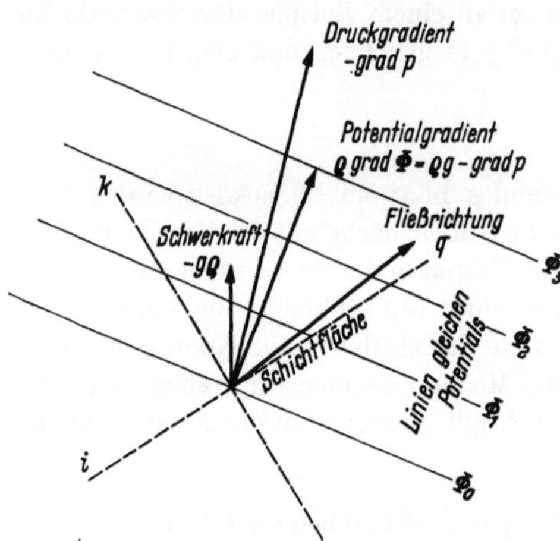

Abb. 32.
Zur Strömung in Gesteinen mit anisotroper Permeabilität

Der Kraftvektor E muß dann im Inneren des Zylinders einen Winkel mit der Zylinderachse bilden. Die Permeabilität k' für diesen so durchströmten Zylinder ergibt sich offenbar, wenn man den Betrag der Fließgeschwindigkeit $|q|$ durch den Betrag derjenigen Komponente von $|E|$ dividiert, die in die Richtung von q, d. h. in die Zylinderachse fällt. Der Betrag dieser Komponente ergibt sich zu $qE/|q|$. So erhält man:

$$k' = \frac{\mu}{\varrho} \frac{|q| \, |q|}{q E}. \tag{139}$$

Durch Einsetzen der Werte für q und E bekommt man:

$$k' = \frac{E_x'^2 + E_y'^2 + E_z'^2}{\dfrac{E_x'^2}{k_1} + \dfrac{E_y'^2}{k_2} + \dfrac{E_z'^2}{k_3}} \tag{140}$$

oder nach Einführung der Winkel α', β', γ', den die Zylinderachse = Fließrichtung mit den Hauptachsen des Permeabilitätstensors bildet:

$$\frac{1}{k'} = \frac{\cos^2 \alpha'}{k_1} + \frac{\cos^2 \beta'}{k_2} + \frac{\cos^2 \gamma'}{k_3}. \tag{141}$$

Dies ist die Gleichung für die Oberfläche eines dreiachsigen Ellipsoids mit den Halbachsen $\sqrt{k_1}$, $\sqrt{k_2}$, $\sqrt{k_3}$. Die an beliebigen Zylindern aus einem anisotropen Gestein gemessenen Permeabilitäten k' müssen also ein dreiachsiges Ellipsoid dieser Art ergeben, wenn man die verschiedenen Werte von $\sqrt{k'}$ nach Maßgabe der zugehörigen Richtungswinkel α', β', γ' im Raume anordnet.

Trägt man die in verschiedenen Richtungen in einer Ebene eines anisotropen Gesteins an entsprechend geschnittenen Zylindern gemessenen Permeabilitäten direkt als Funktion dieser Richtungen auf, so erhält man dagegen unregelmäßige Kurven. An einem solchen Beispiel hat SCHEIDEGGER (1957) gezeigt, daß man die theoretisch zu erwartende Ellipse erhält, wenn man stattdessen die Wurzeln aus den Permeabilitäten in die betreffenden Richtungen abträgt.

Permeabilität und Struktur des Porenraumes. Die Maßgröße der Permeabilität diente in den vorausgehenden Abschnitten dazu, das Fließen von Gasen und Flüssigkeiten durch poröse Gesteine phänomenologisch zu beschreiben. Darüber hinaus wird man zu fragen haben, in welchem Zusammenhang die Permeabilität zur geometrischen Struktur der Porenräume steht, damit sowohl aus gemessenen Permeabilitätswerten Schlüsse auf die Beschaffenheit des Porenraumes gezogen werden können als auch der Einfluß einer Veränderung des Porenraumes auf die Permeabilität überblickt werden kann.

Als erstes erhebt sich die Frage nach einem Zusammenhang zwischen Permeabilität und Porosität. Da ein Gestein ohne Porenräume keine Strömung hindurchläßt, muß die Größe der Permeabilität auf irgendeine Weise mit der Größe der Porosität verknüpft sein. Es ist von vornherein klar, daß ein eindeutiger Zusammenhang von allgemeiner Gültigkeit nicht existieren kann. Gesteine mit ähnlichen Porositäten können ganz verschiedene Permeabilitäten haben, da die Porosität den gesamten Porenraum mißt, die Permeabilität aber von der Gestalt der einzelnen Fließkanäle abhängen muß. So findet man z. B. für die feinkörnige Schreibkreide Nordwestdeutschlands Porositäten von rund 0,4 und sehr geringe Permeabilitäten von der Größenordnung $10^{-3}d$. Ein grobkörniger Sand gleicher Porosität hat dagegen eine um den Faktor 10^4 höhere Permeabilität. Dennoch hat man immer wieder versucht, empirische Beziehungen zwischen Porosität und Permeabilität für formationsmäßig und regional begrenzte Gruppen von Gesteinen aufzustellen, so z. B. für bestimmte Sandsteine, die in benachbarten Erdöllagerstätten als Träger vorkommen [s. z. B. ARCHIE (1950) und weitere Beispiele und Literatur in den Büchern von MUSKAT (1949) und SCHEIDEGGER (1957)]. Um die Streuung der Einzelwerte zu verringern, pflegt man die Ergebnisse solcher Statistiken graphisch so darzustellen, daß man den Logarithmus der Permeabilität gegen die Porosität aufträgt. Dann scheinen sich die Einzelwerte oft um eine Gerade anzuordnen, entsprechend einer Funktion $k = A \cdot \varepsilon^n$, wobei A und n für bestimmte Gesteinsgruppen charakteristische Werte haben. Solche Zusammenhänge mögen für praktische Zwecke und begrenzte Gebiete nützlich sein — es wird sich später zeigen, daß eine Funktion dieser Art für Sandsteine etwa gleicher Korngröße zu erwarten ist —, für eine allgemeinere Betrachtung haben sie keinen Wert. Dasselbe gilt von anderen Versuchen, die Permeabilität mit Korngröße, Kornform, Formorientierung der Körner und anderen Eigenschaften des Gesteins empirisch zu korrelieren. Für eine Übersicht über die Literatur für diese Versuche sei auf das Buch von SCHEIDEGGER (1957) verwiesen.

Eine einfache Betrachtung der Dimension der Permeabilität und ihres geometrisch-physikalischen Charakters kann bereits die Art der Größen aufzeigen, von denen sie bestimmt sein wird. Zunächst muß die Permeabilität von der Größe der Porosität (ε) abhängen. Da die Permeabilität die Dimension [cm²] hat, muß weiterhin das Quadrat einer charakteristischen Länge (L^2) eine Rolle spielen, die im Inneren des durchströmten Gesteins angenommen werden muß. Da L^2 und ε als skalare Größen die Richtungsabhängigkeit der Permeabilität, ihre Natur als Tensor, nicht erklären können, muß drittens eine tensorielle Eigenschaft $\boldsymbol{\Pi}$ angenommen werden, so daß man insgesamt für die Permeabilität eine Funktion der folgenden Art erwarten muß:

$$k = f\left(\varepsilon, L^2, \boldsymbol{\Pi}\right). \tag{142}$$

Es ist nun zu prüfen, welchen geometrischen Eigenschaften des Porenraumes die Größen L^2 und $\boldsymbol{\Pi}$ zuzuordnen sind. Dabei wird es notwendig, für diesen Porenraum ein Modell einzuführen, das einerseits einfach genug ist, um eine mathematische Behandlung zuzulassen, andererseits aber so allgemein, daß möglichst alle Gestalten realer Porenräume umfaßt werden. In diesen Anforderungen sind alle Schwierigkeiten begründet, die Permeabilität der Gesteine aus der geometrischen Beschaffenheit des Porenraumes zu verstehen.

Der Fluß durch ein poröses Gestein muß jedenfalls durch bestimmte Fließkanäle erfolgen. Mit KOZENY (1927) und CARMAN (1937; 1948; 1956) beginnen wir daher eine Modellbetrachtung mit dem Fluß durch einen einzelnen Kanal. Als einfachste Form stellt sich die Capillare mit kreisförmigem Querschnitt dar, für welche nach HAGEN-POISEUILLE gilt:

$$\Delta q = \frac{r^2}{8\,\mu} \cdot \frac{\Delta p}{l_e}. \tag{143}$$

Δq bedeutet den Volumenfluß pro Einheit des Querschnitts der Capillare ($\mathrm{cm^3/sec\ cm^2 = cm/sec}$), r ist der Capillarenradius, Δp die Druckdifferenz, l_e die Länge der Capillare. Um zu anderen Querschnittsformen überzugehen, wird anstelle des Radius der hydraulische Radius m eingeführt, der wie folgt definiert ist:

$$m = \frac{\text{Volumen der Capillare}}{\text{Oberfläche der Capillare}}.$$

Man erhält dann eine allgemeine HAGEN-POISEUILLE-Gleichung für beliebige Querschnitte:

$$\Delta q = \frac{m^2}{c_0} \cdot \frac{1}{\mu} \cdot \frac{\Delta p}{l_e}. \tag{144}$$

Die Zahl c_0 hat je nach Querschnittsform verschiedene Werte. Für eine kreisförmige Capillare gilt $m = \frac{r}{2}$, also $c_0 = 2{,}0$. In der Tab. 18 sind c_0-Werte für einige andere Querschnittsformen nach CARMAN (1956) zusammengestellt.

Für kreisförmige, elliptische und rechteckige Querschnitte liegt c_0 also zwischen 2,00 und 2,65. Der Fluß durch die einzelnen Capillaren setzt sich zu der gesamten Strömung durch das Gestein zusammen. Um den Volumenfluß pro Einheit des Gesteinsquerschnittes zu erhalten, muß man erstens Δq mit ε multiplizieren, da ε die Summe der Capillarenquerschnitte bezeichnet. Ist l die Dicke der Gesteinsprobe in der Fließrichtung, so ist zweitens zu berücksichtigen, daß die Länge der Capillaren l_e von l verschieden ist; wegen des gekrümmten Verlaufs der Capillaren wird im allgemeinen gelten $l_e > l$. Daher ist $\varepsilon \cdot \Delta q$ schließlich noch mit l/l_e zu multiplizieren.

Tabelle 18. *Werte von c_0 für verschiedene Capillarenquerschnitte* (CARMAN 1956)

Querschnittsform	c_0
Kreis	2,00
Ellipse	
$\quad a = 2\,b$	2,13
$\quad a = 10\,b$	2,45
Quadrat	1,78
Rechteck	
$\quad a = 2\,b$	1,94
$\quad a = 10\,b$	2,65
Paralleler Spalt . . .	3,00
Gleichseitiges Dreieck .	1,67

ren. So erhält man insgesamt für den Volumenfluß durch die Querschnittseinheit des Gesteins:

$$q = \Delta q \cdot \varepsilon \frac{l}{l_e} = \frac{m^2 \varepsilon}{c_0} \left(\frac{l}{l_e}\right)^2 \cdot \frac{1}{\mu} \cdot \frac{\Delta p}{l}. \tag{145}$$

Nun kann der hydraulische Radius m durch den Quotienten aus dem gesamten Volumen der Capillaren und der gesamten Capillarenoberfläche ausgedrückt werden:

$$m = \frac{\varepsilon}{S} = \frac{\varepsilon}{(1-\varepsilon)S_0} \tag{146}$$

wenn S die in der Volumeneinheit des Gesteins enthaltene innere Oberfläche ist und S_0 die spezifische Oberfläche der festen Substanz bezeichnet ($S_0 = S/1 - \varepsilon$). So bekommt man die Kozeny-Carman-Gleichung:

$$q = \frac{\varepsilon^3}{(1-\varepsilon)^2} \cdot \frac{1}{S_0^2} \cdot \frac{l^2}{c_0 l_e^2} \cdot \frac{1}{\mu} \cdot \frac{\Delta p}{l} \, . \tag{147}$$

Diese Gleichung erfüllt alle Anforderungen der Funktion Gl. (142): Sie enthält die Porosität; das Glied $1/S_0^2$ hat die Dimension cm^2 und der Tortuosität genannte Faktor $T = l_e^2/l^2$ ist von tensorieller Art, da das Verhältnis der Dicke des Probestückes zu der Länge der in dieser Richtung verlaufenden Kanäle l_e in anisotropen Gesteinen von der Richtung abhängen wird.

Die Kozeny-Carman-Gleichung ist von verschiedenen Autoren (Lit. s. bei CARMAN 1956) an Packungen aus Teilchen verschiedenster Form geprüft worden. Bei solchen Untersuchungen ergibt sich S_0 aus der bekannten Form und Größe der Teilchen, wenn man annehmen kann, daß sich die Teilchen in der Packung nur punktförmig berühren, so daß die Oberfläche des Porenraumes gleich der Summe der Teilchenoberflächen ist. Die Porosität ε kann gemessen werden und so kann man in Durchströmungsversuchen die Größe $c = c_0 \, l_e^2/l^2$ bestimmen. Mit Packungen von gleichgroßen Kugeln ergab sich im Porositätsbereich $\varepsilon = 0{,}34$ bis $0{,}41$ unabhängig von Porosität und Kugelgröße ein recht konstanter Wert von c im Bereich zwischen $4{,}5$ und $5{,}1$ mit einem Mittelwert von $c = 4{,}8$. Auch homogene Packungen aus anderen unregelmäßig geformten Partikeln ergaben Werte von $c \sim 5$. An dünnen Fasern wurde $c = 5{,}5$ gemessen. Dagegen ergaben Versuche mit dünnen Scheiben und Platten variable c-Werte zwischen 3 und 6, wobei eine systematische Zunahme von c mit der Porosität zu beobachten war. Der Grund für das abweichende Verhalten ist wohl unter anderem darin zu sehen, daß hier der punktförmige Kontakt der Teilchen nicht mehr gewährleistet ist, so daß die innere Oberfläche der Packung nicht mehr mit der Oberfläche der Teilchen übereinstimmt. Aus $c \sim 5$ ergibt sich mit $c_0 \sim 2{,}5$ für die Tortuosität ein Wert von $T \sim 2$. Bildlich kann man sich dies so vorstellen, daß die wirklichen Fließkanäle im Mittel um $45°$ gegen die makroskopische Fließrichtung geneigt sind ($l_e : l = \sqrt{2}$).

Aus diesen Versuchen ergibt sich, daß die Kozeny-Carman-Gleichung in der Form

$$q = \frac{\varepsilon^3}{5(1-\varepsilon)^2 S_0^2} \cdot \frac{1}{\mu} \cdot \frac{\Delta p}{l} \tag{148}$$

auf unverfestigte Sande angewendet werden kann, sofern deren Korngrößenverteilung nicht allzu breit ist und sofern keine blättchenförmigen Minerale vorkommen. Die Permeabilität solcher Sande kann also, wie ein Vergleich mit Gl. (58) zeigt, aus Porosität und Korngrößenverteilung nach der folgenden Formel berechnet werden:

$$k = \frac{\varepsilon^3}{5(1-\varepsilon)^2 S_0^2} \, . \tag{149}$$

k ergibt sich dabei in $[cm^2]$, wenn die spez. Oberfläche in cm^{-1} gemessen wird. Kann man die Sandkörner als Kugeln auffassen, so läßt sich S_0 leicht aus der Korngrößenverteilung berechnen. Anderenfalls muß ein korrigierender Formfaktor eingeführt werden. Ist n_e die Zahl der in 1 cm^3 fester Substanz des Sandes enthaltenen Körner vom Radius r_e, so gilt für den volumenmäßigen oder gewichtsmäßigen Anteil G_e dieser Korngrößenklasse am gesamten Sand:

$$G_e = \frac{4}{3} \pi \, r_e^3 \, n_e \, . \tag{150}$$

Für die gesamte Oberfläche S_0 aller in 1 cm³ fester Substanz enthaltenen Körner mit den Radien $r_1, r_2 \ldots r_e$ gilt:

$$S_0 = 4\pi \, (n_1 \, r_1^2 + n_2 r_2^2 \ldots + n_e r_e^2) \, . \tag{151}$$

Dafür kann man schreiben:

$$S_0 = w \left(\frac{G_1}{r_1} + \frac{G_2}{r_2} \ldots + \frac{G_e}{r_e} \right) . \tag{152}$$

Mit $w \gtrless 3{,}0$

Sind die Körner Kugeln, so gilt $w = 3{,}0$, weicht ihre Form von der Kugelgestalt ab, so wird w größer als 3,0.

An Mischungen von Siebfraktionen aus einem diluvialen Sand haben v. ENGELHARDT und PITTER (1951) diese Zusammenhänge geprüft. Mit einem Wert von $w = 3{,}5$ ergab sich eine gute Übereinstimmung mit der Gl. (149), d. h. es konnten die Permeabilitäten für bestimmte Korngrößenverteilungen und Porositäten in guter Übereinstimmung mit den gemessenen Werten berechnet werden.

Bleibt die Korngrößenverteilung unverändert, so ändert sich die Permeabilität eines unverfestigten Sandes mit der Porosität gemäß der Funktion

$$f(\varepsilon) = \frac{\varepsilon^3}{(1 - \varepsilon)^2} \, , \tag{153}$$

die in der Abb. 33 dargestellt ist. Die Permeabilität reagiert also sehr empfindlich auf geringe Veränderungen der Porosität. Trägt man $f(\varepsilon)$ logarithmisch gegen ε auf, so erhält man im Bereich $\varepsilon = 0{,}2$ bis 0,7 einen fast linearen Verlauf. Dies mag ein Grund für die oben erwähnte Tatsache sein, daß man für einheitliche Sandsteine oft eine annähernd lineare Beziehung zwischen dem Logarithmus der Permeabilität und der Porosität findet.

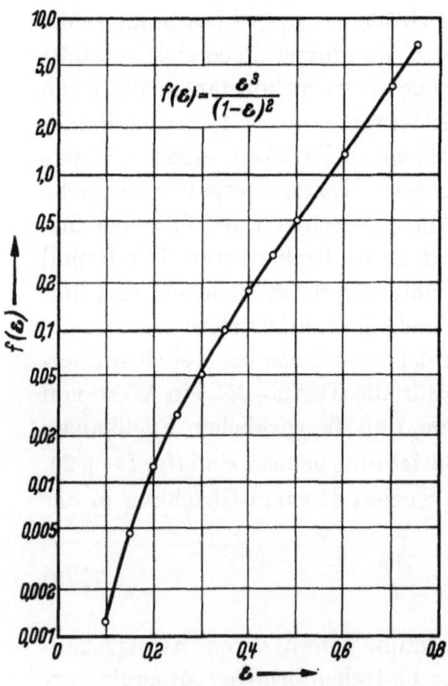

Abb. 33. *Darstellung der Funktion* $f(\varepsilon) = \dfrac{\varepsilon^3}{(1-\varepsilon)^2}$ (in logarithmischem Maßstab)

Während sich die Kozeny-Carman-Gleichung auf unverfestigte und gut sortierte Sande anwenden läßt, ergeben sich Schwierigkeiten, wenn man die Permeabilität von Tonen oder die von verfestigten Gesteinen in ähnlicher Weise aus der Geometrie des Porenraumes verstehen will. Die Gründe liegen teils in der Definition des hydraulischen Radius m, teils in der Festlegung der Tortuosität. Wie CARMAN (1956) zeigte, hat die Definition eines mittleren hydraulischen Radius $m = \varepsilon / S$ nur dann einen Sinn, wenn die wirklichen Werte der örtlichen Porenquerschnitte nicht allzu sehr von diesem Mittel abweichen. Kommen sehr große und sehr kleine Capillaren zusammen vor, so ist der gesamte Fluß größer, als man nach dem berechneten mittleren hydraulischen Radius erwarten würde. Daher findet man nach CARMAN für Mischungen verschieden großer Kugeln c-Werte unter 5, wenn das Größenverhältnis der Kugelarten größer als 5:1 ist. In natürlichen, unverfestigten Tonen mögen Aggregat- oder Flockenstrukturen vorkommen, Strukturen also, die relativ große Hohlräume zwischen den Flocken und sehr viel kleinere Hohlräume innerhalb der Flocken enthalten, so daß die Bedingung der etwa gleichen Querschnittsgröße der Poren nicht erfüllt ist und die Kozeny-Carman-Gleichung nicht angewendet werden kann. Ebenso wird man auch in verfestigten Gesteinen häufig Fließkanäle von sehr verschiedenem Querschnitt nebeneinander finden, so daß die Anwendungsmöglichkeit der Kozeny-Carman-Gleichung fraglich sein kann.

Die wesentliche Schwierigkeit bei der Behandlung verfestigter Gesteine liegt jedoch darin, daß von den drei Größen Porosität ε, spez. Oberfläche S_0 und Tortuosität T, die die Permeabilität bestimmen, zunächst nur die Porosität ε bekannt ist. Bei unverfestigten Sanden konnte S_0 aus der Korngrößenanalyse bestimmt werden, woraus sich ein einigermaßen konstanter Wert von $c_0 T \sim 5$ ergab. Derselbe Wert kann bei verfestigten Gesteinen nicht von vornherein angenommen werden; man muß vielmehr damit rechnen, daß die Tortuosität durch die Abscheidung von Zement im Porenraum zunimmt. Um also auch für verfestigte Gesteine die gemessene Permeabilität auf die Struktur des Porenraumes zurückzuführen, ist es erforderlich, aus unabhängigen Messungen Daten über die spez. Oberfläche der festen Substanz S_0 oder eine äquivalente Größe und über die Tortuosität T zu gewinnen. In den vergangenen Jahren sind in verschiedenen Laboratorien der Erdölindustrie viele Untersuchungen diesen Fragen nachgegangen, über die man eine vollständige Bibliographie in den Büchern von SCHEIDEGGER (1957) und CARMAN (1956) findet. Wir begnügen uns hier mit einer Zusammenfassung der bis heute erreichten wichtigsten Erkenntnisse.

Man könnte daran denken, die *spezifische Oberfläche* S_0 von Gesteinen nach einer Gasadsorptionsmethode zu bestimmen. Doch nehmen an der Adsorption Oberflächenbereiche teil, die für den Fluß viscoser Medien sicherlich keine Rolle spielen, so daß man auf diesem Wege zu große Oberflächenwerte erhält. ROSE und WYLLIE (1950) [vgl. auch CHIN und ROSE (1951)] gaben eine Methode nach CHALKLEY (1949) an, nach einem integrierenden mikroskopischen Verfahren die spezifische Oberfläche in Dünnschliffen zu messen, die bei geeigneten, nicht zu feinkörnigen Gesteinen zu brauchbaren Ergebnissen führen mag. Im allgemeinen wird aber bei verfestigten Gesteinen die spez. Oberfläche S_0 nicht direkt meßbar sein. Da nun aber ein mittlerer Porenradius, bzw. der mittlere hydraulische Radius m des Porenraumes gemäß Gl. (146) in einer einfachen Beziehung zur spez. Oberfläche S_0 steht:

$$m = \frac{\varepsilon}{(1-\varepsilon)S_0} \tag{146}$$

könnte die direkte Ermittlung dieses Radius m die Messung der spez. Oberfläche ersetzen. Dabei ist zu bedenken, daß im wirklichen Gestein nicht ein einziger Radius m, sondern ein gewisser Variationsbereich von Porenradien vorkommt, so daß m durch eine Verteilungsfunktion zu ersetzen ist. Diese wirkliche Verteilungsfunktion der Porenradien kann nun durch die Aufnahme einer sog. Capillardruckkurve gewonnen werden. Die Ersetzung des mittleren hydraulischen Radius m in der Kozeny-Carman-Gleichung durch die tatsächliche Verteilung der Porenquerschnitte hat auch noch den Vorteil, daß man den Fehler vermeidet, der, wie oben erwähnt, bei einer großen Variationsbreite der Porenradien durch die falsche Mittelung eintreten muß.

Die Capillardruckkurve beschreibt den Verlauf der Verdrängung einer den Porenraum füllenden benetzenden Flüssigkeit durch ein nicht benetzendes Medium. Es möge ein poröser Stoff nur Poren gleichen Querschnittes enthalten, die wir uns zunächst als kreisförmige Capillaren vorstellen wollen. Diese Hohlräume seien mit einer Flüssigkeit erfüllt, die durch ein anderes mit dieser Flüssigkeit nicht mischbares Medium verdrängt werden soll. Wir nehmen an, daß die erste Flüssigkeit (z. B. Wasser) die feste Oberfläche besser benetzt als das verdrängende Medium (z. B. Luft oder Öl), d. h. daß der in dieser Flüssigkeit gemessene Randwinkel ϑ zwischen fester Oberfläche und der Grenzfläche der beiden beweglichen Medien kleiner als 90° ist. Dann ist für die Verdrängung ein bestimmter Druck, der Capillardruck p_c aufzuwenden:

$$p_c = \frac{2\gamma \cos\vartheta}{r}, \tag{154}$$

r ist der Radius der Capillare und γ die Grenzflächenspannung. (Ist Luft das verdrängende Medium, so tritt an deren Stelle die Oberflächenspannung σ.) Für nicht kreisförmige Capillaren kann man nach vorliegenden experimentellen Untersuchungen (SCHULTZE 1925) auch hier den hydraulischen Radius einführen und erhält:

$$p_c = \frac{\gamma \cos\vartheta}{m}. \tag{155}$$

Ein wirkliches Gestein enthält Poren verschiedenen Querschnittes. Infolgedessen wird die Verdrängung bei der Überschreitung eines bestimmten kritischen Verdrängungsdruckes beginnen, der dem hydraulischen Radius der größten Poren entspricht. Die in diesen größten Poren enthaltene Flüssigkeit wird bei diesem niedrigsten Druck verdrängt werden können. Dann muß aber, damit die Verdrängung fortschreitet, der Druck weiter erhöht werden. Wartet man jeweils die Einstellung des Gleichgewichtes ab, so wird, wenn das Gestein ursprünglich mit Wasser gesättigt war, jedem Verdrängungsdruck ein bestimmter Entwässerungszustand, d. h. eine bestimmte Wassersättigung des Porenraums entsprechen. Der noch mit Wasser gefüllte Porenraum besteht aus Capillaren, die zu klein sind, als daß sie bei dem erreichten Verdrängungsdruck hätten entleert werden können. In der Abb. 34 sind so gewonnene Capillardruckkurven schematisch dargestellt. Jedem Capillardruck oder Verdrängungsdruck p_{ci} entspricht eine bestimmte Sättigung s_i des Gesteins mit der benetzenden Phase. s_i ist eine Zahl kleiner als 1 und bezeichnet denjenigen Anteil des Porenraums, der bei dem betreffenden Capillardruck noch mit benetzender Flüssigkeit gefüllt ist. Beim Übergang zu kleinen Sättigungen beobachtet man ein sehr starkes Ansteigen der Capillardrucke und es bleibt schließlich ein letzter Rest von Wasser im Porenraum, der auch durch sehr erhebliche Steigerungen des Druckes nicht entfernt werden kann. Man nimmt an, daß dieses Haftwasser (auch irreduzible Wassersättigung genannt) in dünnen unbeweglichen Oberflächenfilmen oder als nicht miteinander in Zusammenhang stehende Ausfüllung von Ecken und Zwickeln vorhanden ist. Bei der Berechnung der Porengrößeverteilung ist von diesem Haftwasser abzusehen (vgl. hierzu S. 98 ff.).

Bei bekannter Grenz- bzw. Oberflächenspannung und bekanntem Randwinkel ist jedem Capillardruck p_{ci} ein hydraulischer Radius m_i zuzuordnen:

$$m_i = \frac{\gamma \cos \vartheta}{p_{ci}} \tag{156}$$

und die experimentell bestimmte Kurve $p_c = p_c(s)$ läßt sich in eine Verteilungskurve der Porenradien $m = m(s)$ umwandeln, der sich entnehmen läßt, welcher Anteil des Porenraums auf Poren eines bestimmten Radienintervalls entfällt.

Für die praktische Durchführung der Aufnahme von Capillardruckkurven sind verschiedene Vorschläge gemacht worden. Gewöhnlich werden die zylinderförmigen Gesteinsproben mit Wasser gesättigt. Mit einer möglichst ebenen Fläche werden die gesättigten Proben auf eine sehr feinporige Filterplatte gestellt, deren Poren wesentlich kleiner als die des Gesteins sein müssen (z. B. keramische Platten). Um einen guten Kontakt zu schaffen, befindet sich zwischen Filterplatte und Gesteinsprobe eine Paste aus Wasser und einem feinen Pulver wie $BaSO_4$, Talkum oder Mehl. Die Filterplatte bildet den Boden einer verschließbaren und druck-

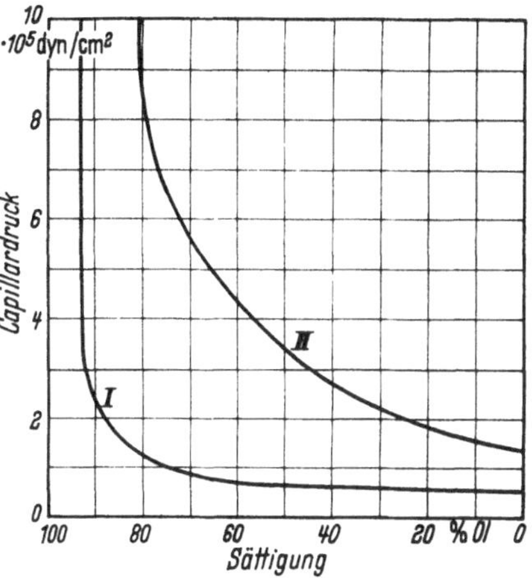

Abb. 34. *Schematischer Verlauf von Capillardruck-kurven.* Verdrängung von Wasser durch Öl. I. grobkörniger Sandstein. II. tonhaltiger Feinsandstein

festen Kammer, die mit dem verdrängenden Medium (Luft oder Öl) gefüllt und unter einen konstanten und genau meßbaren Druck gesetzt wird. Die aus der Filterplatte austretende Wassermenge wird gemessen; sie kann in bezug gesetzt werden zu dem vorher bekannten Porenraum der Gesteinsprobe. Durch schrittweise Erhöhung des Druckes wird so die gesamte Capillardruckkurve aufgenommen, wobei jeweils, bevor der Druck aufs neue erhöht wird, so lange gewartet werden muß, bis kein Wasser mehr austritt. Das kann — besonders bei feinkörnigen Gesteinen und im Bereich der niedrigeren Sättigungen — unter Umständen sehr lange dauern. Das Verfahren ist durch den Verdrängungsdruck der Filterplatte begrenzt; es können nur solche Drucke angewendet werden, die noch keine Entwässerung der wassergetränkten Filterplatte erzeugen. Bei der Auswertung der so gemessenen Capillardruckkurven nimmt man gewöhnlich für Wasser, Luft und Gestein den in Wasser gemessenen Randwinkel zu $\vartheta = 0°$ an. Auch bei der Verdrängung von Wasser durch Öl hat man kaum eine andere Möglichkeit, als $\vartheta = 0°$ anzunehmen, da man diesen Randwinkel nicht messen kann. Diese Annahmen sind sicherlich nicht in allen Fällen richtig, und so ist die aus einer Capillardruckkurve berechnete Verteilungskurve der Porenradien unter Umständen nicht reell. Eine Veränderung des Randwinkels während des Experiments ist wahrscheinlich die Ursache dafür, daß es häufig schwierig ist, bei einer Wiederholung an derselben Gesteinsprobe dieselbe Kurve zu erhalten. Ebenso ist es meistens unmöglich, Capillardruckkurven zu korrelieren, die man mit verschiedenen Medien gewonnen hat. Schließlich sei noch erwähnt, daß man den Vorgang auch in umgekehrter Richtung verlaufen lassen kann, indem man der entwässerten und unter hohem Druck stehenden Probe bei allmählich abnehmendem Druck wieder Wasser durch die permeable Schicht zuführt. Theoretisch sollte dieser Prozeß längs derselben Kurve verlaufen wie die Entwässerung. Tatsächlich beobachtet man eine starke Hysteresis, d. h. die einem bestimmten Capillardruck p_{ci} entsprechende Wassersättigung s_i ist bei der Zufuhr von Wasser kleiner als beim Prozeß der Entwässerung.

Nach einer von DRAKE und RITTER (1945) und später von PURCELL (1949) ausgearbeiteten Methode bestimmt man die Verteilung der Porenquerschnitte, in dem man Quecksilber als nicht benetzende Phase in die evakuierte Gesteinsprobe einpreßt und die Quecksilbermengen mißt, die bei bestimmten Drucken im Porenraum des Gesteins verschwinden. Nach PURCELL ist für den in Quecksilber gemessenen Randwinkel 140° und für die Oberflächenspannung 480 dyn cm^{-1} anzunehmen. Mit diesen Werten ergibt sich für einen bestimmten Porenradius für Quecksilber ein um den Faktor 5 höherer Capillardruck als für die Verdrängung von Wasser durch Luft. Ob der genannte Randwinkel an allen Gesteinsoberflächen zutrifft, ist hier natürlich ebenfalls nicht bekannt und kaum zu kontrollieren. Immerhin dürfte anzunehmen sein, daß der Randwinkel in Quecksilber weniger leicht beeinflußbar und daher konstanter ist als der Randwinkel im Wasser. Die Quecksilbermethode erfordert zwar höhere Drucke, hat aber gegenüber der Verdrängung von Wasser den Vorteil, sehr viel schneller durchführbar zu sein. Auch kann man hier kleine und unregelmäßig geformte Gesteinsstücke verwenden.

Unabhängige Messungen der *Tortuosität* T wären mit Hilfe solcher Transportvorgänge möglich, die nur von Tortuosität und Porosität abhängen, die also unabhängig sind von Porenradius oder innerer Oberfläche. Als solche Vorgänge kann man die Leitung des elektrischen Stromes und die Diffusion ansehen. Zwischen dem spez. elektrischen Widerstand einer Elektrolytlösung r_w und dem spez. Widerstand R_0 einer Gesteinsprobe, deren Porenraum vollständig mit dieser Lösung angefüllt ist, besteht, wie vielfach experimentell nachgeprüft wurde, eine lineare Beziehung:

$$R_0 = F \cdot r_w. \tag{157}$$

Der für die Ausdeutung elektrischer Bohrlochmessungen wichtige Faktor F wird in den Laboratorien der Erdölindustrie Formationswiderstandsfaktor genannt. F ist eine gesteinsspezifische Größe und in hochporösen Gesteinen jedenfalls kleiner als in Gesteinen mit geringer Porosität. Verschiedene empirische Formeln wurden angegeben, um eine Beziehung zwischen Porosität und Formationswiderstandsfaktor zu fixieren. Die bekannteste ist wohl die Gleichung von ARCHIE (1947, 1950):

$$F = \varepsilon^{-n}. \tag{158}$$

Einige typische n- und F-Werte sind in der Tabelle 19 zusammengestellt.

Wenn auch die Archie-Beziehung zwischen F und ε für eine erste Orientierung und für manche praktische Zwecke genügen mag, so ist es doch sicher, daß der Widerstand des von Lösung erfüllten Gesteins nicht nur von der Porosität, sondern auch von der Tortuosität abhängen muß, d. h. von der Verlängerung der Stromwege durch die unregelmäßig gewundenen Porenkanäle. Nach WYLLIE und ROSE (1950a) wird der Widerstand gemäß der Porosität ε und nach Maßgabe der Verlängerung der Fließkanäle, also proportional l_e/l vergrößert, so daß man bekommt:

$$F = \frac{1}{\varepsilon} \cdot \frac{l_e}{l} \, ; \tag{159}$$

damit findet man für den Betrag der Tortuosität der Kozeny-Carman-Gleichung:

$$T = \varepsilon^2 F^2. \tag{160}$$

In einer abweichenden Theorie haben WINSAUER u. Mitarb. (1952) und CORNELL und KATZ (1953) die Beziehung

$$F = \frac{1}{\varepsilon} \cdot \left(\frac{l_e}{l}\right)^2 \tag{161}$$

aufgestellt, woraus sich ergibt:

$$T = \varepsilon F. \tag{162}$$

Sowohl für die erste Auffassung (vgl. z. B. WYLLIE und SPANGLER 1952) als auch für die zweite (vgl. z. B. WINSAUER u. Mitarb. 1952) liegen experimentelle Untersuchungen vor, ohne daß es möglich wäre, eine ganz klare Entscheidung für das eine oder andere Modell zu treffen. Die Schwierigkeit liegt im wesentlichen darin, daß es überhaupt zweifelhaft ist, welchen Sinn die Übertragung der aus elektrischen Vorgängen abgeleiteten „Tortuositäten'' auf die „Tortuosität'' beim viscosen Fluß hat. Man wird die bildhafte Vorstellung von der Verlängerung der Fließwege und Leitungsbahnen wohl nicht zu ernst nehmen dürfen. T bedeutet ganz allgemein eine von der Richtung abhängige Behinderung der elektrischen Leitung und des viscosen Flusses, an der z. B. auch Verengungen des Porenquerschnitts beteiligt sein mögen.

Dieselben Bedenken bestehen natürlich auch für die Übertragung einer aus der Hemmung der Diffusion in Gesteinen abgeleiteten „Tortuosität'' auf den viscosen Fluß. Wie in einem späteren Abschnitt (s. S. 136) auseinandergesetzt

Tabelle 19. *Typische Werte von Formationswiderstandsfaktoren*

Gestein	Porosität ε	Formationswiderstandsfaktor F	Archie-Exponent n
Unverfestigte Sande .	0,40—0,30	3,5—4,8	1,3
Sandsteine:			
kaum verfestigt . .	0,25	7,0—8,0	1,4—1,5
schwach verfestigt .	0,20	13—15	1,6—1,7
mäßig verfestigt . .	0,15	30—37	1,8—1,9
stark verfestigt . .	< 0,10	> 100	2,0—2,2

wird, gilt für die Beziehung zwischen dem im freien Raum gemessenen Diffusionskoeffizienten D und dem im porösen Gestein gemessenen D' eine der Gl. (157) analoge Beziehung:

$$\frac{1}{D'} = F \frac{1}{D} \, , \tag{163}$$

dabei sollte der Faktor F' mit dem Formationswiderstandsfaktor F identisch sein (KLINKENBERG 1951; SCHOFIELD und DAKSHINAMURTI 1948).

Stellt man einmal alle Bedenken zurück, die einer Übertragung der aus der Capillardruckkurve gewonnenen Porengrößenverteilung und der aus der elektrischen Leitfähigkeit oder der Diffusion abgeleiteten Tortuosität auf die Fließvorgänge entgegenstehen, so kann man einer vor allem von WYLLIE vertretenen Theorie folgend (vgl. WYLLIE und SPANGLER 1952, WYLLIE 1955, WYLLIE und GARDNER 1958) die Permeabilität aus diesen Größen ableiten.

Die Kozeny-Carman-Gleichung ergibt für die Permeabilität:

$$k = \frac{m^2 \varepsilon}{c_0 \cdot T} \cdot \tag{164}$$

Statt eines einzigen mittleren hydraulischen Radius wird nun die Mittelung über alle vorkommenden Radien eingesetzt, wie sie sich aus der Capillardruckkurve ergibt (PURCELL 1949). Man setzt also:

$$\overline{\varepsilon m^2} = \int\limits_0^\varepsilon m_i^2 \, d\varepsilon_i = \gamma^2 \cos^2 \vartheta \int\limits_0^\varepsilon \frac{1}{p_{ci}^2} \cdot d\varepsilon_i \,. \tag{165}$$

Für die Tortuosität wird nach WYLLIE und ROSE angenommen:

$$T = \varepsilon^2 F^2. \tag{160}$$

Da c_0 für sehr verschiedene Querschnitte als nicht sehr variabel gefunden wurde, soll auch hier der Wert $c_0 = 2{,}5$ angenommen werden, so daß man schließlich erhält:

$$k = \frac{\gamma^2 \cos^2 \vartheta}{2{,}5 \cdot \varepsilon^2 \cdot F^2} \int\limits_0^\varepsilon \frac{1}{p_{ci}^2} \cdot d\varepsilon_i \,. \tag{166}$$

Es existieren zu wenig Messungen von Permeabilität, Porosität, Formationswiderstandsfaktor und Capillardrucken am selben Gestein, um die Gültigkeit dieser Gleichung sicher zu prüfen. Messungen an 24 Gesteinen (FARIS, GOURNAY, LIPSON, WEBB 1954) zeigten wohl die verlangte Abhängigkeit vom Quadrat des mittleren Porenradius und von $\varepsilon^2 F^2$, ergaben aber einen noch nicht verstandenen Proportionalitätsfaktor, der vielleicht auf einer falschen Annahme für $\gamma \cos \vartheta$ bei der Ausdeutung der Verdrängungsmessungen mit Quecksilber beruht.

Von den Größen auf der rechten Seite der Gl. (166) kann allein F von der Richtung abhängen. So sollte sich der tensorielle Charakter der Permeabilität in einer Richtungsabhängigkeit der Formationswiderstandsfaktoren wiederfinden lassen. In der Tat haben WYLLIE und SPANGLER (1952) bei verschiedenen untersuchten Sandsteinen das Verhältnis der Permeabilitäten in zwei Richtungen etwa gleich dem Quadrat des Verhältnisses der Formationswiderstandsfaktoren für dieselben Richtungen gefunden.

Für die Kennzeichnung der geometrischen Struktur des Porenraums ergeben sich somit die folgenden Maßgrößen:

ε: Porosität

m: hydraulischer Radius der Poren, bzw. Verteilungsfunktion von m.

$S_0 = \dfrac{\varepsilon}{(1 - \varepsilon)} \cdot \dfrac{1}{m}$: spez. Oberfläche der festen Substanz.

$T = \varepsilon^2 F^2$: Tortuosität.

k = Permeabilität.

Zwischen den vier Größen: $\varepsilon - k - m$ oder $S_0 - T$ besteht eine Bedingung von der Art der Kozeny-Carman-Gleichung, so daß jeweils drei dieser Größen voneinander unabhängige Variable darstellen. Die Beschaffenheit des Porenraumes kann man daher entsprechend der oben eingeführten Funktion durch je drei der genannten Eigenschaften beschreiben und wir finden die schon eingangs getroffene Feststellung bestätigt, daß zwei Parameter — z. B. Permeabilität und Porosität — zur vollständigen Beschreibung des Porenraumes nicht ausreichen.

Bei unverfestigten Sanden kann man z. B. den Porenraum durch ε, k und S_0 beschreiben, wenn S_0 gemäß den Ableitungen auf S. 84 aus der Korngrößenanalyse berechnet oder abgeschätzt werden kann. Bei verfestigten Sedimenten wird es meist vorteilhaft sein, ε, k und F zu wählen, da diese Größen am bequemsten gemessen werden können. Wie man mit diesen Parametern die Wirkung der diagenetischen Abscheidung eines Zements im Porenraum quantitativ beschreiben kann, sei zum Abschluß an einem Beispiel dargestellt.

Tabelle 20. *Korngrößenverteilung eines Valendissandsteins von Scheerhorn (Emsland)*

Durchmesser mm	G_e	Mittl. Kornradius r_e cm	$\dfrac{G_e}{r_e}$ cm^{-1}
0,6 —0,4	$0,4 \cdot 10^{-2}$	$2,5 \ \cdot 10^{-2}$	0,16
0,4 —0,3	$3,2 \cdot 10^{-2}$	$1,75 \cdot 10^{-2}$	1,83
0,3 —0,2	$55,5 \cdot 10^{-2}$	$1,25 \cdot 10^{-2}$	44,40
0,2 —0,15	$31,2 \cdot 10^{-2}$	$0,87 \cdot 10^{-2}$	35,90
0,15—0,12	$3,5 \cdot 10^{-2}$	$0,67 \cdot 10^{-2}$	5,22
0,12—0,09	$3,4 \cdot 10^{-2}$	$0,52 \cdot 10^{-2}$	6,54
		$\Sigma\, G_e/r_e$	94,05

$$S_0' = 3,5 \cdot \Sigma\, G_e/r_e = 329 \ \text{cm}^{-1}$$

In der Tab. 20 ist die Korngrößenanalyse eines schwach zementierten Valendissandsteins aus dem Erdölfeld Scheerhorn (Emsland) wiedergegeben. Die im Porenraum abgeschiedene Zementsubstanz ist so geringfügig, daß der Sandstein leicht zerkleinert werden kann und der Zement die Korngrößenverteilung nicht merklich beeinflußt.

Aus dieser Korngrößenverteilung ergibt sich gemäß Gl. (152) mit $w = 3,5$ eine spez. Oberfläche des unverfestigten Sandes von $S_0' = 329$ cm^{-1}. Am Sandstein wurde die Porosität $\varepsilon = 0,269$, die Permeabilität $k = 4,4 \cdot 10^{-8}$ cm^2 und der Formationswiderstandsfaktor $F = 9,1$ gemessen. Nach der erweiterten Kozeny-Carman-Gleichung gilt, wenn man die Werte für c_0, m und T einsetzt:

$$k = \frac{m^2 \varepsilon}{c_0 \cdot T} = \frac{\varepsilon}{2,5(1 - \varepsilon)^2 \cdot S_0^2 \cdot F^2} \cdot \tag{167}$$

So kann man also aus den gemessenen Werten von k, ε, F die wirkliche spez. Oberfläche S_0 des Sandsteins berechnen und diesen Wert mit der Oberfläche S_0' des unverfestigten Sandes vergleichen. Ebenso kann man die Tortuosität $T = \varepsilon^2 F^2$ des Sandsteins mit dem für unverfestigte Sande gültigen Wert $T' \sim 2$ vergleichen.

Beide Vergleiche zeigen in einer quantitativen Weise die diagenetische Veränderung des Porenraumes an:

$$\varepsilon \ \ldots \ldots \ldots \ldots \ldots \ldots \ 0{,}269$$
$$k \ \ldots \ldots \ldots \ldots \ldots \ldots \ 4{,}4 \cdot 10^{-8} \ \text{cm}^2$$
$$F \ \ldots \ldots \ldots \ldots \ldots \ldots \ 9{,}1$$
$$S_0 = \left(\frac{\varepsilon}{2{,}5\,(1 - \varepsilon)^2\, F^2\, k^2}\right)^{1/2} \ 235 \ \text{cm}^{-1}$$
$$T = \varepsilon^2 F^2 \ \ldots \ldots \ldots \ldots \ 6{,}0$$
$$S_0' \ \ldots \ldots \ldots \ldots \ldots \ 329 \ \text{cm}^{-1}$$
$$T' \ \ldots \ldots \ldots \ldots \ldots \ldots \ 2{,}0$$

Die diagenetische Füllung des Porenraumes hat sich also in diesem Falle so ausgewirkt, daß die spez. Oberfläche um etwa 28% abnahm, während gleichzeitig die Tortuosität um den Faktor 3 angestiegen ist. Man wird bei dieser noch recht geringen Zementation annehmen dürfen, daß die Porosität sich nur wenig verringert hat. Berechnet man dann gemäß Gl. (149) die Permeabilität k' des unverfestigten Sandes für $\varepsilon = 0{,}269$ und $T' = 2$, $S_0' = 329$ cm^{-1}, so erhält man

$$k' = 6{,}7 \cdot 10^{-8} \text{ cm}^2 \,.$$

wonach also die Permeabilität durch die Zementation um etwa 34% abgenommen hätte, ein Wert, der wegen der Vernachlässigung der Porositätsabnahme nur eine untere Grenze der wirklichen Permeabilitätsreduktion darstellt.

So dürfte es wohl möglich sein, aus Messungen der Porosität, der Permeabilität des Formationswiderstandsfaktors und eventuell der Capillardrucke Zahlen zu gewinnen, mit deren Hilfe der Porenraum bestimmter Gesteine in seiner besonderen geometrischen Struktur, vor allem auch hinsichtlich seiner Anisotropie, quantitativ zu erfassen ist. Die Meßverfahren, Begriffe und theoretischen Zusammenhänge, die in den Laboratorien der Erdölindustrie im Hinblick auf praktische Fragen entwickelt wurden, könnten über die technologischen Zwecke hinaus dazu dienen, die Sedimente genauer zu beschreiben und ihre diagenetischen Veränderungen zu verfolgen und zu verstehen.

Aus der Diskussion der Theorien wird aber deutlich geworden sein, wie schwierig es ist, bei einer solchen Beschreibung des Porenraumes mit den nur quantitativen und unanschaulichen Größen auszukommen, wie sie sich aus diesen Messungen ergeben. Man sollte daher außerdem versuchen, den Porenraum selbst sichtbar zu machen und seine Gestalt in geeigneter Weise auszumessen. In den wenigen hier vorliegenden Untersuchungen wurde das Gestein mit gefärbtem Kanadabalsam oder einem geeigneten Kunstharz getränkt, das dann im Dünnschliff oder Anschliff die Form des Porenraumes abbildet (SCHUMANN 1949, WYLLIE und SPANGLER 1952). Schwierigkeiten bestehen in der Erfassung der feinsten Hohlräume und in der richtigen Konstruktion des dreidimensionalen Porenraumes aus den beobachtbaren zweidimensionalen Schnitten.

5. Heterogene Fließvorgänge und Gleichgewichte

Allgemeines. Im Porenraum der Sedimente finden sich häufig verschiedene Flüssigkeiten und Gase nebeneinander. Die Betrachtungen über die im homogen erfüllten Porenraum möglichen Bewegungsvorgänge müssen daher ergänzt werden durch die Untersuchung heterogener Prozesse, bei denen verschiedene Flüssigkeiten und Gase nebeneinander und oft in verschiedenen Richtungen durch das Gestein strömen. Die möglichen Arten der geometrischen Verteilung mehrerer Flüssigkeiten und Gase im Porenraum eines bestimmten Gesteins werden wegen der Dichteunterschiede und der an den Grenzflächen auftretenden Kräfte nach ihrem Energieinhalt verschieden sein. Deshalb wird auch zu untersuchen sein, welche Anordnungen energetisch bevorzugt sind. Denn es werden in der Natur vorzugsweise solche Verteilungen vorkommen oder doch angestrebt werden, die relative Minima (Potentialmulden) einer geeignet gewählten Energiegröße darstellen. Jede nutzbare Lagerstätte von Erdöl oder Erdgas kann man als einen solchen metastabilen Gleichgewichtszustand ansehen. Die Untersuchung der heterogenen Fließvorgänge hat es mit den kinetischen Prozessen zu tun, die in der Natur Gleichgewichtszustände dieser Art hervorgebracht haben, oder die bei künstlichen Eingriffen — z. B. der Förderung einer Erdöllagerstätte — erregt werden. Die unterscheidbaren Medien im Porenraum können entweder nicht mischbar oder miteinander mischbar sein. Im ersten Fall spielen für Fließen und Gleichgewichtszustand die verschiedenen Dichten, die Viscositäten und die Grenzflächenspannungen zwischen allen beteiligten Phasen eine Rolle. Grenzen mischbare Phasen aneinander, so gibt es keine Grenzflächenspannung zwischen ihnen. Alle Vorgänge hängen nur von Dichten und Viscositäten ab und es ist mit der allmählichen Verwischung aller Grenzen durch Diffusion zu rechnen.

Das Fließen nicht mischbarer Phasen im Porenraum. Das Verständnis des Verhaltens mehrerer, nicht miteinander mischbarer Phasen im Porenraum von Sedimenten ist für die Technik der Förderung von Erdgas und Erdöl von großer Bedeutung. Es laufen ja die üblichen Fördermethoden darauf hinaus, daß das im Porenraum enthaltene Öl oder Gas durch ein anderes Medium verdrängt wird, das wie z. B. Wasser mit Gas oder Öl nicht mischbar ist. Da eine solche Verdrängung nicht mit einer scharfen Grenze erfolgt, sondern zur Bildung von Mischzonen führt, bildet sich in der Lagerstätte ein breiter Bereich, in dem beide Medien, oder gar drei Medien nebeneinander strömen. Das schwierige Problem des heterogenen Flusses in porösen Gesteinen ist daher theoretisch und experimentell fast ausschließlich in den Laboratorien der Erdölindustrie untersucht worden, und es wird im folgenden in erster Linie von den allgemeinen Ergebnissen dieser für technische Zwecke unternommenen Arbeiten berichtet werden. Die sehr zahlreichen Untersuchungen, die im Laufe der letzten 30 Jahre erschienen sind, können hier nicht vollständig referiert werden, zumal es noch nicht gelungen ist, eine wirklich umfassende Theorie zu entwickeln, die alle Beobachtungen darstellt und alle in der Natur möglichen Fälle umfaßt. Es kann sich hier nur darum handeln, einen Überblick über die Phänomene zu geben und die Grundzüge der wichtigsten Theorien darzustellen. Für weiter führende Literaturzitate sei wieder auf das Buch von SCHEIDEGGER (1957) hingewiesen. Die Anwendung der Theorien auf technische Probleme der Öl- und Gaslagerstätten wird in den Büchern von MUSKAT (1949), CALHOUN (1953) und PIRSON (1958) behandelt.

Es mögen durch ein poröses Gestein gleichzeitig zwei miteinander nicht mischbare Phasen strömen. Als Beispiel betrachten wir Öl und Wasser. Alles folgende gilt auch für andere nicht mischbare Paare wie etwa Wasser und Gas oder Öl und Gas. Man kann dann formal jedes Medium für sich betrachten, und für jedes eine besondere Darcy-Gleichung aufstellen:

$$q_w = k \frac{k_w}{\mu_w} \{ \varrho_w g - \operatorname{grad} p_w \} . \tag{168}$$

$$q_o = k \frac{k_o}{\mu_o} \{ \varrho_o g - \operatorname{grad} p_o \} . \tag{169}$$

q_w und q_o beziehen sich auf den Fluß von Wasser und von Öl durch die Einheit des Querschnitts; k ist die für homogenen Fluß gültige Permeabilität des Gesteins; k_w und k_o sind Zahlen kleiner als 1, relative Permeabilitäten für Wasser und Öl genannt. Da Öl und Wasser nebeneinander strömen und sich daher gegenseitig behindern, sind die für den Wasser- und Ölfluß gültigen aktuellen Permeabilitäten

$k \cdot k_w$ und $k \cdot k_o$ jedenfalls kleiner als die homogene Permeabilität k. p_w und p_o sind die Drucke in der Wasser- und in der Ölphase, die auch für dieselbe Stelle des Porenraums voneinander verschieden sind, da die beiden Phasen durch gekrümmte Grenzflächen voneinander geschieden sind. Der durch diese erweiterte Darcy-Gleichung beschriebene Fließzustand ist durch die geometrische Verteilung der beiden Phasen im Porenraum bestimmt. Wichtig ist vor allem die pauschale Sättigung des Porenraums mit Öl und Wasser: s_w und s_o seien die Anteile des Porenraums, die mit Wasser und mit Öl erfüllt sind; es gilt $s_w + s_o = 1$. Bei gleicher Sättigung können Öl und Wasser auf sehr verschiedene Weise im Porenraum verteilt sein. So kann z. B. das Öl im Wasser emulsionsartig in einzelnen kleinen Tröpfchen vorkommen oder zusammenhängende Stromfäden bilden. Es ist die heute herrschende Ansicht, daß in den hier behandelten Fällen des Laboratoriums und der Technik nicht mischbare Phasen so miteinander durch poröse Gesteine strömen, daß die einzelnen Phasen je unter sich zusammenhängen, so daß im porösen Gestein einzelne Fließkanäle gebildet werden, die ganz von der einen oder ganz von der anderen Phase erfüllt sind. Bei der Bildung von Erdöl- und Erdgaslagerstätten mögen auch emulsionsartige Systeme durch poröse Gesteine geflossen sein. Darauf ist in einem späteren Abschnitt einzugehen (S. 114).

Die Fließkanäle des Porenraumes, die von den strömenden Phasen erfüllt sind, unterscheiden sich nach ihrem Durchmesser. Bei gleicher pauschaler Sättigung können Öl und Wasser in verschiedener Weise auf die Kanäle verschiedenen Querschnitts verteilt sein. Von der Art der Verteilung hängen die relativen Permeabilitäten ab. Ist z. B. das Wasser vorzugsweise in engen Poren, das Öl vorzugsweise in weiten Poren enthalten, so wird das Verhältnis k_o/k_w größer sein, als wenn bei gleicher pauschaler Sättigung das Öl bevorzugt die engen Kanäle und das Wasser die weiten Kanäle einnimmt. Die verschiedenen Verteilungsarten derselben Sättigung unterscheiden sich nur nach der Größe der Grenzfläche Öl/Porenwandung (S_{fo}) und Wasser/Porenwandung (S_{fw}). Stellt man sich diese Grenzflächen aus kleinen Elementen ΔS_{fo} und ΔS_{fw} zusammengesetzt vor, deren Summe gleich der inneren Grenzfläche S pro cm³ Gestein sein soll:

$$\Sigma \Delta S_{fo} + \Sigma \Delta S_{fw} = S, \tag{170}$$

und sind diesen Grenzflächen die Grenzflächenspannungen γ_{fo} und γ_{fw} zuzuordnen, so wird sich im Gleichgewicht diejenige Verteilung der Phasen einstellen, für welche gilt:

$$\gamma_{fo} \, \Sigma \Delta S_{fo} + \gamma_{fw} \, \Sigma \Delta S_{fw} = \text{Minimum}. \tag{171}$$

Ist also z. B. $\gamma_{fo} > \gamma_{fw}$ und kann man sich den Porenraum zusammengesetzt aus großen und kleinen Poren vorstellen, so wird die Verteilung so sein, daß $\Sigma \Delta S_{fw}$ möglichst groß und $\Sigma \Delta S_{fo}$ möglichst klein ist; es wird sich also das Wasser in den kleinen, das Öl in den großen Capillaren sammeln.

Wie das bekannte Schema Abb. 35 erläutert, äußert sich die Differenz der Grenzflächenspannungen zweier Phasen (1) und (2) gegen eine feste Wand im Randwinkel ϑ, der sich zwischen (1) und (2) an der festen Wand bildet; es gilt, wenn γ_{12} die Grenzflächenspannung zwischen den beweglichen Phasen bedeutet:

$$\gamma_{1f} - \gamma_{2f} = \gamma_{12} \cos \vartheta. \tag{172}$$

ϑ ist $< 90°$ in derjenigen Phase, die gegen die feste Wand die kleinere Grenzflächenspannung hat. Diese Phase (2) heißt die benetzende Phase. Der Randwinkel zeigt also an, welche von zwei beweglichen Phasen gegenüber einer festen
Phase als benetzend anzusehen ist. Stehen im porösen Gestein große und kleine
Capillaren zur Verfügung, so wird im energetischen Gleichgewicht die Verteilung
so sein, daß die benetzende Phase die kleineren Capillaren einnimmt.

Es ergibt sich aus diesen Erwägungen,
daß die relativen Permeabilitäten für
nebeneinander strömende Medien von der
Sättigung des Porenraumes (d. h. den
Volumenanteilen der strömenden Phasen
im Porenraum), von der besonderen
Geometrie des Porenraumes und von den
Grenzflächenspannungen der strömenden
Phasen gegeneinander und gegen die feste

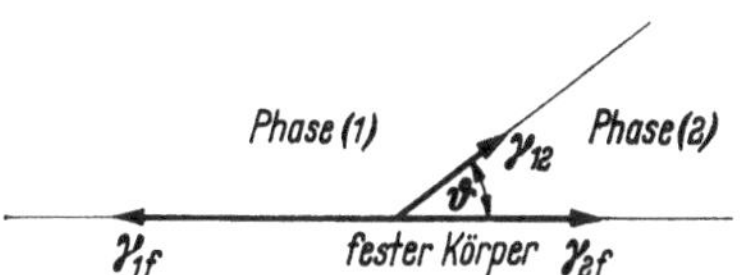

Abb. 35. *Zur Definition des Randwinkels* bei der
Berührung einer festen Oberfläche mit zwei Phasen
1 und 2. γ_{12} = Grenzflächenspannung zwischen 1
und 2; γ_{1f}, γ_{2f} = Grenzflächenspannungen des
festen Körpers zu 1 und 2

Phase abhängen. Die relativen Permeabilitäten sind also anders als die Permeabilität für homogenen Fluß nicht nur gesteinsspezifisch, sondern mit der Sättigung und den Grenzflächenbedingungen veränderlich.

Zur Bestimmung der relativen Permeabilität beim Fluß mehrerer nicht miteinander mischbarer Phasen sind verschiedene Methoden beschrieben worden
[Übersichten s. z. B. bei Pirson (1958), Rose (1954)]. Eine Gruppe von Methoden
geht auf das zuerst von Hassler (1944) angegebene Capillardruckverfahren
zurück. Bei diesem Verfahren wird das mit der benetzenden Phase (Wasser) vollständig gesättigte zylindrische Probestück in eine allseitig abschließende Fassung
gebracht, die nur die beiden Endflächen frei läßt. Diese werden mit zwei durchbohrten porösen, keramischen Scheiben abgeschlossen, die mit der benetzenden
Phase vollständig getränkt sind. Das Material dieser Scheiben ist sehr feinporig,
so daß der Verdrängungsdruck für das Eindringen einer nicht benetzenden Phase
möglichst hoch liegt. Die Scheiben wirken also als semipermeable Membranen und
sind für Drucke unterhalb dieses Verdrängungsdruckes nur für die benetzende
Phase durchlässig. Der Porenraum der zu prüfenden Gesteinsprobe steht über die
semipermeablen Schichten mit der benetzenden Phase (Wasser), über die Durch-
bohrungen dieser Schichten mit einer nicht benetzenden Phase (Gas oder Öl) in
Verbindung. Es ist dann möglich, jede der beiden Phasen mit einem bestimmten,
unterschiedlichen Druck auf die Eintrittsfläche einwirken zu lassen und an der
Austrittsfläche wiederum je einen besonderen, niedrigeren Druck in jeder Phase
einzustellen. So mag etwa an der Eintrittsfläche der Druck in der benetzenden
Wasserphase 1,0 at und in der Gasphase 2,0 at betragen, während am Austritt im
Wasser 0,5 at und im Gasraum 1,5 at eingestellt werden. Dann ist der Druckabfall
über die ganze Länge des Probestücks in beiden Phasen 0,5 at, es liegt aber der
Druck in der nicht benetzenden Phase um 1,0 at höher als in der benetzenden.
Diesem von außen vorgeschriebenen Capillardruck (vgl. S. 86) entspricht eine
bestimmte Verteilung von benetzender und nicht benetzender Phase in den Fließ-
kanälen, eine bestimmte Sättigung des Porenraums und damit bestimmte Werte
der relativen Permeabilitäten. Diese werden gemäß den Gl. (168) und (169) bestimmt, indem man — nach Einstellung des Gleichgewichts — die Fließgeschwindigkeiten der beiden Phasen mißt. Die zugehörige Sättigung wird entweder durch

Wägung der Probe bestimmt oder, und dies wird im allgemeinen vorzuziehen sein,
aus der Menge der benetzenden Phase ermittelt, die aus dem anfänglich ganz mit
dieser Flüssigkeit gesättigten Gesteinsstück verdrängt wurde. Nach Beendigung
einer solchen Messung wird der Druck in der nicht benetzenden Phase und damit
der Capillardruck zwischen beiden Phasen erhöht. Dadurch wird die Sättigung
an benetzender Phase auf einen neuen Wert erniedrigt, bei welchem nach Einstellung des Gleichgewichts eine neue Messung der relativen Permeabilitäten
erfolgt. Auf diese Weise kann man die relativen Permeabilitäten von der vollständigen Sättigung mit der benetzenden Phase an bis zu den höchsten realisierbaren Sättigungen der nicht benetzenden Phase verfolgen. Die Methode, für die
insbesondere BROWNSCOMBE, SLOBOD und CAUDLE (1950) eine verbesserte Variante
beschrieben haben [vgl. auch ROSE (1951), SCHMID 1956)], hat den Vorteil, daß
durch die ganze Gesteinsprobe der gleiche Capillardruck zwischen beiden Phasen
aufrecht erhalten wird, wodurch sog. Endeffekte fortfallen, die bei den anderen
Methoden an den Endflächen der Probstücke auftreten und große Fehler ver-
anlassen können. Die Methode hat den Nachteil, sehr langsam zu arbeiten, da die
Einstellung der Gleichgewichte erhebliche Zeiten (oft viele Tage) dauert. Es
wurden daher verschiedene vereinfachende Modifikationen vorgeschlagen, die
darauf hinauslaufen, bei den verschiedenen Sättigungsstufen nur eine Phase
strömen zu lassen. So lassen LEAS u. Mitarb. (1950) das Gas, RAPOPORT und LEAS
(1951) die Flüssigkeit (Wasser oder Öl) allein fließen.

Die Gruppe der dynamischen Verfahren geht auf einen Vorschlag von MORSE,
TERWILLINGER und YUSTER (1947) [vgl. auch CAUDLE, SLOBOD, BROWNSCOMBE
(1951)] zurück, nach dem eine vorbereitete Mischung der beiden Phasen durch
die Gesteinsprobe gepreßt wird. Die Mischung entsteht in einer dem Probestück
vorgeschalteten, mit Sand oder dgl. gefüllten Mischkammer, der benetzende und
nicht benetzende Phase in einem bestimmten Volumenverhältnis zugeführt werden.
Dies kann z. B. durch zwei Kolbenpumpen geschehen, deren Geschwindigkeit
genau eingestellt werden kann. Um Endeffekte zu vermeiden, ist das eigentliche
Probstück zwischen zwei poröse Medien von ähnlicher Beschaffenheit eingeschlossen, für deren guten capillaren Kontakt mit dem Probestück durch glatte
Kontaktflächen und evtl. dazwischengeschaltetes Fließpapier oder dgl. gesorgt
werden muß. Durch Drucksonden, die an den Enden des Probestücks eingreifen,
können die Drucke (z. B. in der nicht benetzenden Phase) gemessen werden. Die
Sättigung im Porenraum des Probekörpers kann durch Wägung, oder, wenn der
Zusammenhang zwischen Leitfähigkeit und Sättigung bekannt ist, durch eine
elektrische Widerstandsmessung bestimmt werden. Die relativen Permeabilitäten
ergeben sich aus dem über dem Probezylinder gemessenen Druckabfall und gemäß
der Messung der fließenden Öl- bzw. Gas- und Wassermengen. Bei dieser Methode
wird also das Volumenverhältnis von benetzender und nicht benetzender Phase
in der fließenden Menge und eine bestimmte Geschwindigkeit vorbestimmt.
Während des Versuches stellt sich die dazugehörige Sättigung im Porenraum und
ein bestimmter Druckabfall über dem Probekörper ein. Die Methode hat den
Vorteil, daß sich ein Gleichgewichtszustand verhältnismäßig schnell einstellt,
zumal man mit recht großen Fließgeschwindigkeiten arbeitet, weil die hier möglichen Endeffekte um so geringfügiger sind, je größer die Druckdifferenzen sind.
Zur Vermeidung der Endeffekte ist es außerdem zweckmäßig, die Probenlänge

recht groß zu wählen. Ein Nachteil der dynamischen Methoden liegt darin, daß hier wohl niemals ein gewisser Sättigungsgradient in der Fließrichtung ganz vermieden werden kann.

Eine dritte Gruppe von Methoden arbeitet nach dem Prinzip der Gasentlösung. Dabei wird der Porenraum des Probestückes mit einer bei höherem Druck mit Gas gesättigten Flüssigkeit gefüllt. Durch Drucksenkung wird im Gestein eine Gasentlösung, d. h. eine bestimmte Sättigung des Porenraumes mit der nicht benetzenden Phase erzeugt. Bei einer bestimmten Gassättigung wird dann gasfreie Flüssigkeit langsam durch das Gestein gepreßt und die zugehörige relative Permeabilität bestimmt (CAUDLE u. Mitarb. 1951). Die Schwierigkeit bei dieser Methode besteht in der Ermittlung der Sättigung des Gesteins. Eine Wägung ist hier umständlich, da die Probe unter einem bestimmten Druck gehalten werden muß. Die Gassättigung des Porenraums und die Menge des durch das Gestein strömenden Gases muß nach einer Stoffbilanz berechnet werden, auf der Grundlage des ursprünglichen Gehaltes des Porenraumes an Flüssigkeit und gelöstem Gas, der während des Versuchs produzierten Gas- und Flüssigkeitsmengen und der bekannten Druckabhängigkeit der Löslichkeit des Gases. Dies ist vor allem deshalb schwierig, weil man im Porenraum häufig Übersättigungen angetroffen hat.

Die nach den verschiedenen Methoden gefundenen Beziehungen zwischen relativen Permeabilitäten und Sättigung können nur dann übereinstimmen, wenn die auf verschiedenem Wege erzeugte Verteilung der benetzenden und nicht benetzenden Phasen in einem bestimmten Gestein bei derselben Pauschalsättigung geometrisch identisch ist. Das kann man natürlich nicht in jedem Fall voraussetzen, da es durchaus nicht sicher ist, daß bei jeder Methode die einzig eindeutige Phasenverteilung hergestellt wird, die dem oben geschilderten Minimum an Grenzflächenenergie entspricht. Da in den einzelnen Laboratorien meist überwiegend nach nur einer Methode gearbeitet wurde, liegen wenig vergleichende Untersuchungen vor. OSOBA u. Mitarb. (1951) fanden bei einem Vergleich der Capillardruck- und der dynamischen Methode für die nicht benetzende Phase (Gas) etwa dieselbe Abhängigkeit der relativen Permeabilität von der Sättigung. Dagegen ergaben sich recht große Unterschiede in den relativen Permeabilitäten der benetzenden Phase (Öl). Die nach dem dynamischen Verfahren erhaltenen Werte lagen bei großen Strömungsgeschwindigkeiten bei gleicher Sättigung über den nach der Capillardruckmethode gewonnenen. Bei kleinen Geschwindigkeiten ergaben sich fast identische Werte (siehe auch CAUDLE u. Mitarb. 1951). Man wird annehmen dürfen, daß die nach dem Capillardruckverfahren hergestellte Verteilung der Phasen am ehesten dem Minimum der Grenzflächenenergien entspricht, während beim dynamischen Verfahren um so stärkere Abweichungen von dieser Verteilung erzeugt werden, je mehr kinetische Energie zur Verfügung steht. Die nach dem Capillardruckverfahren bestimmten relativen Permeabilitäten werden für langsame Strömungsvorgänge in den Gesteinen, d. h. wohl für die Mehrzahl der natürlichen Vorgänge maßgeblich sein, während die relativen Permeabilitäten nach dem dynamischen Verfahren für schnelle Fließvorgänge gelten, wie sie z. B. technisch bei der Förderung von Erdgas und Erdöl in den Lagerstätten erzeugt werden.

Die ersten Messungen der relativen Permeabilitäten für zwei nicht mischbare Phasen in Abhängigkeit von der Sättigung wurden 1936 von WYCKOFF und BOTSET an unverfestigten Sanden und 1940 von BOTSET an Sandsteinen ausgeführt.

Seitdem sind zahlreiche weitere Daten und Kurven bekannt geworden [vgl. Rose (1954), Pirson (1958)], die mit den geschilderten neueren Verfahren gemessen wurden. Die dabei gewonnenen Erfahrungen seien zusammenfassend am Schema der Abb. 36 erläutert. Beim heterogenen Fluß zweier Phasen ist immer eine besser und eine schlechter benetzende zu unterscheiden, die abgekürzt als benetzende und nicht benetzende Phase bezeichnet werden. Entscheidend ist der Randwinkel, der sich bei der Begegnung beider Phasen an der festen Oberfläche ausbildet; es kann dieselbe Phase je nach dem Partner „benetzend" oder „nicht benetzend" sein. So ist z. B. in der Kombination Öl-Wasser für die meisten Gesteine Wasser die benetzende, Öl die nicht benetzende Phase, während in der Kombination Öl-Gas das Öl für dieselben Gesteine die benetzende Phase darstellt. Bei Untersuchungen desselben Gesteins mit verschiedenen Phasenkombinationen haben sich immer wieder die Kurven der relativen Permeabilitäten für benetzende und für nicht benetzende Phasen je als ziemlich gleichförmig und typisch ergeben, unabhängig davon, ob die benetzende Phase Wasser oder Öl, die nichtbenetzende Öl oder Gas war.

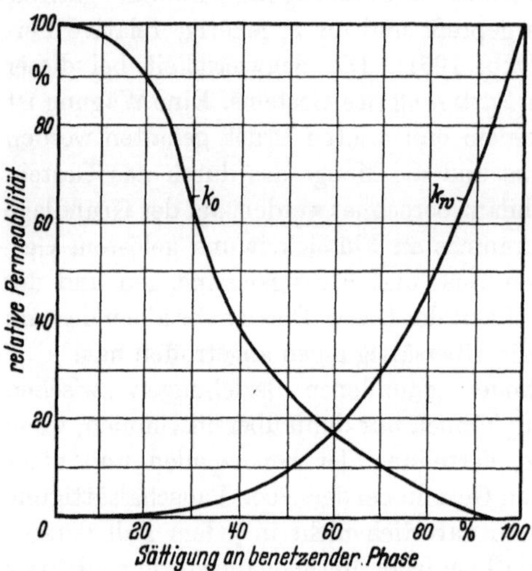

Abb. 36. *Relative Permeabilitäten eines Gesteins gegen Öl (k_o) und Wasser (k_w).* Wasser ist die benetzende, Öl die nicht benetzende Phase

Die relative Permeabilität der benetzenden Flüssigkeit nimmt mit zunehmender Konzentration der nicht benetzenden Phase im Porenraum schnell auf kleine Werte ab. Bei einer Sättigung, die bei natürlichen Gesteinen im Bereich zwischen etwa 5—35% des Porenraumes liegt, ist die Permeabilität der benetzenden Phase unmeßbar klein. Diese Flüssigkeitsmenge bewegt sich also nicht mehr, trotz eines äußeren Druckgefälles, und die Sättigung an benetzender Flüssigkeit kann durch Verdrängung mit nicht benetzender Phase nicht unter diese Grenze gebracht werden. Man spricht deshalb von irreduzibler Sättigung oder, sofern es sich um Wasser handelt, von Haftwasser. In fast allen natürlichen Lagerstätten der Kohlenwasserstoffe hat man einen solchen Haftwassergehalt festgestellt, der unter Umständen, besonders in feinkörnigen Gesteinen, einen erheblichen Teil des Porenraumes einnimmt, wegen seiner Unbeweglichkeit aber nicht zu den Fördersonden strömt, wenn das Öl oder das Gas der Lagerstätte gefördert wird. Aus der Annahme, daß dieses Wasser ursprüngliches Meerwasser ist, das bei der Bildung des Sediments eingeschlossen wurde, stammt die in der angelsächsischen Literatur verbreitete Bezeichnung connate water.

Das Vorhandensein von unbeweglichem Haftwasser im Porenraum einer Kohlenwasserstofflagerstätte macht sich darin bemerkbar, daß das Gestein einen elektrischen Widerstand zeigt, der wesentlich niedriger ist, als wenn der Porenraum ganz mit einer nicht leitenden Phase gefüllt wäre. Dieser Widerstand kann nach verschiedenen Verfahren der elektrischen Bohrlochmessung (Schlumbergerverfahren) gemessen werden. An Gesteinsproben, die man in verschiedenen Verhältnissen mit Elektrolytlösung bestimmter Konzentration und nicht leitenden Kohlenwasserstoffen gesättigt hat, kann man das Verhältnis des bei einer bestimmten Sättigung s_w gemessenen Widerstandes R_w zu dem Widerstand R_o der vollständig mit Elektrolytlösung gesättigten Probe bestimmen. Dieses als Widerstandsindex I bezeichnete Verhältnis:

$$I = \frac{R_w}{R_o} \tag{173}$$

ist natürlich um so größer, je kleiner die betreffende Sättigung s_w an leitender Phase ist. Es hat sich gezeigt, daß man mit recht guter Genauigkeit die Gültigkeit der folgenden empirischen Relation annehmen kann (ARCHIE 1942, vgl. auch WYLLIE und ROSE 1950b):

$$I = s_w^{-n} . \tag{174}$$

Viele Messungen an verschiedenen Gesteinen haben ergeben, daß n für nicht allzu hohe Konzentrationen der benetzenden Phase zwischen 1,70 und 2,50 liegt, so daß man als meistens zutreffenden Mittelwert $n = 2,0$ annehmen kann, wenn es auch nicht möglich ist, diesen Wert in allgemeingültiger Weise theoretisch zu begründen. Mittels dieser Beziehung kann man also die Menge des Haftwassers im Porenraum einer Lagerstätte abschätzen, wenn man R_w aus elektrischen Bohrlochmessungen kennt und R_o berechnet werden kann. Dies ist möglich, wenn der Formationswiderstandsfaktor F an Gesteinsproben gemessen wurde und wenn der Widerstand r_w des Porenwassers bekannt ist ($R_o = r_w F$). Da man das innerhalb der Lagerstätte enthaltene Haftwasser meist nicht gewinnen kann, pflegt man anzunehmen, daß r_w gleich dem Widerstand desjenigen Wassers ist, das den Porenraum des Gesteins außerhalb der Lagerstätte erfüllt (Randwasser). Daß diese Annahme nicht immer zutrifft, scheinen manche Beobachtungen anzuzeigen.

Das mit Haftwasser und Öl oder Gas gefüllte Gestein selbst zu gewinnen, ist schwierig, da man damit rechnen muß, daß der Poreninhalt des am Grunde des Bohrlochs gewonnenen Bohrkerns verändert wird, wenn die Probe in der Bohrspülung zutage steigt. Wird als Bohrspülung wie üblich Wasser mit verschiedenen Zusätzen verwendet, so dringt dieses Wasser zunächst in den Bohrkern ein, da es am Grunde des Bohrlochs unter einem höheren Druck steht, als die Phasen im Inneren des Gesteins. Beim weiteren Transport tritt Druckentlastung ein, die verschiedene Fließvorgänge verursacht, und es ist jedenfalls die am zutage gebrachten Kern festzustellende Verteilung der Phasen ganz anders als die ursprüngliche Verteilung im Gestein der Lagerstätte. Nur wenn man Öl als Bohrspülung verwendet, kann es gelingen, Gesteinsproben zu erhalten, die noch das ursprüngliche Haftwasser enthalten. Auf diese Weise sind Menge und Zusammensetzung des Haftwassers in einigen Öllagerstätten bestimmt worden.

Die meistverwendete Methode zur Bestimmung des Haftwassers besteht jedoch darin, daß man eine Probe des betreffenden Gesteins entölt und vollständig mit Salzwasser sättigt, das dann nach dem Capillardruckverfahren, d. h. unter Verwendung einer semipermeablen Schicht, die nur Wasser leitet, von einer nicht benetzenden Phase (Öl oder Gas) verdrängt wird. Es bleibt dann eine irreduzible Wassersättigung übrig, von der man annimmt, daß sie ebenso groß ist, wie die

Haftwassersättigung in der Lagerstätte. In vielen Fällen, wo ein direkter Vergleich möglich war, hat man zwar Übereinstimmung gefunden, doch bleibt es zweifelhaft, ob in jedem Fall auf diesem Wege die wahre Haftwassersättigung zu bestimmen ist. Mag auch der pauschale Betrag der Haftwassersättigung so zu realisieren sein; es ist immer ungewiß, ob die im Versuch hergestellte geometrische Verteilung des Haftwassers der natürlichen genau entspricht.

Die Art der Verteilung des Haftwassers im Porenraum ist direkt noch nicht beobachtet worden, so daß man auf indirekte Folgerungen angewiesen ist. Das Haftwasser kann nur in solchen Gesteinen erwartet werden, deren innere Oberfläche vorzugsweise von Wasser benetzt wird (ϑ, in Wasser gemessen, zwischen 0° und 90°). Ein Teil dieses Wassers wird in irgendeiner Form die Wandungen der Porenwände bedecken. Je größer also die innere Oberfläche eines Gesteins ist, desto größer sollte diese Haftwassermenge sein. So haben ROSE und BRUCE (1949) die Theorie aufgestellt, daß zwischen innerer Gesteinsoberfläche und Haftwassermenge eine lineare Beziehung besteht. [Vgl. weiterhin: MESSER (1951), STAHL und NIELSEN (1950), THORNTON und MARSHAL (1947), WYLLIE und SPANGLER (1952), WYLLIE und ROSE (1950b), WYLLIE (1951b)]. Messungen an 75 Proben des Bentheimer Sandsteins (Valendis) von Scheerhorn (Emsland), die in Abb. 37 dargestellt sind, bestätigen trotz großer Streuung der Einzelwerte diese Ansicht. Die Haftwassersättigung s_h steht für diese Gesteine zu der auf die Einheit des Porenraumes bezogenen inneren Oberfläche (S/ε) in der Beziehung:

$$s_h = 6{,}71 \cdot 10^{-2} + 3{,}56 \cdot 10^{-5} \cdot S/\varepsilon \ . \tag{175}$$

Die innere Oberfläche S wurde nach der Kozeny-Carman-Gleichung [Gl. (149) S. 83] aus Porosität und Permeabilität berechnet. Es handelt sich durchwegs um kaum verfestigte Sandsteine mit sehr kleinen Tongehalten, an denen für viele Proben festgestellt wurde, daß die aus der Siebanalyse gemäß Gl. (152) (S. 84) mit $w = 4{,}15$ bestimmten Oberflächen gut mit den nach KOZENY-CARMAN berechneten übereinstimmen. Man kann also annehmen, daß die berechneten Werte von S/ε einigermaßen zutreffend sind. Die lineare Beziehung bedeutet, daß die Oberfläche des Porenraumes mit einer Wasserschicht von nahezu konstanter Dicke bedeckt ist, für die sich in diesem Beispiel ein Wert von

$$\delta = 3{,}56 \cdot 10^{-5} \ \mathrm{cm}$$

ergibt. Werte von ähnlicher Größenordnung wurden auch für andere Sandsteine gefunden.

Die so berechneten Wasserschichtdicken scheinen verglichen mit der Reichweite von Adsorptionskräften viel zu hoch. Selbst wenn man die Adsorption mehrfacher Wassermoleküllagen annimmt, können solche Schichten höchstens von der Größenordnung 10^{-7} cm sein. Man muß wohl damit rechnen, daß für die Adsorption sehr viel größere Oberflächen im Inneren des Gesteins zur Verfügung stehen als die „hydraulische" Oberfläche, die man aus Porosität und Permeabilität berechnet.

Über den Zustand des Wassers in diesen Oberflächenschichten kann man folgendes sagen: da dieses Wasser nicht zu fließen vermag, verhält es sich nicht wie eine Flüssigkeit, sondern wie ein Stoff mit unmeßbar hoher Viscosität. Die Wassermoleküle dieser Schichten sind also an die Oberfläche des Gesteins mit Energien gebunden, die größer sind als der pro Molekül verfügbare Anteil an thermischer Energie. Andererseits leiten die Wasserschichten den elektrischen Strom und es muß ihre spez. Leitfähigkeit von gleicher Größenordnung oder sogar höher sein, als die der freien Elektrolytlösungen gleicher Konzentration, da zwischen Gesteinswiderstand und Sättigung, von höheren Sättigungen bis herab zur Haftwassersättigung dieselbe Beziehung gilt. Die Mineraloberfläche bildet zusammen mit der adsorbierten Wasserlage eine elektrische Doppelschicht. Die Mineraloberfläche wird vermutlich vorwiegend festgebundene negative Ladungen tragen, während im Wasser bewegliche Kationen im Überschuß vorhanden sind. Die elektrische Leitfähigkeit wird wohl in erster Linie durch die Beweglichkeit der Kationen zustandekommen. Dagegen ist Diffusion in einer Schicht, die vorwiegend festgebundene Anionen und vorwiegend bewegliche Kationen enthält, nicht möglich. In einigen Öllagerstätten scheint das Haftwasser inmitten der Ölzone weniger Elektrolyt zu enthalten als das angrenzende Randwasser (v. ENGELHARDT 1955). Es mag sein, daß sich dort wegen der gehemmten Diffusion ein Haftwasser erhalten hat, dessen Salzkonzentration dem Zeitpunkt der Bildung der Ölansammlung entspricht.

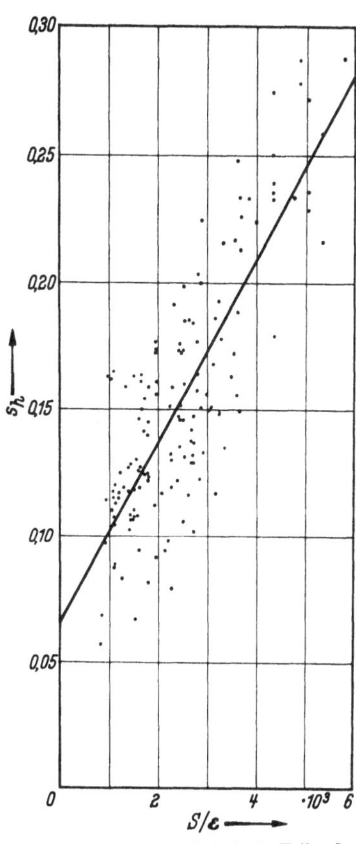

Abb. 37. *Haftwassergehalt (s_h in Teilen des Porenraums) und innere Oberfläche (S/ε) von 75 Proben des Bentheimer Sandsteins* (Valendis; Erdölfeld Scheerhorn)

Da die Permeabilität mit der Größe der inneren Oberfläche abnimmt, ist zu erwarten, daß die Permeabilität um so kleiner ist, je größer die Haftwassersättigung ist. Diese Beziehung ist in der Tat empirisch immer wieder bestätigt worden: feinkörnige Gesteine mit hoher Haftwassersättigung haben immer verhältnismäßig niedrige Permeabilitäten. Von verschiedenen Autoren wurden für Gruppen ähnlicher Gesteine empirische Beziehungen zwischen der irreduziblen Wassersättigung und dem Logarithmus der Permeabilität aufgestellt. Derartige Beziehungen sind unter Umständen praktisch bedeutsam, da man die Haftwassersättigung in einem ölgefüllten Gestein durch Bestimmung des elektrischen Widerstandes in einer elektrischen Bohrlochmessung ermitteln kann. Aus der Haftwassersättigung lassen sich dann Schlüsse auf die Permeabilität der betreffenden Schichten ziehen.

Die Abb. 37 zeigt, daß außer dem an den Oberflächen gebundenen Wasser noch anderes Wasser vorkommt, dessen Menge von der Größe der Oberfläche nicht abhängt. Die Menge dieses Wassers wird durch das erste Glied auf der rechten Seite der Gl. (175) gemessen. In grobkörnigen und daher oberflächenarmen Gesteinen überwiegt die Menge dieses Wassers, in feinkörnigen Gesteine die Menge des Oberflächenwassers. Es ist wohl anzunehmen, daß diese Wassermenge

aus den Tröpfchen besteht, die an verengten Stellen des Porenraums, wie vor
allem an den Berührungsstellen von Sandkörnern hängen bleiben. Dieses „penduläre" Wasser (VERSLUYS 1917) kann besonders gut in Packungen von groben
Glaskugeln beobachtet werden, die man zunächst mit Wasser sättigt und danach
im Capillardruckverfahren entwässert. Es bleibt dann Haftwasser zurück, das in
Form ringförmiger Tropfen an den Berührungsstellen je zweier Kugeln hängt und
auch bei Anwendung hoher Druckdifferenzen nicht abfließen kann, wenn einmal
die Verbindung zwischen den einzelnen Tröpfchen abgerissen ist. In Packungen
aus Glaskugeln von 0,75—0,06 mm Durchmesser ist, wie in grobkörnigen Gesteinen
der Anteil des pendulären Wassers am Haftwasser so groß, daß das Verhalten
dieses Wassers in solchen Systemen untersucht werden konnte (v. ENGELHARDT
1955). Es zeigte sich dabei — abweichend vom Oberflächenwasser — keine merkliche Abhängigkeit der Haftwassersättigung von der Kugelgröße. Seit einer Arbeit
von LEVERETT (1942) wird allgemein angenommen, daß ein wesentlicher Teil des
Entwässerungsvorgangs von Kugelpackungen oder Sanden und Sandsteinen durch
natürliche oder künstliche Verdrängungsprozesse in der graduellen Verkleinerung
der „pendulären" Ringe unter dem Einfluß äußerer Kräfte besteht. Man
interpretiert die gemessene Capillardruckkurve, d. h. die Beziehung zwischen
dem Drucküberschuß in der verdrängenden Phase und der Wassersättigung als
eine Funktion zwischen Krümmungsradius (und damit Tröpfchenvolumen) und
der gesamten Sättigung, ohne daß diese Annahme bisher quantitativ geprüft
worden ist.

Eine solche Rechnung muß von der bekannten Laplace-Gleichung ausgehen,
die die Krümmungsradien (R_1, R_2) und die Grenzflächenspannung der Phasengrenze mit dem Capillardruck p_c verknüpft, der über diese Fläche wirkt ($\delta = 0°$):

$$p_c = \gamma \left(\frac{1}{R_1} + \frac{1}{R_2} \right). \tag{176}$$

Für die Grenzfläche eines ringförmigen Tropfens an der Berührungsstelle
zweier Kugeln, wie er schematisch in Abb. 38 skizziert ist, haben R_1 und R_2 ent-
gegengesetzte Vorzeichen. p_c kann also je nach der Größe von R_1 und R_2 positiv
oder negativ sein. In Zylinderkoordinaten lautet die Laplace-Gleichung:

$$\frac{1}{r} \frac{d}{dr} \frac{r \frac{dz}{dr}}{\left(1 + \left(\frac{dz}{dr}\right)^2\right)^{1/2}} = \frac{p_c}{\gamma}. \tag{177}$$

Um die gesuchte Capillardruckfunktion zu finden, muß diese Differentialgleichung für verschiedene Werte von p_c/γ gelöst werden. Ein extremer Fall ist
$p_c = 0$ (kein Druckunterschied zwischen den Phasen). Man erhält in diesem Fall
für die Form des Tropfenprofils die Gleichung eines Katenoids:

$$r = r_0 \cosh (z/r_0). \tag{178}$$

r_0 ist durch den Randwinkel ϑ bestimmt, der dort auftreten muß, wo die Flüssigkeit die Kugel berührt. Wenn ϑ nahezu $0°$ ist, bekommt man für r_0, ϱ (s. Abb. 38)
und Volumen V des Ringes:

$$r_0 = 0{,}683\ R;$$
$$\varrho = 0{,}827\ R;$$
$$V = 0{,}0521 \cdot \frac{4}{3}\ \pi\ R^3;$$

Dieser katenoidförmige Tropfen kann sich in Kugelpackungen nicht bilden, da benachbarte Ringe sich überschneiden würden. Ist $\vartheta > 0°$, so ist das Volumen des Ringes kleiner. Für $\vartheta = 90°$ wird $V = 0$, penduläre Ringe sind also nur für Randwinkel unter 90° möglich.

Für beliebige Werte von p_c/γ kann die Gl. (177) nur durch graphische oder numerische Methoden gelöst werden. Dabei ergibt sich, daß das Profil des hängen-

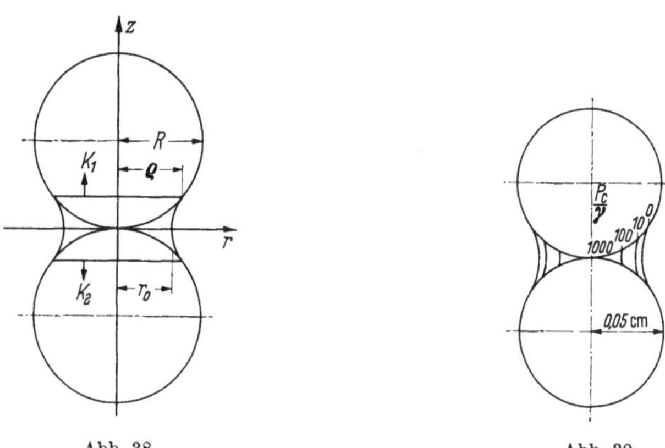

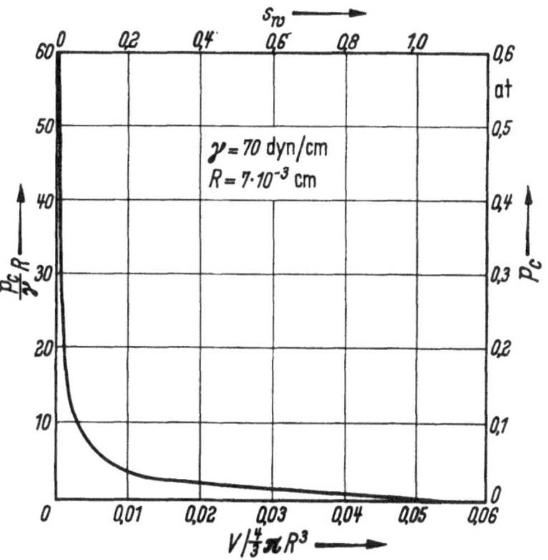

Abb. 38   Abb. 39

Abb. 38. Ringförmiger Tropfen an der Berührungsstelle zweier Kugeln (schematisch)

Abb. 39. Berechnete Profile von Tropfen an der Berührungsstelle zweier Kugeln für verschiedene Verhältnisse von Capillardruck (p_c) zu Grenzflächenenergie (γ)

den Tropfens, wie er in Abb. 39 skizziert ist, nicht, wie in vielen Lehrbüchern dargestellt, kreisförmig ist. Im zentralen Gebiet ist das Profil nahezu kreisförmig; beträchtliche Abweichungen vom Kreisprofil herrschen dort, wo der Tropfen die Kugel berührt (Näheres bei v. ENGELHARDT 1955). Das Ergebnis einer solchen Rechnung, die Herr Dr. MARSAL durchführte, ist in Abb. 40 wiedergegeben. Dargestellt ist die Summe der Volumina der „pendulären" Ringe als Bruchteil des Porenvolumens, also die Wassersättigung s_w, als Funktion des Druckes p_c. Dabei wurden folgende Annahmen gemacht: $\gamma = 70$ dyn cm^{-1}; $\vartheta = 0°$; $R = 7 \cdot 10^{-3}$ cm; $\varepsilon = 0{,}33$; jede Kugel wird von 10 Nachbarn berührt. Die so berechnete Kurve unterscheidet sich in zwei wesentlichen Zügen von den wirklichen Capillardruckkurven: Erstens geht die Wassersättigung mit zunehmendem Druck asymptotisch gegen Null, es gibt also kein irreduzibles Haftwasser. Zweitens sind die für eine bestimmte

Abb. 40. Capillardruckkurve einer Kugelpackung der Koordinationszahl 10 ($\varepsilon = 0{,}33$) berechnet für das Volumen der an den Berührungsstellen der Kugeln hängenden Wassertropfen in Abhängigkeit vom Capillardruck p_c. $R = $ Kugelradius $= 7 \cdot 10^{-3}$ cm; $V = $ Volumen des Tropfens an einer Berührungsstelle. $\gamma = $ Grenzflächenspannung $= 70$ dyn cm^{-1}

Entwässerung nach der Rechnung erforderlichen Drucke viel niedriger als man sie wirklich mißt.

Aus diesen Überlegungen muß man schließen, daß die auch in Lehrbücher aufgenommene Modellvorstellung des capillaren Gleichgewichts „pendulärer Ringe" für die Deutung des Haftwassers und der Capillardruckkurve von geringem Wert ist. Weder die Größe der Capillardrucke noch die Existenz einer irreduziblen Sättigung kann durch dieses Modell erklärt werden. Es muß vielmehr angenommen werden, daß in einem bestimmten Stadium des Entwässerungsvorganges die Kontinuität der Wasserphase abreißt, so daß Form und Volumen der Ringe an den Kontaktstellen danach nicht mehr von der Druckdifferenz zwischen den beiden Medien abhängen. Nachdem einmal die Verbindung abgebrochen ist, stehen die Ringe allein unter dem Einfluß von Schwerkraft und Grenzflächenkräften. Es möge die Achse z senkrecht stehen (Abb. 38). Dann sollte der Ring abwärts fließen, unabhängig von der Größe von Randwinkel und Grenzflächenspannung, da die Capillarkräfte ($K_1 = K_2 = 2\pi \varrho \gamma \cos \vartheta$) gleich groß sind und in entgegengesetzter Richtung wirken. Bleibt trotzdem ein ringförmiger Tropfen hängen, so muß die Kraft K_1 größer als K_2 sein:

$$K_1 - K_2 = \varDelta K = 2\pi \varrho \gamma \cdot \cos \vartheta \cdot \varDelta \lambda \,. \tag{179}$$

$\varDelta K$ muß gleichgroß oder größer als das Gewicht eines „pendulären" Ringes sein; doch braucht der Asymmetriefaktor $\varDelta \lambda$, den man sich durch die Rauhigkeit der Oberfläche oder die bekannte Hysteresis des Randwinkels hervorgebracht denken kann, nicht besonders groß zu sein. So erhält man z. B. für $2\,V = 5 \cdot 10^{-9}$cm, $r_0 = 2 \cdot 10^{-3}$ cm, $R = 5 \cdot 10^{-3}$ cm, $\gamma = 73$ dyn cm^{-1}, $\vartheta = 0°$:

$$\varDelta \lambda = 5,5 \cdot 10^{-6} \,.$$

Versuche mit variabler Grenzflächenspannung ergaben für Glaskugeln mit verschiedenen (gemessenen) Randwinkeln recht verschiedene Werte der Haftwassersättigung. Doch war in allen Fällen eine Abnahme der Haftwassersättigung mit abnehmender Grenzflächenspannung zu beobachten, wie es der Gl. (179) entspricht. Im übrigen ist der Einfluß grenzflächenaktiver Zusätze auf das „penduläre" Haftwasser im einzelnen gar nicht abzuschätzen, da es hier auf die Beeinflussung der Hysteresis des Randwinkels ankommt. Man kann nur sagen, daß der penduläre Anteil des Haftwassers um so größer sein wird, je größer die Hysteresis des Randwinkels ist. Da nur die Menge des pendulären Haftwassers, nicht aber die des Oberflächenwassers von der Höhe der Grenzflächenspannung gegen die nichtwäßrige Phase und vom Ausmaß des Dichteunterschieds beeinflußt wird, muß man in natürlichen Gesteinen ein verschiedenes Verhalten erwarten, je nachdem, ob der penduläre oder der Oberflächenanteil des Haftwassers überwiegt. An einigen Sandsteinproben wurde in der Tat beobachtet, daß nur in grobkörnigen Gesteinen, in denen also das penduläre Wasser überwiegt, eine Verringerung der Grenzflächenspannung eine merkliche Verringerung des Haftwassers hervorbrachte. In denselben Gesteinen konnte bei etwa gleicher Grenzflächenspannung die Menge des Haftwassers durch Verringerung des Dichteunterschieds zwischen beiden Phasen vermehrt werden. Man sieht hieraus, daß man bei der Bestimmung des Haftwassers im Laboratorium zum mindesten in grobkörnigen

Gesteinen, Dichteunterschied und Grenzflächenspannung den natürlichen Bedingungen anpassen muß, um Ergebnisse zu bekommen, die auf die Natur anwendbar sind.

Das penduläre Haftwasser kann seine Verteilung im Gestein nur durch Diffusionsprozesse verändern. Da die Ringe eine negative Krümmung haben und da Dampfdruck und Löslichkeit durch eine negative Oberflächenkrümmung reduziert werden, ist zu erwarten, daß die größeren Ringe auf Kosten der kleineren wachsen. So wird in geologischen Zeiten ein Größenausgleich der anfänglich wohl recht verschiedenen Ringe stattfinden. Auch in dieser Hinsicht wird sich die experimentell erzeugte Haftwasserverteilung immer von einer natürlichen unterscheiden.

Nach der Behandlung der Natur des Haftwassers kehren wir zu den Funktionen der relativen Permeabilitäten zurück und betrachten nun das Verhalten der nicht benetzenden Phase. Auch die relative Permeabilität für die nicht benetzende Phase steigt von unmeßbar kleinen Werten bis zu hohen Werten an, deren höchster dann erreicht wird, wenn die Permeabilität für die benetzende Phase verschwindet. Die nicht benetzende Phase beginnt erst dann zu fließen, wenn eine gewisse kritische Mindestsättigung überschritten wird, die in der Gegend von 5—10% liegt und ähnlich wie die Haftwassersättigung um so kleiner zu sein pflegt, je höher die Permeabilität des betreffenden Gesteins ist. Unterhalb dieser Sättigung sind keine kontinuierlichen Fließkanäle vorhanden, sondern nur isolierte Tröpfchen oder Bläschen der nicht benetzenden Phase, die in Verengungen der Poren und in „blinden" Hohlräumen stecken bleiben und daher nicht fließen können. So gibt es im Experiment für die Systeme Gas-Wasser oder Öl-Wasser unbewegliche „Haftgas"- oder „Haftöl"-Konzentrationen, die dem unbeweglichen „Haftwasser" entsprechen. Während aber in fast jeder Lagerstätte von Erdöl oder Erdgas eine unbewegliche Haftwassersättigung nachgewiesen werden kann, findet man in der Natur nur äußerst selten Gesteine, deren Porenraum mit beweglichem Wasser und kleineren Mengen von unbeweglichem Öl oder Gas erfüllt ist.

Ein solches seltenes Beispiel bietet wohl der Bentheimer Sandstein (Valendis) des Emslandes, der stellenweise in der Nachbarschaft der großen Ölfelder neben NaCl-Lösung nicht unbeträchtliche Mengen von unbeweglichem Erdöl enthält. Im allgemeinen beobachtet man aber am Rande der Erdöllagerstätten eine scharfe Grenze der Ölsättigung. Unterhalb dieser Grenze findet man das poröse Gestein nur mit Wasser gefüllt und frei von Kohlenwasserstoffen. An der Grenze setzt plötzlich mit recht hoher Konzentration die Sättigung mit nicht benetzender Phase ein, wobei in einer Übergangszone der Wassergehalt von höheren Werten, allmählich bis auf den Haftwassergehalt abnimmt, der in der ganzen Lagerstätte zu beobachten ist (s. S. 123). Während im Labor-Experiment und ebenso auch bei der Förderung von Erdöl- und Erdgaslagerstätten immer ein Rest nichtbenetzender Phase unbeweglich zurückbleibt, der aus dem Porenraum nicht entfernt werden kann, müssen in der Natur andere Prozesse wirken, die die scharfen Grenzen zwischen kohlenwasserstoffhaltigen und kohlenwasserstofffreien Porenräumen hervorbringen und damit überhaupt erst die Bildung der geschlossenen Lagerstätten von Erdöl und Erdgas ermöglichen.

Es tritt hier klar zutage, daß man die Laboratoriumsversuche zum Fließen mehrerer Phasen vor allem für die Deutung der künstlich erzeugten Prozesse bei der Förderung von Lagerstätten heranziehen darf, nicht aber ohne weiteres als Vorbilder für die langdauernden natürlichen Prozesse der Differenzierung nichtmischbarer Phasen im Porenraum der Gesteine. Dieselben Bedenken werden noch augenfälliger hinsichtlich der wenigen Versuche, die über den gleichzeitigen Fluß von drei nicht mischbaren Phasen angestellt wurden. LEVERETT und LEWIS (1941) untersuchten den Drei-Phasen-Fluß von Öl, Gas und Wasser. Im Konzentrationsdreieck für die Sättigung des Porenraumes ergab sich nur ein recht kleines Gebiet von 80—60% Wassersättigung, 10—30% Gassättigung und 20—40% Ölsättigung, in dem ein gleichzeitiger Fluß aller drei Phasen zu beobachten war. Daran schlossen sich ebenfalls kleine Gebiete des 2-Phasenflusses; im größten Teil des Sättigungsfeldes wurde nur der Fluß einer einzigen Phase beobachtet.

Aus den Kurven der Abb. 36 wird deutlich, wie stark sich die gleichzeitig strömenden Phasen behindern; so erreicht die Summe der beiden relativen Durchlässigkeiten niemals 100% und ergibt ein Minimum dort, wo beide Phasen zu etwa gleichen Mengen vorhanden sind. Dieser Effekt ist beim 3-Phasenfluß noch stärker ausgeprägt.

Es sei schließlich noch erwähnt, daß die nach einer bestimmten Methode an einer Gesteinsprobe gemessenen Kurven der relativen Permeabilität nur dann reproduzierbar sind, wenn die Sättigung in derselben Richtung verändert wird. Hat man z. B. die Kurven zunächst bei abnehmender Sättigung der benetzenden Phase gemessen und läßt man dann die benetzende Phase die nicht benetzende verdrängen, so findet man eine Hysteresis; beide Kurven der relativen Permeabilität sind nach links, d. h. in Richtung auf geringere Sättigung an benetzender Phase verschoben. Für eine bestimmte Sättigung findet man im zweiten Fall die relative Permeabilität für die nicht benetzende Phase kleiner und die für die benetzende Phase höher als im ersten Fall.

Die Lage der Kurven der relativen Permeabilität hängt natürlich bei sonst gleichen Bedingungen der Grenzflächenkräfte in gewissem Umfange von der Art und Beschaffenheit des Gesteins ab. Beim Vergleich von unverfestigten Sanden und verfestigten Sandsteinen ergibt sich z. B., daß beide Permeabilitätskurven der Sandsteine gegenüber denen der Sande nach höherer Konzentration der benetzenden Phase verschoben sind. Dabei ist die kritische Sättigung, bei der die Durchlässigkeit für die nicht benetzende Phase beginnt, nicht wesentlich verändert. Dann aber ist für jede Sättigung die relative Permeabilität der benetzenden Phase im Sand höher als im Sandstein, während gleichzeitig die Permeabilität für die nicht benetzende Phase im Sandstein größer ist als im Sand. Die irreduzible Sättigung der benetzenden Phase, bei der die Permeabilität für diese Phase verschwindet, ist bei Sanden am kleinsten und um so größer, je stärker der Sandstein verfestigt ist.

In verschiedenen Arbeiten hat man sich darum bemüht, auch die relativen Permeabilitäten auf andere Eigenschaften des Porenraumes zurückzuführen, so wie man versucht hat, die absolute Permeabilität aus Porosität, innerer Oberfläche und Tortuosität zu berechnen. Es ist im Rahmen dieser Darstellung nicht möglich, alle Versuche in dieser Richtung zu besprechen, zumal es den Anschein hat, daß die Zusammenhänge so komplex und die Variablen so zahlreich sind, daß eine eindeutige Bestätigung der Theorien durch bestimmte Experimente kaum möglich ist. So seien hier nur die Grundzüge der theoretischen Ansätze erwähnt; weitere

Literaturangaben sind im Buch von SCHEIDEGGER (1957) und in einem Artikel von ROSE (1954) zu finden, der die Geschichte der experimentellen Methoden und der Theorien bis zum Jahr 1954 übersichtlich zusammenfaßt.

Nach einem zuerst von ROSE und BRUCE (1949) ausgesprochenen und danach von verschiedenen Autoren verfolgten Gedanken (THORNTON [1949], ROSE [1949], ROSE und WYLLIE [1949], GATES und LIETZ [1950], WYLLIE und SPANGLER [1952] u. a.) läßt sich die Kozeny-Carman-Theorie auch auf den heterogenen Fluß ausdehnen. Für die Permeabilität ergibt sich nach dieser Theorie gemäß Gl. (166) (vgl. S. 90) im homogenen Fall (s_w bedeutet die Sättigung an der benetzenden Phase):

$$k = \frac{\gamma^2 \cos^2 \vartheta}{2{,}5 \cdot \varepsilon \cdot F^2} \int\limits_0^1 \frac{1}{p_c^2} \cdot d s_w \, . \tag{180}$$

Ein entsprechender Ansatz ist nun auch für die Permeabilität der benetzenden Phase bei Anwesenheit beider Phasen im Porenraum möglich. Während für die homogene Permeabilität das Integral über den gesamten Sättigungsbereich von $s_w = 0$ bis $s_w = 1$ genommen werden muß, da ja alle Capillaren für den Fluß zur Verfügung stehen, sind bei einer bestimmten Sättigung s_w^*, der ein bestimmter Capillardruck p_c^* zugehört, nur noch diejenigen Capillaren mit der benetzenden Phase erfüllt, deren Verdrängungsdruck größer als p_c^* ist. Das Integral ist jetzt also nur von 0 bis s_w^* zu nehmen. Außerdem ist der Tatsache Rechnung zu tragen, daß die Tortuosität bei der Sättigung s_w^* größer ist als bei der Sättigung 1. Statt $F^2 \varepsilon^2$ hat man einen Wert $s_w^{*2} \varepsilon^2 F_w^{*2}$ einzusetzen, wobei F_w^* den bei der Sättigung s_w^* gemessenen Formationswiderstandsfaktor bedeutet. So erhält man für die Permeabilität der benetzenden Phase bei der Sättigung s_w^*:

$$k_w^* k = \frac{\gamma^2 \cos^2 \vartheta}{2{,}5 \cdot \varepsilon \cdot s_w^{*2} \cdot F_w^{*2}} \int\limits_0^{s_w^*} \frac{1}{p_c^2} d s_w \, . \tag{181}$$

Daraus ergibt sich für die relative Permeabilität der benetzenden Phase:

$$k_w^* = \frac{F^2}{s_w^{*2} \cdot F_w^{*2}} \cdot \frac{\displaystyle\int\limits_0^{s_w^*} \frac{1}{p_c^2} d s_w}{\displaystyle\int\limits_0^1 \frac{1}{p_c^2} d s_w} \, . \tag{182}$$

Zur Anwendung dieser Formel ist die Kenntnis der Capillardruckkurve erforderlich, aus der graphisch die beiden Integrale bestimmt werden können. Außerdem müssen die Formationswiderstandsfaktoren in Abhängigkeit von der Sättigung gemessen werden, woraus sich das Verhältnis F/F_w^* für die verschiedenen Sättigungen ergibt.

Andere Autoren haben theoretische Formeln für die relative Permeabilität aus besonderen Capillarenmodellen abgeleitet, auf die hier nur kurz hingewiesen sei [FATT und DYKSTRA (1951), WYLLIE und GARDNER (1958)]. Diese und die auf KOZENY-CARMAN aufbauenden Theorien wurden unter anderem mit dem praktischen Ziel aufgestellt, die mühsame und langwierige Messung relativer Permeabilitäten zu vermeiden und durch einfachere Messungen zu ersetzen, aus denen die

Permeabilitäten berechnet werden können. Im ganzen kann man wohl sagen, daß dieses Ziel bisher nicht erreicht wurde. Wenn auch in manchen Fällen eine recht gute Übereinstimmung zwischen berechneten und gemessenen Werten gefunden wurde, so ist doch wohl keiner der theoretischen Ansätze so weit gesichert, daß man im konkreten Fall auf die direkte Messung der relativen Permeabilitäten verzichten könnte.

Besonders ausführlich hat man diejenigen Fälle des Fließens nicht mischbarer Phasen untersucht, bei denen die Sättigung einer Phase in der Fließrichtung ab- bzw. zunimmt. Solche räumliche Verteilungen der Sättigung entstehen, wenn die eine Phase die andere verdrängt, und auf derartigen Verdrängungen beruhen die wichtigsten Arten der Förderung von Erdöl und Erdgas. Um diese Verdrängung so lenken zu können, daß auf eine möglichst rationelle Weise ein maximaler Anteil der ursprünglich im Gestein enthaltenen Kohlenwasserstoffe gewonnen wird, hat man sich in theoretischen und experimentellen Arbeiten um die Aufklärung dieser Vorgänge bemüht. Auch für die Erklärung der Entstehung von Gas- und Öllagerstätten ist das Verständnis dieser Verdrängungen wichtig, wenn auch hier wieder bedacht werden muß, daß die Beobachtungen an verhältnismäßig schnell ablaufenden Modellversuchen nicht ohne weiteres auf die langsamen natürlichen Prozesse übertragen werden können.

Wird in einem zylindrischen bis auf die Endflächen allseitig eingeschlossenen porösen Gesteinskörper, dessen Porenraum zu Anfang völlig von einer Phase (1) erfüllt sei, in Richtung der Zylinderachse von der einen Endfläche her eine zweite Phase (2) eingepreßt, so tritt an der anderen Endfläche zunächst die reine Phase (1) und nach einer gewissen Zeit ein Gemisch der Phasen (1) und (2) aus, dessen Gehalt an (1) laufend abnimmt. Die Phase (2) verdrängt die Phase (1) nicht wie ein starrer Kolben, vielmehr sind in jedem Augenblick die beiden Phasen derart im Porenraum verteilt, daß der Gehalt der Phase (2) in der Fließrichtung geringer wird. Das gilt für das Innere des Zylinders. Für das Ende ist einschränkend zu bemerken, daß dort, wo die capillaren Hohlräume in den Außenraum münden, ein durch Capillarkräfte bedingter Endeffekt auch eine andere Sättigungsverteilung hervorrufen kann. Für jeden Zeitpunkt ist jeder Schnitt durch den Probekörper senkrecht zur Fließrichtung durch zwei Größen gekennzeichnet: den in diesem Querschnitt noch mit der Phase (1) gefüllten Anteil des Porenraums $[s_1 = $ Sättigung an (1)] und das durch diesen Querschnitt strömende Volumen der Phase (1) $[f_1 = $ relativer Fluß von (1)] als Bruchteil des gesamten fließenden Volumens. Entsprechende Definitionen gelten für die auf die zweite Phase bezüglichen Größen s_2 und f_2 $(s_1 + s_2 = 1; f_1 + f_2 = 1)$. Der Anteil einer Phase am strömenden Volumen ist natürlich nicht einfach gleich dem Anteil dieser Phase am Porenraum $(s_1 \neq f_1; s_2 \neq f_2)$, sondern unter anderem vor allem davon abhängig, in welcher Weise die Phasen auf große und kleine Capillaren verteilt sind. Gemäß den Gl. (168) und (169) erhält man für die Fließgeschwindigkeiten der beiden Phasen:

$$q_1 = k \frac{k_1}{\mu_1} \left(g\, \varrho_1 \cos \gamma - |\operatorname{grad} p_1| \right) \tag{183}$$

$$q_2 = k \frac{k_2}{\mu_2} \left(g\, \varrho_2 \cos \gamma - |\operatorname{grad} p_2| \right), \tag{184}$$

wenn γ den Winkel der Fließrichtung (Zylinderachse) mit der Vertikalen bezeichnet. Außerdem gelten die folgenden Beziehungen:

$$\left.\begin{aligned}
&q_1 + q_2 = q; \qquad f_1 = q_1/q; \qquad f_2 = q_2/q; \\
&\varrho_2 - \varrho_1 = \Delta\varrho; \\
&p_2 - p_1 = p_c; \qquad \operatorname{grad} p_2 - \operatorname{grad} p_1 = \operatorname{grad} p_c;
\end{aligned}\right\} \tag{185}$$

q ist die gesamte Fließgeschwindigkeit, p_c ist die an jedem Ort zwischen beiden Phasen herrschende Druckdifferenz, d. h. also der Capillardruck zwischen beiden Phasen. Der Capillardruck ist außer von Randwinkel und Grenzflächenspannung zwischen beiden Phasen von der mittleren Krümmung der Grenzfläche abhängig, die zwischen beiden Phasen existiert (LEVERETT 1942) (s. S. 102). Wenn jeder Sättigung eine bestimmte Verteilung der Phasen auf große und kleine Hohlräume des Porenraums eindeutig zuzuordnen ist, sollte jeder Sättigung eine bestimmte mittlere Krümmung der Grenzfläche und damit auch ein bestimmter Capillardruck zukommen. Diese Beziehung zwischen Sättigung und Capillardruck stellt die Capillardruckkurve dar. Wenn also in dem hier behandelten Verdrängungsversuch die Sättigung s_2 in der Fließrichtung abnimmt, so muß p_c in derselben Richtung zunehmen, wenn (2) die besser benetzende Phase ist, wenn also an jedem Orte $p_2 > p_1$ gilt. Mit der Erweiterung

$$\operatorname{grad} p_c = \frac{\partial p_c}{\partial s} \operatorname{grad} s \tag{186}$$

führt die Zusammenfassung der obigen Gleichungen nach BUCKLEY und LEVERETT (1942) zu folgenden Ausdrücken für den relativen Fluß beider Phasen:

$$f_1 = \frac{1 - \dfrac{k\,k_2}{q\,\mu_2}\left[\dfrac{\partial p_c}{\partial s_1}\operatorname{grad} s_1 + g\,\Delta\varrho\cos\gamma\right]}{1 + \dfrac{k_2\,\mu_1}{k_1\,\mu_2}} \tag{187}$$

$$f_2 = \frac{1 + \dfrac{k\,k_1}{q\,\mu_1}\left[\dfrac{\partial p_c}{\partial s_2}\operatorname{grad} s_2 + g\,\Delta\varrho\cos\gamma\right]}{1 + \dfrac{k_1\,\mu_2}{k_2\,\mu_1}}. \tag{188}$$

Zu weiteren Aussagen über den Verdrängungsvorgang kommt man, wenn man mit diesen Gleichungen die Kontinuitätsbedingung verbindet. Diese verlangt, daß gemäß dem Prinzip der Massenerhaltung für ein allseitig umschlossenes Volumenelement der durch $-\operatorname{div}(\varrho_2\mathbf{q}_2)$ gemessene Überschuß von Einströmung der Phase (2) über die Ausströmung pro Zeiteinheit gleich ist der Zunahme $\varepsilon\partial(s_2\varrho_2)/\partial t$ der Masse der Phase (2) in dieser Volumeneinheit. Es wird also gefordert:

$$\varepsilon\,\frac{\partial(\varrho_2 s_2)}{\partial t} = -\operatorname{div}(\varrho_2\mathbf{q}_2). \tag{189}$$

Beschränken wir uns auf inkompressible Medien ($\varrho = \mathrm{const.}$) und setzt man $q_2 = f_2 q$, so erhält man für den hier betrachteten linearen Fall ($x = $ Fließrichtung) nach einer Umstellung:

$$\left(\frac{\partial x}{\partial t}\right)_{s_2} = \frac{q}{\varepsilon}\left(\frac{\partial f_2}{\partial s_2}\right)_t \tag{190}$$

bzw. für die andere Phase

$$\left(\frac{\partial x}{\partial t}\right)_{s_1} = \frac{q}{\varepsilon}\left(\frac{\partial f_1}{\partial s_1}\right)_t. \tag{191}$$

Die Gleichungen beschreiben die Geschwindigkeit $\partial x/\partial t$, mit der sich eine bestimmte Sättigung s in der Fließrichtung fortbewegt. Diese ergibt sich also proportional zu der Größe $\partial f/\partial s$, die aus einer Kenntnis der Funktion $f(s)$ gewonnen werden könnte.

Ist der Sättigungsgradient in der Fließrichtung sehr klein und die Fließrichtung horizontal, so kann man das zweite Glied im Zähler der Gl. (187) und (188) vernachlässigen. Man erhält dann die folgenden einfachen Ausdrücke für den relativen Fluß der beiden Phasen, die in manchen einfachen Fällen angewendet werden können:

$$f_1 = \frac{k_1/k_2}{k_1/k_2 + \mu_1/\mu_2} \; ; \quad f_2 = \frac{k_2/k_1}{k_2/k_1 + \mu_2/\mu_1} \, . \tag{192}$$

Hat man die relativen Permeabilitäten nach einer der beschriebenen Methoden als Funktion der Sättigung bestimmt, so läßt sich daraus für bestimmte Viscositätsverhältnisse die Abhängigkeit von f_1 und f_2 von der Sättigung ableiten. Einige solche Kurven für f_2, die Konzentration der verdrängenden Phase in der fließenden Menge, sind in Abb. 41 als schematisches Beispiel konstruiert.

Die Kenntnis derartiger Kurven für natürliche Systeme ist für die rationelle Förderung von Erdöllagerstätten von großer Bedeutung. Es sei z. B. die verdrängte Phase (1) Öl, die verdrängende Phase (2) Wasser, wie es bei der Entnahme von Erdöl in den Porenraum der Lagerstätte eindringt und diesen allmählich immer mehr erfüllt. Sobald das nachdringende Wasser die Fördersonde erreicht hat, wird aus ihr ein Gemisch gewonnen, dessen Volumenanteil Wasser durch die Zahl f_2 bezeichnet wird. Die Förderung kann praktisch nur bis zu einem Maximalwert von f_2 (z. B. $f_2 = 0{,}95$) betrieben werden. Welcher Anteil des ursprünglich im Porenraum enthaltenen Öles bis zu diesem Grenzwert von f_2 gewonnen werden kann, ließe sich aus der Relation zwischen f_2 und s_2 entnehmen, wenn dieselbe für die Bedingungen der Lagerstätte bekannt ist. Die Abb. 41 zeigt die Faktoren, von denen eine wirtschaftlich realisierbare und maximale Entölung einer Lagerstätte abhängt: Es muß erstens auch bei recht hohen Konzentrationen des Wassers im Porenraum die relative Permeabilität für Wasser möglichst klein, die für Öl möglichst hoch sein. Das kann nur dann der Fall sein, wenn das Wasser bevorzugt in

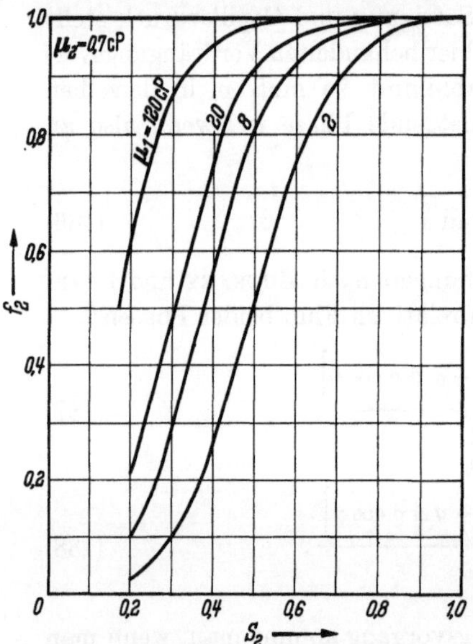

Abb. 41. *Zum Verlauf der Verdrängung einer nichtbenetzenden Phase (z. B. Öl) durch ein benetzendes Medium (z. B. Wasser) in einem Gestein.* Konzentration der benetzenden Phase im fließenden Gemisch (f_2) in Abhängigkeit von der Konzentration dieser Phase im Porenraum (s_2) nach Gl. (192) für verschiedene Viscositätsverhältnisse. Für die Viscosität der verdrängenden Phase wird $\mu_2 = 0{,}7$ c P (10% NaCl-Lösung bei 50° C), für die Viscosität der verdrängten Phase werden die Viscositäten $\mu_1 = 120, 20, 8$ und 2 c P angenommen, wie sie z. B. bei natürlichen Erdölen in Lagerstätten Nordwestdeutschlands vorkommen. Für k_1 und k_2 wurden die Werte aus Abb. 36 benutzt. Die Konzentration des Wassers im fließenden Gemisch (f_2) ist im allgemeinen verschieden von der Konzentration des Wassers im Porenraum (s_2). Die bis zu einem bestimmten Wassergehalt im fließenden Gemisch fortgesetzte Verdrängung läßt eine um so geringere Ölsättigung im Gestein zurück, je geringer die Viscosität des Öles ist

den kleinen Kanälen, das Öl in den großen Hohlräumen strömt; gemäß den Überlegungen auf S. 94 wird man also in wasserbenetzten Gesteinen höhere Ent-
ölungen erreichen können als in ölbenetzten. Zweitens kommt es auf das Verhältnis
der Viscositäten an. Der Wasseranteil im strömenden Gemisch ist nach Gl. (192)
bei einer bestimmten Sättigung im Porenraum um so kleiner, je größer das Verhältnis $\mu_{Wasser} : \mu_{Öl}$ ist. Für die meisten Erdöle ist unter Lagerstättenbedingungen
dieses Verhältnis kleiner als 1. Je zähflüssiger das Öl ist, desto kleiner ist die praktisch erreichbare Entölung und desto größere Mengen des Öles müssen zusammen

mit Wasser, unter Umstän-
den bei sehr hohen f_2-
Werten gewonnen werden.
Hierin liegt die Schwierigkeit der Förderung von
Lagerstätten mit zähflüssi-
gem Öl. Es wurde vorge-
schlagen, das Öl solcher
Lagerstätten durch Ein-
pressung viscoser Flutmit-
tel zu fördern (v. ENGEL-
HARDT, TUNN, TROMMS-
DORFF 1956).

Will man gemäß Gl.
(190—191) aus den $f(s)$-
Kurven die Bewegung der
Verdrängungsfront in der
Fließrichtung, bzw. die
räumliche Verteilung der
Sättigungen zu einem be-

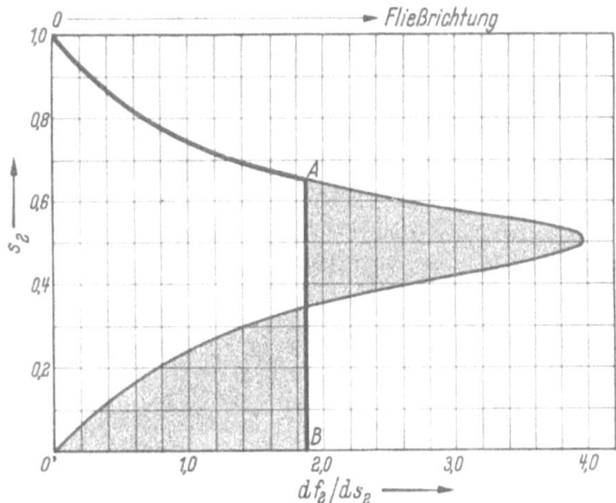

Abb. 42. *Zur Berechnung der Sättigungsverteilung bei der Verdrängung
einer nichtbenetzenden Phase (Öl) durch eine benetzende (Wasser) in
einem Gesteinszylinder nach der Methode von* BUCKLEY *und* LEVERETT.—
Die dick ausgezogene Kurve OAB stellt die nach dieser Methode berechnete Verteilung der Sättigung der verdrängenden, benetzenden Phase
(s_2) in der Fließrichtung dar, wenn die f_2—s_2-Funktion für $\mu_1 = 2\,c\,P$
der Abb. 41 zugrunde gelegt wird

stimmten Zeitpunkt bestimmen, so kann man aus den experimentell gewonnenen $f(s)$-Kurven durch graphische Differentiation die df/ds-Funktion ermitteln.
In Abb. 42 ist das für df_2/ds_2 durchgeführt. Mit dieser Funktion könnte man
nach Gl. (190) die Verschiebungsgeschwindigkeit der verschiedenen Sättigungen
berechnen. Doch ergibt sich hier immer eine charakteristische Schwierigkeit:
die $f(s)$-Kurve hat einen S-förmigen Verlauf mit einem Wendepunkt; für df/ds
ergibt sich daher immer eine Kurve mit einem Maximum bei einer bestimmten
Sättigung. Ein solcher Verlauf ist aber physikalisch unmöglich, weil dann derselbe
df/ds-Wert zwei verschiedenen Sättigungen zuzuordnen wäre, so daß nach Gl. (190)
jeweils eine kleine und eine große Sättigung mit derselben Geschwindigkeit
wandern würden, demselben Ort im Verdrängungsprofil also zwei Sättigungen
zukämen. Diese Unstimmigkeit rührt wohl von der Vernachlässigung der Capillarkräfte her, die gerade an der vordersten Verdrängungsfront, wo der Sättigungsgradient einen erheblichen Wert hat, nicht erlaubt ist.

Um trotzdem ein angenähertes Bild über die Sättigungsverteilung in der Fließrichtung zu erhalten, machten BUCKLEY und LEVERETT (1942) den Vorschlag, die
df/ds-Kurven so zu vergröbern, wie dies in der Abb. 42 gezeigt ist: Es wird bei
einem bestimmten Wert von df/ds ein Schnitt AB so gelegt, daß die beiden schraf-
fierten Flächenstücke einander gleich sind. Nach Gl. (190) ist df/ds der Geschwin-

digkeit proportional, mit der sich eine bestimmte Sättigung bewegt. Ist zur Zeit $t = 0$ das Gestein bis zu einem Schnitt $0'0$ ganz von der Phase (2), auf der anderen Seite ganz von der Phase (1) erfüllt, so ergibt s_2 gegen df_2/ds_2 aufgetragen die Verteilung der Sättigung in der Fließrichtung nach der Zeit $\Delta t = \varepsilon/q$. Die Achse df_2/ds_2 ist in dieser Darstellung die Fließrichtung.

Diese „Schnittmethode" nach BUCKLEY und LEVERETT (1942) erfüllt zwar das Prinzip der Massenerhaltung, kann aber die wirkliche Verteilung der Phasen in einer voranschreitenden Verdrängungsfront nur ganz ungefähr wiedergeben, da die Capillarkräfte vernachlässigt werden. In Wirklichkeit wird an der vordersten Front die Konzentration des verdrängenden Mediums nicht plötzlich auf 0 abfallen, wie dies die Abb. 42 zeigt. Es wird vielmehr die Sättigung des verdrängenden Mediums in der Fließrichtung langsamer abnehmen. Dem entsprechen auch die Beobachtungen, die man bei Laboratoriumsversuchen und bei der Förderung von Erdöl macht. (Zur Anwendung der Buckley-Leverett-Methode auf Laboratoriums- und Feldbeobachtungen vgl. MARSAL [1957].)

Ein vollständiges Bild für den gesamten Verdrängungsprozeß kann man nur bei Berücksichtigung aller Glieder der Gl. (187—188) erhalten. Dazu muß die Capillardruckkurve bekannt sein, aus der für jede Sättigung die Ableitung dp_c/ds zu entnehmen ist. Ferner muß der Sättigungsgradient in der Fließrichtung ds/dx für jeden Augenblick bekannt sein. Da sich ds/dx sowohl mit x als auch mit der Zeit verändert, gibt es nicht eine einzige, unveränderliche df/ds-Funktion wie im Buckley-Leverett-Fall, sondern für jeden Ort und für jeden Zeitpunkt des Prozesses besondere Funktionen df/ds. Die Berechnung der Verdrängung wird daher auch schon in dem hier allein behandelten eindimensionalen Fall sehr kompliziert. Daß sie sich grundsätzlich auf diese Weise behandeln läßt, haben TERWILLINGER und Mitarb. (1951) an Versuchen über die Verdrängung von Öl (benetzende Phase) durch Gase gezeigt. Bei diesen Versuchen war die Abhängigkeit der relativen Permeabilitäten und der Capillardrucke von der Sättigung bekannt und eine bestimmte Sättigungsverteilung im zylindrischen Probekörper als Ausgangssituation gegeben. Aus dieser anfänglichen Sättigungsverteilung erhält man den zuerst gültigen Gradienten ds_2/dx, mit dem man f_2 als Funktion von s_2 und die df_2/ds_2-Funktion berechnet. Aus der integrierten Gl. (190) bekommt man dann den Betrag, um den sich die einzelnen Sättigungswerte s_2 innerhalb eines sehr kleinen Zeitintervalls Δt in der x-Richtung verschoben haben:

$$(\Delta x)_{s_2} = \frac{q}{\varepsilon} \left(\frac{df_2}{ds_2} \right)_{s_2} \cdot \Delta t . \tag{193}$$

Daraus ergibt sich eine neue Sättigungsverteilung, die man als Ausgangssituation für eine neue Rechnung nach demselben Schema benutzt. So kann man den ganzen Vorgang schrittweise verfolgen, und TERWILLINGER u. Mitarb. fanden eine gute Übereinstimmung mit dem gemessenen Verlauf.

Die Gl. (187—188) zeigen, daß Grenzflächenkräfte von größter Bedeutung für den heterogenen Fluß und für alle Verdrängungsprozesse sind. Da man bei der technischen Förderung einer Erdöllagerstätte unter Umständen die Möglichkeit hat, durch chemische Zusätze, die man der Lagerstätte zuführt, Grenzflächenspannung und Randwinkel zu verändern, ist die Frage der Beeinflußbarkeit der Verdrängung durch solche Zusätze immer wieder der Gegenstand vor allem empirischer Untersuchungen gewesen. Auch für die Entstehung der Anreicherungen von Kohlenwasserstoffen in bestimmten Porenräumen sind die Grenzflächenkräfte von großer Bedeutung.

In qualitativer Weise läßt sich anhand der Gl. (187—188) leicht übersehen, wie der heterogene Fluß und die Verdrängungsvorgänge von den Grenzflächenkräften beeinflußt werden. Der Volumenanteil einer Phase im fließenden Gemisch hängt vom Gradienten des Capillardrucks in der Fließrichtung ab; dieser ist aber bei einer bestimmten Sättigung nach Größe und Vorzeichen von $\gamma \cos \vartheta$ abhängig. Je nach dem Vorzeichen des Randwinkels wird also der Gradient des Capillardrucks positiv oder negativ sein, d. h. den Volumenanteil der betreffenden Phase im fließenden Gemisch erhöhen oder erniedrigen. Dieser Effekt wird je nach der Höhe der Grenzflächenspannung γ groß oder klein sein. Wichtiger als dieser Einfluß ist jedoch die Abhängigkeit der relativen Permeabilitäten von $\gamma \cos \vartheta$, über die oben schon gesprochen wurde. Eine bestimmte pauschale Sättigung verteilt sich je nach dem Wert von $\gamma \cos \vartheta$ im Gleichgewicht verschieden auf die großen und kleinen Capillaren des Gesteins. Die benetzende Phase wird im Gleichgewicht in den kleinen, die nicht benetzende Phase in den großen Capillaren strömen, so daß in diesem Fall die benetzende Phase bezüglich der Permeabilität immer benachteiligt sein wird. Doch werden die Grenzflächenkräfte nur bei unendlich langsamen Vorgängen die Verteilung der Phasen in dieser Weise bestimmen. Schreitet die Verdrängung schnell voran, so können Verteilungen realisiert werden, die nicht im Gleichgewicht sind und die von Grenzflächenkräften nicht mehr merklich beeinflußt werden: es finden sich die Phasen gleichmäßig auf alle Capillarquerschnitte verteilt, oder es sind die engeren Hohlräume vorzugsweise vom weniger viscosen Medium erfüllt, unabhängig vom Vorzeichen des Randwinkels. Daher kommt es, daß der Verdrängungsvorgang bei großen Fließgeschwindigkeiten von $\gamma \cos \vartheta$ nahezu unabhängig ist, während bei kleinen Geschwindigkeiten oder im Ruhezustand der Verdrängungsprozeß, resp. die Verteilung der Phasen im Porenraum von $\gamma \cos \vartheta$ abhängen.

Der Grad der Entölung, der bei einer Verdrängung von Öl durch Wasser im Laboratoriumsversuch oder in einer natürlichen Lagerstätte in einem ursprünglich ganz ölgefüllten Gestein erreicht werden kann, indem man die Verdrängung so lange fortsetzt, bis der Volumenanteil des Wassers im fließenden Gemisch einen bestimmten Maximalwert erreicht hat, wird somit, vorausgesetzt, daß Öl und Wasser zusammenhängend strömen, in folgender Weise von γ, $\cos \vartheta$ und Verdrängungsgeschwindigkeit abhängen: Bei positivem $\cos \vartheta$ (ϑ im Wasser gemessen) wird die Entölung um so vollständiger sein, je höher die Grenzflächenspannung γ zwischen Öl und Wasser ist, weil dann das Wasser um so stärker die kleinen Capillaren bevorzugen wird. Umgekehrt wird bei negativem $\cos \vartheta$ die Entölung um so vollständiger sein, je niedriger die Grenzflächenspannung zwischen Öl und Wasser ist. Die Entölung wird außerdem bei großen positiven Werten von $\gamma \cos \vartheta$ um so vollständiger sein, je langsamer der Verdrängungsvorgang erfolgt, während bei hohen negativen Werten von $\gamma \cos \vartheta$ die stärkste Entölung bei schnellen Geschwindigkeiten erzeugt wird.

Entsprechende Versuche, die v. ENGELHARDT. und LÜBBEN (1957) über die Verdrängung von Öl durch Wasser aus Packungen von Glaskugeln beschrieben haben, bei denen γ, $\cos \vartheta$ und Geschwindigkeit systematisch verändert wurden, haben diese Erwartungen bestätigt. Man fand dort bei allen Geschwindigkeiten die bis zu einem Maximalwert von f_{Wasser} erreichte Entölung um so höher, je größer $\gamma \cos \vartheta$ war und den stärksten Einfluß von $\gamma \cos \vartheta$ bei langsamen Geschwindigkeiten. Die Anwendung dieser Befunde auf natürliche Gesteine wird wohl ohne Bedenken auf unverfestigte Sande möglich sein, wo ebenso wie im Glaskugelmodell Öl und Wasser im wesentlichen in zusammenhängender Form strömen. Ob und in welchem Umfang in verfestigten Gesteinen vielleicht auch ein emulsionsartiger Fluß vorkommt, bei dem kleine Öltröpfchen allseitig von Wasser umgeben sind, ist ungewiß. KENNEDY und GUERERO (1954) ziehen diesen Fall in Erwägung. Dann mag es allein auf die Grenzflächenspannung ankommen, und man wird einen weniger gehinderten Ölfluß bei kleiner Grenzflächenspannung erwarten, weil sich dann leichter kleine Tröpfchen bilden können.

Die zahlreichen Untersuchungen über die Wirkung grenzflächenaktiver Zusätze auf die Entölung von Gesteinen haben recht unterschiedliche und häufig widersprechende Ergebnisse gebracht. Ein kritischer Vergleich ist nicht möglich, da meist nur die Grenzflächenspannung Öl/Wasser angegeben wurde. Angaben über gemessene Randwinkel fehlen immer, meist sind auch die übrigen Daten, wie Geschwindigkeit und Viscosität unvollständig bekannt. Eine Zusammenstellung von Versuchen im Laboratorium und in Erdölfeldern ist in der erwähnten Arbeit von KENNEDY und GUERERO (1954) enthalten [weitere Literatur s. bei v. ENGELHARDT und LÜBBEN (1957), R. L. SLOBOD (1958)].

Um die behandelten Prinzipien auf wirkliche Gesteine und Lagerstätten anzuwenden, müßte man etwas über Größe und Vorzeichen von $\gamma \cos \vartheta$ wissen. Zwar wird im allgemeinen angenommen, daß sich die Trägergesteine hydrophil verhalten, daß also $\cos \vartheta$ positiv ist, wenn ϑ im Wasser gemessen wird. In solchen Fällen sollte die Herabsetzung von γ keinen günstigen Effekt haben, wenigstens sofern es sich um einen zusammenhängenden Fluß von Öl und Wasser handelt. In Wirklichkeit weiß man über den Randwinkel im Porenraum der Gesteine nichts, da es noch keine Methode gibt, um ihn sicher und im ursprünglichen Zustand zu messen. Findet man das Öl im grobporigen Gestein, wie etwa einem Sandstein angereichert und benachbarte Tongesteine frei von Öl und mit Wasser gefüllt, obwohl das Öl sich ursprünglich gerade in den feinporigen Gesteinen gebildet haben mag, so pflegt man daraus zu schließen, daß mindestens zur Zeit der Lagerstättenbildung die Oberfläche des Porenraums in Sanden und Tonen hydrophil war. Dies kann sich aber im Laufe der Zeit durch die Berührung der Sandkörner mit dem Öl geändert haben. Es können sich feste Substanzen abgeschieden oder Adsorptionsschichten gebildet haben. Selbst an der Grenzfläche von Haftwasser und Öl wurde schon die Bildung fester Filme beobachtet (REISBERG und DOSCHER (1956)]. Auch ist damit zu rechnen, daß in einem Gestein, das aus verschiedenen Mineralien besteht, nach Größe und Vorzeichen verschiedene Randwinkel vorkommen. Hinweise über das Vorkommen von Gesteinen, die sich oleophil verhalten, findet man bei JENNINGS (1957). HASSLER, BRUNNER und DEAHL (1944) glauben schließen zu können, daß in gewissen Gesteinen die großen Hohlräume hydrophil, die kleinen aber stärker oleophil sind.

Die Gleichgewichte nicht mischbarer Phasen im Porenraum. Unter natürlichen und ungestörten Verhältnissen beobachtet man in den Porenräumen der Erdrinde kaum jemals die Bewegung nicht mischbarer Phasen. Wohl aber sehen wir, daß

Gase und flüssige Kohlenwasserstoffe, die sich im Wasser nicht lösen können, besondere Gesteinsbereiche einnehmen, wie sie als Erdöl- und Erdgaslagerstätten bekannt sind. Die ungleichmäßige Verteilung der nicht mischbaren Phasen innerhalb des zwar allseits zusammenhängenden, nach den Raumrichtungen aber in seiner geometrischen Beschaffenheit mannigfach sich ändernden Porenraums ist im Laufe der geologischen Vergangenheit durch sammelnde Bewegungen zustande gekommen. Denn die flüssigen und gasförmigen Kohlenwasserstoffe werden, wie sie auch im einzelnen entstanden sein mögen, zuerst stets als kleine Tröpfchen oder Bläschen innerhalb des vorwiegend mit Wasser gefüllten Porenraums auftreten, weil die Menge der organischen Substanz, aus der sie sich bildeten, im Vergleich zur Menge des Wassers immer geringfügig war. Auch die aus anderen Quellen stammenden Gase müssen zunächst verhältnismäßig fein verteilt vorgelegen haben. Diese kleinen Volumenelemente mußten in Bewegung kommen und unter dem Einfluß bestimmter Kräfte gemeinsame Wege zurücklegen, die schließlich in bestimmten Sammelräumen endeten, damit aus der anfangs weit dispersen Verteilung geschlossene Ansammlungen und Lagerstätten entstehen konnten[1]. Diese Bewegungen können wir nur indirekt erschließen, da sie nicht zu beobachten sind. Man wird sie wahrscheinlich nicht einfach mit den Fließerscheinungen vergleichen können, die im vorigen Abschnitt behandelt wurden. Es spricht manches dafür, daß das Strömen von Wasser, Öl und Gas durch poröse Gesteine wie wir es im Laboratorium studieren oder im Großen bei der Förderung von Erdöl und Erdgas in den Lagerstätten in Gang setzen, anders abläuft als die im langsamen Zeitmaß geologischer Geschehnisse stattfindenden Transportvorgänge, die zur Bildung von Lagerstätten führten. So ist es z. B. im Laboratorium und auch in der Praxis der Erdölförderung unmöglich, die Bewegung von Erdöl und Wasser so zu lenken, daß ein Gestein, dessen Poren einmal Öl enthielten, ganz von Öl befreit und nur mit Wasser gesättigt ist. Es wird bei allen Flutversuchen immer ein gewisser Betrag von unbeweglichem „Restöl" zurückbleiben. Im Gegensatz dazu grenzt in vielen Erdöllagerstätten der ölgesättigte „Träger" nach unten hin an vollkommen ölfreies Gestein, dessen Poren nur Wasser enthalten, obwohl doch einmal das Öl der Lagerstätte durch dieses Gestein gewandert sein muß.

So wird man zunächst noch auf genauere Vorstellungen über den Mechanismus der Wanderung von Öl und Gas zu den Lagerstätten verzichten müssen. Statt dessen ist es aber möglich, die Orte, an denen Lagerstätten von Ölen oder Gasen sich bilden können, durch die einfachen Bedingungen eines mechanischen Gleichgewichtes zu bezeichnen. Für jede Masseneinheit der betrachteten Phasen muß nämlich an diesen Orten, wo die Bewegung zum Stillstand kommt, die kinetische Energie verschwinden und es muß die potentielle Energie ein Minimum haben. Dies bedeutet, daß für jede kleine, mit den geometrischen Bedingungen verträgliche Verrückung der Masseneinheit die potentielle Energie ansteigen, oder doch mindestens gleich bleiben muß. Die Ruhelage einer Kugel in einer allseitig

---

[1] Die andere Möglichkeit, daß die Kohlenwasserstoffe zunächst in Wasser gelöst waren, von aufwärtsströmenden Lösungen transportiert und infolge der Abnahme von Druck und Temperatur schließlich abgeschieden wurden, wurde von ROOF und RUTHERFORD (1958) diskutiert. Die Autoren kamen zum Schluß, daß wegen der geringen Löslichkeit der Kohlenwasserstoffe in Wasser auf diese Weise auch in geologischen Zeiträumen die meisten der bekannten Lagerstätten nicht entstehen konnten.

geschlossenen Mulde ist ein anschauliches Modell für diesen Zustand des Gleichgewichts. Die in der Ölgeologie so genannten „Fallen" für Öl und Gas sind solche Räume, in denen die potentielle Energie ein Minimum hat, und es besteht die Aufgabe des Geologen in der Exploration im wesentlichen nur darin, die Räume minimaler potentieller Energie für Erdöl und Erdgas in der oberen Erdrinde zu finden.

Eine Betrachtung dieser Art, wie sie im folgenden ausgeführt werden soll (vgl. hierzu vor allem HUBBERT 1953), ergibt, daß bezüglich des Potentials der Grenzflächenkräfte Gesteine mit großen Poren, bezüglich des Schwerkraftpotentials möglichst hohe Lagen als Orte der Sammlung von Erdöl und Erdgas bevorzugt sind. Hochlagen grobporiger Gesteine wie sie an Antiklinalenscheiteln, den oberen Partien steilgestellter Schollen oder dgl. vorkommen, können also Lagerstätten von Erdöl und Erdgas enthalten, wenn sie nach oben in geeigneter Weise von wassergefüllten Gesteinen mit genügend kleinen Porendurchmessern abgedeckt werden, die wegen der Grenzflächenkräfte für Öl und Gas praktisch undurchlässig sind.

Als das Potential Φ der Masseneinheit einer Phase an einem bestimmten Punkt im Porenraum des Gesteins (vgl. auch S. 61) soll der Betrag an Arbeit definiert sein, der erforderlich ist, um die Masseneinheit von einer willkürlich festgesetzten Ausgangsposition an den betreffenden Punkt zu bringen. Wir betrachten zunächst das Potential Φ_w einer Masseneinheit Wasser im ganz mit Wasser gefüllten Porenraum. Jeder Punkt des Porenraums soll durch zwei Parameter gekennzeichnet sein: die Höhe z und den Druck p; für die Ausgangsposition soll gelten: $p = 0$; $z = 0$. Der Transport einer Masseneinheit Wasser von der Ausgangsposition an einen bestimmten Punkt erfordert einen Arbeitsbetrag gegen die Schwerkraft und einen solchen gegen den Druck. Das Potential setzt sich aus beiden zusammen:

$$\Phi_w = gz + \frac{p}{\varrho_w} . \tag{194}$$

ϱ_w sei die hier als druckunabhängig angesehene Dichte des Wassers. Ändert sich das Potential mit dem Raumkoordinaten, so wirkt eine Kraft $\mathbf{E}_w$ auf die Masseneinheit, deren Richtung senkrecht auf den Flächen gleichen Potentials steht:

$$\mathbf{E}_w = - \operatorname{grad} \Phi_w = \mathbf{g} - \frac{1}{\varrho_w} \operatorname{grad} p . \tag{195}$$

Kommen nun in dem im übrigen wassergefüllten Porenraum kleine Volumina von Öl und Gas vor, so lassen sich auch für diese Stoffe Potentiale angeben, so daß jeder Ort im Porenraum durch je drei Potentiale Φ_w, Φ_o, Φ_g für die Masseneinheit Wasser, Öl und Gas gekennzeichnet ist. Bei Verschiebungen von Öl und Gas im Porenraum muß aber nicht nur die Arbeit gegen Schwerkraft und Druck, sondern auch eine Arbeit gegen Grenzflächenkräfte berücksichtigt werden. Diese Grenzflächenarbeit hängt nicht nur von den Eigenschaften der beweglichen Phasen (d. h. also von der Grenzflächenspannung), sondern auch vom festen Rahmen des Porenraumes ab. Es kommt sowohl auf die Wechselwirkung der festen Oberflächen mit den beweglichen Phasen an, durch welche der Randwinkel bestimmt wird, als auch auf die Geometrie des Porenraumes, da diese die Krümmung der Grenzflächen zwischen Wasser, Öl und Gas festlegt. Begegnen sich Wasser und Öl in einer kreisförmigen Capillare vom Radius r, ist ϑ der im Wasser gemessene Randwinkel und γ_{ow} die Grenzflächenspannung zwischen Wasser und Öl, so bildet sich bekanntlich eine gekrümmte Phasengrenze aus. Zwischen Wasser und Öl herrscht ein Druckunterschied, der Capillardruck p_c, dessen Größe (annähernde Kugelsegmentform des Meniscus vorausgesetzt) gegeben ist zu

$$p_c = \frac{2\gamma_{ow}\cos\vartheta}{r}\,. \tag{196}$$

Der höhere Druck herrscht in der Phase mit größerem Randwinkel, d. h. in der schlecht benetzenden Phase. Es sei zunächst angenommen, daß die Capillarwandung vom Wasser gut benetzt wird ($\vartheta \sim 0°$). Dann herrscht in der Ölphase der höhere Druck. Analog sind die Erscheinungen bei der Begegnung von Gas und Wasser in Capillaren.

Der Porenraum der Gesteine besteht aus sehr viel komplizierteren Hohlräumen. Man kann jedoch, wie wir sahen, für Gesteine einheitlicher Körnung einen fiktiven Porenradius $\bar{r}$ (vgl. S. 86) definieren, der durch den Capillardruck gemessen wird, so daß man für Öl und Gas erhält:

$$p_{c\,o} = \frac{2\gamma_{ow}\cos\vartheta_o}{\bar{r}} \tag{197}$$

$$p_{c\,g} = \frac{2\gamma_{go}\cos\vartheta_g}{\bar{r}}\,. \tag{198}$$

Bei der Berechnung des gesamten Potentials für die Masseneinheiten von Öl und Gas müssen die Capillardrucke p_c dem normalen Druck hinzugefügt werden. Dabei setzen wir voraus, daß für die Ausgangsposition gelten soll $p_c = 0$ (d. h. $\bar{r} = \infty$). Man bekommt für das Öl:

$$\Phi_o = gz + \frac{p}{\varrho_o} + \frac{p_{co}}{\varrho_o}\,. \tag{199}$$

Beim Gas muß man die Abhängigkeit der Dichte vom Druck berücksichtigen:

$$\Phi_g = gz + \int\limits_{o}^{p} \frac{1}{\varrho_g}\,dp + \int\limits_{p}^{p+p_{cg}} \frac{1}{\varrho_g}\,dp\,. \tag{200}$$

Die treibenden Kräfte, die auf ein isoliertes Volumenelement von Öl oder Gas pro Masseneinheit wirken, sind:

$$\mathbf{E}_o = -\operatorname{grad}\Phi_o = \mathbf{g} - \frac{1}{\varrho_o}\operatorname{grad}p - \frac{1}{\varrho_o}\operatorname{grad}p_{c\,o}\,. \tag{201}$$

$$\mathbf{E}_g = -\operatorname{grad}\Phi_g = \mathbf{g} - \frac{1}{\varrho_g}\operatorname{grad}p - \frac{1}{\varrho_g}\operatorname{grad}p_{c\,g}\,. \tag{202}$$

Für die Bildung von Öl- und Gasansammlungen ist zunächst der letzte, auf die Grenzflächenkräfte bezügliche Term in den Gleichungen für das Potential wichtig. Er besagt, daß im wassergefüllten Porenraum die Potentialminima für Öl und Gas jedenfalls in Räumen mit kleinem Capillardruck, d. h. in Gesteinen mit großem Porendurchmesser, zu finden sind. Wie aber gelangen die kleinen Volumenelemente von Öl und Gas in diese Räume, wenn sie nicht von vornherein in ihnen vorkommen? Sind sie in einem Gestein enthalten, dessen Porenradius sich kontinuierlich im Raume ändert, so wird gemäß Gl. (197—198) auch ein Gradient des Capillardrucks existieren. Es werden dann Öl- oder Gaselemente in einem solchen Feld gemäß Gl. (201—202) eine Kraft erfahren, die in der Richtung von —grad p_c, d. h. in Richtung zunehmender Porenradien, wirkt. Öl und Gas würden sich also in einem solchen Milieu in den Regionen mit größeren Poren sammeln.

In der Natur ist ein plötzlicher Wechsel der mittleren Porengröße — etwa an der Grenze zwischen Ton und Sand — häufiger als ein allmählicher Übergang. In diesem Fall wird jedes Öltröpfchen oder Gasbläschen, das sich an dieser Grenze befindet und dessen Meniscus gegen das Wasser z. T. im Sand, z. T. im Ton verläuft, eine Capillarkraft erfahren, die es in den Sand hineintreibt, da jedenfalls die Grenzfläche im feinporigen Ton stärker gekrümmt ist als im großporigen Sand. Die treibende Kraft ist dann gleich der Differenz der Capillardrucke in Ton und Sand.

In unverfestigten Sedimenten sind die mittleren Porenradien $\bar{r}$ kleiner, aber von der gleichen Größenordnung wie die mittleren Kornradien. Man kann annehmen, daß der mittlere Porenradius etwa $^1/_4$ des mittleren Kornradius beträgt. Setzt man $\vartheta = 0°$ und für die Grenzflächenspannungen Wasser/Öl und Wasser/Gas die Werte 25 und 70 dyn/cm, so erhält man für verschiedene Sedimenttypen die folgenden Capillardrucke:

Sediment	r	p_{co}	p_{eg}
Ton . . .	10^{-5} cm	5 at	14 at
Schluff . .	10^{-4} cm	0,5 at	1,4 at
Sand . .	10^{-3} cm	0,05 at	0,14 at

Gasblasen und Öltröpfchen werden also mit erheblichen Drucken aus feinkörnigen Sedimenten in grobkörnige gepreßt. Sind Öl und Gas einmal in grobporigen Gesteinen, so wirken Tone als impermeable Schichten, da die zur Überwindung des Capillardrucks erforderlichen hohen Drucke im allgemeinen nicht zur Verfügung stehen. So können Öl und Gas wohl von Tonen in Sande und ähnliche Gesteine, nicht aber in umgekehrter Richtung wandern.

Schwieriger als der Eintritt gerade an der Grenze Ton/Sand befindlicher Öl- und Gaselemente in den Sand ist die Wanderung von Öl und Gas aus dem Inneren eines im übrigen mit Wasser gesättigten, homogenen Tones in einen angrenzenden Sand zu verstehen. Auch wenn man die allmähliche Kompression des Tones unter dem Einfluß einer zunehmenden Absenkung in Rechnung stellt, müßte die bevorzugte Auspressung von Öl und Gas aus dem sich verkleinernden Porenraum erklärt werden. Wahrscheinlich kommt es wesentlich auf die verschiedene Größe der Poren an. Sind nämlich im Ton Hohlräume verschiedenen Querschnitts miteinander verbunden, so werden sich Öl- und Gaselemente unter dem Einfluß der Capillarkräfte allmählich in den Porenräumen großen Querschnitts sammeln. Bilden diese ein weitverzweigtes, aber zusammenhängendes System, das letzten Endes doch auch an der Grenze in den Sand mündet, so können hier die Capillarkräfte angreifen und den gesamten Inhalt einer solchen kleinen Gas- oder Öl-„Leitung" in den Sand entleeren, sobald einmal der Zusammenhang hergestellt ist.

Da man Öl und Gas in den Sedimenten immer in grobkörnigen Gesteinen angereichert und in feinkörnigen Tonen höchstens nur spurenhaft antrifft, obwohl gerade die tonigen Gesteine die größten Mengen organischer Substanz enthalten haben, aus denen die Kohlenwasserstoffe entstanden sind, muß man jedenfalls annehmen, daß Vorgänge dieser oder ähnlicher Art stattfanden, die Öl und Gas in die grobporigen Gesteine niedrigen Capillarpotentials transportierten. Wir müssen auch weiter annehmen, daß die Oberflächen der Mineralkörner der Gesteine mindestens in den Räumen und Zeiten der Wanderung kleiner Volumenelemente von Öl und Gas bevorzugt von Wasser benetzt wurden (ϑ in Wasser gemessen $< 90°$), da gemäß Gl. (197—198) nur in diesem Fall die Bevorzugung der grobporigen Gesteine durch Öl und Gas verständlich ist.

Sind Öl, Gas und Wasser im homogenen grobporigen Gestein versammelt, so wirken auf die weiteren Bewegungen die verschiedenen Komponenten der Schwerkraft. Daß sich die drei nichtmischbaren Phasen dann schließlich voneinander trennen, ist eine Folge ihrer verschiedenen Dichte. Wir betrachten mit HUBBERT (1953) die auf die Masseneinheit Öl wirkende Kraft, für die unter Vernachlässigung des Capillaritätsterms gilt:

$$\mathbf{E}_o = \mathbf{g} - \frac{1}{\varrho_\bullet}\,\mathrm{grad}\;p\,. \tag{203}$$

Auf die Masseneinheit Wasser wirkt die Kraft

$$\mathbf{E}_w = \mathbf{g} - \frac{1}{\varrho_w}\,\mathrm{grad}\;p\,. \tag{204}$$

Aus beiden Gleichungen erhält man durch Elimination von grad p:

$$\mathbf{E}_o = \mathbf{g} + \frac{\varrho_w}{\varrho_g}\,(\mathbf{E}_w - \mathbf{g})\,. \tag{205}$$

Entsprechend erhält man für die auf das Gas wirkende Kraft:

$$\mathbf{E}_g = \mathbf{g} + \frac{\varrho_w}{\varrho_g}\,(\mathbf{E}_w - \mathbf{g})\,. \tag{206}$$

Mit Hilfe dieser Vektorgleichungen kann man leicht übersehen, wie sich Öl- und Gaselemente in dem mit Wasser gefüllten, grobporigen Gestein verhalten werden. Dabei sei, um möglichst allgemeine Bedingungen zu wahren, angenommen, daß das Wasser durch das Gestein strömt. Die auf das Öl (bzw. Gas) wirkende Kraft $\mathbf{E}_o$ (bzw. $\mathbf{E}_g$) erhält man aus einer Addition der Vektoren $\mathbf{g}$ und $\frac{\varrho_w}{\varrho_o}(\mathbf{E}_w - \mathbf{g})$ (bzw. des entsprechenden Vektors für das Gas), wie dies in Abb. 43 für $\mathbf{E}_o$ dargestellt ist. $\mathbf{g}$ wirkt immer senkrecht nach unten und $\mathbf{E}_w$ sei vorgegeben. Die auf das Öl wirkende Kraft bildet einen Winkel mit $\mathbf{E}_w$, dessen Größe vom Verhältnis der Dichten abhängt. Ist die Permeabilität des Gesteins von der Richtung unabhängig (vgl. S. 72), so fallen die Bewegungsrichtungen mit den Kraftrichtungen zusammen. Wegen der geringeren Dichte des Gases bildet $\mathbf{E}_g$ einen größeren Winkel mit $\mathbf{E}_w$ als $\mathbf{E}_o$. Unter bestimmten Bedingungen kann also der in Abb. 44 skizzierte Fall realisiert sein, daß in einem sich abwärts bewegenden Wasserstrom die Öltröpfchen abwärts, die Gasbläschen aufwärts wandern. Im ruhenden Wasser ($E_w = 0$) wandern sowohl Gas als auch Öl senkrecht nach oben.

Durch diese Bewegungen wird in einem gegen die Erdoberfläche geeignet abgedichteten Porenraum sowohl im ruhenden, als auch im bewegten Wasser schließlich ein Zustand erreicht, in dem die nicht mischbaren Phasen nach ihrer

Dichte voneinander getrennt sind. Wenn alle Phasen ruhen, muß die Grenzfläche zwischen leichter und schwerer Phase horizontal sein. Diese Grenzfläche ist aber geneigt, sobald sich die Phasen relativ zueinander bewegen. Aus der Neigung der Grenzfläche kann man auf Richtung und Größe der Bewegungen schließen.

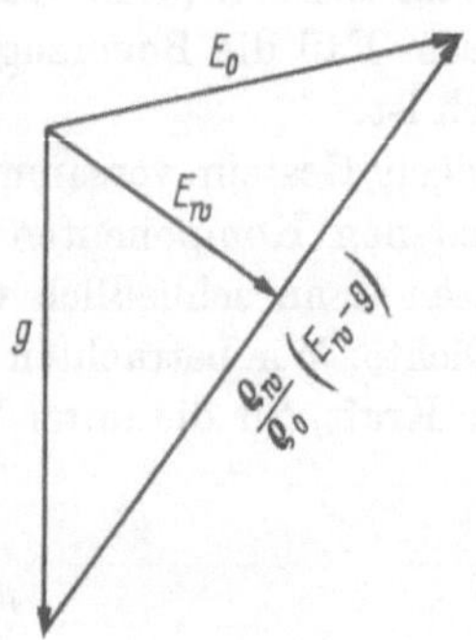

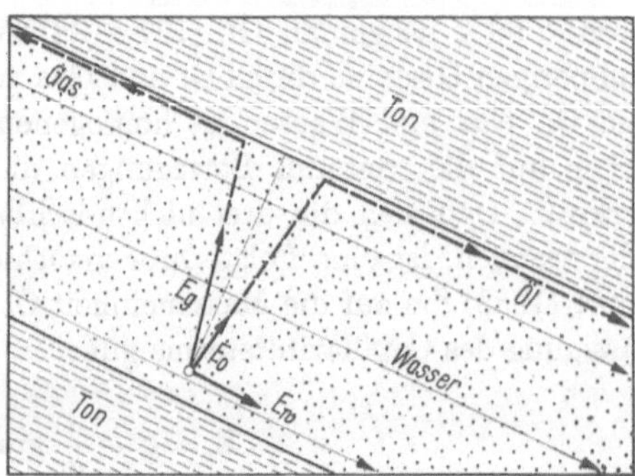

Abb. 43   Abb. 44

Abb. 43. Vektordiagramm der auf die Masseneinheit Öl und Wasser wirkenden Kräfte

Abb. 44. *Wanderung von Öltropfen und Gasblasen in dem durch eine Sandschicht strömenden Wasser* (Nach HUBBERT). In dem hier skizzierten Fall haben die wirkenden Kräfte gerade solche Richtung und Größe, daß das Gas aufwärts, das Öl mit dem Wasser abwärts wandert

Um diese Beziehungen abzuleiten, betrachten wir mit HUBBERT (1940) unter Vernachlässigung der Capillarkräfte die Grenzfläche zwischen zwei Phasen, z. B. Wasser und Öl, die sich nach ihrer Dichte (ϱ_1, ϱ_2) unterscheiden. Für die Masseneinheiten der beiden Phasen an einem durch die Höhe z gekennzeichneten Punkt gelten die folgenden Potentiale:

$$\Phi_1 = gz + \frac{p}{\varrho_1} \tag{207}$$

$$\Phi_2 = gz + \frac{p}{\varrho_2}. \tag{208}$$

Durch Elimination von p erhält man aus diesen Gleichungen:

$$z = \frac{1}{g}\left(\frac{\varrho_2}{\varrho_2 - \varrho_1}\Phi_2 - \frac{\varrho_1}{\varrho_2 - \varrho_1}\Phi_1\right). \tag{209}$$

Jeder Punkt im Raum ist durch seine Höhe z und die dort für die beiden Phasen geltenden Potentiale Φ_1 und Φ_2 gekennzeichnet. Die obige Gleichung gibt die Verknüpfung dieser Größen wieder. S sei in Abb. 45 die Spur der Grenzfläche zwischen den Phasen, die in dem hier betrachteten allgemeinen Fall um den Winkel α gegen die Horizontale geneigt sei. Dann gilt für diese Neigung:

$$\sin \alpha = \frac{\partial z}{\partial s} = \frac{1}{g}\left(\frac{\varrho_2}{\varrho_2 - \varrho_1}\cdot\frac{\partial \Phi_2}{\partial s} - \frac{\varrho_1}{\varrho_2 - \varrho_1}\cdot\frac{\partial \Phi_1}{\partial s}\right). \tag{210}$$

Nun gilt nach der Darcyschen Beziehung (vgl. S. 61):

$$\frac{\partial \Phi_1}{\partial s} = -\frac{\mu_1}{k\varrho_1}\cdot q_{1s}; \qquad \frac{\partial \Phi_2}{\partial s} = -\frac{\mu_2}{k\varrho_2}\cdot q_{2s}, \tag{211}$$

wenn q_{1s} und q_{2s} die absoluten Beträge der Komponenten der Strömung beider Phasen parallel zur Grenzfläche bedeuten. Dies ergibt:

$$\sin \alpha = \frac{1}{g}\left(\frac{1}{\varrho_2 - \varrho_1}\cdot\frac{\mu_1}{k}\cdot q_{1s} - \frac{1}{\varrho_2 - \varrho_1}\cdot\frac{\mu_2}{k}\cdot q_{2s}\right). \tag{212}$$

Im statischen Fall ist $q_{1s} = q_{2s} = 0$; es ist dann also sin $\alpha = 0$. Die Grenzfläche liegt horizontal, wenn keine Phase strömt.

Es ruhe nun die schwere Phase (2) und es ströme die leichtere Phase (1). Dann gilt $(q_{2s} = 0)$:

$$\sin \alpha = \frac{1}{g} \cdot \frac{1}{\varrho_2 - \varrho_1} \cdot \frac{\mu_1}{k} \cdot q_{1s} \, . \tag{213}$$

sin α ist dann positiv, d. h. die Grenzfläche steigt in der Strömungsrichtung an. Die Neigung nimmt mit der Strömungsgeschwindigkeit zu. Umgekehrt ist sin α negativ, die Grenzfläche also in Richtung der Fließbewegung abwärts ge-
neigt, wenn die schwerere Phase strömt
und die leichtere ruht $(q_{1s} = 0)$:

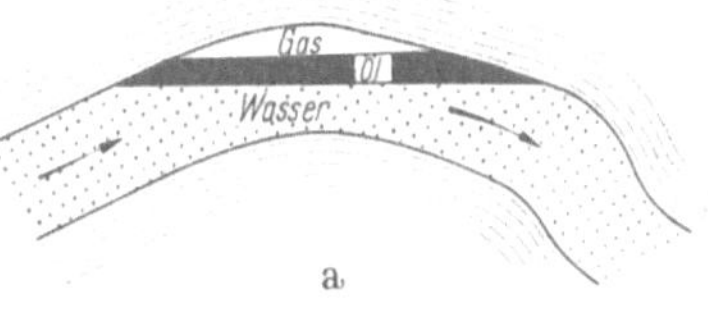

$$\sin \alpha = - \frac{1}{g} \cdot \frac{1}{\varrho_2 - \varrho_1} \cdot \frac{\mu_2}{k} \cdot q_{2s} \, . \tag{214}$$

Strömen beide Phasen, so ergibt sich
eine resultierende Neigung der Grenzfläche nach Richtung und Größe aus
Gl. (212). Dabei ist zu beachten, daß beide
Phasen gegeneinander wirken, wenn sie

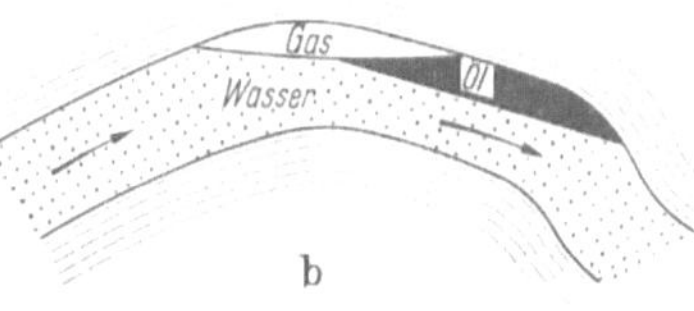

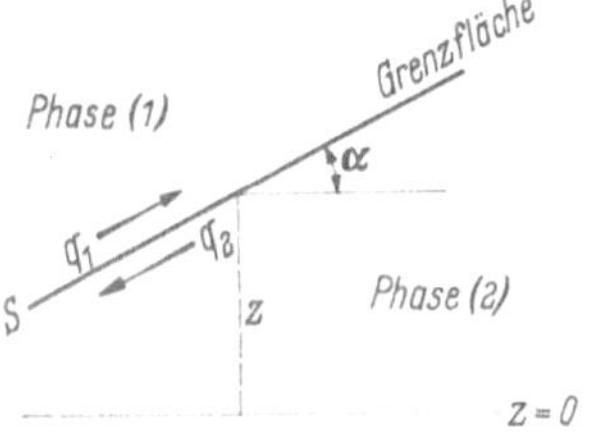

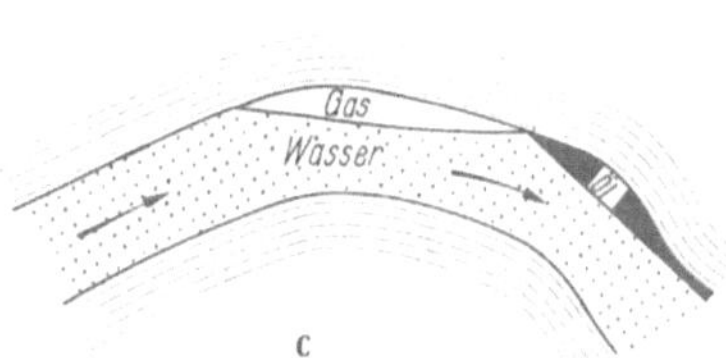

Abb. 45   Abb. 46

Abb. 45. *Zur Berechnung der Lage der Grenzfläche zwischen zwei relativ zueinander bewegten Porenflüssigkeiten*

Abb. 46. *Typen der Öl- und Gasansammlung, die durch strömendes Porenwasser erzeugt werden*, nach HUBBERT. *Die Geschwindigkeit der Strömung nimmt von a) nach c) zu*

in der gleichen Richtung strömen. Daher kommt es, daß die Grenzfläche nicht nur im Falle absoluter Ruhe, sondern auch dann horizontal liegt, wenn sich die gleichgerichteten Strömungsgeschwindigkeiten umgekehrt wie die Viscositäten verhalten:

$$\sin \alpha = 0; \quad \text{für } q_{1s} : q_{2s} = \mu_2 : \mu_1. \tag{215}$$

Als ein weiteres interessantes Ergebnis dieser Betrachtung findet man, daß die Grenzfläche zwischen beiden Medien bei Überschreitung einer oberen Grenze für die Differenz der Strömungsgeschwindigkeiten instabil wird. Wir sahen, wie die Neigung der Grenzfläche immer steiler wird, je schneller sich die Phasen gegeneinander verschieben. Die obere Grenze ist sin $\alpha = 1$, d. h. $\alpha = 90°$. Diese maximale Grenze ist nach Gl. (212) durch ein Maximum der Differenz $(q_{1s}\,\mu_1 - q_{2s}\,\mu_2)$ gegeben:

$$(q_{1s}\,\mu_1 - q_{2s}\,\mu_2)_{max} = g\,k\,(\varrho_2 - \varrho_1). \tag{216}$$

In den Lagerstätten der Erdgase und des Erdöls liegt die Grenzfläche gegen das tiefere Wasser in der Regel horizontal, da im allgemeinen beide Phasen ruhen. HUBBERT (1953) hat darauf aufmerksam gemacht, daß es zahlreiche Ausnahmen von dieser Regel gibt, die man nach dem Schema der Abb. 46 verstehen kann.

Eine, wenn auch nur langsame Strömung des Wassers erzeugt entsprechend geneigte Grenzflächen und eine Verlagerung der Ansammlungen leichter Phasen vom Scheitel der Aufwölbung grobporiger Gesteinsschichten in tiefere Lagen. Verschiedene Beispiele für Öl- und Gaslagerstätten mit geneigtem Wasserkontakt sind bei HUBBERT (1953) und in dem Buch von LEVORSEN (1956) beschrieben.

Bei den bisherigen Betrachtungen war von der Grenzfläche zwischen den Phasen als von einer scharfen Grenze die Rede. Dies ist nur richtig, wenn man die Capillarkräfte vernachlässigt. In Wirklichkeit bilden Wasser und Öl, oder auch Wasser und Gas in Gesteinen niemals scharfe Grenzflächen; es sind vielmehr die mit Öl, bzw. Gas und die mit Wasser gefüllten Partien des Gesteins durch eine mehr oder minder breite Übergangszone getrennt, in der von unten nach oben die Wassersättigung allmählich abnimmt.

Die Verteilung der Phasen in einer solchen Übergangsschicht untersuchen wir am Beispiel von Wasser und Öl mit Hilfe der Potentiale:

$$\Phi_w = gz + \frac{p}{\varrho_w} \tag{217}$$

$$\Phi_o = gz + \frac{p}{\varrho_o} + \frac{p_c}{\varrho_o} \, . \tag{218}$$

Wenn die beiden Phasen im Gleichgewicht sein sollen, so muß das auf die Volumeneinheit bezogene Potential an jedem Punkt des Porenraums für beide Phasen gleich groß sein. Andernfalls würde es einen Energiegewinn bedeuten, das von einer Phase eingenommene Volumen durch die andere zu ersetzen, und es würde sich nicht um ein Gleichgewicht handeln. Es muß also gelten:

$$\Phi_w \varrho_w = \Phi_o \varrho_o \, . \tag{219}$$

Daraus erhält man mit den obigen Gleichungen:

$$p_c = (\varrho_w - \varrho_o) \, g \cdot z \, . \tag{220}$$

Diese Gleichung besagt, daß der Capillardruck, der ja angibt, um welchen Betrag der Druck in der Ölphase höher ist als der im Wasser, linear mit der Höhe über dem Bezugsniveau ansteigt. Dieses Bezugsniveau ist durch $p_c = 0$ gekennzeichnet. Es bezeichnet also die Höhenlage der Öl-Wasser-Grenzfläche für den Fall unendlich großer Porenquerschnitte, für den Fall also, daß die Capillarkräfte zu vernachlässigen sind. Bestünde das Gestein aus einheitlichen Capillaren vom Radius r, so beträgt der Capillardruck für Öl in diesen:

$$p_c = \frac{2\gamma_{ow} \cos \vartheta}{r} \, . \tag{221}$$

Daraus ergibt sich durch Kombination mit Gl. (220), daß in einem solchen Gestein eine scharfe Öl-Wasser-Grenze in einer Höhe

$$z = \frac{2\gamma_{ow} \cos \vartheta}{r(\varrho_w - \varrho_o)g} \tag{222}$$

über dem Bezugsniveau verlaufen würde. Nun besteht kein Gestein aus Capillaren einheitlicher Größe. Es gibt stets eine Verteilung großer und kleiner Hohlräume. Füllt man also ein Gestein mit Öl und Wasser, so ist der Capillardruck im Öl davon abhängig, bis zu welchem Minimaldurchmesser die Hohlräume des Porenraumes mit Öl gefüllt sind. Es gibt daher für jedes Gestein eine typische empirisch zu bestimmende Beziehung zwischen Capillardruck und Ölsättigung, die als Capillardruckkurve bereits behandelt wurde (vgl. S. 86). Eine solche Funktion, wie sie in Abb. 47 dargestellt ist, ordnet jedem Capillardruck eine bestimmte Sättigung des Porenraums mit Öl zu:

$$p_c = p_c(s_o). \tag{223}$$

Da der Capillardruck nach Gl. (221) gemäß der Dichtedifferenz $(\varrho_w - \varrho_o)$ linear mit der Höhe ansteigt, bildet die Capillardruckkurve direkt die Zunahme

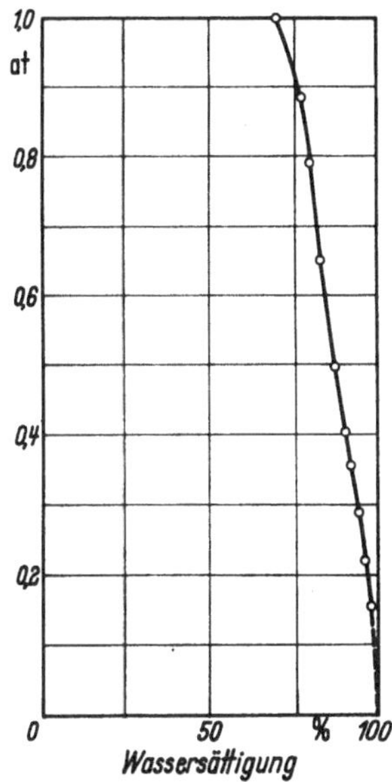

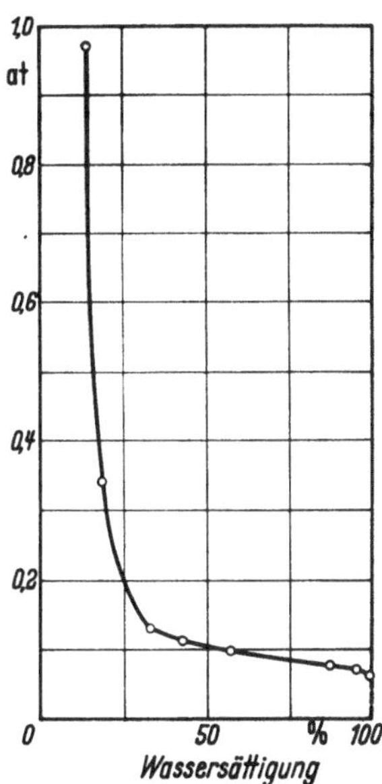

Abb. 47a. *Capillardruckkurve eines tonhaltigen Feinsandsteins.* (Laboratorium der Gewerkschaft Elwerath)

Abb. 47b. *Capillardruckkurve eines grobkörnigen Sandsteins.* (Laboratorium der Gewerkschaft Elwerath)

der Ölsättigung mit der Höhe in der Übergangsschicht ab. Man kann Capillardruckkurven wie die der Abb. 47 direkt als Sättigungsverteilung mit zunehmender Höhe z ansehen, wenn man den auf der Abszisse abgetragenen Wert für p_c (in dyn/cm²) durch $(\varrho_w - \varrho_o)g$ dividiert. Die Übergangszone ist in Gesteinen mit geringer Variationsbreite der Porendurchmesser, so etwa in gut sortierten Sandsteinen, sehr gering und kann dort oft vernachlässigt werden. Dagegen kann in tonigen Sandsteinen, wo sehr verschieden große Hohlräume vorkommen, die Übergangszone von sehr erheblicher Ausdehnung sein. Im gleichen Gestein ist die Höhe der Übergangszone zwischen Wasser und Öl abhängig vom Unterschied der Dichten und um so ausgedehnter, je geringer dieser Unterschied ist. Spezifisch schwere Öle haben daher besonders breite Übergangszonen. Dagegen ist die Übergangszone zwischen Wasser und Gasen wegen des großen Dichteunterschiedes meist wohl zu vernachlässigen.

Wie der steile Anstieg der Capillarkurve bei kleinen Wassersättigungen anzeigt, bleibt schließlich ein restlicher Wassergehalt im Porenraum übrig, der sich auch bei sehr hohen Capillardrucken nicht entfernen läßt. Dieses Haftwasser, das an anderer Stelle schon behandelt wurde, ist in der ganzen Öl- oder Gaslagerstätte vorhanden. Es ist im Gegensatz zum Wasser der Übergangszone nicht beweglich und in seiner Menge von der geometrischen Natur des Porenraums abhängig (vgl. S. 100).

Mischbare Flüssigkeiten im Porenraum. Zwischen mischbaren Flüssigkeiten gibt es keine Grenzflächenspannung. Begegnen sich solche im Porenraum der Gesteine, so kann sich eine Grenzfläche nur als eine auf die Dauer unbeständige Erscheinung bilden. Die Diffusion wird immer bestrebt sein, die scharfe Grenze zu zerstören und eine vollständige und einheitliche Mischung beider Flüssigkeiten zu erzeugen. Solche Diffusionen mögen im Einzelfall sehr langsam erfolgen, so daß sich Grenzflächen dieser Art über geologische Zeiträume erhalten, doch haben alle Erscheinungen und Vorgänge im Porenraum, bei denen Grenzen zwischen mischbaren Flüssigkeiten auftreten, grundsätzlich einen instabilen und nicht stationären Charakter. Die theoretische Behandlung dieser Phänomene ist deshalb besonders schwierig.

Von TAYLOR (1953) (s. auch·v. ROSENBERG [1956], SCHEIDEGGER [1957]) wurde die Verdrängung einer Flüssigkeit durch eine andere, mit ihr mischbare in einer Capillare untersucht. Unter dem Einfluß eines äußeren Druckgefälles dringt die zugeführte Flüssigkeit mit einem parabelförmigen Profil der Grenzfläche in die vorgefundene Flüssigkeit ein. Die Geschwindigkeit der eindringenden Flüssigkeit ist entsprechend der Geschwindigkeitsverteilung nach HAGEN-POISEUILLE in der Mitte der Capillare am größten. Wenn keine Diffusion stattfindet, dehnt sich dieses Paraboloid nadelförmig immer weiter aus. Die Grenzfläche wird jedoch zunehmend zerstört durch die im wesentlichen radial verlaufende Diffusion, die beide Flüssigkeiten miteinander vermischt. Die von TAYLOR (1953) und v. ROSENBERG (1956) ausgeführte Theorie beider Einflüsse ergibt die folgende charakteristische Abhängigkeit des Verdrängungs- und Vermischungsvorganges von der Geschwindigkeit der Verdrängung und vom Diffusionskoeffizienten:

$$L^2 \sim \frac{v\,x}{D} \, . \tag{224}$$

Dabei bedeutet L die Länge der Verdrängungsfront, d. h. diejenige in Richtung der Capillarenachse gemessene Strecke, über die ein bestimmter Anteil (z. B. 80%) der gesamten Konzentrationsänderung verteilt ist; v ist die Geschwindigkeit der Verdrängung, x die von der Verdrängungsfront bereits zurückgelegte Strecke und D ist der Diffusionskoeffizient. Bei hoher Geschwindigkeit zieht sich die Verdrängungsfront weit auseinander. Bei kleiner Geschwindigkeit baut die Diffusion die vorauslaufende „Nadel" der eindringenden Flüssigkeit ab, so daß die Verdrängungsfront zusammengedrängt erscheint. Sind die Viscositäten der beiden Flüssigkeiten verschieden, so wird wie bei nicht mischbaren Phasen die Ausdehnung der Verdrängungsfront größer, als wenn die Viscositäten gleich oder ähnlich sind. Daher wird die Verdrängung optimal, d. h. die Vermischungszone von kleinster Ausdehnung, wenn sich Flüssigkeiten verdrängen, die miteinander mischbar und von gleicher Viscosität sind. Dies tritt z. B. ein, wenn Salzwasser von Süßwasser verdrängt wird. Die scharfen Grenzen zwischen Süß- und Salzwasser, wie man sie häufig in den Gesteinen der Erdrinde antrifft, und die wegen der Langsamkeit der Diffusion geologische Zeiträume überdauern können, werden so verständlich (vgl. z. B. die S. 159f. beschriebenen Süß-Salzwassergrenzen im

Tertiär des deutschen Alpenvorlandes). Es wurde auch schon vorgeschlagen, Öllagerstätten durch Einpressen eines mit dem Öl mischbaren Mediums vollständiger zu entölen, als wie dies nach den bisherigen Methoden möglich ist. Ein technisches Verfahren besteht z. B. darin, Propan einzupressen, das sich im Öl löst und dahinter Luft folgen zu lassen, die wiederum mit dem Propan mischbar ist (vgl. z. B. CLARK u. Mitarb. 1958).

Sieht man von der Verwischung der Grenzfläche durch die Diffusion ab, so gelten für die Lage der Grenzfläche zwischen mischbaren Flüssigkeiten dieselben Prinzipien, wie sie für die nicht mischbaren Phasen abgeleitet wurden. Im Gleichgewicht wird also immer die schwerere Flüssigkeit unter der leichteren liegen. Andere Anordnungen sind metastabil. Ruhen beide Flüssigkeiten, so liegt die Grenzfläche horizontal im Raum. Geneigte Grenzflächen sind gemäß Gl. (212) nur möglich, wenn Bewegungen stattfinden; man kann aus der Neigung der Grenzfläche auf die Richtung der Bewegung schließen. So hat man z. B. an der Meeresküste beobachtet, daß der Kontakt zwischen Süßwasser und darunter liegendem Salzwasser an der Küstenlinie im Niveau des Meeresspiegels liegt, landeinwärts aber in größere Tiefen absinkt (sog. Gesetz von BADON GHIJBEN und HERZBERG, vgl. HUBBERT 1940). Diese geneigte Lage der Grenzfläche zeigt eine Bewegung des Wassers an, und zwar strömt Süßwasser seewärts, wodurch sich die Grenzfläche gemäß Gl. (212) in der Bewegungsrichtung anhebt.

6. Die Permeabilität der Gesteine

Die Messung der Permeabilität an Gesteinsproben. Die Messung der Permeabilität für homogenen Fluß beruht auf der Anwendung der Darcy-Gleichung. Man hat also dafür Sorge zu tragen, daß die experimentellen Bedingungen den Gültigkeitsgrenzen der Darcy-Gleichung entsprechen, wie sie oben (S. 64 ff.) entwickelt wurden.

Die zu messenden Proben schneidet man zweckmäßigerweise in zylindrischer Form aus dem Gestein. Gut bewährt haben sich Durchmesser und Länge von 3 cm. Die zylindrische Oberfläche der Probe soll möglichst glatt sein, was man mit einem guten Diamantbohrer erreichen kann. Bei der Herstellung der Proben ist auf die Orientierung der Zylinderachse zu s-Flächen oder anderen Richtungen im Gestein zu achten, da wohl kaum ein Sedimentgestein hinsichtlich der Permeabilität isotrop ist. Gemäß den Überlegungen über die Richtungsabhängigkeit der Permeabilität (S. 77 ff.) sollte man die Probezylinder so anordnen, daß die Zylinderachse einer Hauptachse des Permeabilitätstensors parallel geht. Bei einem geschichteten Gestein kann man annehmen, daß eine Achse, und zwar die Richtung kleinster Permeabilität senkrecht zur Schichtfläche verläuft. Man wird darum einen ersten Probezylinder senkrecht zur Schichtung schneiden. In vielen Fällen kann man die Richtungsabhängigkeit der Permeabilität in der Schichtfläche vernachlässigen, so daß also der Permeabilitätstensor ein abgeplattetes Rotationsellipsoid darstellt, mit der Rotationsachse senkrecht zur Schichtfläche. In diesem Fall genügt ein zweiter Probezylinder, dessen Achse in der Schichtfläche liegt. Es wird dann das betreffende Gestein durch die beiden Permeabilitäten $k_{\|}$ parallel und $k_{\perp}$ senkrecht zur Schichtung charakterisiert.

Es hat sich gezeigt, daß in manchen Gesteinen die Permeabilität auch in der Schichtfläche von der Richtung abhängt, daß also der Permeabilitätstensor ein dreiachsiges Ellipsoid darstellt (JOHNSON und HUGHES [1948], GRIFFITHS und ROSENFELD [1953], GRIFFITHS [1953]). Es müssen dann mehrere orientierte Zylinder mit der Achse in der Schnittfläche geschnitten werden. Es wurde oben gezeigt, daß in solchen beliebig geschnittenen Zylindern die Kraftrichtung (Richtung des maximalen Druckgefälles) nicht mit der Zylinderachse zusammenfällt, wenn der Fluß in der Achsenrichtung erfolgt (S. 80). Die mathematische Analyse ergab, daß sich nur dann die Figur einer Ellipse ergibt, wenn man die Wurzeln aus den für bestimmte Richtungen der Zylinderachse gemessenen Permeabilitäten in diesen Richtungen abträgt. Die Hauptachsen dieser Ellipse bezeichnen die beiden in der Schichtebene gelegenen Hauptachsen des Permeabilitätstensors, der für solche Gesteine durch die drei Werte k_1, k_2 (in der Schichtebene) und k_3 (senkrecht zur Schichtung) bezeichnet wird.

Vor der Messung müssen die geschnittenen Probezylinder gut gereinigt und getrocknet werden, damit der Porenraum ganz frei ist. Ölhaltige Gesteine reinigt man durch Extraktion im Soxhletapparat mit einem geeigneten Lösungsmittel wie Chloroform oder Tetrachlorkohlenstoff. Salzwasserhaltige Gesteinsproben müssen in destilliertem Wasser ausgelaugt werden, um alle Salze zu entfernen. Danach werden die Proben getrocknet, was bei möglichst tiefer Temperatur geschehen sollte, um die Porenstruktur nicht zu verändern.

Im allgemeinen pflegt man die Permeabilität der Gesteine für homogenen Fluß mit trockener Luft zu bestimmen. Dazu müssen die getrockneten Proben in eine Halterung eingepaßt werden, die ein Hindurchtreten von Luft neben der Probe verhindert. Dies kann durch Einbetten in ein Wachs, eine Kunststoffhülse (Plexiglas) oder in eine Gummifassung geschehen. Die sicherste Abdichtung erhält man wohl durch Einpassen der zylindrischen Probe in einen Plexiglasring, der sich durch Anwendung von höherer Temperatur und erhöhtem Druck fest auf den Gesteinszylinder aufpressen läßt. Bequemer und billiger ist die Verwendung eines dicken Gummiringes, in dessen Innenhohlraum der Probekörper gerade hineinpaßt, und der von außen durch einen Metallhalter zusammengepreßt wird. Gut hat sich auch eine von HASSLER (1944) angegebene Fassung bewährt: der Gesteinszylinder steckt in einem Gummischlauch, der durch einen von außen zugeführten Luftdruck fest gegen die Gesteinsoberfläche gepreßt wird.

Zur Messung wird trockene und staubfreie Luft durch die Probe gepreßt. Die Drucke p_2 und p_1 an der Eintritts- und Austrittsfläche der Probe, bzw. deren Differenz werden gemessen (z. B. mit einem Wassermanometer, das gleich die Differenz $\Delta p = p_2 - p_1$ angibt); und es wird die zugehörige Strömungsgeschwindigkeit q in cm³ sec⁻¹ bestimmt. Dies geschieht am einfachsten und am genauesten durch die Messung der Bewegung einer Seifenlamelle in einem kalibrierten Glasrohr. Man verwendet am bequemsten ein Instrument mit drei solchen Rohren verschiedenen Querschnittes, von denen man je nach der Höhe der Permeabilität das passendste einschaltet. Anstelle dieser Einrichtung sind auch andere Strömungsmesser geeignet, wie etwa Rotameter oder Capillarinstrumente, bei denen die Druckdifferenz über einer durchströmten Capillare als Maß für die Strömungsgeschwindigkeit dient.

Gemäß der Gl. (64) auf S. 62 für den Gasfluß durch Gesteinszylinder berechnet man die Permeabilität nach der Formel:

$$k = \frac{2\,\mu l q p_1}{F(p_2^2 - p_1^2)} = \frac{\mu l q p_1}{F \cdot \bar{p} \cdot \Delta p}. \tag{225}$$

l = Länge, F = Querschnitt der zylindrischen Probe; μ = Viscosität der Luft; q = Strömungsgeschwindigkeit; $\bar{p}$ = mittlerer Druck = $\frac{1}{2}(p_2 + p_1)$; $\Delta p = p_2 - p_1$.

Mißt man q in cm³/sec, F in cm², l in cm, p in at und μ in cP, so erhält man k in Darcy.

Bei feinkörnigen Gesteinen kann, wie oben auseinandergesetzt (S. 66), die Gleitung des Gases an den Porenwänden störend in Erscheinung treten. Für den Fluß gilt dann

$$\frac{q}{F} = \frac{k\bar{p}\Delta p}{\mu l p_1} + \text{const.} \cdot \frac{\Delta p}{l p_1} \, . \tag{226}$$

Rechnet man formal eine scheinbare Permeabilität k' aus, so erhält man:

$$k' = \frac{\mu l q p_1}{F\bar{p}\Delta p} = k + \text{const.} \cdot \frac{\mu}{\bar{p}} \, . \tag{227}$$

Die so berechnete scheinbare Permeabilität nimmt also mit zunehmendem mittlerem Druck $\bar{p}$ ab. Man erhält die wahre Permeabilität für Darcyfluß, wenn man Messungen bei verschiedenen Drucken $\bar{p}$ ausführt, k' gegen $1/\bar{p}$ aufträgt und die Kurve gegen $1/\bar{p} = 0$ extrapoliert (KLINKENBERG 1941). Es hat sich gezeigt, daß eine solche Korrektur notwendig wird, wenn die Permeabilität kleiner als einige Millidarcy ist.

Um einen mittleren Wert für die Permeabilität in der Schichtebene zu erhalten, kann man die Messung auch an einer zylindrischen, axial durchbohrten Probe ausführen, die senkrecht zur Schichtfläche orientiert ist. Die Luft läßt man axial von innen nach außen strömen, so daß zugleich alle Richtungen in der Schichtebene benutzt werden. Zur Auswertung der Messung dient die auf S. 74 abgeleitete Gl. (118) für radialen Fluß, aus der sich unter Berücksichtigung der Kompressibilität der Luft (S. 76) für die Permeabilität ergibt:

$$k = \frac{\mu q \ln r_1/r_2}{2\pi l(p^2 - p_1^2)} = \frac{\mu q \ln r_1/r_2}{4\pi l\bar{p}\Delta p} \, . \tag{228}$$

r_1 = äußerer Zylinderradius, r_2 = Radius der axialen Durchbohrung; p_2 = Druck in der Durchbohrung; p_1 = Druck am äußeren Zylindermantel, $(p_2 > p_1)$.

Gemäß den Überlegungen S. 64 ist dafür Sorge zu tragen, daß die Strömung so langsam erfolgt, daß die Trägheitskräfte gegenüber den Kräften der inneren Reibung vernachlässigt werden können. Es dürfen daher nicht zu große Druckdifferenzen verwendet werden. Je größer die Permeabilität und je gröber die Korngröße ist, desto niedriger ist die zulässige Druckdifferenz (s. Tab. 14, S. 66). In der Praxis hat es sich bewährt, bei 3 cm langen Kernen und Luft mit Druckdifferenzen zu arbeiten, die je nach der Permeabilität zwischen 0,1 und 0,01 at liegen. Auch hier ist es zweckmäßig, Messungen bei verschiedenen Druckdifferenzen auszuführen. Im Bereich verschwindender Trägheitskräfte, d. h. im Gültigkeitsbereich der Darcy-Gleichung muß die Permeabilität von der Druckdifferenz unabhängig sein.

Soll die Permeabilität mit Flüssigkeiten (Wasser, Öl) gemessen werden, so müssen die Probekörper nach der Trocknung und Reinigung vollständig mit dieser Flüssigkeit getränkt werden. Die vollständige Sättigung des Porenraums mit einer Flüssigkeit ist besonders bei feinkörnigen Gesteinen nicht einfach zu erreichen, da sich kleine Gasreste sehr hartnäckig im Porenraum halten. Man muß die Gesteinsprobe zunächst in einem abgeschlossenen Gefäß evakuieren und dann die betreffende Flüssigkeit hinzutreten und den Porenraum erfüllen lassen. Soll die Probe mit einem sich im Vakuum zersetzenden Flüssigkeitsgemisch wie natürlichem Erdöl gesättigt werden, so muß der Porenraum zunächst mit einer einfachen Flüssigkeit (z. B. Benzol) gefüllt werden, die sich mit dem Erdöl mischt, und die dann später auf mechanischem Wege vollständig vom Öl verdrängt werden kann.

Permeabilitätsmessungen sind mit Flüssigkeiten schwieriger durchzuführen und im allgemeinen schlechter reproduzierbar als mit Gasen. Daher wird man, wenn nicht besondere Gründe vorliegen, immer die Messung mit Gasen vorziehen. Flüssigkeiten können leichter als Gase im Porenraum Veränderungen hervorrufen, die die Permeabilität beeinflussen. So können auf mechanischem Wege kleine Partikel (Tonflocken) abgelöst und an Verengungen des Porensystems abgelagert werden, so daß die Permeabilität im Laufe des Versuchs allmählich abnimmt. Man muß daher bei Flüssigkeiten mit besonders kleinen Druckgradienten und Geschwindigkeiten arbeiten. Ferner muß man Flüssigkeiten besonders sorgfältig filtrieren, um die Einschwemmung fester Teilchen von außen zu vermeiden. Schließlich ist daran zu erinnern, daß die Permeabilität tonhaltiger Gesteine für wäßrige Lösungen unter Umständen stark vom Elektrolytgehalt abhängt, da eine Hydratation der Tonoberflächen stattfindet (vgl. S. 69).

Trotz aller dieser Schwierigkeiten ist es aber möglich, bei sorgfältigem Arbeiten an Gesteinsproben, vor allem mit unpolaren organischen Flüssigkeiten, dieselbe Permeabilität wie mit Luft zu messen, so daß sich bei Beachtung aller Fehlerquellen die Natur der Permeabilität als einer gesteinsspezifischen, von der Art des strömenden Mediums unabhängigen Eigenschaft experimentell durchaus bestätigen läßt.

Während die Viscosität der Gase sich nur wenig mit der Temperatur ändert (die Viscosität der Luft nimmt bei 20° C pro Grad um 0,25% zu), ist die Viscosität von Flüssigkeiten stark temperaturabhängig. So nimmt z. B. die Viscosität des Wassers bei 20° pro Grad Temperaturerhöhung um 2,5% ab. Man sollte deshalb bei Permeabilitätsmessungen mit Flüssigkeiten für eine zuverlässige Temperaturkonstanz sorgen, indem Meßflüssigkeit und Meßzelle mit einem Thermostatenmantel umgeben werden. Die Strömungsgeschwindigkeit kann einfach gemessen werden, indem man die aus der Probe austretende Flüssigkeit in einem graduierten Gefäß auffängt. Die Permeabilität wird im Falle axialer Strömung durch einen Zylinder nach der einfachen Darcy-Gleichung für inkompressible Medien berechnet (vgl. S. 61):

$$k = \frac{\mu l q}{F \Delta p}.\qquad(229)$$

Für den Fall des radialen Flusses durch einen in der Mitte axial ausgebohrten Zylinder lautet die Gleichung für Flüssigkeiten:

$$k = \frac{\mu q \ln r_1/r_2}{2\pi l\, \Delta p}.\qquad(230)$$

Die Methoden zur Bestimmung der relativen Permeabilitäten beim Fluß mehrerer nicht miteinander mischbarer Phasen wurden schon auf S. 95 ff. behandelt, so daß hier nur auf diese Abschnitte verwiesen sei.

Tabelle 21. *Petrographische Charakteristik, Porosität (ε) und Permeabilität (k) einiger Speichergesteine aus Erdöl- und Erdgaslagerstätten Nordwestdeutschlands (Mittelwerte)*
(Geologisches Laboratorium der Elwerath, Hannover)
(Die durch * gekennzeichneten Proben entstammen besonders permeablen Lagen)

Nr. Bohrung oder Feld	Formation	Tiefe	d_{50}	$<20\,\mu$	Carbonat	ε	k
		m	mm	%	%		md
Sandsteine:							
1. Schwabmünchen	Bausteinschichten, Chatt.*	1300	0,2	10	60	0,285	2380
2. Ampfing	Ampfinger Sandstein, Lattorf*	1820	0,7	2,1	14,6	0,199	4900
3. Stockstadt	ob. Pechelbr. Sch., Oligocän	1550	0,04	15	30	0,102	7
4. Stockstadt	unt. Pechelbr. Sch., Oligocän*	1610	0,25	2,5	0	0,246	3200
5. Barenburg	ob. Valendis*	810	0,25	1,5	4	0,251	3100
6. Wietingsmoor	Mittel Valendis*	850	0,4	6	6	0,236	510
7. Rühlermoor	Bentheimer Sandst., Valendis*	785	0,25	0,8	0	0,295	7500
8. Scheerhorn	Bentheimer Sandst., Valendis*	1105	0,35	1,1	0	0,245	5700
9. Scheerhorn	Benth. Sandst., Valendis, Basis	1120	0,11	9,5	0	0,274	400
10. Scheerhorn	Wealden*	1160	0,10	7,5	26	0,272	180
11. Ostenwalde	Mittel Kimmeridge	1535	0,50	1,3	0	0,262	9900
12. Kronsberg	Dogger ε*	650	0,35	6,5	49	0,247	105
13. Hankensbüttel	Dogger β, oberer Sandstein*	1535	0,21	1,6	1	0,278	3250
14. Hankensbüttel	Dogger β, unterer Sandstein	1605	0,09	2,6	2	0,228	615
15. Meerdorf	Dogger β, *	1733	0,09	3,1	3	0,190	100
16. Eldingen	Lias α 2*	1485	0,16	2	0	0,269	1570
17. Eldingen	Lias α 1/2*	1520	0,04	10	2	0,245	35
18. Abbensen	Mittel Rhät*	325	0,31	2,3	4	0,185	1360
Carbonatgesteine:							
19. Lingen	Wealden, Schalenkalk*	900	—	—	—	0,236	260
20. Ostenwalde	Portland. Schalenkalk, Oolith*	1495	—	—	—	0,198	65
21. Hohenassel	Oxford. Korallenoolith*	520	—	—	—	0,195	2700
22. Itterbeck	Zechstein. Hauptdolomit*	1610	—	—	—	0,130	3

Zu den Lokalitäten: 1. bei Augsburg; 2. bei Mühldorf/Inn; 3. bei Darmstadt; 5. bei Nienburg/Weser; 6. bei Nienburg/Weser; 7. bei Meppen/Ems; 8. bei Lingen/Ems; 11. bei Meppen/Ems; 12. bei Hannover; 13. südl. Uelzen; 15. bei Braunschweig; 16. bei Celle; 18. bei Peine; 21. bei Braunschweig; 22. bei Nordhorn, Emsland.

Zahlenwerte der Permeabilität. In der Tab. 21 sind als Beispiele für grobporige Gesteine die Permeabilitäten einiger Sandsteine und Kalksteine zusammengestellt, die in westdeutschen Lagerstätten als Trägergesteine für Erdöl und Erdgas vorkommen. Diese Zahlen sind Mittelwerte, die jeweils an mehreren Proben und für Richtungen parallel und senkrecht zur Schichtung gewonnen wurden. Wie im Abschnitt über die Permeabilität und die Struktur des Porenraums im einzelnen auseinandergesetzt wurde (S. 80ff.), hängt die Permeabilität eines klastischen Gesteins von der Porosität, der Korngrößenverteilung und der im allgemeinen stark durch diagenetische Zementation beeinflußten Tortuosität ab. Bei einigen Sandsteinen der Tabelle tritt der Korngrößeneinfluß deutlich in Erscheinung: so zeigen die grobkörnigen Sandsteine des Mittelkimmeridge von Ostenwalde (Nr. 11), des Mittelvalendis von Rühlermoor (Nr. 7) und von Scheerhorn (Nr. 8) mit Mediandurchmessern von 0,5, 0,25 und 0,35 mm hohe Permeabilitäten zwischen 5700 und 9900 md; entsprechend haben die feinstkörnigen Sandsteine des Lias α von Eldingen (Nr. 17) und des Oligocän von Stockstadt (Nr. 3) mit Mediandurchmessern von 0,04 mm Permeabilitäten von nur 35 und 7 md. Der Einfluß diagenetischer Vorgänge ergibt sich aus einem Vergleich der kalkreichen Gesteine des Dogger (Nr. 12) und des Wealden (Nr. 10) mit dem ebenfalls kalkreichen Gestein des Chatt (Nr. 1). In den erstgenannten Sandsteinen liegt das

Carbonat als diagenetisch ausgeschiedene Füllung des Porenraums vor, das
Gestein des Chatt ist ein Kalk- und Dolomitarenit mit detritischem Carbonat-
material von Sandkorngröße. Hoher Carbonatgehalt braucht also nicht immer
eine niedrige Permeabilität anzuzeigen. Wie die Tabelle zeigt, kann die Permeabilität lockerer oder wenig verfestigter Sande bis gegen 10.000 md ansteigen. Da
die Permeabilität mit dem Quadrat der Korngröße zunimmt, werden in groben
Sedimenten wie Kiesen oder Blockpackungen noch viel höherer Permeabilitäten
vorkommen, wenn der Porenraum frei ist.

Für die Produktion von Kohlenwasserstoffen ist die Permeabilität des Träger-
gesteins eine wichtige Größe. Ist die Permeabilität zu gering, so ist eine rationelle
Förderung von Erdöl oder Erdgas nicht mehr möglich. Erdöl wird in den Lagerstätten der Welt aus Gesteinen sehr verschiedener Permeabilität gefördert. Die
untere Grenze für eine wirtschaftliche Förderung hängt natürlich von vielen
besonderen Faktoren ab, dürfte aber etwa bei einigen Millidarcy liegen. Gase
können wegen ihrer geringeren Viscosität aus Gesteinen viel geringerer Permeabilität gefördert werden.

Für Sande etwa gleicher Korngröße hängt die Permeabilität in erster Linie
vom Grade der Zementation ab. Da diese sehr stark wechselt, besteht keine Beziehung zwischen der Permeabilität von Sandsteinen und der Tiefe. Sandsteine
verschiedenster Permeabilitäten kommen in allen Tiefenlagen vor, wenn auch
extrem permeable Sandsteine nach unten hin seltener werden. Dagegen ist anzunehmen, daß die Permeabilität der Tongesteine mit der Tiefe einigermaßen
regelmäßig und stark abnimmt. Messungen über die Abhängigkeit der Permeabilität der Tone von ihrer Tiefenlage und Kompression sind noch nicht ausgeführt
worden und wohl auch schwierig zu bewerkstelligen. Erstens verliert in diesen
feinstkörnigen Gesteinen die Darcy-Gleichung ihren Sinn und damit der Begriff
der Permeabilität seine Allgemeinheit. Die Permeabilität müßte hier z. B. auf
ganz bestimmte Salzlösungen bezogen werden. Zweitens sind so kleine Permeabilitäten nur schwer zu messen.

Die Permeabilität mäßig komprimierter Tone für Salzlösungen dürfte bei
etwa 10^{-3} md liegen.

Die Permeabilität von Carbonatgesteinen ist sehr verschieden. In gröber-
körnigen Carbonatgesteinen (Carbonatgrus und -kies, bzw. Carbonatarenite und
-konglomerate) wechseln die Permeabilitäten je nach der Verfestigung und ent-
entsprechen im übrigen denen der Sande und Kiese. So gibt es z. B. im Korallenoolith (Malm) Nordwestdeutschlands, wo er ölgefüllt ist (Hohenassel b. Hildesheim), Partien eines oolithischen Kalkarenits mit Permeabilitäten um 10.000 md.
Feinkörnige Kalksteine gehören zu den undurchlässigsten Sedimentgesteinen;
ihre Permeabilität ist oft unmeßbar klein. Verfestigte Carbonatgesteine enthalten
aber oft Klüfte, die als ein Leitungssystem wirken können und im großen Schicht-
verband eine nicht unwesentliche Permeabilität ergeben. Besonders reich an
Klüften pflegen Dolomitgesteine zu sein. Die Klüfte spielen technisch eine Rolle,
wenn Kohlenwasserstofflagerstätten in solchen Gesteinen enthalten sind. So
liegen z. B. in den Zechsteindolomiten des deutsch-holländischen Grenzgebietes
dort, wo sie zu Antiklinalen aufgewölbt sind, mächtige Methanlagerstätten. Die
Dolomite enthalten einzelne Partien, deren Porosität zwischen 0,05 und 0,10 liegt.
Die Permeabilität dieser Lagen ist, da die gasgefüllten Hohlräume sehr klein sind,

meist kleiner als 1 md. Dennoch erhält man aus den Fördersonden einen sehr guten Gaszustrom, was nur durch die Wirkung der zahlreichen Klüfte erklärt werden kann, die das Gestein durchziehen und, ohne zum Porenvolumen wesentlich beizutragen, ein weitverzweigtes Leistungssystem bilden, das einen schnellen Druckausgleich innerhalb des ganzen Gesteinskörpers erzeugt (vgl. hierzu FÜCHTBAUER in ANDRES, BRAND, v. ENGELHARDT, FÜCHTBAUER 1959). Derartige zerklüftete Gesteine, wie sie auch sonst in vielen anderen Öl- und Gaslagerstätten angetroffen wurden, bilden hinsichtlich der Permeabilität ein heterogenes System, in dem Blöcke kleiner Permeabilität von den Leitungsbahnen der Klüfte getrennt werden, die die Gesamtpermeabilität des Gesteins im Großen bestimmen. Im Laboratorium wird oft nur die geringe Permeabilität der homogenen Bereiche gemessen.

Es liegt in der Natur der Sedimente als Schichtgesteine, daß die Permeabilität niemals streng isotrop ist. Alle Überlegungen über Fließvorgänge im Porenraum der Sedimente müssen daher davon ausgehen, daß die Permeabilität von der Fließrichtung abhängt, daß also im allgemeinen Richtung des Druckgradienten und Fließrichtung im Sediment nicht zusammenfallen. Dies ist nur dann der Fall, wenn der Fluß in Richtung der Hauptpermeabilitäten (Hauptachsen des Permeabilitätsellipsoids, vgl. S. 77) erfolgt. Am wichtigsten sind die Unterschiede der Permeabilität parallel und senkrecht zur Schichtung. In allen untersuchten Gesteinen ist die Permeabilität senkrecht zur Schichtung geringer als die in der Richtung der Schichtung.

Für eine Anzahl norddeutscher Sandsteine des Valendis, Dogger und Lias zeigt dies als Beispiel Abb. 48 nach Messungen von RÜHL und SCHMID (1957). Die Werte wurden so gewonnen, daß schichtparallele („horizontale") und schichtnormale („vertikale") Permeabilität am selben würfelförmig geschnittenen Probekörper gemessen wurden. Auf diesem Wege kann man individuelle Wertepaare gewinnen. Mit den meist verwendeten zylindrischen Gesteinskörpern ist

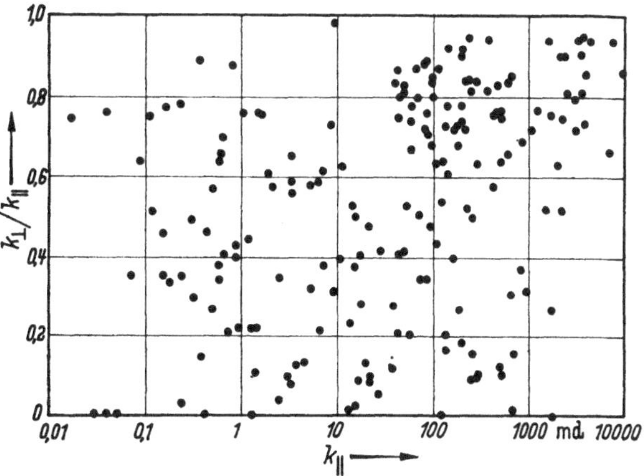

Abb. 48. *Abhängigkeit des Verhältnisses der schichtnormalen* ($k_\perp$) *zur schichtparallelen* ($k_{||}$) *Permeabilität von der schichtparallelen Permeabilität für Lias-, Dogger- und Valendissandsteine des Gifhorner Troges in Nordwestdeutschland.* Im Mittel nähert sich $k_\perp$ mit steigender $k_{||}$ dem Wert 1. Nach RÜHL und SCHMID

ein Zusammenhang zwischen beiden Permeabilitäten nur an einem größeren Material auf statistischem Wege möglich.

Daß die Permeabilität von klastischen Sedimenten normal zur Schichtung geringer ist, kann grundsätzlich zwei Ursachen haben: Es können erstens dünne Schichten aufeinanderfolgen, deren Permeabilität jeweils isotrop, aber im Betrag verschieden ist. Zweitens können alle Schichten oder einzelne Schichten anisotrop gestaltete Mineralkörner enthalten, die relativ zur Schichtfläche nach der Form

9*

orientiert sind, so daß der Fließweg, oder anders ausgedrückt, die Tortuosität im Porenraum der Schichten von der Richtung abhängt. Beide Möglichkeiten kommen rein oder gemischt vor.

Wechseln dünne Lagen verschiedener Permeabilität, (d. h. also z. B. verschiedener Korngröße) miteinander, so mißt man eine mittlere Permeabilität, deren Betrag natürlich je nach der Strömungsrichtung verschieden sein muß. Bei schichtnormaler Strömung liegen die verschiedenen Permeabilitäten sozusagen „in Serie", bei schichtparalleler Strömung „parallel". Liegen die Elemente „in Serie", so wirken sich einzelne Lagen niedriger Permeabilität relativ stärker aus; daher ist bei derart geschichteter Permeabilitätsverteilung die mittlere schichtnormale Permeabilität stets geringer als die mittlere schichtparallele. Besteht ein Gesteinsstück aus n-Lagen mit den Permeabilitäten k_1, k_2, $k_3 \ldots k_n$, deren relative Anteile am gesamten untersuchten Querschnitt λ_1, λ_2, $\lambda_3 \ldots \lambda_n$ betragen mögen $(\lambda_1 + \lambda_2 \ldots + \lambda_n = 1)$, so berechnet man die folgenden Werte für die schichtnormal ($\bar{k}_\perp$) und schichtparallel ($\bar{k}_{||}$) gemessenen mittleren Permeabilitäten:

$$\bar{k}_\perp = \frac{1}{\lambda_1/k_1 + \lambda_2/k_2 \ldots + \lambda_n/k_n} \tag{231}$$

$$\bar{k}_{||} = (\lambda_1\, k_1 + \lambda_2\, k_2 \ldots + \lambda_n\, k_n)\,. \tag{232}$$

In der Mittelbildung für $\bar{k}_\perp$ wirken sich einzelne wenig permeable Lagen besonders stark aus, was durch folgendes Zahlenbeispiel belegt sei:

$$k_1 = 200 \text{ md}; \quad k_2 = 100 \text{ md}; \quad k_3 = 50 \text{ md}; \quad k_4 = 25 \text{ md};$$

$$\lambda_1 = \lambda_2 = \lambda_3 = \lambda_4 = 0{,}25\,.$$

Daraus errechnet man:

$$\bar{k}_\perp = 53{,}33 \text{ md}; \quad \bar{k}_{||} = 94{,}75 \text{ md}; \quad \bar{k}_\perp/\bar{k}_{||} = 0{,}563\,.$$

Unterschiede zwischen schichtnormaler und schichtparalleler Permeabilität werden durch Körner anisotroper Gestalt deshalb hervorgerufen, weil die Vorgänge der Sedimentation solche Körner bevorzugt nach ihrer Form in der Schichtebene einzuordnen streben. So liegen die Blättchen der Glimmerminerale immer in der Schichtebene oder evtl. schwach dachziegelartig gegen dieselbe geneigt. Stengelige Körner liegen mit ihrer längsten Achse ebenfalls bevorzugt in der Schichtebene oder in schwachen Winkeln zu ihr. Sofern die Sedimentation in einer Strömung stattfand, können die langen Achsen bevorzugt in der Richtung der Strömung oder senkrecht zu ihr angeordnet sein. Für die Permeabilität von Sandsteinen dürften die gern lagenweise angereicherten Glimmerblättchen von besonderer Wichtigkeit sein. In solchen Glimmerlagen ist die schichtnormale Permeabilität um ein Vielfaches kleiner als die schichtparallele.

Eine durch Strömung entstandene Parallelorientierung länglicher oder stengeliger Mineralkörner sollte innerhalb der Schichtebene Unterschiede der Permeabilität hervorrufen. In diesen Fällen wäre das Permeabilitätsellipsoid dreiachsig und kein Rotationskörper, wie man es in vielen Fällen annähernd annehmen darf. JOHNSON und HUGHES (1948) hatten festgestellt, daß im Bradford-Sandstein (Devon) von Pennsylvania die Permeabilität in der Schichtebene in charakteristischer Weise variiert, so daß eine Richtung maximaler und eine Richtung minimaler Permeabilität in der Schichtebene bezeichnet werden können. Danach stellte GRIFFITHS (1953) durch statistische Messungen fest, daß die etwas länglich ausgebildeten Quarzkörner dieses Sandsteins nach ihrer Form geregelt sind, indem die langen Achsen der Körner so unter kleinen Winkeln gegen die Schichtebene geneigt sind, daß die Richtung der langen Achsen mit der Richtung maximaler Permeabilität in einer auf der Schichtebene senkrecht stehenden Ebene liegen. Über weitere Beispiele der Richtungsabhängigkeit der Permeabilität von Sandsteinen Nord- und Südamerikas berichtete HUGHES (1951). RÜHL und SCHMID (1957) fanden für das Verhältnis schichtparalleler Permeabilitäten in zwei zueinander senkrecht stehenden Richtungen an würfelförmig geschnittenen Proben von Jura- und Unterkreidesandsteinen Nordwestdeutschlands Werte bis zu 1,9. Die Anisotropie schien hier mit zunehmender Permeabilität abzunehmen.

Neben der Anisotropie ist für alle Fließvorgänge in Sedimentgesteinen die Heterogenität der Permeabilität auch solcher Schichtpakete von Bedeutung, die äußerlich einen verhältnismäßig homogenen Eindruck machen. Es wurde dargelegt, wie die schichtweise Abwechslung von Lagen verschiedener Permeabilität eine Ursache für Unterschiede schichtnormaler und schichtparalleler Permeabilität sein kann. Mißt man nun in einem durchgehenden Sandpaket die schichtparallele Permeabilität aufeinanderfolgender Schichten, so erhält man ein sog. Permeabilitätsprofil, das unter Umständen sehr beträchtliche Variationsbreiten aufweisen kann. Im allgemeinen ist die Verteilung der Permeabilitäten in irgendeiner Weise regelmäßig und für mehr oder minder große Gebiete horizontbeständig entsprechend einer regelmäßigen und über ein gewisses Areal konstanten Variation der Korngröße einer Sandschüttung.

Ein Beispiel für ein solches Permeabilitätsprofil zeigt Abb. 49. Dargestellt ist die Variation von Mediandurchmesser (d_{50}), Porosität (ε) und schichtparalleler Permeabilität ($k_{\parallel}$) in einem Profil durch den Bentheimer Sandstein (Valendis) im Erdölfeld Scheerhorn bei Lingen a. d. Ems. Ist ein Sandstein dieser Art zwischen kaum permeable Tone eingelagert, so wird es, besonders wenn die Variation nicht allzu groß ist, für manche Zwecke genügen, eine mittlere Permeabilität der ganzen Schicht zu berechnen. Um diese Zahl zu gewinnen, teilt man den ganzen Querschnitt am besten in Bereiche etwa gleicher Permeabilität ein und bildet das Mittel unter Berücksichtigung des Anteils der Schichten gleicher Permeabilität am gesamten Querschnitt.

Besonders für heterogene Fließvorgänge ist aber eine so berechnete mittlere Permeabilität von geringerer Bedeutung als die wirkliche Permeabilitätsverteilung. Wird z. B. in einem derart heterogenen Sandstein Öl durch vordringendes Wasser verdrängt und ist die Permeabilität benachbarter Schichten genügend verschieden, so werden die Verdrängungsvorgänge, wie sie in einem früheren Abschnitt geschildert wurden, in den einzelnen Schichten verhältnismäßig unabhängig voneinander ablaufen. Die Wasserfronten werden nach Maßgabe der Permeabilitäten verschieden schnell voranschreiten, und eine einzige hochpermeable Schicht kann wie eine Leitung wirken und das Wasser weit voranschießen lassen. Auf diese Weise kann in einer Fördersonde sehr früh schon Wasser erscheinen, zu einem Zeitpunkt, in dem die weniger durchlässigen Teile des Sandsteins noch weithin mit Öl gefüllt sind. Die Förderung von Erdöl aus stark heterogenen Trägergesteinen ist deshalb ein schwieriges technisches Problem und manche Lagerstätte kann wegen der Heterogenität des Gesteins auf dem normalen Wege nur zu einem verhältnismäßig geringen Anteil entölt werden.

Die Theorien, welche für den Ablauf der gegenseitigen Verdrängung nicht
mischbarer Phasen aufgestellt wurden (vgl. S. 108 bis 114), gehen von der Vorstellung eines porösen Mediums mit homogener Permeabilität aus. Sie sind also

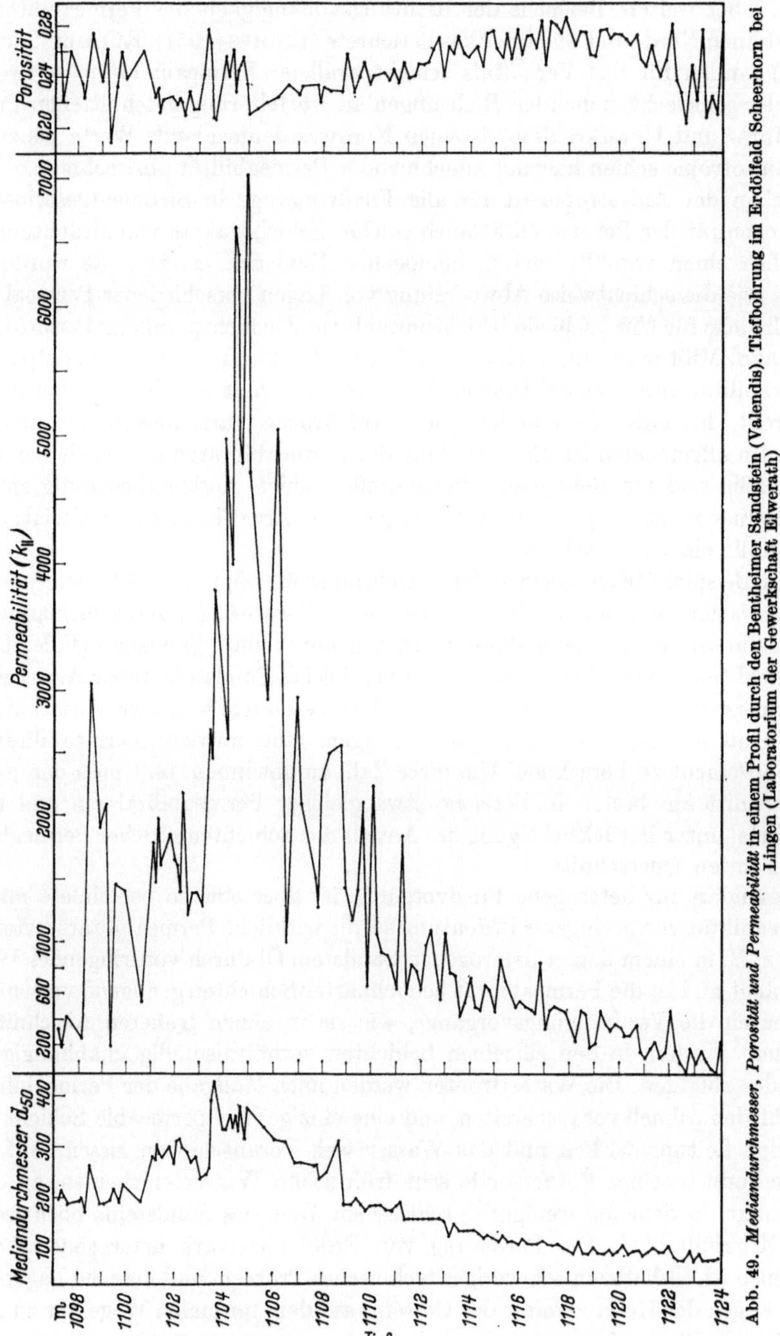

Abb. 49. *Mediandurchmesser, Porosität und Permeabilität* in einem Profil durch den Bentheimer Sandstein (Valendis). Tiefbohrung im Erdölfeld Scheerhorn bei Lingen (Laboratorium der Gewerkschaft Elwerath)

in der Natur und insbesondere für die technisch so wichtige Voraussage des Ablaufs der Entölung von Lagerstätten ohne weiteres nur dann anwendbar, wenn diese Voraussetzung wenigstens annähernd zutrifft. Für viele Gesteine, die mehr oder weniger deutlich nach Korngrößen geschichtet sind, ist dies nicht der Fall. Der Zusammenhang zwischen dem Ölgehalt des im ganzen Querschnitt einer solchen Schicht fließenden Gemischs (f_0-Wert) und der mittleren Sättigung des gesamten Porenraumes an Öl (s_0-Wert) wird daher ein ganz anderer sein, als man ihn berechnet unter Zugrundelegung einer gemittelten Permeabilität und den an einzelnen Gesteinsproben ausgeführten Flutversuchen, bzw. Bestimmungen der relativen Permeabilität. Und zwar wird, da das Wasser auf einzelnen höchstdurchlässigen Lagen besonders schnell vordringt, der bei einer bestimmten mittleren Ölsättigung (s_0) des Gesteins tatsächlich beobachtete Ölgehalt (f_0) der fließenden Mischung immer geringer sein, als es der für eine gemittelte Permeabilität und ein homogenes Gestein berechneten f_0—s_0-Funktion entspricht. Dieser Einfluß der Heterogenität fast aller Trägergesteine muß bei der Berechnung wirklicher Verdrängungsvorgänge auf Grund von Flutversuchen im Laboratorium immer berücksichtigt werden. Statt mit fiktiven homogenen Modellen zu arbeiten, ist die gemessene Permeabilitätsverteilung entsprechend zu berücksichtigen.

C. Die Diffusion im Porenraum

1. Allgemeines

Die in den vorausgegangenen Abschnitten behandelten Fließvorgänge treten dann in Erscheinung, wenn ein äußeres Druckgefälle den gesamten Poreninhalt des Gesteins in Bewegung setzt, so daß ein allgemeiner Stofftransport erfolgt, der nach Größe und Richtung von der Permeabilität des Gesteins und der Viscosität der strömenden Medien bestimmt wird. Es können aber auch einzelne Bestandteile der den Porenraum ausfüllenden Lösungen und Gase wandern, wenn nämlich ein Konzentrationsgefälle oder ein Gefälle der Partialdrucke einzelner Bestandteile besteht. An die Stelle des allgemeinen Fließens tritt in solchen Fällen die Diffusion einzelner Moleküle oder Ionen. Für die diagenetischen Prozesse ist der Materialtransport durch Diffusion ohne Zweifel von großer Bedeutung. Konzentrationsgradienten werden immer wieder erzeugt, so z. B. durch die stoffliche Verschiedenheit der nacheinander abgelagerten Sedimente, durch das Druck- und Temperaturgefälle in der Erdrinde, durch von unten aufsteigende Lösungen und Dämpfe oder durch tektonische Ereignisse, die Gesteine verschiedener Zusammensetzung und verschiedener Porenfüllung in unmittelbaren Kontakt bringen. Da bei der Diffusion jeweils einzelne Moleküle oder Ionen mit spezifischen Geschwindigkeiten wandern, sind hier anders als beim allgemeinen Massentransport, der allenfalls eine Trennung nicht miteinander mischbarer Phasen hervorrufen kann, Trennungen gemäß der chemischen Natur der Bestandteile möglich, die man bei der Diskussion diagenetischer Phänomene bisher wohl noch zu wenig berücksichtigt hat. Es sollen daher im folgenden die Erscheinungen der Diffusion in porösen Gesteinen kurz besprochen werden, obwohl noch kaum Untersuchungen an konkreten Gesteinen vorliegen, so daß dieses Thema heute nur in allgemein-theoretischer Form behandelt werden kann. Es ist zweckmäßig, zunächst die Gesteine mit groben Poren und danach die feinporigen Gesteine zu behandeln, in denen die Erscheinungen der Adsorption eine größere Rolle spielen.

2. Diffusion in grobporigen Gesteinen

In grobporigen Gesteinen kann man in erster Annäherung von der Anreicherung der Moleküle oder Ionen an der festen Porenwandung und den in dieser Grenzschicht herrschenden besonderen Verhältnissen absehen. Sofern im Porenraum ein Konzentrationsgradient herrscht, geschieht in diesen Gesteinen der Ausgleich der Konzentrationsunterschiede in erster Linie durch die normale Volumendiffusion im Medium der Porenfüllung, die sich grundsätzlich nicht von der Diffusion im freien Gas- oder Flüssigkeitsraum unterscheidet. So kann man die Geschwindigkeit des Diffusionsstroms auch hier durch die 1. Ficksche Diffusionsgleichung beschreiben:

$$\mathbf{u} = D' \cdot \operatorname{grad} c. \tag{233}$$

$\mathbf{u}$ ist die Geschwindigkeit des Transports pro Einheit des Gesteinsquerschnitts, gemessen in Mol $\mathrm{cm^{-2}sec^{-1}}$, grad c ist das Gefälle der Konzentration in Mol $\mathrm{cm^{-4}}$ und D' ist der für das betreffende Gestein und die betreffende Stoffart gültige Diffusionskoeffizient in $\mathrm{cm^2 sec^{-1}}$. In der Konstante D' vereinigt sich also eine spezifische Eigenschaft des Gesteins und die besondere Eigenart des diffundierenden Stoffes. Vergleicht man die D'-Werte verschiedener Gesteine für dasselbe flüssige oder gasförmige System, so zeigt sich, daß D' nicht etwa einfach der Permeabilität proportional ist. Hierin liegt der wesentliche Unterschied zwischen Diffusion und viscosem Fluß. In jedem Fall besteht zwischen dem im Gestein gemessenen Diffusionskoeffizienten D' und dem im freien Gas- oder Flüssigkeitsraum gültigen Koeffizienten D eine Beziehung der Form

$$D' = \frac{1}{F} D . \tag{234}$$

Der für das Gestein typische Faktor F beschreibt die Hinderung der freien Diffusion durch die Gestalt des Porenraums. Die Hemmung der Diffusion kann man sich, wie schon S. 89 erwähnt, am einfachsten und anschaulich so vorstellen, daß erstens nicht der gesamte Querschnitt des Gesteins, sondern nur ein der Porosität ε entsprechender Anteil zur Verfügung steht, und daß zweitens die Diffusionswege im Gestein um einen Faktor T verlängert sind, den man als Tortuosität bezeichnet. So erhält man

$$F = \frac{T}{\varepsilon} . \tag{235}$$

Die als Formationswiderstandsfaktor bezeichnete Größe F kann man messen, indem man die Diffusion von Ionen im elektrischen Feld einmal in der freien Lösung und dann im Porenraum des Gesteins mißt. Wie schon auf S. 88 beschrieben, geschieht das so, daß man den spezifischen elektrischen Widerstand R_o einer Gesteinsprobe mißt, die mit einer Elektrolytlösung getränkt ist, deren spezifischer Widerstand im freien Raum r_w beträgt. Es gilt dann

$$F = \frac{R_o}{r_w} . \tag{236}$$

Es hat sich gezeigt, daß die so mit Elektrolytlösungen bestimmten Formationswiderstandsfaktoren dazu geeignet sind, alle Diffusionsvorgänge in grobporigen Gesteinen gemäß Gl. (234) zu beschreiben (KLINKENBERG 1951, SCHOFIELD und DAKSHINAMURTI 1948). Die zahlreichen, für die Zwecke der elektrischen Bohrlochmessungen ausgeführten Bestimmungen des Formationswiderstandsfaktors, können also dazu dienen, die Größenordnung der Volumendiffusion im Porenraum von Gesteinen abzuschätzen. Gemäß den in der Tab. 19 (S. 89) zusammengestellten Mittelwerten wird die Volumendiffusion, bezogen auf den ganzen Gesteinsquerschnitt, in unverfestigten Sanden um den Faktor 3—4 langsamer verlaufen als im freien Raum; in mäßig verfestigten Sandsteinen hat man eine Hemmung um den Faktor 10—15, der in stark verfestigten Sandsteinen bis über 100 steigen kann.

3. Diffusion und Adsorption

In sehr feinkörnigen Gesteinen ist die innere Oberfläche so groß, daß die an der Porenwandung adsorbierten Moleküle oder Ionen gegenüber den im freien Porenraum befindlichen erheblich ins Gewicht fallen. Die Diffusionsprozesse im Porenraum werden daher wesentlich von Adsorptionsgleichgewichten und Vorgängen in der Grenzfläche beeinflußt. Wir betrachten nacheinander das Verhalten von Gasen und von Flüssigkeiten in sehr feinkörnigen Gesteinen.

Gase. Ist im gasgefüllten Porenraum eine adsorbierbare Molekülart vorhanden, so wird sich ein Gleichgewicht der Moleküle zwischen Gasraum und Grenzfläche Gas-Fest einstellen. Bei kleinen Konzentrationen pflegt die Konzentration in der Grenzfläche zunächst etwa linear mit der Konzentration im Gasraum anzusteigen; allmählich nimmt die in der Grenzfläche gebundene Menge langsamer mit der Konzentration zu, bis schließlich ein Sättigungswert der Grenzflächenkonzentration erreicht wird, der bei weiterer Erhöhung der Konzentration im Gasraum nicht mehr wesentlich ansteigt. Erst bei hohen Konzentrationen, bzw. bei Partialdrucken des betreffenden Gases, die in der Nähe seines Sättigungsdruckes liegen, steigt die in der Grenzfläche gebundene Menge wieder sehr stark an. Ein Beispiel für die Abhängigkeit der Adsorption von der Konzentration im Gasraum

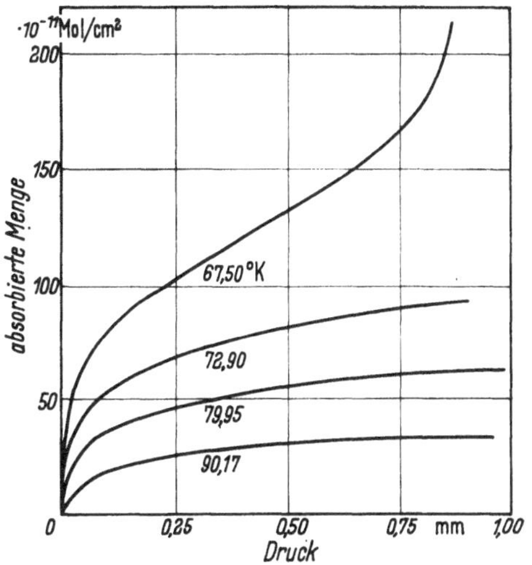

Abb. 50. *Adsorptionsisothermen des Methan an Glas* nach VAN ITTERBEEK und VEREYCKEN aus EUCKEN

bei bestimmter Temperatur, eine sog. Adsorptionsisotherme, ist in Abb. 50 wiedergegeben. Für viele Systeme hat sich gezeigt, daß der erste Teil der Adsorptionsisotherme bis zur Erreichung der Sättigungskonzentration durch eine zuerst von LANGMUIR angegebene Gleichung wiedergegeben werden kann:

$$n_g = \frac{n_\infty \cdot n}{n + 1/b}.$$

(237)

n_g = Zahl der Moleküle in der Grenzfläche (Mol/cm³ Adsorbens), n = Zahl der Moleküle im Gasraum (Mol/cm³), n_∞ und b = spezifische Konstanten. Die Zahl n_∞ bedeutet diejenige Oberflächenkonzentration, bei der die ganze feste Oberfläche mit einer monomolekularen Schicht bedeckt ist. Dieser Zustand ist dann erreicht, wenn die Adsorptionsisotherme umbiegt und fast parallel zur Konzentrationsachse verläuft. Der neuerliche Anstieg der adsorbierten Menge bei den höchsten Konzentrationen ist so zu erklären, daß dann auf die monomolekulare Schicht weitere Schichten von Molekülen aufgelagert werden.

Die Bildung der monomolekularen Adsorptionsschicht hat ihre Ursache in spezifischen Wechselwirkungskräften zwischen den adsorbierten Molekülen und den Atomen der festen Oberfläche. Schreibt man Gl. (237) in der Form

$$b = \frac{n_g}{n\,(n_\infty - n_g)}\,, \qquad (238)$$

so erscheint die Größe b als Gleichgewichtskonstante einer monomolekular-bimolekularen Reaktion der Art $A + B \leftrightarrows C$, wobei die freien Moleküle im Gasraum (n) die Stelle des Reaktionspartners A einnehmen, die für die Adsorption noch zur Verfügung stehenden Plätze an der Oberfläche ($n_\infty - n_g$) den Reaktionspartner B bedeuten und die adsorbierten Moleküle (n_g) das Reaktionsprodukt C darstellen (WOLF 1959a, S. 182). Die an der Grenzfläche festgehaltene Stoffmenge ist also aus dem Gleichgewicht zwischen Adsorptions- und Desorptionsvorgängen zu verstehen. In vielen Fällen verläuft die Einstellung des Adsorptionsgleichgewichts mit einer meßbaren Geschwindigkeit, die mit steigender Temperatur stark zunimmt. Es handelt sich dann um eine „gehemmte" Adsorption (EUCKEN 1944, S. 1242), bei der von den auf die Grenzfläche auftreffenden Molekülen nur solche festgehalten werden, deren kinetische Energie einen bestimmten Minimalwert übersteigt. Die Bindung des Moleküls an derartigen Oberflächen ist wie bei der Bildung einer chemischen Verbindung nur nach Überwindung einer Aktivierungsschwelle möglich. Andererseits zeigt die Konstante b eine starke Temperaturabhängigkeit von der Art:

$$b \sim e^{W_a/RT}\,, \qquad (239)$$

wobei W_a die bei der Adsorption eines Mols freiwerdende Energie (Adsorptionswärme) bedeutet. Demzufolge nimmt bei gleicher Konzentration im Gasraum die adsorbierte Menge mit der Temperatur stark ab. Es folgt daraus, daß die an der Oberfläche adsorbierten Moleküle in Potentialmulden liegen, so daß es der Zufuhr der Energie W_a/N_L (N_L = Loschmidtsche Zahl) bedarf, um ein Molekül aus dieser Bindung zu befreien und wieder in den Gasraum zu befördern. Die Langmuir-Isotherme beschreibt, wie nun deutlich wird, den einfachen Fall, daß an der festen Oberfläche nur eine Art von Adsorptionszentren, gekennzeichnet durch eine einzige Adsorptionswärme W_a zur Verfügung steht. Die realen Adsorbentien zeigen natürlich häufig sehr viel kompliziertere Verhältnisse, d. h. Adsorptionsplätze mit verschieden tiefen Potentialmulden, die nacheinander besetzt werden; solche Systeme sind manchmal durch eine Überlagerung mehrerer Langmuir-Gleichungen mit besonderen n_∞- und b-Werten zu beschreiben (vgl. hierzu z. B. WOLF 1959a, S. 240).

Besteht nun in einem gasgefüllten Porenraum bezüglich einer adsorbierbaren Molekülart ein Konzentrationsgefälle, so wird sich dieses Gefälle entsprechend der Adsorptionsisotherme auch auf die Grenzflächenkonzentrationen abbilden. Entsprechend der Gestalt der Adsorptionsisotherme, die schon bei relativ kleinen Konzentrationen im Gasraum die Grenzkonzentration der monomolekularen Bedeckung (n_∞) erreicht, wird sich die Konzentration in der Grenzfläche in Richtung des Konzentrationsgefälles schneller und plötzlicher ändern als im Gasraum. Während nun das Konzentrationsgefälle im Gasraum durch Volumendiffusion sich auszugleichen strebt, wird auch in der Grenzfläche die Konzentrationsfront wandern. Zwei Mechanismen dieser Bewegung sind denkbar: Der Stofftransport kann entweder durch den Gasraum oder innerhalb der Grenzschicht erfolgen.

Im ersten Fall müssen die einzelnen Moleküle jeweils völlig in den Gasraum desorbiert und nach der Diffusion im Gasraum an neuen, noch nicht belegten Stellen der Porenwandung wieder adsorbiert werden. Jedes adsorbierte Molekül kann also erst dann seinen Platz verlassen und in Richtung des Konzentrationsgefälles wandern, wenn ihm die gesamte Adsorptionswärme W_a/N_L zur Verfügung steht, so daß es aus der Potentialmulde der Grenzfläche gehoben werden kann. Die Diffusion der adsorbierten Moleküle ist in diesem Fall gegenüber der der Moleküle des Gasraums erheblich gehemmt. Da sich verschiedene Moleküle hinsichtlich der Adsorptionswärmen an einem bestimmten Adsorbens oft stark unterscheiden, wird die Behinderung der Diffusion durch adsorptive Bindung im allgemeinen verschieden sein, so daß sich verschiedene Gase mit verschiedener Geschwindigkeit durch feinkörnige Gesteine bewegen werden, sofern sie von den Porenwandungen adsorbiert werden. Trenneffekte wie man sie bei der Gaschromatographie für analytische und präparative Zwecke ausnutzt, sind daher bei der Wanderung von Gasgemischen durch feinkörnige Gesteine nach diesem Mechanismus durchaus zu erwarten.

Im zweiten Fall besitzen die Moleküle in der Grenzschicht eine gewisse Beweglichkeit, so daß sie, ohne den Wirkungsbereich der Grenzflächenkräfte ganz zu verlassen, sich seitlich verschieben und dem Konzentrationsgefälle folgen können. Es wird auch hierbei einer gewissen Aktivierung der adsorbierten Moleküle bedürfen; es wird notwendig sein, die Moleküle ein wenig aus ihren Potentialmulden zu heben, damit sie sich in der Grenzfläche bewegen können. Doch kann die hierzu erforderliche Energie sehr viel kleiner sein, als die zur Befreiung in den Gasraum benötigte, gesamte Adsorptionswärme. Nach diesem zweiten Mechanismus der Grenzflächendiffusion könnte demnach der Stofftransport sehr viel ungehemmter und schneller erfolgen, als nach dem zuerst genannten.

Viele Versuche über die Strömung und Diffusion von Gasen durch feinkörnige Pulver haben ergeben, daß die Grenzflächendiffusion unter Umständen ein recht erhebliches Ausmaß annehmen kann, so daß in manchen Systemen mit großer innerer Oberfläche der Transport adsorbierter Moleküle die Volumendiffusion im freien Porenraum übertrifft. Messungen an natürlichen Gesteinen sind zwar noch nicht ausgeführt worden, doch kann eine kurze Übersicht über die an anderen Systemen gefundenen allgemeinen Ergebnisse zeigen, welche Phänomene in den feinkörnigen Gesteinen zu erwarten sind. Wir folgen dabei im wesentlichen einer neueren zusammenfassenden Darstellung von CARMAN (1956) ohne die Literatur im einzelnen zu zitieren.

Wir betrachten die Bewegung eines Gases durch einen porösen Körper. $\dot{n}$ sei die Geschwindigkeit in Molen pro Zeiteinheit und Einheit des Querschnitts mit der eine Molekülart A den porösen Körper durchwandert. Um den allgemeinsten Fall zu behandeln, zerlegen wir $\dot{n}$ in einen Anteil $\dot{n}_v$, der von viscosem Fluß, Gleitung und Knudsenfluß, also von der Bewegung im freien Gasraum herrühren möge und einen Anteil $\dot{n}_g$, der der Grenzflächendiffusion entspricht:

$$\dot{n} = \dot{n}_v + \dot{n}_g. \tag{240}$$

Für die Bewegung des Gases im Porenraum fanden wir die allgemeine Gleichung (s. S. 68):

$$q_1 = \frac{k}{\mu} \frac{\bar{p}}{p_1} \frac{dp}{dx} + c \sqrt{T/M} \cdot \frac{1}{p_1} \cdot \frac{dp}{dx}. \tag{241}$$

Wir führen statt des Druckes $n = $ Zahl der Mole A pro Volumeneinheit der Gasphase ein und erhalten:

$$p = n\,R\,T; \quad \bar{p} = \bar{n}\,R\,T.$$

Ferner gilt:

$$\dot{n}_v = \frac{q_1\,p_1}{R\,T}.$$

So bekommt man:

$$\dot{n}_v = \left\{ \frac{k}{\mu}\,\bar{n}\,R\,T + c\sqrt{T/M} \right\} \frac{dn}{dx} = D_k \frac{dn}{dx}. \tag{242}$$

Für die Grenzflächendiffusion wird ein relativer Diffusionskoeffizient D_g' eingeführt, da zur Berechnung eines absoluten Diffusionskoeffizienten die Geometrie der Porenwandungen genauer bekannt sein müßte:

$$\dot{n}_g = D_g' \cdot \frac{dn_g}{dx}.$$

n_g mißt die adsorbierte Menge in Molen A pro Volumen Adsorbens. Man bekommt also:

$$\dot{n} = D_k \frac{dn}{dx} + D_g' \frac{dn_g}{dx}.$$

Formal läßt sich $\dot{n}$, die Wanderung der Substanz A durch eine Diffusionsgleichung beschreiben:

$$\dot{n} = D \cdot \frac{dn}{dx},$$

so daß man bekommt:

$$D \frac{dn}{dx} = D_k \frac{dn}{dx} + D_g' \frac{dn_g}{dx}. \tag{243}$$

$$D_g' = \frac{D - D_k}{dn_g/dn}. \tag{244}$$

Die Größe dn_g/dn läßt sich aus der Isotherme der Adsorption von A an dem betreffenden Adsorbens ermitteln. Die Isotherme sei als Funktion $y = f(n)$ gegeben, wobei y die pro g Adsorbens adsorbierten Mole A bedeutet. Ist ϱ die Dichte des Adsorbens und ε die Porosität des Pulvers, so gilt

$$n_g = \varrho\,(1 - \varepsilon)\,y. \tag{245}$$

Für den relativen Koeffizienten der Grenzflächendiffusion bekommt man also:

$$D_g' = \frac{D - D_k}{\varrho\,(1 - \varepsilon)\,dy/dn}. \tag{246}$$

Der Koeffizient D ergibt sich aus n und dn/dx unmittelbar aus der Messung. Der den viscosen und Diffusionsfluß messende Koeffizient D_k ist an demselben porösen Stoff mit einem nicht oder nur verschwindend wenig adsorbierbaren Gas (z. B. He, H_2 oder auch Luft) zu messen. Ein merklicher Überschuß von dem mit dem adsorbierbaren Gas gemessenen Koeffizienten D über D_k zeigt das Vorhandensein von Grenzflächendiffusion an. Es sei noch bemerkt, daß die Rechnung nur richtig ist, wenn D_g' und dn_g/dn von n, der Konzentration von A in der Gasphase unabhängig sind. Das ist nur innerhalb kleiner Bereiche von n zutreffend, so daß die Messungen so ausgeführt werden müssen, daß das Intervall von n möglichst klein ist.

In vielen Fällen konnte der Transport von Gasen durch poröse Stoffe durch Grenzflächendiffusion nachgewiesen werden. So fanden WICKE und VOIGT (1947) an Aktivkohle und gesintertem SiO_2-Glas keine Grenzflächendiffusion bei H_2, N_2, CH_3 und A, eine Erhöhung des Transportes durch Grenzflächendiffusion jedoch bei Butan in SiO_2-Glaspulver und bei CO_2 und SF_6 in Aktivkohle. Sehr starke Effekte beobachteten CARMAN und MALHERBE (1950) bei der Diffusion von CF_2Cl_2 in SiO_2-Glaspulver, wo der Transport durch Grenzflächendiffusion besonders bei höheren Drucken, d. h. höheren Konzentrationen des adsorbierten Gases, ein Vielfaches der normalen Gaspermeabilität betrug. Eine nähere Analyse dieser und anderer Versuche ergab, daß die berechneten Grenzflächendiffusionskoeffizienten stark von der Belegung der Grenzfläche mit adsorbierten Molekülen abhängen. Der Diffusionskoeffizient ist klein bei niedrigen Konzentrationen, steigt dann bis zur Erreichung einer monomolekularen Schicht außerordentlich stark an; danach bleibt er nach Durchlaufung eines schwachen Maximums etwa konstant und steigt nochmals stark an, sobald der Aufbau mehrfacher Adsorptionsschichten beginnt. Man muß sich deshalb vorstellen, daß auf den festen Oberflächen Adsorptionsplätze mit sehr verschieden tiefen Potentialmulden bestehen, so daß die Moleküle bei geringer Belegung (kleine Konzentrationen n und n_g) fest gebunden und wenig beweglich sind. Der Diffusionskoeffizient nimmt zu, wenn mit zunehmender Konzentration in der Grenzfläche auch Plätze geringerer Bindungsenergie besetzt werden. Während die an den Grenzflächen von Flüssigkeiten adsorbierten Moleküle so leicht verschiebbar sind, daß sie sich wie ein zweidimensionales Gas verhalten, besteht bei den Molekülen an festen Grenzflächen die Tendenz des Verharrens an festen Plätzen, wie es dem festen Zustand entspricht.

Aus der Temperaturabhängigkeit der Grenzflächendiffusion läßt sich die Aktivierungsenergie ableiten, die aufgebracht werden muß, um das adsorbierte Molekül so weit aus seiner Potentialmulde anzuheben, daß es in der Grenzfläche diffundieren kann. Entsprechend der Abhängigkeit des Diffusionskoeffizienten von der Belegungsdichte nimmt auch die Aktivierungsenergie mit zunehmender Konzentration n_g ab. Daher kann nur festgestellt werden, daß die an den bisher untersuchten Gasen gemessenen Aktivierungsenergien in einem mittleren Konzentrationsgebiet $1/3$ bis $1/2$ der gesamten Adsorptionswärme betragen. Besonders stark adsorbierbare Gase (hohe Adsorptionswärmen) erfordern im allgemeinen auch höhere Aktivierungsenergien, diffundieren also langsam. Doch gilt diese Regel nicht streng.

Aus den vorliegenden Beobachtungen können noch keine konkreten Aussagen über das Verhalten natürlicher Gase in feinporigen Gesteinen abgeleitet werden.

Man darf aber vermuten, daß neben der selektiven Wirkung des Knudsen-Flusses (s. S. 68) mit großer Wahrscheinlichkeit Vorgänge der Adsorption und Grenzflächendiffusion in der oberen Erdrinde eine Rolle spielen und das Schicksal von Gasmischungen bestimmen. In leichter permeablen Gesteinen können adsorbierbare Gase aus strömenden Gasmischungen abgefangen werden. In Gesteinen mit geringer Permeabilität für viscosen und Knudsen-Fluß können gerade adsorbierbare Gase und Dämpfe auf dem Wege der Grenzflächendiffusion weithin beweglich sein, während nicht adsorbierbare Gase sich in solchen Gesteinen nur wenig bewegen können. Vermöge der selektiven Natur der Grenzflächenkräfte können ursprünglich einheitliche Gasgemische durch Adsorptionsprozesse und während der Grenzflächendiffusion mehr oder minder vollständig in ihre Komponenten zerlegt werden, wie dies ja bei den Laboratoriumsmethoden der Gaschromatographie praktisch geübt wird. So mögen Gasaureolen, die von erstarrenden Magmenherden in der Tiefe in die benachbarten Sedimentgesteine ausstrahlen, eine Zerlegung in verschiedene, mit unterschiedlicher Geschwindigkeit wandernde Fronten erfahren. Auch die Trennung der gasförmigen Kohlenwasserstoffe voneinander und von anderen Gasen mag durch selektive Adsorption und Grenzflächendiffusion, vielleicht auch schon durch die selektive Wirkung des Knudsenflusses befördert werden.

Die Adsorptionsgleichgewichte zwischen natürlichen Gasen, Mineralien und Gesteinen sind noch nicht bekannt. Ihre Erforschung wäre wünschenswert und sicherlich von großem Nutzen für das Verständnis des Verhaltens der Gase in den Gesteinen der oberen Erdrinde.

Flüssigkeiten. Über die spezifische Adsorption flüssiger Kohlenwasserstoffe in feinkörnigen Gesteinen ist nichts bekannt. Es ist jedoch mit Sicherheit anzunehmen, daß aus Gemischen verschiedener Molekülarten von den Oberflächen der Tonminerale bestimmte Stoffe bevorzugt adsorbiert werden. So benutzt man in der Raffination von Erdölprodukten montmorillonithaltige Tone (Bleicherden), um technische Mineralöle von unerwünschten färbenden Bestandteilen zu befreien. Während die leichtsiedenden Anteile der Erdöle in der Regel nicht gebleicht werden, kann man aus höhersiedenden Fraktionen färbende Bestandteile auf diesem Wege entfernen. Es scheint, daß an solchen Bleicherden hochmolekulare Stoffe bevorzugt adsorbiert werden. Wenn Gemische natürlicher Kohlenwasserstoffe durch tonige Gesteine strömen oder diffundieren, werden zweifellos ähnliche selektive Adsorptionsprozesse eine Rolle spielen und Sonderungen nach dem Muster der chromatographischen Analyse hervorbringen.

Das Verhalten von Elektrolytlösungen gegenüber tonigen Gesteinen wird weitgehend von den Gleichgewichten des Kationenaustausches bestimmt (vgl. hierzu zusammenfassende Darstellungen mit Literaturangaben von MARSHALL 1949, GRIM 1953, JASMUND 1955). Während bei der im vorigen Abschnitt behandelten Gasadsorption neutrale Moleküle an der Oberfläche der Porenräume adsorbiert wurden, findet bei den kationenaustauschenden Tonen eine bevorzugte Bindung der angebotenen Kationen statt. Bringt man ein Tongestein mit einer Elektrolytlösung geeigneter Zusammensetzung in Berührung, so ändert sich die Anionenkonzentration im allgemeinen nicht wesentlich, während Kationen aus der Lösung verschwinden und an der Grenzfläche angereichert werden. Da im ganzen Neutralität erhalten bleibt, muß natürlich eine äquivalente Menge anderer Kationen, die vorher in der Grenzfläche gebunden waren, desorbiert werden und in der Lösung erscheinen. Eine Veränderung in der Zusammensetzung der Lösung ist also nur dann zu beobachten, wenn die Lösung ursprünglich andere Kationen enthält als der Ton. Der Kationenaustausch der Tonmineralien und Tongesteine kommt demnach dadurch zustande, daß die Oberflächen der Tonmineralien (bei Mineralien der Montmoringruppe spielen auch Flächen im Inneren der Kristalle eine Rolle) relativ festgebundene negative Ladungen tragen, die durch die in der Grenzschicht angereicherten Kationen kompensiert werden. Die Verteilung der Kationen zwischen Lösung und Grenzschicht kann man im einfachsten Fall durch eine Gleichung der folgenden Form beschreiben:

$$A^+ + BX \rightleftharpoons AX + B^+ . \tag{247}$$

A^+, B^+ sind die freien Kationen in der Lösung, BX und AX sind die Komplexe Tonmineral-Kation. Sind a_A, a_B die Aktivitäten der freien Kationen in der Lösung und a_{AX}, a_{BX} die Aktivitäten der Kationen in der Grenzschicht, so ergibt das Massenwirkungsgesetz:

$$\frac{a_B \cdot a_{AX}}{a_A \cdot a_{BX}} = K . \tag{248}$$

Kann man die Konzentrationen für die Aktivitäten setzen, so erhält man:

$$\frac{c_{AX}}{c_{BX}} = K \frac{c_A}{c_B} , \tag{249}$$

wobei c_A, c_B die Konzentrationen der Kationen in der Lösung c_{AX}, c_{BX} die der am Tonmineral gebundenen Kationen bedeuten. Ist A einwertig (z. B. Na$^+$), B zweiwertig (z. B. Ca^{++}), so lautet die Gleichung natürlich:

$$\frac{c_{AX}^2}{c_{AB}} = K \cdot \frac{c_A^2}{c_B} . \tag{250}$$

Eine Verteilung der Kationen gemäß diesen Gleichungen hat sich zwar in manchen Fällen bestätigen lassen. Vielfach aber ist der Zusammenhang komplizierter und z. B. durch empirische Gleichungen der Form

$$\frac{c_{AX}}{c_{BX}} = K \left(\frac{c_A}{c_B} \right)^p \tag{251}$$

wiederzugeben ($p < 1$). Dies ist auch nicht verwunderlich, da die einfache Gleichung auf der Voraussetzung beruht, daß die Bindungsenergie der Kationen in der Grenzschicht konstant ist und z. B. nicht von dem Verhältnis c_{AX}/c_{BX}, d. h. also vom Mengenverhältnis der Ionenarten in der Grenzschicht abhängt.

Die einfache Vorstellung von der vorwiegend elektrostatischen Natur der Kräfte, mit denen die Kationen in der Grenzschicht festgehalten werden, bewährt sich insofern, als man im allgemeinen die verschiedenen Gleichgewichtskonstanten K wenigstens qualitativ aus der Ladung der Kationen und ihrer Größe in der Lösung ableiten kann: Von zwei Kationen A und B wird bei gleicher Konzentration B von A verdrängt, wenn A weniger hydratisiert ist und/oder die höhere Ladung trägt. So findet man bei den Alkaliionen häufig die folgende Reihe zunehmender Haftfestigkeit, die der Reihe abnehmender Hydratation entspricht:

$$\mathrm{Li} < \mathrm{Na} < \mathrm{K} < \mathrm{Rb} < \mathrm{Cs} .$$

Für höherwertige Ionen wurde gefunden:

$$Mg < Ca < Sr < Ba < La < Th \, .$$

Die Regelmäßigkeit dieser Reihen wird durch mancherlei Besonderheiten und das spezifische Verhalten einzelner Mineralien unterbrochen. So ist vielfach die ursprüngliche Belegung des Tones von Bedeutung. Außerdem zeigen manche Tonmineralien eine besondere Affinität zu bestimmten Kationen, was darauf hindeutet, daß neben elektrostatischen auch andere Kräfte und wohl auch besondere sterische Verhältnisse eine Rolle spielen mögen. So zeigt H^+ fast immer ein ganz abweichendes Verhalten, indem es besonders fest gebunden wird, wie ein schwach hydratisiertes 2- oder 3-wertiges Kation. An manchen Tonen (wie es scheint an Mineralien der Glimmer- und Montmoringruppe, nicht an Kaolinmineralien) wird K^+ bevorzugt adsorbiert, und zwar vielfach mit solcher Haftfestigkeit, daß der Austausch nicht reversibel ist. Ähnlich verhalten sich Ionen von ähnlichem Ionenradius (NH_4, Rb, Ba).

Tabelle 22. *Kationenaustauschkapazitäten einiger Tonminerale bei* pH 7. (GRIM 1953)

	mäq/100 g
Kaolinit	3— 15
Halloysit $2\,H_2O$ . .	5— 10
Halloysit $4\,H_2O$ . .	40— 50
Montmorillonit . . .	80—150
Illit	10— 40
Vermiculit	100—150
Chlorit	10— 40
Sepiolit u. ä. . . .	20— 30

Die sog. Austauschkapazität eines Tons oder Tonminerals ist die Anzahl der austauschfähigen Kationen, ausgedrückt in Milliäquivalenten/100 g Ton. Diese Austauschkapazität hängt natürlich von den äußeren Bedingungen ab, so vor allem vom pH; sie ist ein Maß für die an den Tonoberflächen vorhandenen fixen negativen Ladungen. Eine Zusammenstellung der Kationenaustauschkapazitäten einiger Tonminerale enthält Tab. 22.

Die höchsten Werte des Kationenaustausches zeigen Montmorillonit und der seltenere Vermiculit. Tongesteine der oberen Erdrinde bestehen vorwiegend aus Mineralien der Kaolin- und Glimmergruppe mit Chloriten; Montmorillonit tritt im allgemeinen mengenmäßig zurück. So wird man bei den häufigeren Tongesteinen mit Austauschkapazitäten etwa im Bereich zwischen 10 und 40 mäq/100 g rechnen dürfen.

Die Menge der austauschfähig gebundenen Kationen kann in einem Tongestein sehr erheblich sein und die Menge derjenigen Kationen übertreffen, die sich als freie Ionen in der Elektrolytlösung des Porenraums befinden. Ein Zahlenbeispiel mag dies deutlich machen: Ein Tongestein (Dichte = 2,6) habe 10% Porosität, und es sei dieser Porenraum mit einer 10%igen NaCl-Lösung gefüllt. Dann beträgt der Gehalt an freien (d. h. durch Auswaschen mit destilliertem Wasser entfernbaren) Na-Ionen 0,15 Gew.-% des ganzen Tones. Hat nun dieses Gestein eine Austauschkapazität von 0,5 mäq/g, so beträgt bei voller Belegung mit Na der Gehalt an austauschfähigen Na-Ionen 1,1 Gew.-%, also fast 10mal so viel wie die Menge der freien Na-Ionen. Bei einer Austauschkapazität von 0,1 mäq/g beträgt der austauschbare Na-Gehalt immer noch 0,22 Gew.-%.

Während der Kationenaustausch von Tonen — abgesehen von den erwähnten Fällen einer teilweise irreversiblen Fixierung von K^+ und ähnlichen Ionen — ein echter Austausch zwischen beliebigen Kationen ist, dürfte der sog. Anionenaustausch mancher Tonmineralien schon mehr den Charakter spezifischer chemischer Reaktionen haben. So beobachtet man eine starke Bindung von F'-Ionen (im „Austausch" gegen OH') und die Bindung von Anionen verschiedener Phosphorsäuren an Tonoberflächen, wobei die so behandelten Tone meistens starker Zersetzung anheimfallen (GRIM 1953, HOFMANN u. Mitarb. 1955, v. ENGELHARDT und v. SMOLINSKI 1957). Die in natürlichen Wässern häufigen Anionen wie Cl', SO_4'', CO_3'' zeigen diese Wirkungen nicht.

Da die Tone an der Oberfläche ihrer festen Bestandteile fixierte negative Ladungen tragen, so daß sie mit Elektrolytlösungen, sofern diese nicht gerade die chemisch aggressiven F'- oder Phosphationen enthalten, nur die Kationen austauschen können, ist die Beweglichkeit der Anionen im Porenraum der Tongesteine so stark gehemmt, daß sie praktisch vernachlässigt werden kann. Diese Undurchlässigkeit der Tonschichten für Anionen ist besonders deutlich an ihren elektrochemischen Eigenschaften zu erkennen, wie sie zum Zwecke der Interpretation elektrischer Bohrlochmessungen (s. z. B. PIRSON 1958 oder WYLLIE 1949, 1951, 1952) und für die Herstellung spezifischer Elektroden zur Konzentrationsbestimmung von Kationen nach dem Muster der Glaselektrode (s. z. B. MARSHAL 1949) untersucht worden sind.

Sind zwei Lösungen desselben Elektrolyten verschiedener Konzentration (c_1 und c_2 Mol/l) durch eine Tonschicht voneinander getrennt, so müßte sich zwischen den beiden Lösungen das normale Diffusionspotential einstellen, wenn die Tonsubstanz selbst keine besondere Wirkung ausübt. Es berühren die beiden Lösungen einander in diesem Fall im Porenraum des Tones und es entsteht durch die Diffusion ein Spannungsunterschied, wenn die Beweglichkeiten von Kation und Anion voneinander verschieden sind, und das eine Ion dem anderen vorauseilt. Für dieses Diffusionspotential kann man bekanntlich schreiben:

$$-\Delta P_{12} = \frac{u^+ - u^-}{u^+ + u^-} \frac{R\,T}{n_e F} \ln \frac{c_1}{c_2}. \tag{252}$$

u^+ und u^- sind die Beweglichkeiten von Kation und Anion, n_e die Wertigkeit, F die Faradaykonstante. Das Diffusionspotential verschwindet also, wenn die Beweglichkeiten von Kation und Anion gleich sind. Messungen an Tonschichten ergeben, daß die tatsächlichen Potentiale immer höher sind, als es dieser Formel entspricht, wenn man für u^+ und u^- die Beweglichkeiten einsetzt, wie sie in freier wäßriger Lösung gemessen werden. Die Beweglichkeiten der Ionen sind im Porenraum der Tone also offenbar verändert und zwar ist die Beweglichkeit der Anionen verringert, so daß die Differenz $u^+ - u^-$ größer als in der unbegrenzten Lösung ist. Kann man in einem solchen Ton die Beweglichkeit des Anions neben der des Kations ganz vernachlässigen, so erhält man für den Potentialunterschied, das sog. Nernst-Potential[1], die Gleichung:

$$-\Delta P_{12} = \frac{R\,T}{n_e F} \ln \frac{c_1}{c_2}. \tag{253}$$

In diesem Grenzfall wird also das Potential allein durch den Konzentrationsunterschied der beiden Salzlösungen bestimmt. Im Laboratorium konnte an manchen Tonen für niedrige Werte von c_1 und c_2 das Nernst-Potential tatsächlich

---

[1] Für genauere Rechnungen sind die Konzentrationen in diesen Gleichungen durch die Aktivitäten zu ersetzen.

gemessen werden. Das bedeutet also, daß diese Tone bei niedrigen Elektrolytkonzentrationen für Anionen undurchlässig sind. Bei höheren Elektrolytkonzentrationen ist die gemessene Spannung niedriger als das Nernst-Potential; die Beweglichkeit der Anionen nimmt also bei höherer Salzkonzentration zu.

Ob die Tongesteine in größeren Tiefen für Anionen ganz undurchlässig sind, ist eine noch nicht geklärte Frage. Es ist durchaus wahrscheinlich, daß eine starke Kompression, die die Porenräume verkleinert und die negativen Oberflächenladungen der Tonteilchen einander annähert, die Beweglichkeit der Anionen weiterhin verringert. Es ist deshalb eine in der Praxis vielfach angewandte und oft bewährte Methode, den Salzgehalt der in grobporigen Gesteinen enthaltenen Porenlösung aus Potentialmessungen im Bohrloch nach dem Schlumberger-Verfahren zu bestimmen (vgl. z. B. PIRSON 1958, WYLLIE 1952), wobei man die Gleichung (253) für das einfache Nernst-Potential anwendet. Es wird das Potential in dem mit Bohrspülung gemessenen Bohrloch gemessen. Ist eine oben und unten von Ton eingeschlossene Sandschicht mit Salzlösung gefüllt, deren Konzentration sich von der der Bohrspülung unterscheidet, so mißt man gegenüber der Sandschicht ein anderes Potential als gegenüber dem Ton. Die Differenz zwischen den im allgemeinen gleichen Ausschlägen des Potentiometers über und unter der Sandschicht einerseits und dem Ausschlag gegenüber der Sandschicht andererseits entspricht, wenn die Tone für Anionen undurchlässig sind, dem Nernst-Potential nach Gl. (253). Aus der bekannten Salzkonzentration der Bohrspülung und dem gemessenen Potential kann man dann die Salzkonzentration in der Sandschicht berechnen[1].

In Wirklichkeit wird man nicht annehmen dürfen, daß die Durchlässigkeit der Tone für Anionen in allen Fällen unmeßbar klein ist. Die einfache, an die Gleichung des Diffusionspotentials anknüpfende Betrachtung ist daher durch eine genauere Theorie zu ersetzen, wie sie in allgemeiner Form für poröse Systeme mit fixen Ladungen von TEORELL (1935) sowie von K. H. MEYER und J. F. SIEVERS (1936) ausgearbeitet wurde. Wendet man diese Theorie der sog. Donnan- oder Membrangleichgewichte auf die Tone an, so wird es verständlich, warum die Anionendurchlässigkeit der Tone mit der Elektrolytkonzentration zunimmt und wie sie mit der Austauschkapazität zusammenhängt.

Wir betrachten die Diffusion der Ionen einer Elektrolytlösung in einen Ton mit austauschfähigen Kationen. Die Lösung möge anfangs Na^+ und Cl^--Ionen in der Konzentration c (Mol/cm³) enthalten; der angrenzende Ton enthalte anfangs austauschfähige Na^+-Ionen und feste negative Ladungen, also fixierte Anionen in der Konzentration A (Mol/cm³), wie es das folgende Schema auf der linken Seite andeutet:

Anfangszustand		Endzustand	
Lösung:	**Ton:**	**Lösung:**	**Ton:**
$[Na^+]_L = c$	$[Na^+]_T = A$	$[Na^+]_L = c - x$	$[Na^+]_T = A + x$
$[Cl^-]_L = c$	$[\text{Anionen}]_T = A$	$[Cl^-]_L = c - x$	$[Cl^-]_T = x$
			$[\text{Anionen}]_T = A$

---

[1] Sind mehrere Kationen in den Lösungen vorhanden, so müssen entsprechende Korrekturen angebracht werden, auf die hier ebensowenig eingegangen werden kann wie auf die sich überlagernden Einflüsse eines Strömungspotentials und anderer Störungen, die jedoch von geringerer Größenordnung sind.

Es werden nun x Na$^+$-Ionen und x Cl$^-$-Ionen aus der Lösung in den Ton diffundieren. Die Änderung der freien Energie für die Wanderung von dx Mol NaCl von der Lösung in den Ton beträgt (Die Aktivitäten werden den Konzentrationen gleichgesetzt):

$$RT \cdot dx \left\{ \ln \frac{[\text{Na}^+]_L}{[\text{Na}^+]_T} + \ln \frac{[\text{Cl}^-]_L}{[\text{Cl}^-]_T} \right\}. \tag{254}$$

Das Gleichgewicht ist dann erreicht, d. h. die Diffusion der Ionen ist beendet, wenn dieser Betrag verschwindet. Dann gilt also:

$$[\text{Na}^+]_L \, [\text{Cl}^-]_L = [\text{Na}^+]_T \, [\text{Cl}^-]_T \tag{255}$$

Das ergibt mit den obigen Werten:

$$(c - x)^2 = x \, (A + x)$$

$$x = \frac{c^2}{A + 2c}. \tag{256}$$

Die Menge x der in den Ton diffundierenden Anionen hängt somit einerseits von A, der Konzentration fixierter negativer Ladungen im Ton, d. h. von der Kationenaustauschkapazität, und zweitens von der Konzentration der Elektrolytlösung ab. Bei hoher Austauschkapazität und kleiner Elektrolytkonzentration wird x klein. So ergibt sich als charakteristischer Parameter für das Verhalten des Tones der Quotient A/c. Für große Werte von A/c bildet der Ton eine Sperre für Anionen, mit abnehmendem A/c werden die Anionen in zunehmendem Maße innerhalb des Tones wandern können.

Das Verhalten bestimmter Tone kann durch das Potential gemessen werden, das sich zwischen zwei Elektrolytlösungen einstellt, die von einer Schicht des betreffenden Tones getrennt sind. Dieses Potential errechnet sich aus den Donnan-Potentialen gegen die beiden Lösungen und einem Diffusionspotential im Inneren des Tons. Aus den Gleichungen, für deren Ableitung z. B. auf die Bücher von MARSHAL (1949) oder von MANEGOLD (1955) verwiesen sei, ergibt sich, wie man solchen Messungen den für den einzelnen Ton charakteristischen Wert A entnehmen kann.

Systematische Messungen dieser Art an natürlichen Tongesteinen in Abhängigkeit von Mineralzusammensetzung, Porosität, Bedeckungstiefe usw. liegen noch nicht vor. So ist zur Zeit nur darauf aufmerksam zu machen, daß allen Tonen in mehr oder minder vollständigem Maße die merkwürdige Eigenschaft zukommt, als Anionensperren zu wirken. Wir dürfen annehmen, daß die sperrende Wirkung um so vollständiger ist, je höher die Austauschkapazität der Tone, je geringer die Porosität und je niedriger die Konzentration der Elektrolytlösungen ist.

Zusammenfassend ist festzustellen, daß das besondere Verhalten von Tonen gegenüber Elektrolytlösungen sicherlich von größter Bedeutung für alle Stoffwanderungen und -gleichgewichte in den Porenräumen der Sedimentgesteine sein muß. Einerseits können Kationen, sobald Konzentrationsunterschiede vorkommen, auf dem Wege der Diffusion durch Tone wandern. Die Geschwindigkeiten werden für die einzelnen Kationen je nach der Verschiedenheit ihrer Haftfestigkeit an den Tonmineralgrenzflächen verschieden sein. Von den Alkali-Ionen dürften Li und Na am schnellsten sein; Rb und Cs wandern sehr viel langsamer und wohl am langsamsten wird das K sein. Unter den Erdalkali-Ionen wird Mg am beweglichsten, Ba am trägsten sein. Vielleicht ist die Tatsache, daß Li, Na, Mg häufig in Mineralwässern auftreten, eine Folge dieser Zusammenhänge. Jedenfalls wird man annehmen können, daß sich infolge dieser verschiedenen Geschwindigkeiten unter geeigneten Bedingungen in feinkörnigen Sedimenten Fronten verschieden schnell wandernder Kationen ausbilden, die für manche Prozesse der Diagenese und der beginnenden Metamorphose von Bedeutung sind.

Der großen Bewegungsmöglichkeit der Kationen steht andrerseits die Undurchdringlichkeit der Tone für Anionen gegenüber. Auch diese Tatsache dürfte von großer, bisher nicht genügend bedachter Bedeutung für die Vorgänge in der oberen Erdrinde sein. Die im folgenden Abschnitt zu behandelnde Tatsache, daß in den Porenräumen grobporiger Gesteine, die oft nur durch geringe Tonschichten voneinander getrennt sind, Elektrolytlösungen sehr verschiedener Konzentration angetroffen werden, ist wohl auf die Anionensperre der Tone zurückzuführen, die einen Konzentrationsausgleich verhindert oder doch sehr verlangsamt hat. Ferner ist auch hier wieder an die Zunahme der Elektrolytkonzentration der Porenlösungen mit der Tiefe zu erinnern (vgl. S. 48, S. 158 ff.). Wird ein Ton komprimiert und die in seinen Poren enthaltene Lösung allmählich ausgequetscht, so könnte die geringe Bewegungsmöglichkeit der Anionen im Ton eine ständige Zunahme der Salzkonzentration der Porenlösung verursachen (DE SITTER 1947, WYLLIE 1952).

D. Der Inhalt des Porenraumes

1. Salzlösungen

Allgemeines. Nur in der unmittelbaren Nähe der Erdoberfläche sind die porösen Sedimentgesteine mehr oder weniger trocken und mit den Gasen der Atmosphäre gefüllt. Unterhalb des Grundwasserspiegels, dessen Lage von klimatischen Bedingungen abhängt, wird der Porenraum vollständig von wäßrigen Lösungen eingenommen. In größerer Tiefe findet man außer diesen Lösungen verschiedener Konzentration und Zusammensetzung gelegentlich auch flüssige Kohlenwasserstoffe oder Gase, welch letztere aber immer anders als die atmosphärische Luft zusammengesetzt sind. Der ausgetrocknete Zustand der Gesteine, wie er uns von den Tagesaufschlüssen her geläufig ist, beschränkt sich nur auf eine dünne Oberflächenzone. Für die Mineralumbildung und den Stofftransport in den tieferen Schichten sind Zusammensetzung und Eigenschaften der im Porenraum enthaltenen flüssigen und gasförmigen Phasen von großer Bedeutung. In den nächsten Abschnitten sollen die Salzlösungen, die flüssigen Kohlenwasserstoffe und die Gase betrachtet werden, die in den Porenräumen der Sedimente vorkommen.

Den bei weitem häufigsten und sozusagen normalen Inhalt des Porenraumes der Sedimente bilden Salzlösungen verschiedener Konzentration. Im humiden Klima, wo Niederschlagswässer den oberen Zonen der Erdrinde zugeführt werden, ist der Gehalt des oberflächennahen Grundwassers an gelösten Stoffen recht gering, so daß diese Lösungen als Trink- und Gebrauchswasser Verwendung finden können. In ariden Klimazonen, wo die Verdunstung die Niederschläge übertrifft, so daß aus der Tiefe Porenlösungen an die Oberfläche strömen und dort verdunsten, findet man Grundwässer mit höheren Salzgehalten und auch Salzanreicherungen an der Erdoberfläche. So wird die Zusammensetzung der Lösungen im Grundwasserbereich in erster Linie durch klimatische Faktoren, d. h. also durch den Wasserhaushalt der Atmosphäre bestimmt, während die Wässer der tieferen Zonen, von denen hier vornehmlich gesprochen werden soll, der direkten Einwirkung der Erdoberfläche weitgehend entzogen bleiben.

Daß in größeren Tiefen unterhalb des meist salzarmen Grundwassers Lösungen höheren Salzgehaltes vorkommen, ist vor allem durch die Förderung von Erdöl- und Erdgaslagerstätten und durch die Tiefbohrungen auf diese Bitumina festgestellt worden. Man findet Erdöl und Erdgas fast immer mit Salzlösungen vergesellschaftet, wobei die Bitumina im porösen Trägergestein der Lagerstätte die höheren Positionen über dem schwereren Salzwasser einnehmen. Entzieht man der Lagerstätte Gas oder Öl, so strömen bei ausreichender Permeabilität die Lösungen nach und es zeigt sich so, daß auch weite Räume rings um die Lagerstätte mit Salzlösungen erfüllt sind. Im Porenraum unberührter Lagerstätten trifft man in der Regel einen Druck an, der dem Gewicht einer Salzwassersäule entspricht, die bis zur Tagesoberfläche reicht; auch hieraus folgt die zusammenhängende Füllung der Porenräume mit Salzlösungen. Die zahllosen Untersuchungsbohrungen, die in den vergangenen Jahrzehnten in fast allen Sedimentbecken der Erde auf der Suche nach Bitumenlagerstätten niedergebracht wurden, haben die weite und von dem Vorhandensein von Bitumen ganz unabhängige Verbreitung von Salzlösungen in den porösen Sedimenten nachgewiesen. Nur ein kleiner Teil dieser Bohrungen traf in strukturell bevorzugten Positionen poröser Schichten Kohlenwasserstoffe an. Meist findet sich in allen durchteuften Gesteinen Salzwasser verschiedener Konzentration. Diese Salzwässer können bei Förderversuchen gewonnen und auf ihre Zusammensetzung hin untersucht werden. Auch ohne Förderversuche werden sie durch die elektrische Leitfähigkeit der Gesteinsschichten angezeigt, wie sie z. B. nach dem Schlumberger-Verfahren im Bohrloch gemessen und in Abhängigkeit von der Tiefe aufgezeichnet wird. Aus den gemessenen Gesteinswiderständen läßt sich bei Kenntnis des Formationswiderstandsfaktors (vgl. S. 88) und unter der Annahme, daß die Porenlösung im wesentlichen nur NaCl enthält, die Konzentration berechnen. Nichtporöse Schichten oder poröse Gesteine, die mit Gas oder Erdöl gefüllt sind, zeichnen sich im Schlumberger-Diagramm durch erhöhte Widerstände aus[1].

Die ersten Beobachtungen über das Zusammenvorkommen von Bitumina und Salzwässern führten zu der irrigen Hypothese, daß Salzwässer bevorzugt in der Nachbarschaft von Bitumenlagerstätten anzutreffen sind. Diese Ansicht, zu der auch die Bezeichnung „Ölfeldwässer" verführen mag, wird auch heute noch gelegentlich vertreten (z. B. KREJCI-GRAF, HECHT und PASLER 1957), obwohl längst alle Argumente dagegen sprechen. Direkte Förderversuche in Tiefbohrungen haben aus den verschiedensten Formationen fern von allen Bitumenlagerstätten Salzwässer zu Tage gebracht. Die in allen neueren Bohrungen ausgeführten Schlumbergermessungen beweisen, daß die Porenräume der Gesteine immer mit

---

[1] Nichtporöse Schichten und poröse Gesteine, die mit nichtleitender Phase gefüllt sind, lassen sich unterscheiden, da nur in die letzteren die das Bohrloch füllende Spülung eindringen und eine schwach leitende Zone nächst der Bohrlochwandung erzeugen kann, die durch geeignete Meßanordnungen nachgewiesen wird. Über die verschiedenen Methoden der elektrischen Bohrlochmessungen vgl. z. B. PIRSON (1958).

leitenden Salzlösungen gefüllt sind, wenn sie nicht gerade Erdöl oder Erdgas enthalten. Gäbe es wirklich die von den zitierten Autoren behaupteten „leeren" Gesteine in größeren Tiefen, so wäre die von allen Erdölgesellschaften geübte und längst sicher erprobte Praxis unsinnig, in allen solchen Gesteinsschichten Förderversuche auf Bitumina anzustellen, die nach Ausweis der Schlumbergermessung porös sind, aber keinen leitenden Inhalt haben.

In den zahlreichen Analysen der Ölgesellschaften von Formationswässern aus Untersuchungsbohrungen und Fördersonden liegt ein großes Material aus weiten Gebieten der Erde vor, nach dem es möglich sein sollte, einen umfassenden Überblick über die Zusammensetzung und die Konzentration der Porenlösungen zu gewinnen. Ganz abgesehen davon, daß der größte Teil solcher Daten unveröffentlicht in den Archiven der Gesellschaften ruht, ist ihre Auswertung leider mit einigen Schwierigkeiten verbunden. Erstens muß man wissen, daß die Gewinnung einer Wasserprobe, die mit Sicherheit aus einem bestimmten Horizont einer Bohrung stammt, technisch oft recht schwierig ist. Die Absperrung anderer wasserführender Horizonte gelingt manchmal nur unvollkommen, und man wird auch häufig damit zu rechnen haben, daß eine Vermischung des geförderten Wassers mit der Bohrspülung stattgefunden hat, die im Bohrloch steht. Da die Formationswässer meist salziger als die Spülung sind, vermindert sich durch eine solche Vermischung die wahre Salzkonzentration. Schließlich ist bei derartigen technischen Routineanalysen wohl auch mit analytischen Fehlern zu rechnen, zumal der Genauigkeit dieser Analysen betrieblich im allgemeinen keine besondere Bedeutung zukommt. Diese Bedenken lassen es daher wenig sinnvoll erscheinen, aus dem breiten vorliegenden Material allzu detaillierte Schlüsse zu ziehen. Die folgende Darstellung wird sich deshalb auf die Hauptbestandteile der Porenlösungen und solche Ergebnisse beschränken, die als allgemein bestätigt und gesichert angesehen werden können.

Die chemische Zusammensetzung der Porenlösungen. In den Formationswässern wurden eine große Menge von Bestandteilen nachgewiesen (vgl. z. B. SCHOELLER 1955), die jedoch in sehr verschiedenen Konzentrationen vorkommen. Nur wenige Stoffe bilden als Hauptbestandteile in fast allen Formationswässern den weitaus überwiegenden Anteil des Gelösten. Dies sind die Kationen: $Na^{\cdot}$, $Ca^{\cdot\cdot}$, $Mg^{\cdot\cdot}$ und die Anionen Cl', $CO_3'' + H\,CO_3'$, SO_4''. Alle anderen Stoffe kommen nur gelegentlich oder in vergleichsweise wesentlich geringeren Mengen vor. So wurden unter anderem folgende Kationen und Anionen gefunden: $K^{\cdot}$, $NH_4^{\cdot}$, $Li^{\cdot}$, $Sr^{\cdot\cdot}$, $Ba^{\cdot\cdot}$, $V^{\cdot\cdot\cdot}$, $Mn^{\cdot\cdot}$, $Fe^{\cdot\cdot}$; F', Br', J', SiO_2, BO_3'. Die analytischen Daten über diese Nebenbestandteile sind sehr lückenhaft und von nicht vergleichbarer Genauigkeit. Wir beschränken uns daher im folgenden auf die genannten sechs Hauptbestandteile.

Jede Salzwasseranalyse ist bezüglich der Hauptbestandteile durch sechs Konzentrationsangaben gekennzeichnet. Da es sich um drei Kationen und drei Anionen handelt, bietet sich die Darstellung in zwei Konzentrationsdreiecken an. Dazu sind die Konzentrationsangaben g/l in Mol/l und diese in Moläquivalent/l umzurechnen (Moläquivalent = Mol × Wertigkeit). Da die Nebenbestandteile in der Regel nicht ins Gewicht fallen, gleicht, wenn die Analyse richtig ist, in fast allen Fällen die Zahl der Kationenäquivalente/l recht genau der Zahl der Anionenäquivalente/l, weil die Formationswässer weder merklich alkalisch noch sauer reagieren. Die Äquivalentzahlen der Kationen und Anionen werden dann je

gleich 100 gesetzt und aus den absoluten Zahlen die Äquivalentprozente für Kationen und Anionen berechnet. Gemäß diesen Prozentzahlen findet jedes Forma-
tionswasser je einen darstellenden Punkt in den Konzentrationsdreiecken der
Kationen Na—Ca—Mg und der Anionen Cl—SO_4—CO_3 + H CO_3. Um den absoluten
Gehalt an gelösten Ionen zu bezeichnen wird noch die Summe der im Liter vorhandenen Kationenäquivalente angegeben. Gegenüber den sonst noch üblichen
Methoden der graphischen Darstellung von Formationswasseranalysen, über die
z. B. SCHOELLER (1955) berichtet, hat diese Dreiecksdarstellung, wie sie ähnlich
von NIGGLI (1952, S. 52) be-
nutzt wird, den Vorteil der
größeren Anschaulichkeit und
Klarheit.

Stellt man eine größere Anzahl von Formationswasseranalysen auf diese Weise zusammen, so erweisen sich die
Verhältnisse der Kationen als
besonders charakteristisch.
Dies zeigt z.B. eine Zusammenstellung von DE SITTER (1947)
über die Kationengehalte von
Formationswässern aus den
USA, nach der die Abb. 51
entworfen wurde. Die Häufigkeit der Kationen nimmt in
diesen Lösungen in der Reihe
Na—Ca—Mg ab und in allen

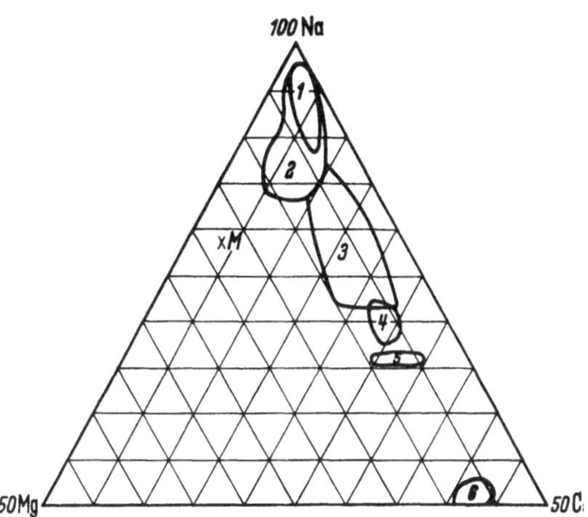

Abb. 51. *Kationengehalte von Formationswässern aus Ölfeldern der
Vereinigten Staaten* nach DE SITTER. 1. Woodbine Sand, Texas
(Kreide); 2. Tertiär, Californien; 3. Palaeozoicum, Kansas und
Oklahoma; 4. Mississippian, Appalachen; 5. Oberdevon, Appalachen;
6. Smackover-Kalk (Jura), Schuler-Feld, Arkansas. M. Meerwasser

Wässern ist der Mg-Gehalt nicht höher als 10 Äquivalentprozent. Das Verhältnis
Na/Ca ist starken Schwankungen unterworfen; die höchsten Ca-Gehalte fand man
im jurassischen Smackover-Kalk. Sehr niedrige Ca-Gehalte treten in tertiären
Schichten Californiens und im kretazischen Woodbine-Sand von Texas auf. Der
Punkt *M* entspricht der Zusammensetzung des heutigen Meerwassers, für das die
folgenden Zahlen gelten:

Tabelle 23. *Zusammensetzung des Meerwassers nach Äquivalentprozenten der Hauptbestandteile*

Na	Ca	Mg	Cl	SO_4	CO_3 + HCO_3	Kationen
78,7	3,5	17,8	90,3	9,3	0,4	0,595 Äquivalent/l

Gegenüber dem Meerwasserpunkt sind alle Formationswässer relativ an Mg
verarmt. In manchen Wässern ist das Verhältnis Na:Ca größer, in manchen
kleiner als im Meerwasser.

Ein ganz ähnliches Bild ergibt die Kationenverteilung in Wässern aus dem
Becken von Illinois (Abb. 52). Die Daten stammen aus einer großen Zusammenstellung von MEENTS u. Mitarb. (1956) über Wässer aus den Ölfeldern von Illinois.
Die Abb. 52 enthält alle Analysen, die in dem etwa in der Mitte des Beckens
gelegenen Marion County erbohrt wurden. Bei allen Analysen beträgt die Menge

der gelösten Kationen rund 2,0 äq/l. Die Anionen bestehen zu 99% und darüber aus Cl, daher wurde auf eine Darstellung der Anionenzusammensetzung verzichtet. Die Wässer kommen aus Tiefen zwischen 500 und 1500 m.

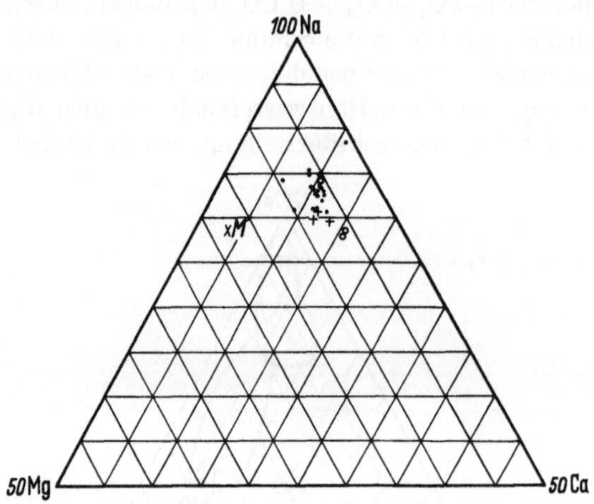

Abb. 52. *Kationengehalte von Formationswässern aus palaeozoischen Gesteinen von Illinois, Marion County*, nach MEENTS und Mitarb. ● Mississippian; + Devon-Silur; ○ Ordovizium; *M*. Meerwasser

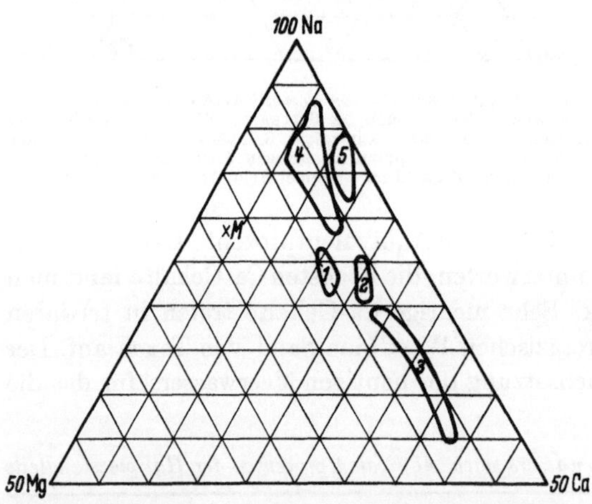

Abb. 53. *Kationengehalte von Formationswässern Nordwestdeutsch-lands* (nach Analysen des Laboratoriums der Gewerkschaft Elwe-rath). 1. Valendis-Sandstein, Erdölfeld Georgsdorf; 2. Valendis-Sandsteine der Erdölfelder Rühlermoor, Hebelermeer, Scheerhorn, Siedenburg, Barenburg; 3. Gigas-Schichten und Münder Mergel (Malm) der Erdölfelder Scheerhorn, Dalum, Barenburg; 4. Dogger-Sandsteine der Erdölfelder Wesendorf, Rühme, Kronsberg, Elsfleth, Lüben; 5. Lias-α-Sandstein, Erdölfeld Eldingen; *M*. Meerwasser

Abb. 53 und Tab. 24 enthalten die Zusammensetzung von verschiedenen Formationswässern Nordwestdeutschlands, die in Bohrungen aus Tiefen zwischen 500 und 3000 m gewonnen wurden, nach bisher unveröffentlichten Analysen aus dem Laboratorium der Gewerkschaft Elwerath, Erdölwerke Hannover. Im Konzentrationsdreieck Abb. 53 kommt die Streuung der einzelnen Analysen zum Ausdruck; es lassen sich aber jeweils bestimmte Felder abgrenzen, in denen die Wässer bestimmter Formationen oder Areale liegen. In der Tab. 24 sind Zahlenwerte von charakteristischen Einzelanalysen oder Mittel mehrerer Analysen zusammengestellt. Auch in den Wässern Nordwestdeutschlands beträgt der relative Mg-Gehalt maximal 10 äq-%, nur im Plattendolomit von Frenswegen findet sich ein Wasser mit 21 äq-% Mg. Das Na/Ca-Verhältnis ist sehr verschieden. Die höchsten Ca-Gehalte treten in Ca-reichen Gesteinen, in den Zechsteindolomiten und in den kalkreichen Gesteinen des Malm auf. Auch die Valendissandsteine, die vielfach Carbonat enthalten, führen recht Ca-reiche Wässer. Dagegen sind die Wässer aus den Lias- und Doggersandsteinen verhältnismäßig Na-reich: In allen Wässern liegt der relative Cl-Gehalt über 99%, Carbonat und Sulfat kommen in Mengen von wenigen Zehntel Prozent vor. Als eine charakteristische Größe erweist sich das Molverhältnis Cl/Na. Im heutigen Meerwasser beträgt es 1,15, d. h. die Molzahl des Cl übertrifft etwas die des Na. Für eine Reihe von Formationen: die Zechsteindolomite, die Malmgesteine und die Valendissandsteine ist das Cl/Na-

Tabelle 24. *Formationswässer aus Tiefbohrungen Nordwestdeutschlands*
(Zahl der Analysen in Klammern)

Formation und Lokalität	Tiefe m	Äquivalent-% der Kationen			Äquivalent-% der Anionen			Kationen-äquivalente im Liter	Äqu. Cl/Na
		Na	Ca	Mg	Cl	HCO₃ + CO₃	SO₄		
Dolomite des Zechstein (Perm)									
Hauptdolomit, Dalum (1) . .	3165	71,6	24,2	4,2	99,7	0,2	0,1	5,80	1,39
Plattendolomit, Frenswegen (1)	2170	51,0	28,3	20,7	99,9	—	0,1	5,72	1,96
Buntsandstein (Trias)									
Dalum (1)	2335	87,1	11,0	1,9	99,8	0,1	0,1	5,48	1,15
Lias-α-Sandstein (Jura)	1500—								
Eldingen (8)	1600	86,5	11,0	2,5	99,7	0,1	0,2	2,93	1,15
Wesendorf (1)	1900	78,1	12,8	9,1	99,5	—	0,5	3,59	1,22
Dogger-Sandsteine (Jura) . . .	500—								
β) Wesendorf (3)	1000	91,4	6,1	2,4	99,7	0,1	0,2	3,40	1,09
β) Rühme (6)	600—750	81,8	12,5	5,7	99,8	0,1	0,1	2,33	1,22
β) Lüben (1)	1215	86,6	6,1	7,3	100,0	—	—	3,30	1,16
γ) Elsfleth (2)	1560	92,1	5,9	2,0	99,6	0,1	0,3	2,75	1,08
ε) Kronsberg (1)	625	85,3	9,9	4,8	100,0	—	—	2,99	1,17
Münder Mergel, Gigas-Schichten (Malm)									
Scheerhorn (1)	1412	55,3	37,6	7,1	99,7	0,1	0,2	4,70	1,80
Lingen (1)	975	66,0	28,2	5,8	99,9	—	0,1	5,37	1,51
Barenburg (1)	1035	69,0	23,2	7,8	99,7	—	0,3	3,50	1,45
Bahrenborstel (1)	830	73,5	20,9	5,6	99,9	—	0,1	5,27	1,36
Wealden									
Georgsdorf (1)	1000	73,1	20,2	6,7	99,7	0,1	0,2	2,87	1,36
Valendis-Sandsteine (Kreide)									
Georgsdorf (6)	~ 1000	73,2	17,1	9,7	99,7	0,3	—	2,00	1,36
Scheerhorn (1)	1000	71,3	20,8	7,9	99,9	—	0,1	1,99	1,40
Rühlermoor (1)	700	73,6	20,0	6,4	100,0	—	—	1,44	1,36
Hebelermeer (1)	1242	75,3	18,9	5,8	99,9	—	0,1	2,41	1,33
Barenburg (2)	780—900	71,4	21,7	6,8	99,9	0,1	—	2,40	1,40
Siedenburg (1)	683	74,1	20,0	5,9	100,0	—	—	3,11	1,35

Zu den Lokalitäten: Dalum: nördl. Lingen a. d. Ems; Frenswegen: westl. Nordhorn, Emsland; Eldingen: östl. Celle; Wesendorf: nördl. Gifhorn; Rühme: nördl. Braunschweig; Lüben: südl. Uelzen; Elsfleth: nordöstl. Oldenburg; Kronsberg: östl. Hannover; Scheerhorn: nordwestl. Lingen a. d. Ems; Barenburg: westl. Nienburg a. d. Weser; Bahrenborstel: westl. Nienburg a. d. Weser; Rühlermoor: westl. Meppen a. d. Ems; Hebelermeer: westl. Meppen a. d. Ems; Siedenburg: westl. Nienburg a. d. Weser.

Verhältnis höher (maximal 1,96 im Plattendolomit von Frenswegen). In den übrigen Formationswässern ist es ähnlich wie im Meerwasser, in einigen Fällen (Doggersandsteine von Wesendorf und Elsfleth) etwas niedriger. Die Gesamtmenge an gelösten Stoffen sind recht verschieden. Es ist bei diesen Zahlen zu bedenken, daß die bei der Probenahme immer leicht vorkommende Vermischung mit Spülung zu niedrige Konzentrationen erzeugt. Die höheren Werte sind daher immer zuverlässiger als die niedrigen. Die höchsten Konzentrationen wurden in den salinaren Schichtfolgen des Zechstein und des oberen Malm gefunden (bis zu 5,8 äq/l Kationen; eine gesättigte NaCl-Lösung enthält bei 20° 6,1 äq/l). Aber auch in den anderen Formationen kommen recht hoch konzentrierte Lösungen vor, die mit 2 bis 3 äq/l immer noch drei- bis fünfmal so konzentriert sind wie das heutige Meerwasser.

Für das Problem der Bildung und Umbildung der Porenlösungen dürften Wässer aus jungen Formationen besonders interessant sein. Es wurden deshalb Analysen aus tertiären Schichten Europas gesammelt, die in den Abb. 54 bis 58 und in den Tab. 25 bis 27 zusammengestellt sind. Aus dem Laboratorium der Gewerkschaft Elwerath, Erdölwerke Hannover, stammen die in Abb. 54 und 55 und in der Tab. 25 eingetragenen Analysen aus den im Erdgas- und Erdölfeld Stockstadt bei Darmstadt erschlossenen Tertiärschichten des Oberrheintalgrabens. Im Unterschied zu den eben behandelten Formationen Nordwestdeutschlands, die mit Ausnahme des Wealden und vielleicht des Buntsandstein von marinem Charakter sind, kommen hier auch Süßwasserbildungen vor. Die Sande des sog. Jungtertiär, das in seiner oberen Abteilung wohl zum Pliocän, in der unteren zum Miocän gehört, werden als fluviatile und limnische Bildungen angesehen. Die mergeligen Hydrobienschichten des Miocän sind limnisch bis brackisch und der Sandstein der Pechelbronner Schichten an der Basis des Oligocän ist

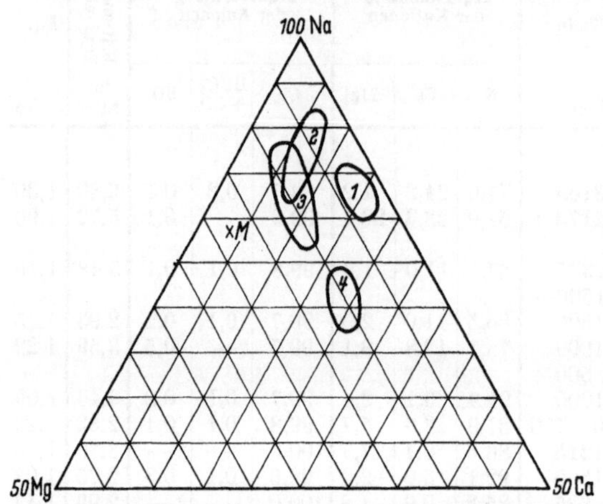

Abb. 54. *Kationenzusammensetzung der Formationswässer aus dem Tertiär von Stockstadt bei Darmstadt* (Oberrheintalgraben). (nach Analysen des Laboratoriums der Gewerkschaft Elwerath). 1. Pechelbronner Schichten, Oligocän. 1600—1700 m; 2. Hydrobienschichten, Miocän. 600—800 m; 3. Jungtertiär I, Miocän. 550—680 m; 4. Jungtertiär II, Pliocän. 400—500 m; *M.* Meerwasser

vorwiegend marin bis brackisch. Die Wässer aus Pliocän und Miocän sind untereinander ähnlich und deutlich von denen aus den oligocänen Pechelbronner Schichten unterschieden. Die höheren Wässer enthalten bis über 10 äq-% Mg,

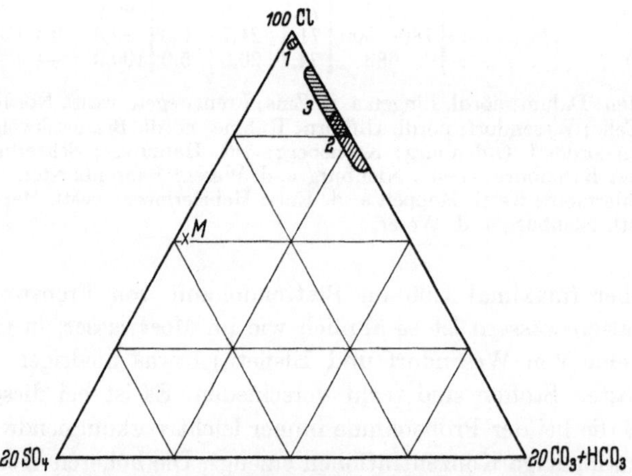

Abb. 55. *Anionenzusammensetzung der Formationswässer aus dem Tertiär von Stockstadt bei Darmstadt* (Oberrheintalgraben) (nach Analysen des Laboratoriums der Gewerkschaft Elwerath). 1. Pechelbronner Schichten, Oligocän. 1600—1700 m; 2. Hydrobienschichten, Miocän. 600—800 m; 3. Jungtertiär, Miocän — Pliocän. 680—400 m; *M.* Meerwasser

das Na/Ca-Verhältnis schwankt zwischen 2 und 20, wobei die Hydrobienschichten den höchsten relativen Na-Gehalt haben. Der Gehalt an Carbonat ist mit 2 bis 4,7 äq-% recht hoch. Dagegen enthält das Wasser aus dem oligocänen Sandstein nur 3 äq-% Mg, ein mittleres Na/Ca-Verhältnis und nur 0,3 äq-% Carbonat. Wesentlich unterscheiden sich die Wässer auch in ihrer gesamten Konzentration. Mit 1,9 äq/l ähnelt das Wasser aus dem Oligocän schon ganz den bisher behandelten Wässern aus älteren Formationen. In den oberen brackischen bis limnischen Schichten enthalten die Lösungen nur rund 0,5 äq/l gelöst, eine Menge, die aber immerhin nur wenig unter der Konzentration des heutigen Meerwassers liegt.

Tabelle 25. *Formationswässer aus dem Tertiär des Oberrheintalgrabens, Tiefbohrungen im Erdgas- und Erdölfeld Stockstadt bei Darmstadt* (Zahl der Analysen in Klammern)

| Formation | Tiefe | Äquivalent-% der Kationen | | | Äquivalent-% der Anionen | | | Kationen-äquivalente | Äqu. |
| | | Na | Ca | Mg | Cl | HCO_3 +CO_3 | SO_4 | im Liter | Cl/Na |
	m								
Jungtertiär II (Pliocän) (2)	400—500	70,9	18,8	10,3	97,7	2,1	0,2	0,49	1,38
Jungtertiär I (Miocän) (4)	550—680	82,5	7,8	9,7	96,4	3,7	0,1	0,47	1,17
Hydrobienschichten (Miocän) (9)	600—800	86,4	6,8	6,6	95,1	4,7	0,1	0,46	1,10
Pechelbronner Schichten (Oligocän) (8)	1600—1700	82,4	14,4	3,1	99,4	0,3	0,2	1,93	1,20

Analysen von Formationswässern aus dem Pliocän und Miocän des Wiener Beckens, die auf den gas- und ölführenden Strukturen von Mühlberg, van Sickle und Gösting erbohrt wurden, sind in den Tab. 26, 27 und in der Abb. 56 nach den Angaben von KREJCI-GRAF, HECHT und PASLER (1957) sowie nach FRIEDL (1956) zusammengestellt. Die Wässer stammen aus einzelnen Sandhorizonten, die der Reihe nach numeriert werden. Das Torton wird als eine normal marine Bildung angesehen, die sarmatischen Schichten lagerten sich im brackischen Milieu ab, das Pannon wurde in weitgehend ausgesüßtem Wasser abgesetzt. Wie im Tertiär des Rheintalgrabens hat auch in diesen Wässern das Na unter den Kationen die entschiedene Vormacht. Mg- und Ca-Gehalte steigen selten über je 5 äq-%. Bezüglich der Anionen zeigen die Wässer des Wiener Beckens ein neues Bild, insofern das Carbonat hier eine beherrschende Rolle spielt. In den oberen Teufen übertrifft das Carbonat den Chloridgehalt, nach unten hin tritt es allmählich zurück. Sulfat kommt meist in geringen, manchmal aber auch in relativ großen Mengen vor. Das Verhältnis Cl/Na ist wegen des relativ geringen Cl-Gehaltes wesentlich niedriger als in den bisher betrachteten Wässern. Der Gesamtgehalt an gelösten Stoffen nimmt mit der Tiefe allmählich zu, was an den Analysen von GÖSTING besonders deutlich auffällt. In den tiefsten Schichten nähert sich der Gehalt dem des heutigen Meerwassers. Im Raume der Struktur Gösting liegt das Pannon 800—1 100 m tief, das Sarmat in 800—2 200 m und das Torton in 1 900 bis 2 500 m Tiefe. In Mühlberg liegt das Sarmat 500—1 000 m, das Torton 1000—1500 m tief und in der Struktur VAN SICKLE stammen die Wässer des Sarmat aus 600 bis 1 200 m Tiefe.

Wieder andere Mengenverhältnisse finden sich in den Wässern der tertiären Sande des Pobeckens. In der Tab. 27 und den Abb. 57 sind einige Daten aus

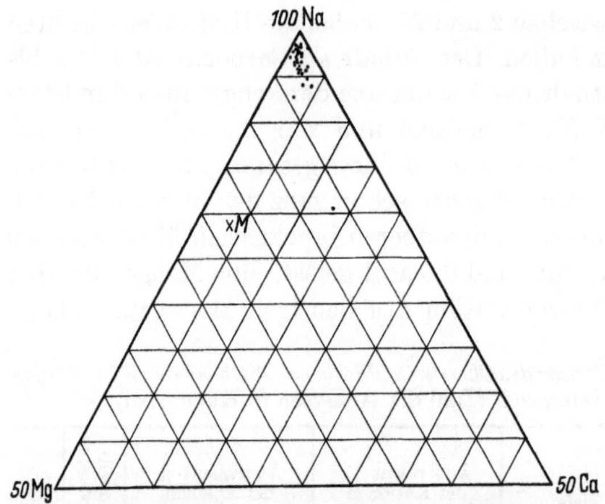

Abb. 56. *Kationengehalte von Formationswässern aus 'dem Tertiär (Pannon, Sarmat, Torton) des Wiener Beckens.* (Strukturen Mühlberg, Van Sickle, Gösting; nach Analysen von FRIEDL sowie KREJCI-GRAF, HECHT und PASLER) *M.* Meerwasser

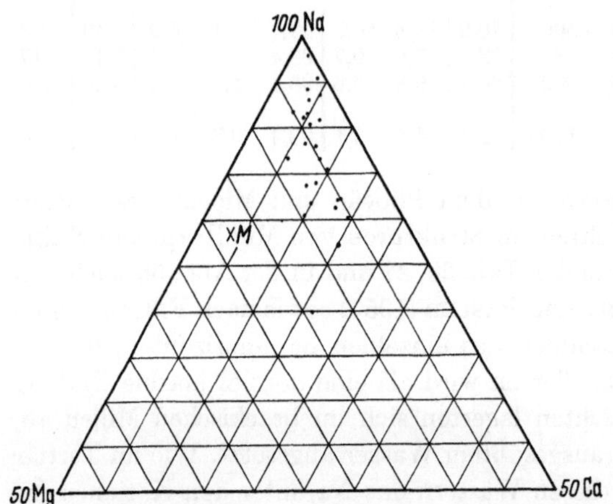

Abb. 57. *Kationengehalte der Formationswässer aus dem Tertiär (Pliocän und Miocän) des Pobeckens* (nach Analysen von Agip Mineraria). *M.* Meerwasser

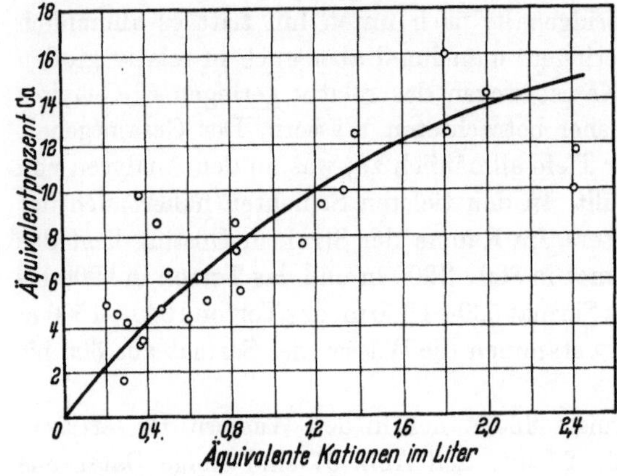

Analysen zusammengestellt, die von der Agip Mineraria anläßlich eines Erdgaskongresses in Milano 1957 veröffentlicht wurden. Es handelt sich hauptsächlich um Wässer aus Sanden des Pliocän und aus einigen miocänen Sanden von verschiedenen Strukturen der Poebene aus Tiefen zwischen 500 und 3500 m. An diesen Strukturen enthalten die Sande Methanlagerstätten. Die kationische Zusammensetzung der Lösungen zeigt eine größere Streuung als die der Wässer des Wiener Beckens, und es fehlen hier die dort so typischen extrem Na-haltigen Wässer. Der Mg-Gehalt steigt bis gegen 10, der Ca-Gehalt bis über 15 äq-% an. Die gelösten Mengen schwanken zwischen 0,2 und 3 äq/l Kationen im Liter. Offenbar besteht, wie Abb. 58 für das Ca zeigt, eine Beziehung zwischen Ca- und Mg-Gehalt und der Gesamtkonzentration, indem die relativen Ca- und Mg-Gehalte mit der Gesamtkonzentration an Kationen ansteigen. Unter den Anionen überwiegt bei weitem das Chlorid. Nur 6 Wässer von 26 enthalten weniger als 98 äq-% Chlorid. Sulfat kommt nur sehr selten in Mengen über 1% vor. Einige salzarme Wässer enthalten größere Mengen (5—17%) Carbonat, das jedoch im Unterschied zum Wiener Becken sonst eine nur untergeordnete Rolle spielt.

Abb. 58. *Zusammenhang zwischen Ca-Gehalt und Gesamtkonzentration in den Formationswässern aus dem Tertiär des Pobeckens* (Nach Analysen von Agip Mineraria)

Tabelle 26. *Formationswässer aus dem Tertiär des Wiener Beckens* (nach KREJCI-GRAF, HECHT und PASLER)

| Horizont | Äquivalent-% der Kationen | | | Äquivalent-% der Anionen | | | Kationen-äquivalente | Äqu. |
	Na	Ca	Mg	Cl	$CO_3 + HCO_3$	SO_4	im l	Cl/Na
1. *Struktur Mühlberg*								
Sarmat								
6—8	98,2	1,8	—	34,8	64,3	0,98	0,046	0,35
7—8	97,2	1,0	1,8	36,1	63,3	0,56	0,067	0,37
Torton								
11	96,6	1,4	2,0	75,0	24,7	0,23	0,26	0,78
12	97,1	1,1	1,8	76,2	23,4	0,36	0,25	0,78
14	98,4	0,9	0,7	67,4	32,2	0,25	0,27	0,69
16	97,7	1,0	1,3	74,9	24,6	0,37	0,24	0,77
17	98,1	0,8	1,1	76,5	22,8	0,65	0,25	0,78
18	97,6	1,4	1,0	77,4	22,0	0,35	0,26	0,76
19	98,4	0,9	0,7	72,6	27,1	0,18	0,25	0,74
20	98,2	0,7	1,1	77,3	22,2	0,41	0,28	0,79
21	98,5	0,9	0,6	61,5	37,9	0,62	0,19	0,63
23	97,2	0,5	1,3	71,0	28,5	0,40	0,21	0,73
2. *Struktur Van Sickle*								
Sarmat								
4	94,0	3,2	2,8	60,0	39,8	0,2	0,084	0,64
9—10	96,0	2,1	1,9	61,4	37,2	1,3	0,086	0,64
10	96,9	1,1	2,0	73,2	36,5	0,25	0,11	0,76
11	97,1	1,3	1,6	84,1	15,8	0,04	0,16	0,87
12	98,0	0,4	1,6	73,0	26,8	0,17	0,15	0,75
14—15	97,4	1,5	1,1	83,8	15,9	0,21	0,17	0,86
14—16	96,7	1,8	1,5	84,8	15,1	0,10	0,17	0,88
16	96,3	2,2	1,5	85,8	13,8	0,34	0,16	0,89

Tabelle 27. *Formationswässer aus dem Tertiär des Wiener Beckens*
Struktur Gösting (nach FRIEDL)

| Horizont | Äquivalent-% der Kationen | | | Äquivalent-% der Anionen | | | Kationen-äquivalente | Äqu. |
	Na	Ca	Mg	Cl	$CO_3 + HCO_3$	SO_4	im l	Cl/Na
Unter Pannon								
4	80,5	13,8	5,7	14,7	85,3	Spur	0,025	0,18
8	88,7	6,7	4,6	43,6	56,4	Spur	0,048	0,50
11	92,7	2,8	4,5	76,3	23,7	Spur	0,11	0,82
12	95,5	2,4	3,1	52,4	47,6	Spur	0,10	0,55
Sarmat								
3—4	95,5	2,1	2,4	43,1	56,9	Spur	0,068	0,45
9	97,8	0,8	1,4	58,8	41,2	Spur	0,14	0,60
12	98,5	0,6	0,9	71,9	28,1	Spur	0,25	0,73
13	98,0	0,6	1,4	83,4	16,5	0,1	0,29	0,85
14	97,7	1,2	1,1	85,1	14,9	Spur	0,32	0,87
16	98,2	0,7	1,1	85,3	14,6	0,1	0,37	0,87
17	95,6	2,7	1,7	93,4	6,6	Spur	0,53	0,98
18	94,9	3,3	1,8	95,5	4,5	Spur	0,55	1,01
19	95,6	2,7	1,7	94,2	5,6	0,2	0,53	0,99
Torton								
7	94,0	4,2	1,8	91,2	7,2	1,6	0,50	0,97
8	96,2	2,7	1,1	93,2	3,1	3,7	0,35	0,97

Tabelle 27. *Formationswässer aus dem Tertiär des Pobeckens* (Agip Mineraria 1957)

Lokalität	Formation	Tiefe (m)	Äquivalent-% der Kationen			Äquivalent-% der Anionen			Kationen-äquivalente im l	Äqu. Cl/Na
			Na	Ca	Mg	Cl	$HCO_3 + CO_3$	SO_4		
S. Giorgio Piacentino	U-Plio.	470—670	91,2	4,6	4,2	94,3	5,4	—	0,26	1,04
Maclodio	U-Plio.	852—928	91,8	3,2	5,0	98,0	1,8	0,2	0,38	1,07
Orzivecchi	U-Plio.	935—1144	88,2	6,2	5,6	99,5	0,4	0,06	0,65	1,13
Cremona	Torton	1014—1366	81,8	12,7	5,5	99,9	0,06	0,1	2,42	1,22
Imola	O-Plio.	1040—1760	87,8	5,2	7,0	99,2	0,8	—	0,69	1,14
Cotignola	O-Mio.	1050—1110	81,8	10,0	8,2	99,8	0,1	0,1	2,41	1,22
Corregio	M-Plio.	1088—1268	69,8	16,0	14,2	99,8	0,2	—	1,81	1,27
Selva	Plio.	1165—1608	80,5	10,0	10,0	99,9	—	—	1,33	1,24
Bagnolo Mella	U-Plio.	1224—1257	88,0	7,4	4,6	99,0	1,0	—	0,83	1,13
Spilamberto	U-Plio.	1242—1263	84,0	9,4	6,6	99,6	0,2	0,2	1,23	1,18
Sergnano	U-Plio.	1300—1550	86,6	8,6	4,8	99,6	0,4	—	0,82	1,16
Caviaga	U-Plio	1392—1700	86,0	9,2	4,8	99,6	0,4	—	1,13	1,08
Tresigallio	Quartär	1400—1500	90,4	5,6	4,0	99,6	0,4	—	0,84	1,10
Alfonsine	U-Plio.	1440—1972	83,8	8,6	7,6	97,8	0,8	1,4	0,45	1,17
Cortemaggiore	U-Plio.	1445—1630	77,4	14,8	7,8	99,8	0,2	—	3,09	1,28
Busseto	U-Plio.	1467—1625	91,6	4,8	4,6	97,0	1,2	1,8	0,47	1,06
Ripalta	U-Plio.	1484—1661	90,8	6,4	2,8	98,2	1,8	—	0,50	1,09
Corneliano	U-Plio.	1490—2004	95,6	4,4	3,0	99,4	0,6	0,06	0,59	1,04
Santerno	Torton	> 1600	93,0	4,2	2,8	82,8	16,8	0,4	0,30	0,89
Romanengo	U-Plio.	1613—1691	94,2	3,4	2,4	97,2	2,8	—	0,38	1,03
Bordolano	U-Plio.	1708—1738	98,2	1,6	0,2	84,4	15,0	0,6	0,29	0,86
Budrio Est	O-M-Plio	1790—2232	80,2	14,3	5,4	99,8	0,1	0,04	2,00	1,24
Pandino	U-Plio.	1880—1980	82,4	12,6	5,0	99,8	0,2	—	1,81	1,20
Desana	Torton	2406—2465	93,6	5,0	1,4	83,8	15,8	0,4	0,20	0,89
Piadena Ovest	U-Plio.	2924—3119	82,3	12,5	5,2	97,9	2,0	Spur	1,38	1,19
Piadena Est	U-M-Plio	2738—3478	85,2	9,8	5,0	99,6	0,2	0,2	0,36	1,16

Die Erfahrungen bei Tiefbohrungen bestätigen immer wieder, daß der Salzgehalt der Porenlösungen vom Grundwasserbereich bis in größere Tiefen im allgemeinen zuzunehmen pflegt. Dies ist z. B. aus den elektrischen Bohrlochmessungen nach dem Schlumbergerverfahren zu entnehmen, mit deren Hilfe man leicht die Abnahme des elektrischen Widerstandes der Porenlösungen mit der Tiefe und eine entsprechende Veränderung des Potentials zwischen Spülung und Gestein feststellen kann. Als ein Beispiel ist in Abb. 59 eine Schlumbergermessung (Widerstand und Potential) im Tertiär des Oberrheintalgrabens (Stockstadt) wiedergegeben. Zwischen 300 und 400 m nimmt der Salzgehalt des Formationswassers stark mit der Tiefe zu.

Verhältnismäßig einfach scheinen die Verhältnisse im Becken von Illinois (USA) zu sein. Dort bilden Sedimente vom Cambrium bis zum Obercarbon (Pennsylvanian) auf älterem Untergrund eine weitgespannte Mulde, innerhalb deren die einzelnen Schichten in sehr verschiedenen Tiefen vorkommen. In verschiedenen porösen Gesteinen dieser Serie finden sich Erdgas- und Erdölvorkommen und es liegen aus den zahlreichen Tiefbohrungen dieses Raumes viele Wasseranalysen vor, die von MEENTS u. Mitarb. (1956) veröffentlicht worden sind. Man entnimmt diesen Analysen eine regelmäßige Zunahme der Salzkonzentration mit der Tiefe. In der Abb. 60 ist dies für den St. Geneviève-Sandstein des Untercarbon (Mississippian) auf Grund von 235 Wasseranalysen dargestellt. Ganz ähnliche Bilder würde man für andere Sandsteine in diesem Becken erhalten.

Aus dem nordwestdeutschen Sedimentbecken lassen sich zahlreiche Beispiele für die Zunahme des Salzgehaltes mit der Tiefe anführen. So gelten z. B. für die Formationswässer im Raum einiger Erdölfelder die folgenden Zahlen:

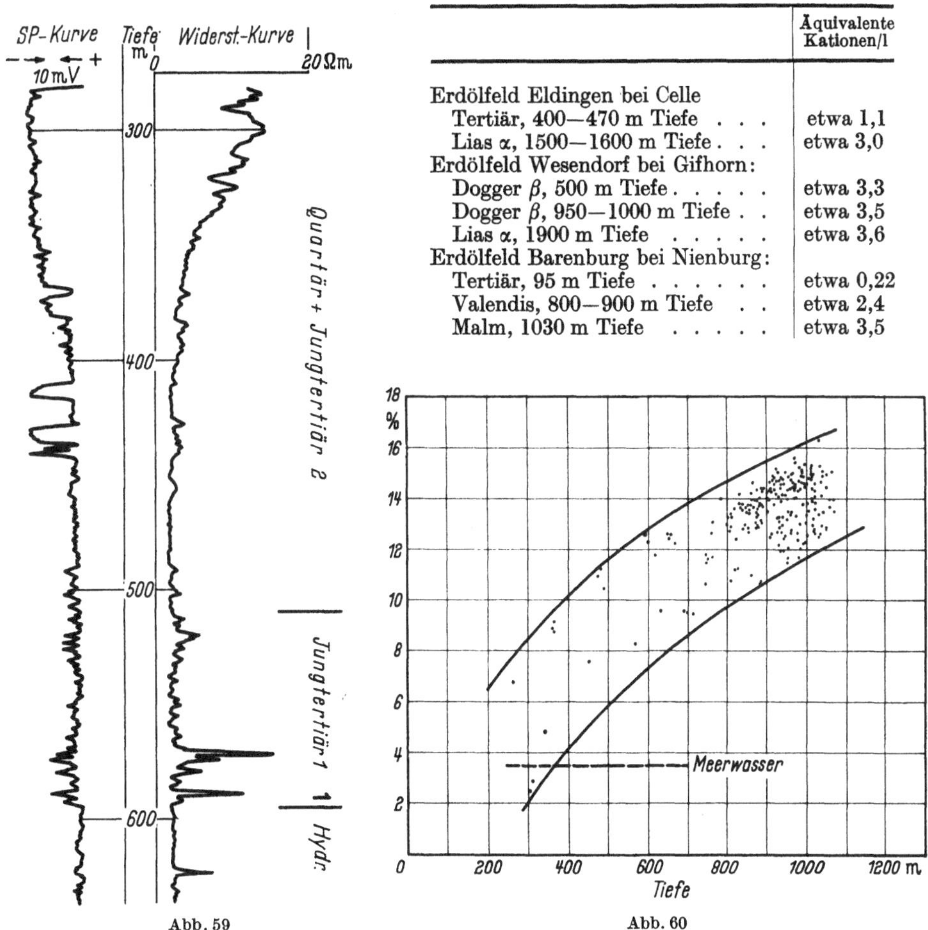

	Äquivalente Kationen/l
Erdölfeld Eldingen bei Celle	
Tertiär, 400—470 m Tiefe . . .	etwa 1,1
Lias α, 1500—1600 m Tiefe . . .	etwa 3,0
Erdölfeld Wesendorf bei Gifhorn:	
Dogger β, 500 m Tiefe	etwa 3,3
Dogger β, 950—1000 m Tiefe . .	etwa 3,5
Lias α, 1900 m Tiefe	etwa 3,6
Erdölfeld Barenburg bei Nienburg:	
Tertiär, 95 m Tiefe	etwa 0,22
Valendis, 800—900 m Tiefe . .	etwa 2,4
Malm, 1030 m Tiefe	etwa 3,5

Abb. 59   Abb. 60

Abb. 59. *Widerstand- und Potentialmessung nach dem Schlumbergerverfahren in einer Bohrung bei Stockstadt* (Oberrheintalgraben). Die Abnahme des Widerstandes zwischen 300 und 400 m und die entsprechende Veränderung des Potentials zeigen die Zunahme des Salzgehaltes der Porenlösung an

Abb. 60. *Salzgehalt der Formationswässer des St. Genevieve-Sandsteins (Mississippian) im Becken von Illinois in Abhängigkeit von der Tiefe* (Nach 235 Analysen von MEENTS u. Mitarb.)

Die Zunahme des Salzgehaltes mit der Tiefe im Tertiär des Oberrheintalgrabens wurde bereits S. 155 erwähnt.

Nicht immer jedoch ist diese Abhängigkeit des Salzgehaltes von der Tiefe regelmäßig, und mehrfach ist sogar die Unterlagerung salziger Wässer durch salzärmere beobachtet worden. Solche Unregelmäßigkeiten hat man bisher besonders in tertiären Schichtserien gefunden. Daß z. B. im Pobecken Salzgehalt und Tiefe nicht regelmäßig zusammenhängen, zeigt ein Blick auf die Tab. 27 In der Struktur Gösting des Wiener Beckens nimmt bis zum unteren Sarmat der Salzgehalt allmählich zu, dann folgt in das Torton hinein eine Abnahme der Salzkonzentration. Eine besonders deutliche Umkehrung der normalen Verhältnisse konnten LEMCKE und Tunn (1956) im süddeutschen Tertiärbecken nördlich der Alpen nachweisen. Auf der Unterlage verkarsteter Malmkalke liegen im nördlichen Teil dieses Beckens Molasseschichten von einer Mächtigkeit bis zu etwa 2000 m. Im oberen Teil dieses Sedimentpakets ist Süßwasser enthalten, das nach unten hin in Salzwasser übergeht. Dabei scheint es sich nach Ausweis der Schlumbergerdiagramme um eine recht plötzliche Änderung des Salzgehaltes zu handeln, so daß man von einer Süß-Salzwassergrenze sprechen kann. In den allertiefsten Schichten des Tertiär (Bausteinschichten) findet sich, ebenso wie im verkarsteten Malm wiederum mit scharfer Grenze gegen das überliegende Salzwasser, Süßwasser. Die genannten Autoren konnten vor allem aus Druckbeobachtungen in Tiefbohrungen wahrscheinlich machen, daß in den Molasseschichten eine Strömung verläuft, die vertikal nach unten und horizontal auf die Donau zu gerichtet ist, so daß also die Wässer der Molasse in die Donau abgeleitet werden. Mit dieser im ganzen nach Norden gerichteten Bewegung der Formationswässer stimmt überein, daß die obere Süß-Salzwassergrenze nach den Beobachtungen in den Bohrungen nach Norden hin ansteigt (vgl. S. 125).

Timm und Maricelli (1953) haben die Formationswässer in den mächtigen Tertiärsedimenten in Südwest-Louisiana (USA) untersucht, die dem großen Becken des Golfes von Mexiko angehören, in dem während des ganzen Caenozoicum Senkung und Sedimentation stattgefunden haben. Die untersuchte Schichtserie umfaßt Eocän, Oligocän, Miocän und Pliocän, in einer Mächtigkeit von rund 5000 m. Alle Schichten fallen gegen die heutige Golfküste, d. h. nach Süden ein. Die Sedimente bestehen im wesentlichen aus Tonen und Sanden, wobei die Sande aller Formationen im Norden am mächtigsten sind und nach Süden hin allmählich auskeilen, bzw. durch tonige Schichten ersetzt werden. Im ganzen Gebiet läßt sich im oberen Teil der Profile eine Süß-Salzwassergrenze feststellen, an der der Salzgehalt nach Ausweis der Schlumbergermessungen nach unten hin plötzlich zunimmt (von weniger als 0,025% NaCl auf höhere Werte). Diese Grenze liegt in den nichtmarinen obersten Tertiärschichten, die dem Miocän und Pliocän angehören und steigt südwärts allmählich an. Gemäß den auf S. 125 entwickelten Überlegungen entspricht dieser Anstieg einer in das Meer gerichteten Strömung des Süßwassers. Die unter dieser Grenze liegenden marinen Sedimente des Miocän enthalten Formationswässer mit zum Teil recht hohen Salzgehalten (bis zu 16% NaCl entsprechend 2,7 äq Kationen im l). Darunter liegende marine Sedimente des älteren Tertiär enthalten wieder salzärmere Wässer (1,5 bis 2% NaCl). Die Salzgehalte in den tertiären Schichten sind im einzelnen recht verschieden. Die Autoren glauben nachweisen zu können, daß die Salinität des Porenwassers eines bestimmten Sandes im Norden, wo alle Sande mächtiger sind, am größten ist und nach Süden mit zunehmender Ausdünnung des Sandes und mächtiger werdenden Tonpaketen abnimmt.

Physikalische Eigenschaften. Die für das Verhalten der Salzlösungen im Porenraum der Sedimentgesteine wichtigen physikalischen Eigenschaften hängen von der Salzkonzentration ab. Da der Salzgehalt vorwiegend aus NaCl besteht, genügt es für die meisten Zwecke, die Formationswässer als NaCl-Lösungen zu betrachten.

Das spezifische Gewicht von NaCl-Lösungen bei Temperaturen zwischen 30° und 80° C ist in Abb. 61 dargestellt. Aus Abb. 62 ist die thermische Ausdehnung verschieden konzentrierter NaCl-Lösungen zu entnehmen, aus Abb. 63 die Kompressibilität bei 20°. Abb. 64 stellt die Viscosität von NaCl-Lösungen in Abhängigkeit von der Temperatur dar.

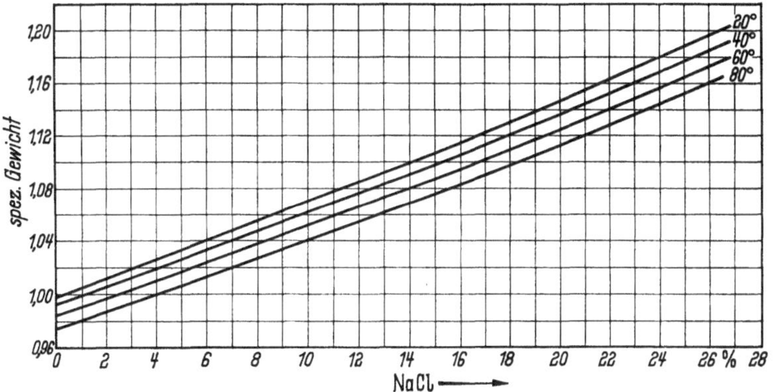

Abb. 61. *Spezifisches Gewicht von* NaCl-*Lösungen* (bezogen auf Wasser bei 4° C)

Der Ursprung der Salzlösungen. Wie im ersten Abschnitt dieses Buches gezeigt, werden die klastischen Sedimente mit einem hohen Porenraum abgelagert, der zwischen 40 und 90% ihres Gesamtvolumens beträgt. Klastische Kalke, Sandsteine Konglomerate und Tone schließen daher im Augenblick ihrer Bildung eine erhebliche Menge des Ablagerungsmediums ein. Nur die relativ seltenen äolischen Sedimente (Löß, Dünensande) bilden sich mit einem luftgefüllten Porenraum. Alle anderen Sedimente sind von Anfang an mit wäßrigen Lösungen gesättigt. Die Zusammensetzung der heute in den sedimentären Gesteinen angetroffenen Formationswässer hat daher ihren ersten Ursprung in der chemischen Natur der Gewässer, aus denen sich die Sedimente bildeten. Auf diesen Ursprung weist die vielfach benutzte Bezeichnung "connate water" für die Porenlösungen der Sedimentgesteine.

Es haben aber die Lösungen, wie wir sie heute in den Gesteinen finden, eine ganz andere Zusammensetzung als alle Gewässer der Erdoberfläche. Dies geht aus der Tab. 28 und den Abb. 65 und 66 deutlich hervor. Besonders wichtig ist der

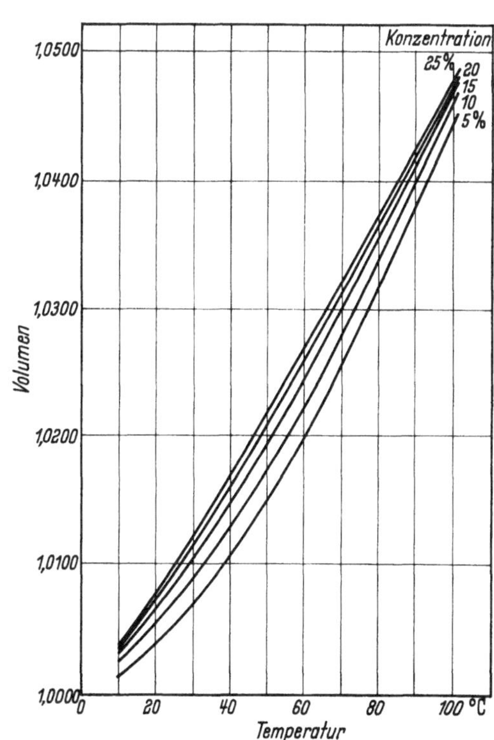

Abb. 62. *Volumen von* NaCl-*Lösungen in Abhängigkeit von der Temperatur*

Vergleich mit dem Ozeanwasser und den Wässern der Flüsse und Seen. Außerdem wurden auch noch einige Wässer von abweichendem Chemismus hinzugezogen, die in abgeschlossenen Becken vorkommen. Die Formationswässer sind von den heute an der Erdoberfläche vorkommenden Lösungen in charakteristischer Weise unterschieden. Bezüglich der Kationen haben die Formationswässer niedrigere

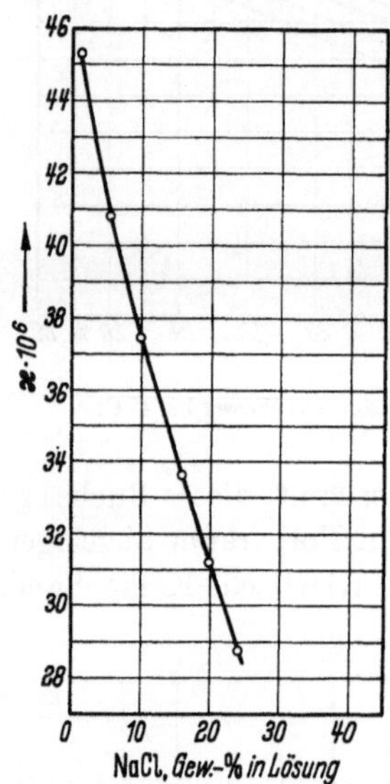

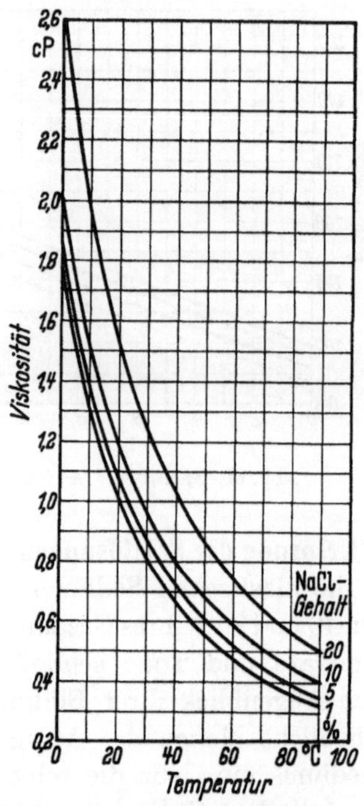

Abb. 63. *Kompressibilität von NaCl-Lösungen bei 20°C*   Abb. 64. *Viscosität von NaCl-Lösungen in Abhängigkeit von der Temperatur*

relative Gehalte an Mg als Fluß- und Meerwasser; das Verhältnis Na:Ca ist in Formationswässern immer höher als in den Flüssen und Süßwasserseen. Auch die verschiedenen Beispiele salziger Seen unterscheiden sich deutlich von den Formationswässern, entscheidend vor allem durch ihren höheren Mg-Gehalt. Auch im Anionendreieck nehmen die Formationswässer ein charakteristisches Feld ein, das sich bei kleinen SO_4-Gehalten längs der Seite Cl—CO_3 erstreckt. Die

Tabelle 28. *Chemische Zusammensetzung einiger Oberflächenwässer (Hauptbestandteile)*
(berechnet nach CLARKE)

	Äquivalent-% der Kationen			Äquivalent-% der Anionen			Äqu.
	Na	Ca	Mg	Cl	CO₃	SO₄	Cl/Na
1. Mittel der Flüsse Nordamerikas .	19,2	67,1	23,7	12,8	67,7	19,5	0,67
2. Mittel der Flüsse Südamerikas . .	15,9	68,6	15,5	11,5	76,7	11,8	0,72
3. Mittel der Flüsse und Seen Europas	12,2	75,2	12,6	5,8	79,4	14,8	0,48
4. Nil	9,0	68,4	22,6	7,4	71,4	21,2	0,82
5. Caspisee	65,8	6,5	27,7	69,9	0,7	29,4	1,06
6. Großer Salzsee, Utah, USA . . .	82,5	4,5	13,0	91,9	—	8,1	1,11
7. Owens See, Calif., USA	100	—	—	42,6	45,1	12,3	0,43
8. Totes Meer, Palästina	27,5	12,9	59,6	96,6	—	3,4	3,52
9. Natronsee b. Theben, Ägypten .	73,7	9,8	16,4	40,0	60,0	—	0,54
10. Meerwasser	78,7	3,5	17,8	90,3	0,4	9,3	1,15

meisten Formationswässer liegen im oberen Teil dieses Feldes bei Cl-Gehalten nahe an 100%. Von Meer- und Flußwässern unterscheiden sich die Formationswässer durch den geringen SO_4-Gehalt, von den Flußwässern meist auch durch einen höheren relativen Gehalt an Cl. Auch die meisten Wässer der Salzseen unterscheiden sich deutlich durch einen höheren SO_4-Gehalt von den Formationswässern. Eine Ausnahme bildet das nur Cl enthaltende Wasser des Owens See, Californien.

Wenn man annimmt, daß die Gewässer der geologischen Vorzeit im wesentlichen ebenso zusammengesetzt waren wie die heutigen, was zumindest für die jungpaläozoischen, mesozoischen und caenozoischen Formationen, die uns hier vor allem interessieren, sicherlich recht angenähert zutreffen wird, so muß man aus diesem Vergleich schließen, daß sich die ursprünglich im Sediment eingeschlossenen Lösungen im tiefer versenkten Sedimentgestein recht wesentlich verändert haben. Dies ist ja auch nicht anders zu ·erwarten. Wenn schon der Mineralbestand der Sedimente mehr oder minder deutliche diagenetische Veränderungen erfährt, so müssen die labilen und beweglichen Lösungen erst recht eine starke chemische Diagenese und räumliche Verschiebung erleiden.

Die Lösungen sind nicht unbedingt an diejenigen Gesteine und Porenräume ge-

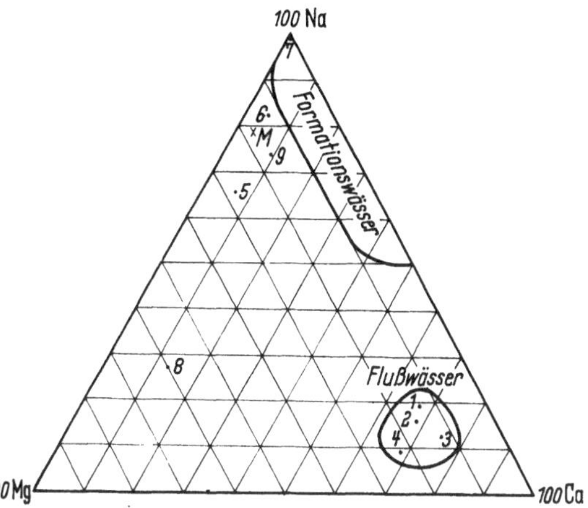

Abb. 65. *Kationenzusammensetzung der Formationswässer und einiger Oberflächenwässer* (vgl. Tab. 28). 1. Flüsse Nordamerikas; 2. Flüsse Südamerikas; 3. Flüsse und Seen Europas; 4. Nil; 5. Caspi-See; 6. Großer Salzsee, Utah; 7. Owens-See, Californien; 8. Totes Meer; 9. Natron-See, Ägypten; *M*. Meerwasser

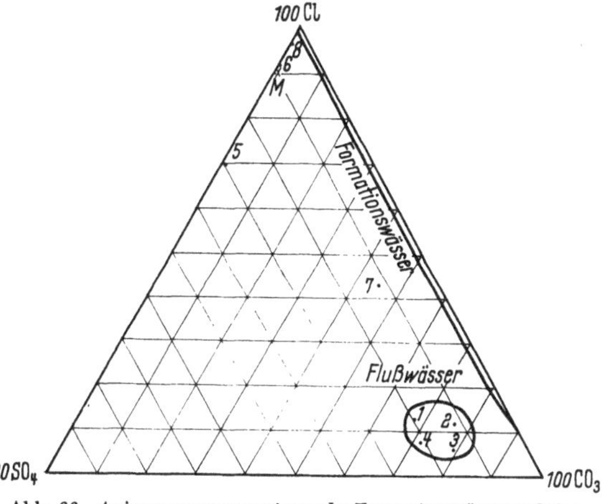

Abb. 66. *Anionenzusammensetzung der Formationswässer und einiger Oberflächenwässer* (vgl. Tab. 28). Die Nummern entsprechen denen der Abb. 65

bunden, in denen sie einmal eingeschlossen wurden. Vermöge der Permeabilität der Sedimentgesteine können verschiedene Ursachen Strömungen hervorrufen, so daß sich die Lösungen unter Umständen weit von ihrem ursprünglichen Muttergestein entfernen. Es gibt verschiedene Ursachen für Bewegungen der Porenlösung. Die wichtigste Strömung ist allgemein gegen die Erdoberfläche gerichtet und wird durch die Absenkung von Sedimenten und die damit verbundene Kompression des Porenraums erzeugt. Wenn man bedenkt, daß die Porosität eines

Tones bei der Absenkung in eine Tiefe von 2000 m von 80% auf etwa 10% verringert wird, so sieht man, daß diese Strömungen, wenn sie auch meist sehr langsam erfolgen, in mächtigen Sedimentbecken im Laufe der Zeit sehr große Wassermengen aus der Tiefe dem Wasserkreislauf der Erdoberfläche zuführen. Andere Strömungen können durch tektonischen Zusammenschub erzeugt werden. Die Abtrennung nicht mischbarer Phasen (Gase, Kohlenwasserstoffe), die ursprünglich im Porenraum innig gemengt mit wäßrigen Lösungen vorkommen, führt unter dem Einfluß von Schwerkraft und Capillarkräften ebenfalls zu Fließvorgängen, auf die in einem früheren Abschnitt (S. 114 ff.) schon eingegangen wurde. Daß in höheren Teilen der Erdrinde auch Strömungen zu tief eingeschnittenen Flüssen hin quer durch den Porenraum der Sedimente erfolgen und die ursprünglichen Grenzen verschiedener Wässer verschieben können, haben LEMCKE und TUNN in der tertiären Molasse Bayerns zeigen können (S. 160). Alle diese Bewegungen der Porenlösungen werden am intensivsten in den durchlässigsten Schichten stattfinden. Die heute in älteren Sandsteinen oder ähnlichen Gesteinen vorgefundenen Lösungen werden daher meist kein echtes "connate water" darstellen, sondern von nah oder fernher zugewandert sein. So kann es vorkommen, daß ein sicherlich limnisch-fluviatiles Sediment heute Wasser hoher Salzkonzentration enthält, das ursprünglich aus einem marinen Gestein stammt, oder daß umgekehrt marine Sande mit chloridarmen Lösungen gefüllt sind. Wenn auch manchmal die Salinität der Formationswässer den Bildungsraum der betreffenden Gesteine noch abzubilden scheint, so darf man doch wegen der Beweglichkeit der Lösungen niemals mit Sicherheit aus der Salinität des Formationswassers auf die Ablagerungsbedingungen schließen.

Die chemische Diagenese der primär eingeschlossenen Lösungen kann mannigfache Ursachen haben. Dabei ist die Verschiebung der relativen Mengenverhältnisse der Komponenten (Veränderung der äq-%-Zahlen) und die Erhöhung der Gesamtkonzentration (z. B. der Kationenäq/Liter) zu unterscheiden. Veränderungen der Mengenverhältnisse setzen offenbar schon sehr früh im noch frischen Sediment ein. Verschiedene Beobachter haben im Porenraum rezenter mariner Sedimente einen niedrigeren SO_4-Gehalt gefunden als im darüber stehenden Meerwasser, so EMERY und RITTENBERG (1952) vor der Californischen Küste und MURRAY und IRVINE (1895) im Firth of Forth. In diesen Fällen verschwindet das Sulfat des Meerwassers schon sehr früh aus der Porenlösung mariner Sedimente, vielleicht unter dem Einfluß sulfatreduzierender Bakterien. Das Verschwinden des Sulfats ist offenbar ein ganz allgemeiner Zug der Diagenese der Formationswässer, die sich ja vor allem durch Mangel an Sulfat vor allen anderen Wässern auszeichnen. Es drückt sich darin das im Vergleich zur Erdoberfläche reduzierende Milieu des Porenraums der Gesteine aus. Andere Veränderungen der Mengenverhältnisse und der absoluten Konzentrationen muß man im Zusammenhang mit den diagenetischen Um- und Neubildungen von Mineralien im Porenraum betrachten. Aus dem Vergleich von Formationswässern mit Meer- und Kontinentalwässern folgt, daß ganz allgemein eine Verringerung des Mg-Gehaltes stattfinden muß, die eine Bindung von Mg in diagenetisch neugebildeten Mineralien erfordert. Solche Mineralien sind wahrscheinlich Dolomit und Chlorit, die beide als Neubildungen im Porenraum bekannt sind. Es finden aber nicht nur Neubildungen statt, manche Mineralien werden in der Porenlösung auch aufgelöst.

Derartige, der Verwitterung im Boden vergleichbare Vorgänge wurden an Feldspäten in Sandsteinen beobachtet, wie in einem früheren Abschnitt ausführlich berichtet wurde (S. 29). Durch diese Auflösung der Feldspäte (und wohl auch anderer Silikate) werden neben Alkali und Calcium Kieselsäure und Aluminium freigesetzt. Die in solchen Sandsteinen beobachtete Neubildung von Kaolinit mag aus solcher Silikatauflösung stammen. Das K wird wohl nicht lange in Lösung bleiben, da es von Tonen stark adsorbiert und wohl auch durch die Bildung von Glimmermineralien fixiert wird. Calcium wird je nach dem CO_2-Gleichgewicht in Lösung sein oder als Carbonat ausgeschieden werden. Die Ca-reichen Formationswässer sind reich an Carbonat und Bicarbonat, doch ist im allgemeinen eine Tendenz der Verarmung an Carbonationen und damit auch an Ca festzustellen. Abgesehen von den im ganzen wohl seltenen Fällen der Albitbildung im Porenraum ist keine Mineralbildung bekannt, die Na der Porenlösung entziehen könnte. Dasselbe gilt für Cl. Na und Cl bleiben daher in der Porenlösung erhalten und reichern sich gegenüber den anderen Bestandteilen an, wenn diese durch die Neubildung von Mineralien verbraucht werden.

Außer durch Neu- und Umbildung von Mineralien kann der Chemismus der Porenlösung durch Basenaustausch verändert werden. So kann etwa ein marines Na-reiches Wasser mit Tonen in Berührung kommen, die austauschfähiges Ca enthalten. Dann wird Na aus der Lösung verschwinden und dafür Ca erscheinen. Nach SCHOELLER (1955) sollen ursprünglich marine, durch Basenaustausch auf diese Weise veränderte Wässer durch ein Äquivalentverhältnis Cl/Na ausgezeichnet sein, das über dem des Meerwassers (1,15) liegt, da ja der Cl-Gehalt durch diesen Vorgang nicht beeinflußt wird. Wässer mit Cl/Na < 1,15 können aus Ozeanwasser kaum durch Austausch entstanden sein; da ein Na-Entzug oder eine Cl-Vermehrung nicht möglich erscheint, müssen hier Ca-Ionen zugetreten sein.

Ob die Bildung von Kohlenwasserstofflagerstätten einen wesentlichen Einfluß auf die chemische Zusammensetzung der Elektrolytlösungen des Porenraums hat, ist noch nicht sicher zu entscheiden. Bezüglich der Hauptbestandteile der Formationswässer besteht jedenfalls nach den bisher vorliegenden Analysen kein wesentlicher Unterschied zwischen den Wässern, die man im Verband mit Kohlenwasserstoffen findet und solchen, die fern von diesen Lagerstätten vorkommen [s. z. B. SCHOELLER (1955)]. Die gelegentlich behauptete besondere chemische Natur der sog. „Ölfeldwässer", die nach KREJCI-GRAF, HECHT und PASLER (1957) darauf beruhen soll, daß diese Wässer aus dem Zerfall der Organismen entstanden sind, die auch das Erdöl bildeten, ist noch nicht durch einen ausführlichen Vergleich zwischen Ölfeldwässern und anderen Formationswässern bewiesen. Es ist wohl anzunehmen, daß manche biogene Nebenbestandteile, wie etwa Naphthensäuren oder anorganische Stoffe, wie z. B. J in den Wässern der Erdöllagerstätten angereichert sind. Doch liegen zu diesen Fragen noch zu wenig zuverlässige und vollständige Analysen von Formationswässern vor, die einen Vergleich gestatten.

Die Formationswässer unterscheiden sich von den primären Oberflächenwässern meist auch hinsichtlich der Gesamtkonzentration an gelösten Stoffen. Das Meerwasser enthält heute im Mittel 3,4 g Salz im Liter entsprechend einem Gehalt von 0,595 Äquivalenten der Hauptkationen Na, Ca, Mg. Wie wir sahen, findet man in den Formationswässern häufig 1 bis 3 Kationenäquivalente im Liter, d. h. einen 2 bis 5mal so hohen Salzgehalt, manchmal sogar die 10fache Meerwasserkonzentration. In manchen Fällen mögen die hohen Salzkonzentrationen durch Reaktion mit Salzlagerstätten entstanden sein, so etwa in Nordwestdeutschland in den Formationswässern des Zechsteins oder in Wässern, die in unmittelbarer Nachbarschaft von Salzstöcken gewonnen wurden (Beispiel: Erdölfeld Wesendorf an der Flanke eines Salzstocks). Es können aber — auch in Gebieten mit Salzstöcken — nicht alle Formationswässer von der Auflösung von Salzgesteinen stammen, da so große Salzmengen nicht zur Verfügung stehen. Vor allem beobachtet man auch in Sedimentbecken, die frei von salinaren Bildungen sind, salzreiche Formationswässer: so ist z. B. im ganz salzfreien Tertiär des nördlichen Oberrheintals der Salzgehalt im nicht marinen Pliocän und Miocän etwa gleich dem des Meerwassers, im Oligocän fast drei mal so hoch. Auch in den sehr jungen, pliocänen Sanden der Poebene findet man ohne jede salinare Facies Formationswässer mit bis zu 5facher Meerwasserkonzentration (3 Äquivalente Kationen/l).

Über die Ursache dieser merkwürdigen und für Diagenese und Metamorphose zweifellos sehr wichtigen Anreicherung der Salzkonzentration in der Porenlösung grobporiger Gesteine ist noch nichts Sicheres bekannt. Da im ganzen die Konzentration mit der Tiefe zunimmt, ist zu vermuten daß die Konzentrierung der Lösungen mit der Kompression der Tone und dem Auspressen ihrer Porenlösung zusammenhängt. In einem früheren Abschnitt wurde darauf hingewiesen, daß dabei Veränderungen der Salzkonzentration erfolgen können (S. 148).

2. Erdöl und Erdgas

Die chemische Zusammensetzung des Erdöls. Die bei Zimmertemperatur und Atmosphärendruck flüssigen Kohlenwasserstoffe aus dem Porenraum der Sedimentgesteine haben nach der Elementaranalyse eine nur wenig schwankende Zusammensetzung (Tab. 29).

Diese Zahlen entsprechen einem Atomverhältnis $H:C$ zwischen 2,5 und 1,9. In

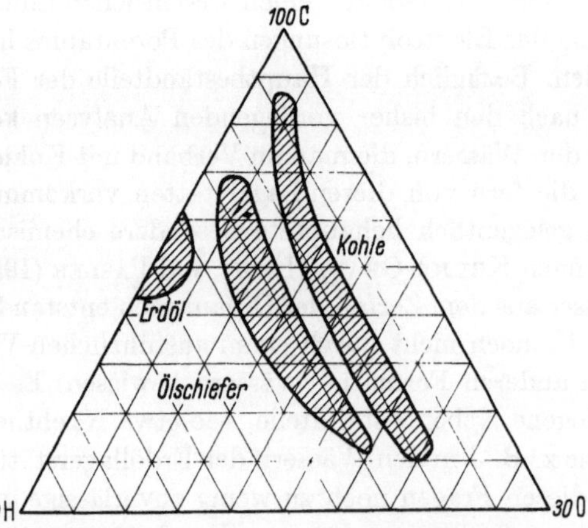

Abb. 67. *Chemische Zusammensetzung von Erdöl, Kohle und organischer Substanz der Ölschiefer nach* FORSMAN *und* HUNT

Tabelle 29. *Chemische Zusammensetzung von Erdöl* (nach LEVORSEN 1956)

	Gew.-%
C	82,2—87,1
H	11,7—14,7
S	0,1— 5,5
N	0,1— 1,5
O	0,1— 4,5

charakteristischer Weise ist die Elementarzusammensetzung des Erdöls von der der festen, in organischen Lösungsmitteln unlöslichen organischen Substanz unterschieden, die man als Kohle und Kerogen der Ölschiefer (FORSMAN und HUNT 1958) in den Sedimenten findet. Im Konzentrationsdreieck (Abb. 67) C—H—O liegt das Feld der Erdöle ganz an der C—H-Seite, das der Kohlen nächst der C—O-Seite und das Gebiet der aus Ölschiefern und ähnlichen Gesteinen isolierbaren Kerogene dazwischen. Diese festen, unlöslichen Bitumina bilden meistens den Hauptbestand der organischen Substanz der erdölfreien Gesteine. Die daneben vorkommenden löslichen Anteile von erdölähnlicherer Beschaffenheit werden in einem späteren Abschnitt näher behandelt.

Trotz der weitgehend übereinstimmenden elementaren Zusammensetzung herrscht unter den Erdölen bezüglich des molekularen Aufbaus eine ungeheuer große, heute kaum erst entwirrbare Mannigfaltigkeit. Es gibt nicht zwei Öle aus verschiedenen Lagerstätten, die einander hinsichtlich der in ihnen vorkommenden Molekülarten gleichen. Oft gibt es sogar in derselben Lagerstätte Unterschiede der molekularen Zusammensetzung.

Die Hauptbestandteile der Erdöle gehören den großen Stoffklassen der Paraffine, der Naphthene, der Aromaten und der Asphalte an. Die acyclischen, gesättigten Kohlenwasserstoffe der Paraffinreihe bilden besonders häufig den größten Anteil des Erdöls. Es kommen Glieder vom gasförmigen Methan bis zu hochmolekularen Paraffinwachsen vor, die in reinem Zustand bei Zimmertemperatur fest sind. Neben geradkettigen Paraffinen gibt es, meist in geringerer Menge, auch solche mit verzweigten Ketten. Naphthene sind sog. hydroaromatische Kohlenwasserstoffe, deren Wasserstoffgehalt zwischen dem der gesättigten Paraffine und dem der aromatischen Verbindungen liegt. Sie bestehen aus ringförmig geschlossenen C—H-Ketten ohne Doppelbindungen. Besonders häufig sind Cyclohexan und Cyclopentan; daneben kommen höhermolekulare Glieder mit Seitenketten vor. Von einfachen Aromaten lassen sich Benzol, Toluol, Xylol isolieren; daneben gibt es aromatische Moleküle mit Seitenketten und Verbindungen mit mehreren Benzolringen. Asphalte (genauer: Hartasphalte) nennt man diejenigen Stoffe, die beim Lösen der Öle in Normalbenzin ausfallen. Ihre chemische Natur ist noch nicht aufgeklärt. Es handelt sich um hochmolekulare Substanzen (Molekulargewicht um 4 000), die bei der Destillation des Erdöls als dunkel gefärbte Massen zurückbleiben, mit Gehalten von Sauerstoff, Stickstoff und Schwefel. Am Aufbau der Moleküle sind paraffinische, naphthenische und aromatische Gruppen beteiligt.

Aromatische Verbindungen kommen in den Ölen meist nur in Konzentrationen unter 10% vor. Ein extrem hoher Gehalt von 39% Aromaten wurde in einem Öl von Borneo festgestellt. Nach den sonstigen Hauptbestandteilen unterscheidet man paraffinbasische, gemischtbasische, naphthenbasische und asphaltische Öle. Paraffinbasisch sind in den USA die Öle von Pennsylvanien und die der Golfküste, in Deutschland z. B. das Liasöl von Eldingen.

Tabelle 30. *Chemischer Charakter der Erdöle der 236 größten Ölfelder der Erde (ohne Rußland)* (nach KNEBEL und RODRIGUEZ-ERASO 1956)

Paraffinbasisch %	Gemischtbasisch %	Naphthen- und Asphaltbasisch %
22,6	51,6	25,6

Im amerikanischen Midcontinent und in Deutschland im Emsland gibt es naphthenbasische Öle. Asphaltisch sind die Öle des Maracaibobeckens in Venezuela. Eine Übersicht über die 236 größten Erdölfelder der Erde (ohne Rußland) gibt Tab. 30.

Die grobe Einteilung in drei oder vier Hauptklassen, die zudem meist nicht ohne Willkür vorgenommen wird, sollte durch eine genauere Angabe des molekularen Aufbaus der Öle ergänzt und ersetzt werden. Die dafür notwendige Analyse ist jedoch außerordentlich schwierig. Die einzelnen im Erdöl enthaltenen Stoffe haben so ähnliche chemische und physikalische Eigenschaften, daß Abtrennung und Identifikation sehr erschwert sind. Durch alle bisher angewendeten Trennmethoden wie Destillation, Lösungsmittelextraktion, Verteilung zwischen zwei nicht mischbaren Lösungsmitteln, Adsorption (Chromatographie), Kristallisation (Einschlußverbindungen) und Thermodiffusion ist es bisher noch nicht gelungen, irgendein Erdöl vollständig in seine reinen molekularen Bestandteile zu zerlegen. In vielen Fällen kann man nur mehr oder minder enge Fraktionen herstellen, die aus verschiedenen, sehr ähnlichen Molekülarten bestehen. Vielfach muß man sich auch heute noch zur Abtrennung bestimmter Stoffgruppen konventioneller und empirischer Methoden bedienen, die in älteren Analysen eine überwiegende Rolle spielten, und deren Ergebnisse natürlich von der besonderen Ausführung der Methode abhängen.

Die einfachste, auch in der Technik angewandte Zerlegung in Klassen steigenden mittleren Molekulargewichts erzeugt man durch Destillation, die zur Schonung der vielfach thermisch empfindlichen Moleküle zweckmäßig bei erniedrigtem Druck und entsprechend niederen Temperaturen vorgenommen wird. Die bis etwa 400° (Atmosphärendruck) siedenden niedermolekularen Komponenten können heute schon weitgehend identifiziert werden. So stellen z. B. Rossini u. Mitarb. (1954) in den leichteren Fraktionen eines Öles von Ponca City, Oklahoma, 141 Molekülarten fest, die insgesamt 44% des Öles bilden. Die wichtigsten dieser leichten Bestandteile des Ponca-Öles sind die folgenden:

Paraffine:	Naphthene:
Alle normalen Paraffine von CH_4 bis $C_{10}H_{22}$	Cyclopentan
Isobutan	Cyclohexan
2-Methylbutan	Methylcyclopentan
2,3-Dimethylbutan	1,1-Dimethylcyclopentan
2-Methylpentan	Methylcyclohexan
3-Methylpentan	1,3-Dimethylcyclohexan
2-Methylhexan	1,2,4-Trimethylcyclohexan
3-Methylhexan	*Aromaten:*
2-Methylheptan	Benzol
2,6-Dimethylheptan	Toluol
2-Methyloktan	Äthylbenzol
	Xylol
	1,2,4-Trimethylbenzol

In der Reihe der Fraktionen pflegt mit steigender Siedetemperatur, d. h. mit steigendem Molekulargewicht, die Menge der Paraffine abzunehmen; dafür steigt der Anteil an Naphthenen und Aromaten, die also im Mittel größere Moleküle bilden als die aliphatischen Kohlenwasserstoffe. Einige Beispiele für die Beteiligung der drei Stoffgruppen an leichter siedenden Fraktionen einiger Erdöle sind in den folgenden Tab. 31 bis 33 zusammengestellt. Die ersten fünf der amerikanischen Öle (Tab. 31) enthalten in der Leichtbenzinfraktion vornehmlich paraffinische Kohlenwasserstoffe, während die letzten beiden aus Texas und Californien einen höheren Gehalt an Naphthenen aufweisen. Die deutschen Öle zeigen nach Tab. 32

Tabelle 31. *Zusammensetzung der zwischen 40° und 102° C siedenden Benzinfraktion aus einigen amerikanischen Erdölen* (aus BROOKS 1950)

Erdölfeld	Schicht	Formation	Tiefe m	Temp. °C	n-Paraffine	Iso-Paraffine	Cyclopentane	Cyclohexane
					Volumprozent			
Ponca, Okla.	Wilcox	Ordovicium	1270	60	35,7	20,5	23,4	20,4
Greendale, Mich.		Devon	1740	35	63,1	13,2	8,0	15,7
Bradford, Pa.	Bradford	Devon	655	22	34,4	32,2	13,4	20,0
Winkler, Texas.	Big Lime	Perm	985	30	9,5	61,6	8,4	20,5
East Texas	Woodbine	Kreide	1080	64	24,7	27,3	26,0	22,0
Conroe, Texas	Cockfield	Eocän	1610	78	18,2	20,3	17,3	44,2
Midway, Calif.		Pliocän	665	46	10,0	21,5	41,0	27,5

Tabelle 32. *Destillationsfraktionen einiger Erdöle aus Deutschland* (nach LUTHER 1959)

Feld und Bohrung	Formation	Tiefe m	—210° C	210 bis 250° C	250 bis 350° C	350 bis 400° C	400 bis 450° C	Rückstand
			Destillatfraktionen in %					
Wesendorf 1023	Neocom	360	10,2	5,4	15,5	7,9	10,1	51,1
Wesendorf 4	Dogger	985	23,1	6,6	18,2	8,7	6,6	35,8
Wesendorf 61	Lias	1860	32,0	7,9	19,0	6,8	7,2	26,3
Meldorf 109	Zechstein	900	20,9	3,4	12,4	8,5	8,9	45,5
Eldingen 33	Lias		19,3	7,9	17,1	10,6	8,5	35,7
Quakenbrück	Dogger		10,5	3,1	12,2	8,1	3,0	63,1
Thören 201	Wealden	487	—	2,7	11,6	11,7	14,1	59,8
Thören 204	Malm	647	20,6	4,7	18,5	8,0	7,5	39,6
Lingen 103	Wealden	950	16,1	6,5	16,5	7,2	8,2	45,5
Rühlermoor 14	Valendis	820	9,7	6,2	12,3	4,5	4,5	61,8

Tabelle 33. *Gruppenanalyse des Gasöls (Siedetemp. 300—420° C) aus einigen deutschen Erdölen* (nach LUTHER 1959)

Feld und Bohrung	Formation	Tiefe m	Dichte d_4^{20}	Mol.-gewicht	Atom-verhältnis H:C	aromatisch	paraffinisch	naphthenisch
						Atomprozent Kohlenstoff		
Wesendorf 1023	Neocom	360	0,8900	262	1,71	18,5	51,7	29,8
Wesendorf 61	Lias	1860	0,8558	258	1,85	16,3	63,0	20,7
Meldorf 109	Zechstein	900	0,8600	253	1,83	18,9	63,1	18,0
Eldingen 33	Lias		0,8551	263	1,85	15,7	61,1	23,2
Quakenbrück	Dogger		0,7943	293	2,00	9,9	77,6	12,5
Thören 201	Wealden	487	0,8877	267	1,74	19,5	52,6	28,9
Lingen 103	Wealden	950	0,8292	288	1,95	12,2	82,4	13,4
Rühlermoor 14	Valendis	820	0,8828	281	1,78	18,4	57,7	23,9

recht unterschiedliche Gehalte an leichten und schweren Bestandteilen. Für alle deutschen Öle sind nach Tab. 33 die Paraffine in der Gasölfraktion vorherrschend, doch scheinen sich hinsichtlich des Naphthen- und Aromatengehaltes charakteristische Unterschiede anzudeuten, die nun natürlich noch durch die anderen Fraktionen zu verfolgen wären.

Sehr viel schwieriger als die Untersuchung der leichter siedenden Anteile der Erdöle ist die Analyse des Destillationsrückstandes. LUTHER, JESSE und ANDERS

Tabelle 34. *Gruppenanalyse des benzinlöslichen Anteils der Destillationsrückstände (Siedetemp. 450° C) von einigen deutschen Erdölen* (nach LUTHER 1959)

Feld und Bohrung	Formation	Tiefe m	Mol.-gewicht	Atomprozente Kohlenstoff			Benzin-löslicher Anteil des Rück-standes
				aro-matisch	paraf-finisch	naph-thenisch	
Wesendorf 1023	Neocom	360	679	32,5	49,5	18,0	92,5
Wesendorf 4	Dogger	985	590	28,2	65,1	16,7	98,2
Wesendorf 61	Lias	1860	553	26,1	74,6	0,0	98,0
Meldorf 109	Zechstein	900	606	29,0	56,0	15,0	95,8
Eldingen 33	Lias		599	30,0	55,4	14,6	93,7
Quakenbrück	Dogger		665	—	79,4	—	97,2
Thören 204	Malm	647	642	30,0	63,2	6,8	91,2

(1959) trennten durch Behandlung mit Benzin (Petroläther) den unlöslichen Hartasphalt ab, der in den untersuchten und zum Teil in den Tabellen 32 bis 34 wiedergegebenen deutschen Erdölen meist weniger als 10% des Destillationsrückstandes bildet. Die so erhaltene Lösung kann durch Ultrarotspektroskopie mittels charakteristischer „Schlüsselfrequenzen" auf die Hauptgruppen der aromatischen, paraffinischen und naphthenischen Kohlenstoffbindungen untersucht werden. Das Ergebnis solcher spektroskopischer Analysen ist in der Tab. 34 wiedergegeben. Eine substanzielle Trennung verschiedener Stoffklassen gelingt zu einem gewissen Grade chromatographisch. Nach Adsorption der löslichen Bestandteile des Rückstandes an Al_2O_3 kann man nacheinander mit Petroläther, Benzol und Pyridin eluieren und die Eluate mittels Ultrarotspektroskopie untersuchen. Trotz mehrfacher Chromatographie und erheblichen Aufteilungsgraden konnten aber LUTHER u. Mitarb. keine einheitlichen Stoffe, sondern immer nur Gemische gewinnen. Die Petroläthereluate bestehen aus Normal- und Iso-Paraffinen und verschiedenen Naphthenen, die alle zum Teil als Seitenketten von Aromaten auftreten. Der Gehalt an sauerstoffhaltigen Verbindungen ist sehr gering; doch fand sich bis zu 60% des Schwefels in diesen Fraktionen. Die mit Benzol eluierbare „Harzfraktion" bildete 10—20% des Rückstandes. Es handelt sich um polycyclische, kondensierte Ringsysteme mit teilweise aromatischem Charakter. Paraffinische Gruppen treten zurück. Die Molekulargewichte liegen zwischen 700 und 800. Ein gewisser Sauerstoffgehalt liegt in Form von Carboxylgruppen vor. Bis zu 25% des Schwefelgehaltes ist in den Harzen gebunden. Die mit Pyridin eluierbaren „Asphaltharze" bildeten 5—10% des Rückstandes. Mit Molekulargewichten zwischen 800 und 900 ähneln sie in ihrem molekularen Aufbau den Harzen. Sie enthalten auch Carboxylgruppen und etwa 15% des Schwefels.

Die große Menge der in den Erdölen vorkommenden Molekülarten und der trotz gleicher elementarer Zusammensetzung so bemerkenswert verschiedene molekulare Aufbau zeigen die organischen Moleküle als sehr empfindliche Indicatoren sowohl für die Natur der biogenen Ausgangssubstanz der Öle als auch für die Art der Bedingungen, unter denen die Gesteine standen, die diese organischen Substanzen enthielten. Eine gründlichere Kenntnis der molekularen Zusammensetzung von Ölen recht verschiedener Lagerstätten, wie sie auf der Grundlage moderner Methoden der Raman- und Ultrarotspektroskopie, der Massenspektroskopie und der Adsorptionsanalyse durchaus möglich erscheint, dürfte für viele

Fragen der Sedimentpetrologie wichtig sein. Wir stehen in der chemischen Erforschung der Kohlenwasserstofflagerstätten noch ganz am Anfang, so daß sich heute nur erst die wichtigsten Probleme zeigen.

Es ist eine der grundlegenden Fragen, in welchem Umfang die chemische Verschiedenheit bestimmter Öle eine Verschiedenheit des Ausgangsmaterials abbildet, und in welchem Maße der unterschiedliche Molekularaufbau die Folge verschiedenartiger diagenetischer Prozesse ist, denen die im frischen Sediment eingelagerte organische Substanz in größeren Tiefen der Erdrinde ausgesetzt war. Es gibt zahlreiche Hinweise dafür, daß die chemische Natur eines Erdöls von der Tiefe der Einbettung abhängt. So hat man in vielen Sedimentbecken immer wieder beobachtet, daß tiefliegende Öle in charakteristischer Weise von den flacher liegenden unterschieden sind. Die tieferen Öle haben in der Regel ein geringeres spezifisches Gewicht, sie sind reicher an niedrigsiedenden, also niedrigmolekularen Komponenten, sie enthalten kleinere Rückstände, sind reicher an paraffinischen Kohlenwasserstoffen, ärmer an Naphthenen und Asphalt. Diese Regel gilt natürlich nicht streng und hat manche Ausnahmen. Man findet sie am ehesten in solchen Sedimentbecken erfüllt, die faciell einheitliche Gesteinsserien enthalten. So wurden derartige Beziehungen zuerst von BARTON (1934) an der Golfküste aufgezeigt und später durch genauere Beobachtungen von BROOKS (1948, 1949) bestätigt. Im Becken der Golfküste liegen Ölvorkommen in Schichten des Eocän, Oligocän und Miocän. Eine Statistik über Tiefen zwischen 300 und 4000 m zeigt, daß die Öle in tieferen Lagen leichter und paraffinreicher sind als die Öle nahe der Oberfläche, die dafür mehr Naphthene und statt Paraffinwachs asphaltreichere Rückstände enthalten. Nach der geologischen Geschichte der Golfküste kann man annehmen, daß die heutige Tiefenlage der Öle etwa die maximale Tiefe ist, der sie je ausgesetzt waren. Es scheint hier also die Tiefe für den molekularen Aufbau verantwortlich zu sein. Auch im nordwestdeutschen Sedimentationsbecken scheinen ähnliche Zusammenhänge zwischen Tiefe und Ölzusammensetzung zu bestehen (SCHNEIDER 1947, LUTHER 1959). Regelmäßige Beziehungen wird man hier freilich nur dann erwarten können, wenn man Öle aus einem einigermaßen einheitlichen Raum miteinander vergleicht. Ein Beispiel bieten die in Tab. 32 bis 35 verzeichneten Öle vom Salzstock Wesendorf. Dort kommt Öl in drei Etagen vor: am flachsten liegen die Vorkommen auf dem Dach des Salzstocks in Schollen von Neocom und anderen mesozoischen Gesteinen; an der Flanke enthalten Sandsteine des Dogger und darunter Liassandsteine weiteres Öl. Alle diese Öle unterscheiden sich, wie die Tab. 32 zeigt, in der charakteristischen Weise, indem von unten nach oben die Menge der leichtsiedenden Fraktionen ab- und dafür die des Rückstands zunimmt. Auch in der Zusammensetzung einzelner Fraktionen (Tab. 33, 34) erkennt man die typische Abnahme der naphthenischen und die Zunahme der paraffinischen Komponenten mit der Tiefe.

In einem früheren Abschnitt wurde gezeigt (S. 40), wie am selben Salzstock von Wesendorf der Porenraum von Liastonen an der tiefen Flanke und auf dem Dach des Salzstocks der jeweiligen Tiefenlage angepaßt ist: auf dem Dach fanden wir in 400 m Tiefe eine Porosität von 0,25, an der Flanke in 1 800 m Tiefe eine Porosität von 0,10—0,15. Es scheinen nun die Öle in ganz entsprechender Weise der Tiefe ihres Vorkommens angepaßt zu sein und in ihrem Chemismus die Bedingungen bestimmter Tiefenstufen abzubilden.

So weisen diese Beobachtungen darauf hin, daß der Molekularbestand der Kohlenwasserstoffe im Porenraum der Sedimente in einem Gleichgewicht zur Tiefenstufe ihres Vorkommens, d.h. zu bestimmten Werten von Temperatur und Druck steht. Ist diese Vorstellung richtig, so muß man annehmen, daß die primär in das Sediment eingelagerte organische Substanz bei der Absenkung in größere Tiefen eine charakteristische Metamorphose erfährt, die den geschilderten Tiefenunterschieden entspricht. Es müssen also bei Absenkung in größere Tiefen aus höhermolekularen naphthenischen und asphaltischen Substanzen kleinere Moleküle und solche von mehr paraffinischer Art entstehen. Für einen derartigen natürlichen Crackprozeß sind Energiemengen erforderlich, die aus dem zur Verfügung stehenden Temperaturintervall bis höchstens 200° C voraussichtlich nicht zu decken sind. Man hat daher an katalytische Wirkungen gedacht und angenommen, daß Tonminerale mit ihren großen Oberflächen als Katalysatoren wirken (BROOKS 1948, 1949; STEVENS 1956). Die katalytisch gelenkten Prozesse sollten dann in den größeren Tiefen, vor allem wegen der höheren Temperatur, zu immer kleineren und immer paraffinähnlicheren Molekülen führen.

In der Tat scheinen die vorliegenden Untersuchungen über die Natur der organischen Substanz rezenter Sedimente, die als Erdölmuttersubstanz in Frage kommt, diesen Vorstellungen mindestens nicht zu widersprechen. So fanden STEVENS, BRAY und EVANS (1956) mit chromatographischen Methoden, daß die aus rezenten Schlämmen des Golfs von Mexiko extrahierbare organische Substanz wie das Erdöl aus aliphatischen, naphthenischen, aromatischen und asphaltischen Komponenten besteht. Während aber die in Benzin und Benzol unlöslichen Asphalte im Erdöl nicht mehr als 25% ausmachen, enthält die rezente organische Substanz rund 75% Asphalt. Auch nach SMITH (1954), der als erster aliphatische Kohlenwasserstoffe in den rezenten Sedimenten des mexikanischen Golfes nachwies, besteht der größte Teil der organischen Substanz aus asphaltischen Stoffen. Ebenso fanden SEIBOLD, MÜLLER und FESSER (1958) im löslichen Bitumen rezenter Adriasedimente im Mittel 78% asphaltische Substanzen (vgl. auch HUNT und JAMIESON 1956; MEINSCHEIN 1959).

Neben der allgemeinen Veränderung der organischen Substanz durch Absenkung in tiefere Zonen der Erdrinde, die allen Ölen gleicher Tiefenstufe einen ähnlichen Charakter aufprägt, werden aber sicherlich auch Unterschiede des Ausgangsmaterials oder der Sedimentationsbedingungen eine Rolle spielen. Auch hierfür gibt es manche Hinweise. So sind nach HUNT (1953) die im amerikanischen Staat Wyoming vorkommenden Erdöle unabhängig von der Tiefenlage verschieden, je nachdem, ob sie aus mesozoischen oder aus paläozoischen Schichten stammen. Die aus schwarzen Schiefern mit eingelagerten Sandsteinen und wenigen dünnen Kalken bestehenden mesozoischen Schichten enthalten paraffin-naphthenische, leichte Öle mit hohem Gehalt an niedrigsiedenden Komponenten, geringem Rückstand und wenig Asphalt. Das Paläozoikum besteht aus mächtigen Kalken und Dolomiten, Schiefern, geringmächtigen Sanden und Evaporatsedimenten und liefert schwerere Öle, die reich an Aromaten (30%) und Naphthenen sind, wenig leichtflüchtige Komponenten, viel Schwefel, viel Rückstand und Asphalt enthalten. Diese Unterschiede mögen auf eine zur Zeit noch unbekannte Weise durch die verschiedene Facies bedingt sein. Abgesehen davon zeigt sich innerhalb der paläozoischen und der mesozoischen Öle für sich die

bekannte Abnahme der spezifischen Gewichte und eine Zunahme der leichtflüchtigen Bestandteile mit der Tiefe. Auch die erwähnten Unterschiede im Chemismus der Golfküstenöle mögen, worauf HAEBERLE (1951) hinwies, zu einem Teil
auf faciellen Unterschieden beruhen, da die älteren Tertiärschichten bathyale
Bildungen sind, während die jüngeren in neritischem Milieu entstanden.

Die chemische Zusammensetzung der Erdgase. Die Hauptbestandteile der Gase,
die im Porenraum der Sedimente gefunden werden, sind Methan und die nächst-
höheren aliphatischen Kohlenwasserstoffe, Kohlendioxyd, Stickstoff, Schwefelwasserstoff und in meist nur kleinen Mengen Edelgase wie Argon und Helium. Die
Mengenverhältnisse dieser Komponenten schwanken sehr stark. Da neben dem
seltenen Helium nur das Methan und seine Homologen wirtschaftliche Bedeutung
haben, aufgesucht und gefördert werden, liegen Analysen vornehmlich von solchen
Erdgasen vor, die reich an Kohlenwasserstoffen sind. Daher geben diese Analysen
sicherlich kein zuverlässiges Bild von der wirklichen Gesamthäufigkeit der verschiedenen Gase in den porösen Sedimenten. Da aber bei der Suche nach Kohlenwasserstofflagerstätten nur selten Gesteine angetroffen wurden, deren Porenfüllung hauptsächlich aus N_2, CO_2 oder H_2S bestand, kann man dennoch annehmen,
daß im Porenraum der Sedimente Methan am häufigsten vorkommt.

Methanreiche Gase finden sich sowohl im Zusammenhang mit Erdöllagerstätten als auch ganz unabhängig von ihnen. Manche Erdöllagerstätten haben
eine sog. Gaskappe, d. h. es ist der Porenraum im höchsten Teil der Struktur mit
methanreichen Gasen angefüllt (vgl. S. 119ff.). Andererseits gibt es auch Methanlagerstätten, die keinen Zusammenhang mit Vorkommen von flüssigen Kohlenwasserstoffen haben. In jedem Fall stammt das Methan der Erdgase aus organischer Substanz. Wie das Vorkommen der Sumpfgase zeigt, gibt es bestimmte
Prozesse der Zersetzung organischer Substanz, die schon sehr früh und unter
Bedingungen der Erdoberfläche zu Methan führen. Andererseits dürfte Methan
auch in größeren Tiefen und vor allem bei höheren Temperaturen als ein End-
produkt jener im vorigen Abschnitt behandelten Umbildungsprozesse entstehen,
die von höhermolekularen Stoffen zu aliphatischen Verbindungen niederen
Molekulargewichts führen. Die Art dieser Prozesse ist freilich noch ganz hypo-
thetisch; jede Vorstellung über ihren Ablauf müßte vor allem die Herkunft des
Wasserstoffs erklären, der zugeführt werden muß, wenn aus flüssigen Kohlenwasserstoffen mit einem Atomverhältnis $C:H=$ etwa $1:2$, Methan mit $C:H = 1:4$
werden soll.

Kohlendioxyd findet sich mit Methan zusammen, seltener auch als selbständiger
Hauptbestandteil vor allem dort, wo man die Nähe magmatischer Aktivität vermuten kann. Es stammt in diesen Fällen aus Magmen oder aus der thermischen
Zersetzung carbonatischer Gesteine. So liegen z. B. Gasvorkommen in New
Mexico und Mexico, die bis zu 99% CO_2 enthalten, ganz in der Nähe rezenter
magmatischer Tätigkeit (LEVORSEN 1956). Die CO_2-reichen Erdgase Nordwestdeutschlands lassen sich wahrscheinlich ebenfalls, wie unten noch näher ausgeführt wird, auf einen magmatischen Herd der Tiefe zurückführen. Außerdem
wäre es auch denkbar, daß CO_2 durch die Oxydation von Kohlenwasserstoffen
entsteht. Dazu müßte aber wegen der absoluten Sauerstofffreiheit des Porenraums
unterhalb des Grundwasserspiegels atmosphärischer Sauerstoff den Kohlenwasserstoffen tieferer Zonen zugeführt werden, was in besonderen Fällen vielleicht

durch eindringende Oberflächenwässer geschehen kann. Daß solche Oxydationen möglich sind, erkennt man z. B. daran, daß beim technischen Einpressen von Luft in Erdöllagerstätten der Sauerstoffgehalt sehr schnell vollständig verbraucht wird. Derartige Vorgänge dürften aber selten sein. In vielen tiefen Sedimentbecken ohne magmatische Tätigkeit sind die Erdgase frei oder fast frei von Kohlendioxyd, so z. B. in den großen tertiären Gaslagerstätten des Pobeckens südlich der Alpen, im tertiären inneralpinen Wiener Becken und auch im Tertiärbecken des oberen Rheintals.

Stickstoff ist ein ständiger Bestandteil der Erdgase. Er kommt in geringen Mengen unter 1% bis zu fast 100% vor. Weil Stickstoff chemisch inaktiv ist, mag er zum Teil aus fossiler Luft stammen, die in die sich bildenden Sedimente eingeschlossen wurde. Weiterer Stickstoff wird aber sicherlich auch, wie der stets vorhandene Stickstoffgehalt vulkanischer Gase beweist, magmatischen Ursprungs sein. Schließlich ist es auch möglich, daß Stickstoff bei der Zersetzung organischer Substanz entsteht. In gewöhnlichen Gasanalysen wird der Stickstoff, ohne weitere Prüfung, etwa durch Spektroskopie, als Rest bestimmt. Dieser „Stickstoff" enthält dann auch die evtl. vorhandenen Edelgase. Man findet Argon und in manchen Fällen bemerkenswert hohe Heliumgehalte, so z. B. am Ostabfall der Rocky Mountains in den Staaten Kansas, Ohio, Texas, Colorado, Utah und New Mexico. Zum Beispiel enthält das Erdgas aus permischen und devonischen Gesteinen des Rattlesnake-Öl- und Gasfeldes, San Juan County, New Mexico fast 8% Helium. Dieses merkwürdige Gas hat die folgende Zusammensetzung (nach HINSON 1947):

$$CO_2 \ldots \ldots \ldots \ldots \; 2,8\%$$
$$CH_4 \ldots \ldots \ldots \ldots \; 14,2\%$$
$$C_2H_6 \ldots \ldots \ldots \ldots \; 2,8\%$$
$$N_2 \ldots \ldots \ldots \ldots \; 72,6\%$$
$$He \ldots \ldots \ldots \ldots \; 7,6\%$$

Über den Ursprung des Heliums ist nichts Näheres bekannt, doch kann es letzten Endes nur aus radioaktiven Zerfallsprozessen stammen.

Schwefelwasserstoff findet sich in manchen Erdgasen in Mengen von meist einigen Zehntel Prozent bis zu einigen Prozent. Es kommen aber auch gelegentlich sehr H_2S-reiche Gase vor. So enthält z. B. ein bei Emory im nordöstlichen Texas erbohrtes Erdgas neben 40% Methan, etwas höheren Kohlenwasserstoffen und Kohlendioxyd 42% Schwefelwasserstoff (LEVORSEN 1956). Schwefelwasserstoff kommt wohl in manchen vulkanischen Exhalationen vor, doch zeigen die H_2S-Gehalte der Erdgase keine Beziehungen zu magmatischer Aktivität. Die größte Menge des Schwefelwasserstoffs der Erdgase dürfte aus der Reduktion von Sulfaten stammen. Bei der Betrachtung der chemischen Zusammensetzung der Formationswässer wurde darauf hingewiesen, daß der primäre Sulfatgehalt der Porenlösungen sehr schnell verschwindet, d. h. also wohl durch Reduktion zu Sulfid verbraucht wird. Dabei werden Sulfatreduzierende Bakterien eine Rolle spielen. Außerdem wird vielleicht auch eine Reduktion von Sulfaten durch organische Verbindungen stattfinden, wodurch der manchmal hohe H_2S-Gehalt der Gase aus Erdöllagerstätten zu erklären wäre.

Als Beispiele für die Zusammensetzung von Erdgasen seien zum Abschluß nach den auf einem europäischen Erdgaskongreß im Jahre 1957 bekanntgegebenen Analysen die Gase der westeuropäischen Erdgasvorkommen betrachtet.

In verschiedenen Tertiärbecken Westeuropas kommen fast reine Methanlagerstätten vor. So enthalten die zahlreichen vorwiegend in pliocänen Sanden liegenden Lagerstätten des Pobeckens *(Agip Mineraria 1959)* kein CO_2, kein oder verschwindend wenig H_2S und in den allermeisten Fällen über 97% Methan. Wenn der Methangehalt geringer ist, wie etwa in Cortemaggiore bei Piacenza, wo unter dem Gas auch noch Erdöl vorkommt, wird das Methan durch höhere Kohlenwasserstoffe bis zum Pentan ersetzt. Als Beispiele sind in Tab. 35 Analysen des

Tabelle 35. *Zusammensetzung von Gasen aus tertiären Gaslagerstätten Europas* (Vol.-%)

	1	2	3	4
CH_4	97,18	92,57	98,9	94,56
C_2H_6	1,44	4,82	0,1	2,30
C_3H_8	0,56	1,30	0,1	0,002
C_4H_{10}	0,15	0,59	0,1	0,001
C_5H_{12} u. höhere	0,07	0,30	0,1	0,74
CO_2	0,00	0,00	0,3	0,20
N_2	0,06	0,42	0,6	2,20
Spez. Gew. (Luft = 1) .	0,572	0,605	0,562	0,579

1 Caviaga, SO Milano, Italien. Unterpliocän, 1080—1700 m (Agip Mineraria 1959).
2 Cortemaggiore, OSO Piacenza, Italien. Unterpliocän, 1445 bis 1630 m (Agip Mineraria 1959).
3 Matzen bei Wien, Österreich. Sarmat, Unterpannon, 500 bis 800 m (SCHIPPEK 1959) .
4 Stockstadt bei Darmstadt, Deutschland. Obermiocän und Pliocän, 200—700 m (STRAUB 1959).

Gases von Caviaga und von Cortemaggiore (größerer Gehalt an höheren Homologen) mitgeteilt. Auch die im Tertiär (vornehmlich in Sanden des Torton und Sarmat) des Wiener Beckens vorkommenden Erdgaslagerstätten (SCHIPPEK 1959) enthalten bemerkenswert reines Methan. CO_2, N_2 und höhere Kohlenwasserstoffe kommen nur in geringen Mengen vor. Der Methangehalt liegt immer über 97 Vol.-% Als Beispiel enthält Tab. 35 die Analyse des Erdgases von Matzen. Als drittes Beispiel tertiärer Erdgashorizonte sei die Gaslagerstätte Stockstadt bei Darmstadt im Oberrheintal genannt (STRAUB 1959). Die Tab. 35 enthält die Zusammensetzung des aus miocänen und pliocänen Mergeln und Sandschichten geförderten Gases, das wiederum recht reines Methan darstellt. Auch in tertiären Becken Jugoslawiens hat man nur Erdgase gefunden, die frei von CO_2 und H_2S sind und außer Methan nur etwas schwerere Kohlenwasserstoffe enthalten (TIŠLER 1959).

In England wurden in carbonischen Sandsteinen Schottlands, in permischen Kalken von Yorkshire und Lincolnshire und im Wealdensandstein und Malmkalk von Südengland Gasvorkommen erbohrt, die nach den vorliegenden Analysen vorherrschend Methan mit einigen % N_2 und etwas höheren Kohlenwasserstoffen enthalten (ADCOCK 1959).

Im Gegensatz zu diesen in der Hauptsache aus Methan bestehenden Gasen, die alle frei von Schwefelwasserstoff sind, hat man in Nordwestdeutschland, den Niederlanden und in Südfrankreich Gaslagerstätten mit zum Teil recht hohem Gehalt an anderen Gasen angetroffen. Die Zusammensetzung dieser in den klüftigen

Zechsteindolomiten des nordwestdeutsch-niederländischen Raumes vorkommenden Gase scheint im ganzen eine zonare Anordnung zu zeigen, die man vielleicht
durch die Wirkung eines im Raum von Osnabrück in der Tiefe steckenden Plutons
verstehen kann, der durch eine positive Anomalie der magnetischen Vertikalintensität und die stärkere Metamorphose der Wealdenkohle angezeigt wird
(v. ENGELHARDT 1959, TEICHMÜLLER 1954). Die Abb. 68 gibt einen Überblick über

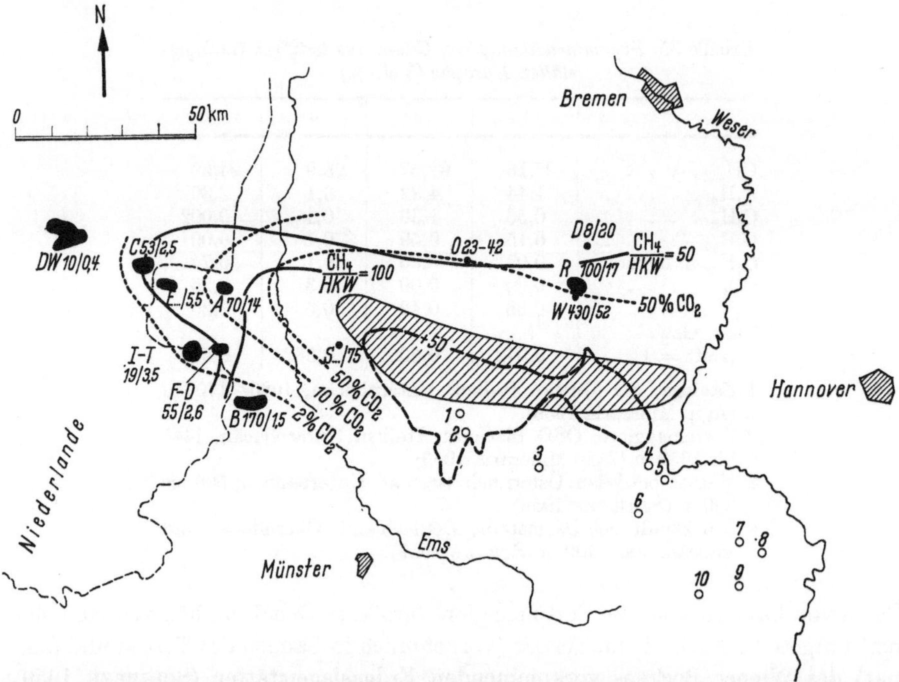

Abb. 68. *Anzeichen für eine metamorphe Veränderung der Erdgase der Zechsteinlagerstätten in Nordwestdeutschland
und den Niederlanden durch eine Eruptivmasse im Raume nördlich von Osnabrück* (VON ENGELHARDT 1959). Für die
Erdgaslagerstätten sind dargestellt die Linien gleichen CO_2-Gehaltes (punktiert) und die Linien des Verhältnisses
CH_4: Höhere Kohlenwasserstoffe (HKW). Die erste neben den Gasvorkommen angeschriebene Zahl bedeutet das
Verhältnis CH_4:HKW, die zweite den Gehalt des Gases an CO_2 in Volumprozenten. Erdgaslagerstätten: DW:
De Wijk; C: Coevorden; E: Emlichheim; I-T: Itterbeck-Tubbergen; F-D: Frenswegen-Denekamp; A: Adorf;
B: Bentheim; S: Bohrung Suttrup; W: Wagenfeld; R: Rehden; D: Düste; O: Bohrung Ortland Z 1. *Schraffiert*
ist das Gebiet anthrazitischer Ausbildung der Wealdenkohle nach TEICHMÜLLER. Die *Linie + 50* bezeichnet das
Gebiet positiver Anomalie der magnetischen Vertikalintensität. Vorkommen CO_2-haltiger Wässer: 1. Piesberg;
2. Osnabrück; 3. Melle; 4. Oeynhausen; 5. Vlotho; 6. Salzuflen; 7. Sonneborn; 8. Pyrmont; 9. Schieder, 10. Meinberg

die räumliche Verteilung der Gaszusammensetzung. Im zentralen Teil des Gebietes
fehlen höhere Kohlenwasserstoffe, die wahrscheinlich durch Wärmeentwicklung
zerstört worden sind. Die Gase enthalten teils mit, teils ohne Methan größere
Mengen von CO_2, das wahrscheinlich dem Magma der Tiefe entstammt. In äußeren
Zonen, die sich nach Norden und Westen anschließen, nimmt die Menge des CO_2
ab und der Gehalt an schweren Kohlenwasserstoffen zu. Alle diese Gase enthalten
nicht unbeträchtliche Mengen von Stickstoff und Schwefelwasserstoff. In der
Tab. 36 sind als Beispiel für das zentrale Gebiet die Analysen der Gase von Suttrup
(75% CO_2!) und Ortland, für die randlicheren Zonen eine Gasanalyse von Frenswegen und für den äußersten Westen die Analyse des Gases von De Wijk mit dem
höchsten Gehalt an schweren Kohlenwasserstoffen mitgeteilt.

In Frankreich liegt bei Lacq am Fuße der Pyrenäen in kalkigen und dolmitischen Gesteinen des Neocom und des Oberen Jura eine der größten Gaslagerstätten der Welt (VACHER 1959). Die gasgefüllten Schichten beginnen in einer Tiefe von 3190 m und sind bis auf über 4000 m durch Bohrungen aufgeschlossen. Eine untere Grenze des gasgefüllten Porenraums ist bisher noch nicht erbohrt worden. Das Gas enthält neben Methan und höheren Kohlenwasserstoffen erhebliche Mengen von H_2S und CO_2 (Tab. 37).

Phasengleichgewichte. Druck und Temperatur nehmen im Porenraum der Sedimente in der Regel etwa linear mit der Tiefe zu. Zahlreiche Beobachtungen bei Tiefbohrungen und in allen

Tabelle 36. *Zusammensetzung von Gasen aus den Zechsteindolomiten von Nordwestdeutschland und den Niederlanden* (v. ENGELHARDT 1959) (Vol.-%)

	1	2	3	4
CH_4	0,4	16,7	85,0	84,6
C_2H_6	0,4	0,4	0,88	5,2
C_3H_8	0,4	0,4	0,20	1,9
C_4H_{10}	0,4	0,4	0,21	0,8
C_5H_{12}	0,4	0,4	0,21	0,27
C_6H_{14} u. höhere	0,4	0,4	0,21	0,10
CO_2	75,4	49,6	2,2	0,4
H_2S	0,4	28,2	2,0	—
N_2	23,0[1]	3,5	9,5	6,7
Dichte (Luft = 1)	—	—	0,642	0,65

1 Bohrung Suttrup 1. Plattendolomit
2 Bohrung Ortland Z 1. Hauptdolomit
3 Bohrung Frenswegen 2. Hauptdolomit
4 Bohrung De Wijk 6. Basis Zechstein

[1] darin enthalten 0,36⁰/₀₀ Helium und Neon, 0,10 ⁰/₀₀ sonstige Edelgase.

Kohlenwasserstofflagerstätten der Erde zeigen, daß die Porenräume der übereinanderliegenden Sedimente in der Regel kommunizieren, und daß in den allermeisten Fällen der in einer bestimmten Tiefe im Porenraum herrschende Druck gleich dem Gewicht einer bis zur Erdoberfläche reichenden Salzwassersäule ist. Die Druckzunahme mit der Tiefe ist in einzelnen Gebieten etwas verschieden. So fand man z. B. im jurassischen Smackover-Kalk des südlichen Arkansas eine Druckzunahme von 0,119 at/m, in den tertiären Sedimenten Venezuelas gilt ein Gradient von 0,102 at/m, in den Öllagerstätten des Iran 0,103 at/m (LEVORSEN 1956). In Nordwestdeutschland kann man mit einem Gradienten von 0,103 bis 0,105 at/m rechnen. In einzelnen Fällen, so z. B. in den tertiären Becken der Golfküste und Californiens beobachtet man auch höhere Druckgradienten, bis zu etwa 0,23 at/m. Eine solche Druckzunahme entspricht dem Gewicht der gesamten Gesteinssäule. Wie schon

Tabelle 37. *Zusammensetzung des Gases aus dem Gasfeld Lacq, Frankreich* (VACHER 1959) (Molekularprozent)

CH_4	69,90
C_2H_6	3,05
C_3H_8	0,85
i-C_4H_{10}	0,17
n-C_4H_{10}	0,40
i-C_5H_{12}	0,09
n-C_5H_{12}	0,08
C_6H_{14} u. höhere. . .	0,26
CO_2	9,65
H_2S	15,30
N_2	0,25

in anderem Zusammenhang besprochen (s. S. 43), ist anzunehmen, daß in diesen Gebieten die Kompression der Tongesteine unter der Last der aufliegenden Schichten noch nicht beendet ist. Im ganzen liegen die beobachteten Druckgradienten zwischen 0,100 at/m und 0,23 at/m, entsprechend den Gewichten einer Säule von reinem Wasser und von Gestein. Der bei weitem häufigste Mittelwert ist 0,103 at/m, entsprechend der Dichte einer etwa 5%igen NaCl-Lösung.

Sehr viel unterschiedlicher ist der geothermische Gradient. Sowohl die Verteilung der Wärmequellen im Untergrund wie auch die verschiedene Wärmeleitfähigkeit, die z. B. für magmatische und metamorphe Gesteine höher als für Sedimente ist, wirken hier modifizierend. In tiefgründigen Sedimentbecken nimmt die Temperatur gewöhnlich langsamer mit der Tiefe zu als in geringmächtigen sedimentären Decken auf kristallinem Untergrund. Auch innerhalb der Sedimente kann sich der Gradient entsprechend verschiedener Leitfähigkeit mit der Tiefe ändern. Die beobachteten Gradienten liegen etwa zwischen 0,1° C/m und 0,01° C/m, entsprechend geothermischen Tiefenstufen zwischen 10 m und 100 m pro ° C. Als häufigster Mittelwert wird ein Gradient von 0,033° C/m (30 m/° C) angenommen. Dieser Wert gilt z. B. für die tertiären Sedimente in Ost-Venezuela und im Golfküstengebiet, für Nordost-Texas und Nordwest-Louisiana.

Bei Tulsa, Oklahoma, wurde ein Gradient von 0,050° C/m festgestellt, bei Oklahoma City, wo die jüngeren Sedimente mächtiger sind, nur 0,018° C/m (LEVORSEN 1956). In Nordwestdeutschland gilt als Mittel für Bohrungen südlich der Elbe ein Gradient von 0,037° C/m (27 m/° C), nördlich der Elbe ein etwas kleinerer Gradient von 0,027° C/m (37 m/° C). Ähnlich ist mit einem Mittelwert von 0,029° C/m (34 m/° C) der Gradient im Alpenvorland. Dagegen steigt an verschiedenen Stellen im Oberrheintal die Temperatur sehr viel schneller mit der Tiefe an. So herrscht im Ölfeld Stockstadt bei Darmstadt ein mittlerer Gradient von 0,06° C/m (16 m/° C). Ähnliche Werte gelten für das Ölfeld Pechelbronn' (FABIAN 1955).

Aus der mittleren Druckzunahme von 0,103 at/m und einem mittleren Temperaturgradienten von 0,033° C/m ergibt sich für eine Oberflächentemperatur von + 10° C die in Abb. 69 dargestellte Kurve für die zusammengehörigen Werte von Druck und Temperatur, wie sie im Mittel im Porenraum der Sedimente anzunehmen sind. Wenn auch in einzelnen Fällen andere Drucke und Temperaturen vorkommen werden, kann doch diese Kurve als eine Darstellung der mittleren oder häufigsten Zustände einer allgemeinen Betrachtung der Phasengleichgewichte im Porenraum der Sedimente zugrunde gelegt werden.

Das Gleichgewicht zwischen flüssiger und gasförmiger Phase wird für Einstoffsysteme im Druck-Temperaturdiagramm durch die Dampfdruckkurve beschrieben. Bis zum kritischen Punkt, an dem diese 2-Phasenlinie aufhört, da von dort an nur noch eine einheitliche Phase existiert, trennt die Dampfdruckkurve das obere Feld der flüssigen vom unteren Feld der gasförmigen Phase. Entsprechend der Phasenregel gibt es für einen Druck unterhalb des kritischen Druckes nur eine bestimmte Temperatur, bei der beide Phasen nebeneinander existieren, so wie es für eine Temperatur unterhalb der kritischen Temperatur nur einen bestimmten Druck gibt, bei dem Flüssigkeit und Gas nebeneinander möglich sind. In die Druck-Temperaturkurve der Abb. 69 sind die Dampfdruckkurven einiger reiner Stoffe eingetragen, die im Porenraum der Sedimente vorkommen. Man sieht, daß der Druck im Porenraum verhältnismäßig stark mit steigender Temperatur zunimmt, so daß z. B. die gesamte Dampfdruckkurve des Wassers weit unter dieser Kurve verläuft. Das bedeutet, daß bis in große Tiefen über 8000 m das Wasser (ein gleiches gilt für die Elektrolytlösungen) im Porenraum in flüssigem Zustand existiert. Dagegen kommt Stickstoff mit einer kritischen Temperatur von − 147°C im Porenraum nur im überkritischen Zustand vor. Kohlendioxyd wird in reinem

Zustand in geringen Tiefen als Gas, ab einigen 100 m in überkritischem Zustand vorliegen. Schwefelwasserstoff sollte in reinem Zustand in mittleren Tiefen als Flüssigkeit, über 2500 m als überkritisches Gas vorkommen. Die reinen aliphatischen Kohlenwasserstoffe verhalten sich je nach der Molekülgröße verschieden. Methan ist mit einer kritischen Temperatur von $-82,5°$ C in allen Tiefen ein überkritisches Gas. Äthan könnte in flachen Tiefen noch als Gas, bzw. als Flüssigkeit vorkommen, ab etwa 800 m liegt es nur noch im überkritischen Zustand vor.

Propan ist bis etwa 2500 m, Butan bis über 4000 m und Pentan bis über 5000 m flüssig; in größeren Tiefen schließen sich die überkritischen Gebiete an.

Diese Angaben gelten nur für die reinen Komponenten. In den Porenräumen finden wir aber viele dieser Stoffe miteinander gemischt, und die Phasengleichgewichte derartiger gemischter Systeme aus vielen Komponenten lassen sich nicht mehr mit den einfachen Dampfdruckkurven übersehen.

Da sich das Wasser weder mit den Gasen noch mit den flüssigen Kohlenwasserstoffen

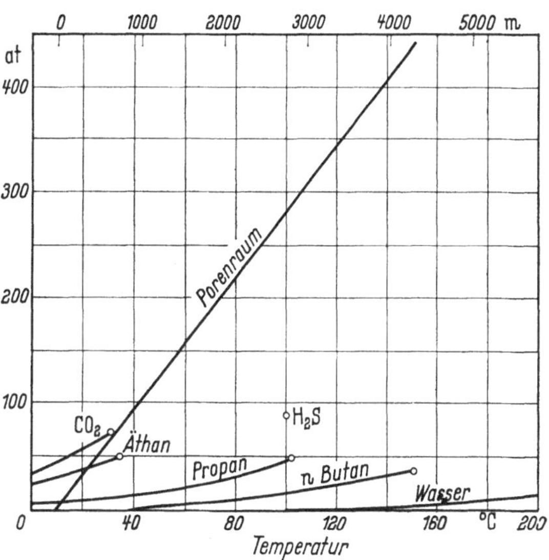

Abb. 69. *Mittlere Werte von Druck und Temperatur im Porenraum der äußeren Erdrinde; Dampfdruckkurven und kritische Punkte (⊙) einiger Stoffe*

in einem erheblichen Maße mischt, ändert sich nicht viel an der Dampfdruckkurve des Wassers durch die anderen Komponenten. Dagegen hängen die Gleichgewichte zwischen flüssiger und gasförmiger Phase bei Mischungen der Kohlenwasserstoffe stark von der Zusammensetzung dieser Mischungen ab. Einige Phasengleichgewichte von Kohlenwasserstoffgemischen sind von der Erdölindustrie untersucht worden, da sie sowohl für die Förderung von Erdöl- und Erdgaslagerstätten von Bedeutung sind, wo solche Gemische von den Bedingungen der Tiefe zu solchen der Erdoberfläche gebracht werden, als auch bei der Weiterverarbeitung auf dem Feld und in der Raffinerie beherrscht werden müssen. Für eine ausführlichere Darstellung kann hier auf die Spezialliteratur verwiesen werden (MUSKAT 1949, STANDING 1952, BURCIK 1957, PIRSON 1958), wo sich auch Tabellen mit Zahlenwerten und graphische Darstellungen für spezielle Systeme finden. Wir beschränken uns in unserem Zusammenhang auf eine kurzgefaßte Darstellung der wichtigsten Erscheinungen.

Die Phasengleichgewichte von Systemen aus miteinander mischbaren Komponenten stellen sich in Druck-Temperaturdiagrammen dar, deren Typus am Schema der Abb. 70 erläutert sei. In Einstoffsystemen ist das Feld der Flüssigkeit von dem des Gases durch die Dampfdruckkurve getrennt. In Mehrkomponentensystemen tritt dafür ein 2-Phasegebiet auf, das gegen das Flüssigkeitsfeld durch die Siedepunktkurve, gegen das Gasfeld durch die Taupunktkurve abgegrenzt ist. Die Siedepunktkurve bezeichnet diejenigen Bedingungen, bei denen eine unendlich kleine Gasmenge mit einer unendlich großen Flüssigkeitsmenge im Gleichgewicht ist, während unter den Bedingungen der Taupunktkurve eine unendlich kleine Menge Flüssigkeit mit einer unendlich großen Gasmenge im Gleichgewicht steht. Im 2-Phasengebiet ändert sich das Mengenverhältnis von Flüssigkeit und Gas mit Druck und Temperatur entsprechend den Isophasenlinien, die z. B. den Gehalt des Systems an flüssiger Phase in Mol-% oder Vol.-% angeben. Siedepunktkurve und Taupunktkurve treffen einander im kritischen

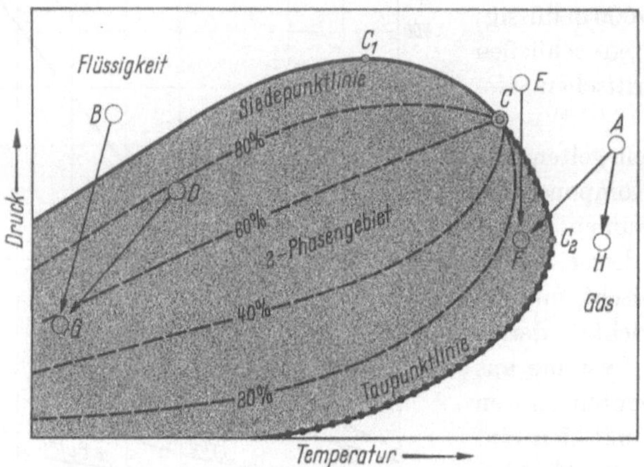

Abb. 70. *Schema der Phasengleichgewichte in Mehrstoffsystemen.* C: Kritischer Punkt; C_1: „Crivaporbar"; C_2: „Cricondentherm"

Punkt C, wo die Unterschiede zwischen Gas und Flüssigkeit verschwinden. Es ist charakteristisch für Mehrkomponentensysteme, daß kritische Temperatur und kritischer Druck im allgemeinen nicht die höchsten Temperaturen und Drucke sind, bei denen Flüssigkeit und Dampf nebeneinander existieren können. Diese maximalen Werte von Druck und Temperatur des 2-Phasengebietes sind in der Abb. 70 als C_1 und C_2 bezeichnet (in der amerikanischen Literatur wird C_1 als "Crivaporbar" und C_2 als "Cricondentherm" bezeichnet). Während der kritische Punkt die höchste Temperatur und den höchsten Druck bezeichnet, bei der das System vollständig verflüssigt werden kann, sind durch C_1 und C_2 die Höchstwerte von Druck und Temperatur gegeben, bei denen überhaupt zwei Phasen auftreten können.

Je nach der Lage von Ausgangspunkt und Endpunkt im Druck-Temperaturdiagramm des betreffenden Stoffgemisches können Veränderungen von Druck und Temperatur in Mehrkomponentensystemen mannigfache Erscheinungen hervorrufen, die von denen der Einkomponentensysteme sehr verschieden sind. Bewegungen von Kohlenwasserstoffgemischen im Porenraum der Gesteine sind, vor allem wenn sie in vertikaler Richtung erfolgen, immer mit Änderungen von Druck und Temperatur verbunden, und daher im allgemeinen stets von Phasenänderungen begleitet. Während man sich das Wasser bei seinen Bewegungen in der oberen Erdrinde immer als Flüssigkeit, und Gase wie Stickstoff und Kohlendioxyd immer als Gase vorstellen darf, können die Kohlenwasserstoffgemische in den Porenräumen der Tiefe in anderen Phasenverhältnissen vorkommen, als sie an der Erdoberfläche erscheinen. Gase der Erdoberfläche können in der Tiefe flüssig sein, und Gase der Tiefe können an der Erdoberfläche als Flüssigkeiten auftreten. Bei allen Vorstellungen über die Wanderung von Kohlenwasserstoffgemischen in den Porenräumen der Gesteine, wie sie z. B. bei der Entstehung der Lagerstätten von Erdöl und Erdgas stattgefunden haben, muß man die Möglichkeit von Kondensationen und Verdampfungen in Betracht ziehen.

Die verschiedenen Arten der Phasenänderungen in Kohlenwasserstoffgemischen verdeutlichen wir am Beispiel der technischen Förderung von Gas und Öl aus den Gas-, Erdöl- und Kondensatlagerstätten anhand des Schemas der Abb. 70. Die Kohlenwasserstoffe befinden sich in der Lagerstätte unter erhöhtem Druck und bei höherer Temperatur, so z. B. an den Punkten A, B, D oder E. Sie werden durch die Förderung an die Erdoberfläche gebracht, d. h. in Bedingungen niederen Druckes und im allgemeinen auch erniedrigter Temperatur, z. B. an die Punkte H, F oder G. Ist A der Ausgangs- und H der Endzustand, so liegt eine Gaslagerstätte mit „trockenem" Gas vor: der Porenraum in der Tiefe enthält Gas, während des Aufstiegs an die Erdoberfläche geschieht keine Kondensation. Von dieser Art sind viele Methanlagerstätten, besonders solche, die keine schweren Kohlenwasserstoffe enthalten. Ist hingegen A der Ausgangs- und F der Endzustand, so findet beim Aufstieg des Gases zur Erdoberfläche eine teilweise Kondensation statt, man spricht von einer Gaslagerstätte mit „feuchtem" Gas. Von dieser Art sind die Methanlagerstätten mit Gehalten an schweren Kohlenwasserstoffen. Die wahre Zusammensetzung der in der Tiefe vorliegenden Gase solcher Lagerstätten ist oft schwierig festzustellen, weil sich wegen der an der Erdoberfläche oder schon in gewisser Tiefe stattfindenden Trennung in flüssiges Kondensat und Gas die ursprüngliche Mischung nur schwer gewinnen läßt. Daraus erklären sich die oft sehr schwankenden Angaben über den Gehalt feuchter Erdgase an schweren Kohlenwasserstoffen, die sich nur dann miteinander vergleichen lassen, wenn die Gasproben bei gleicher Temperatur und gleichem Druck gewonnen wurden. Ist B der Anfangs- und G der Endzustand, so liegt eine sog. ungesättigte Erdöllagerstätte vor. In der Tiefe ist der Porenraum nur mit flüssiger Phase gefüllt. Mit abnehmendem Druck und abnehmender Temperatur ändert sich zunächst nichts, bis beim Überschreiten der Siedepunktkurve eine Gasphase erscheint, deren Menge bis zum Punkte G zunimmt. Gefördert wird also in diesem Fall ein Gemisch von Öl und Gas aus einer Lagerstätte, die in der Tiefe nur Flüssigkeit enthält. Ist D der Ausgangspunkt, so handelt es sich um eine gesättigte Erdöllagerstätte: in der Lagerstätte sind bereits Öl und Gas vorhanden. Die Gasmenge nimmt aber mit der Abnahme des Druckes zu, so daß im Punkte G das Verhältnis Gas:Öl größer als in der Tiefe ist. Schließlich können Anfangs- und Endzustand durch die Punkte E und F bezeichnet sein. In diesem Falle enthält die Lagerstätte das Kohlenwasserstoffgemisch im überkritischen Zustand. Mit abnehmendem Druck erscheint eine flüssige Phase, sobald die Taupunktkurve überschritten wird. Deren Menge nimmt zunächst zu und dann bei weiterer Druckerniedrigung, gemäß der Lage der Isophasenkurven, wieder ab. Hier scheidet sich also bei isothermer Druckerniedrigung Flüssigkeit ab, was in Einstoffsystemen nicht geschehen kann. Man nennt diesen Vorgang isotherme retrograde Kondensation. Es gibt auch eine isobare retrograde Verdampfung, die durch Abkühlung erzeugt wird, und ebenfalls nur in Mehrstoffsystemen möglich ist. Wird nämlich vom Zustand E aus bei konstantem Druck abgekühlt,·so beginnt beim Überschreiten der Siedepunktlinie Verdampfung, die Menge der Gasphase nimmt bis zu einer bestimmten Temperatur zu, danach wieder ab, bis die Siedepunktlinie ein zweites Mal überschritten wird und das ganze System sich als Flüssigkeit abkühlt. Es gibt Lagerstätten, die sich im Zustand E befinden. Sie bestehen also in der Tiefe aus einer einheitlichen Phase, die bei der Förderung bis an die Erdoberfläche gemäß dem Weg $E-F$ durch isotherme retrograde Kondensation zu Gas und Flüssigkeit zerfällt. Das an der

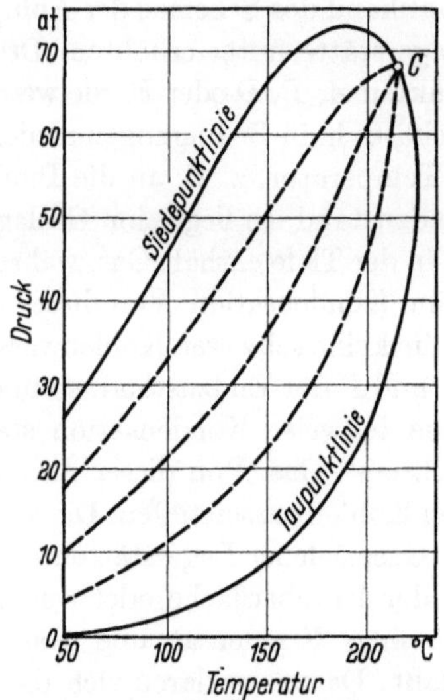

Abb. 71. *Phasendiagramm des 2-Stoffsystems aus* 50 Mol.-% *Äthan und* 50 Mol.-% *n-Heptan* (nach KAY aus SCHMID 1952)

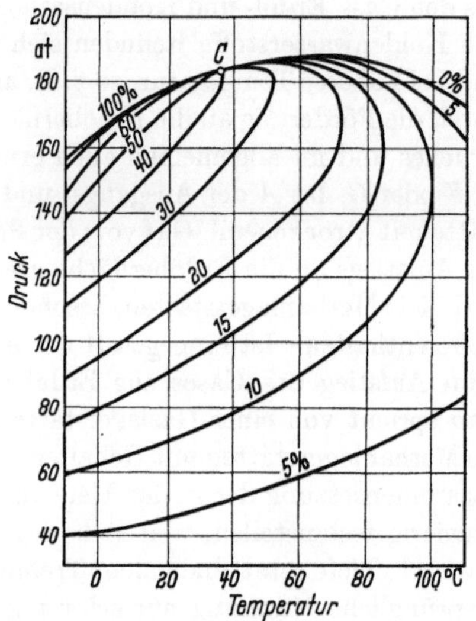

Abb. 72. *Phasendiagramm einer Mischung von Erdgas und Gasolin* (nach KATZ und KURATA aus SCHMID 1950)

Oberfläche anfallende Kondensat solcher Destillat- oder Kondensatlagerstätten ist im Unterschied zu dem in der Tiefe flüssigen und immer dunkel gefärbten Erdöl von heller, gelblicher Farbe. Kondensatlagerstätten hat man bisher nur in verhältnismäßig großen Tiefen gefunden, so z. B. im Gebiet der Golfküste vornehmlich in Tiefen über 2000 m.

Diagramme von der Art der Abb. 70 müßten für das 2-Phasengebiet noch ergänzt werden durch eine Angabe der molekularen Zusammensetzung der jeweils nebeneinander bestehenden flüssigen und gasförmigen Phase. Es ändert sich bei Veränderung von Druck und Temperatur nicht nur das Mengenverhältnis beider Phasen, sondern auch deren Zusammensetzung. Für niedermolekulare Kohlenwasserstoffe gibt es empirische Zahlenwerte und rechnerische oder graphische Methoden, nach denen im Falle einfacher Systeme bekannter Zusammensetzung das Phasendiagramm ganz oder teilweise berechnet werden kann. Hierzu sei auf ausführlichere Darstellungen, z. B. bei BURCIK (1957) verwiesen. Für 2-Stoffgemische gilt die Regel, daß der kritische Druck mit wachsender Differenz der Molekulargewichte der Mischungspartner stark ansteigt. Ein Beispiel für ein solches einfaches Gemisch ist in Abb. 71 dargestellt. Der kritische Druck der Äthan-Heptan-Mischung liegt mit fast 70 at über der von Äthan (49 at) und Heptan (27 at).

Die Gleichgewichte der komplizierten Kohlenwasserstoffgemische natürlicher Vorkommen lassen sich nicht mehr berechnen, sondern müssen experimentell bestimmt werden. Man kann nur einige allgemeine Regeln angeben. So haben Versuche mit natürlichen methanreichen Systemen ergeben, daß auch hier der kritische Druck mit der Differenz der Molekulargewichte von Methan und dem schwersten Gemischteilnehmer ansteigt. Allerdings ist der kritische Druck wegen der Anwesenheit von vielen Molekülarten mittleren Molekulargewichts niedriger als der von Zweistoffgemischen der extremen Glieder. Je nach dem Gehalt an hochmolekularen Substanzen werden die kritischen Drucke gashaltiger Erdöle zwischen 100 und mehr als 1000 at liegen. Der Temperaturbereich des 2-Phasengebietes wird wesentlich von den kritischen Temperaturen der leichtesten und schwersten Gemischpartner bestimmt. In Erdölen mit Komponenten sehr verschiedenen Molekulargewichts ist das 2-Phasengebiet daher in Richtung der Temperaturachse weit ausgedehnt.

Vollständige Phasendiagramme für natürliche Kohlenwasserstoffgemische sind wohl nicht bekannt. Ein Beispiel für das Verhalten einer Mischung natürlicher Stoffe, nämlich eines Erdgases und der leichten Fraktion (Gasolin) eines Erdöls, ist in Abb. 72 (nach KATZ und KURATA 1940 aus SCHMID 1950) dargestellt. Die unter Normalbedingungen gasförmigen und flüssigen Phasen dieses Systems hatten die folgende Zusammensetzung in Mol.-%:

	Erdgas	Gasolin	Gemisch
Stickstoff	0,43	—	0,36
Kohlendioxyd	0,51	—	0,43
Methan	93,20	—	78,41
Äthan	4,25	—	3,57
Propan	1,61	—	1,35
Butane	—	8,1	1,29
Pentane	—	39,8	6,32
Hexane	—	28,1	4,46
Heptane und schwerer . .	—	24,0	3,81

Damit sich ein System unter bestimmten Lagerstättenbedingungen als Kondensatlagerstätte darstellt, müssen gewisse Voraussetzungen erfüllt sein: der Lagerstättendruck muß etwas höher als der kritische Druck sein und die Lagerstättentemperatur muß zwischen der kritischen und der Cricondentherm-Temperatur liegen. An sich wäre es wohl denkbar, für jede Tiefenlage Gemische zu konstruieren, die unter den speziellen Bedingungen eine Kondensatlagerstätte bilden. Daß es Kondensatlagerstätten nur in bestimmten, und zwar, wie erwähnt, nur in recht beträchtlichen Tiefen zu geben scheint, weist auf den schon in einem vorigen Abschnitt behandelten Zusammenhang zwischen Tiefenlage und molekularer Zusammensetzung hin, der so beschaffen sein muß, daß nur in diesen großen Tiefen solche Kohlenwasserstoffgemische vorkommen, die gerade bei den dort herrschenden Drucken und Temperaturen eine Kondensatlagerstätte bilden. Für die sehr methanreichen Gaslagerstätten liegt der Lagerstättendruck zwar immer über dem kritischen Druck, die Lagerstättentemperatur ist aber immer wesentlich höher als die Cricondentherm-Temperatur. Für die methanarmen Erdöllagerstätten, die reich an hochmolekularen Bestandteilen sind, liegen kritischer Druck und kritische Temperatur wesentlich höher als Druck und Temperatur der Lagerstätte. Die Kohlenwasserstoffgemische der Kondensatlagerstätten enthalten mehr Methan und weniger hochmolekulare Bestandteile als die normalen Erdöle, so daß sie für die in großen Tiefen herrschenden Drucke und Temperaturen gerade die Bedingungen der Kondensatlagerstätten erfüllen. Ein Beispiel für den Unterschied der Zusammensetzung von Kohlenwasserstoffen aus Kondensat- und Erdöllagerstätten ist in der Tab. 38 dargestellt.

Tabelle 38. *Typische Zusammensetzung einer Kondensatphase und eines Erdöls* (nach MUSKAT 1949, S. 740) (in Mol. %)

	Kondensatlagerstätte			Erdöllagerstätte		
	über Tage		In der Lagerstätte	über Tage		In der Lagerstätte
	Gas	Kondensat		Gas	Öl	
Methan	85,69	—	82,38	80,53	0,31	45,26
Äthan	4,45	—	4,28	5,37	0,14	3,07
Propan	3,64	0,19	3,51	3,85	0,33	2,30
i-Butan	1,57	2,53	1,61	3,70	0,97	2,50
n-Butan	3,06	2,22	3,03	3,70	0,97	2,50
i-Pentan	0,35	6,77	0,60	2,09	1,97	2,04
n-Pentan	0,45	6,37	0,68	2,09	1,97	2,04
Hexane	0,34	17,63	0,99	1,17	2,49	1,75
Heptane und höhere	0,45	64,56	2,92	3,29	93,79	43,08

Zum Zwecke der möglichst ökonomischen Lenkung der Produktion wird in den Erdölfeldern heute das Phasenverhalten des unter Lagerstättenbedingungen entnommenen Öles untersucht, indem man es einer allmählichen Druckentlastung und evtl. auch einer Abkühlung unterwirft. Für die Entnahme der Ölproben und die Untersuchung derselben bei höheren Drucken und Temperaturen sind Apparate entwickelt worden, die z. B. im Buche von PIRSON (1958) ausführlich beschrieben werden. Es wird dabei das Phasenverhalten der Erdöle auf einem bestimmten Wege im Phasendiagramm der Abb. 70 verfolgt. Von besonderer Wichtigkeit ist der sog. Gasentlösungsdruck, der meist auf die Lagerstättentemperatur bezogen wird. Dies ist derjenige Druck, bei dem bei Lagerstättentemperatur die Siedepunktkurve durchschnitten wird. Öle, die sich in der Lagerstätte über dem Entlösungsdruck befinden, nennt man ungesättigt, solche, die in der Lagerstätte mit freiem Gas zusammen vorkommen, gesättigte Öle.

Von den bekannten Erdöllagerstätten enthält nur ein kleinerer Teil freies Gas, d. h. also mit Gas gerade gesättigtes Öl. Die meisten Öllagerstätten sind mit ungesättigtem Öl gefüllt, dessen Entlösungsdruck unter dem heutigen Druck im Porenraum (Lagerstättendruck) liegt. In vielen Fällen ist der Entlösungsdruck nur wenig niedriger als der Lagerstättendruck. Doch sind auch Ölvorkommen bekannt, deren Entlösungsdruck weit unter dem Lagerstättendruck liegt. Lagerstätten des ersten Typs (Entlösungsdruck ~ Lagerstättendruck) bieten der rationellen Förderung große Schwierigkeiten, da die durch eine Ölentnahme bewirkte Senkung des Lagerstättendrucks sogleich Gasbildung im Porenraum erzeugt, die eine gefürchtete Hemmung des Ölzuflusses zur Folge haben kann. Die Unterschiede des Entlösungsdruckes der Öle verschiedener Lagerstätten werden durch eine Hypothese erklärt, die sich in manchen Fällen gut zu bestätigen scheint (vgl. z. B. GUSSOW 1955). Man kann annehmen, daß sich Öl und Gas während der Wanderung zu den Porenräumen, in denen sie sich heute finden, wegen ihrer verschiedenen physikalischen Eigenschaften, vor allem wegen des Dichteunterschiedes, voneinander trennen. War die Trennung vollständig, so füllte sich der Porenraum im Augenblick der Lagerstättenbildung mit gerade gesättigtem Öl. Der Gasentlösungsdruck, wie wir ihn heute messen, sollte in solchen Fällen den Druck im Porenraum zur Zeit der Anfüllung der Lagerstätte abbilden und einen Schluß auf die Tiefenlage der betreffenden Schicht zur Zeit der Ölakkumulation zulassen. Die Häufigkeit untersättigter Öllagerstätten wäre im Sinne dieser Hypothese mit einer mehr oder minder tiefen Absenkung zu erklären, die die meisten Lagerstätten nach ihrer Bildung erlitten haben.

Da die sichere Entnahme von Ölproben unter Lagerstättenbedingungen erst seit kurzem möglich ist, und Gasentlösungsdrucke von Ölen geologisch gut bekannter Strukturen kaum erst publiziert wurden, entbehrt diese Hypothese zur Zeit noch einer breiten Begründung. Manche Bedenken sind zu berücksichtigen, wenn man sie anwenden will. So ist es denkbar, daß die Trennung von Gas und flüssiger Phase während der Wanderung manchmal nicht vollständig erfolgte. In solchen Fällen wurde der Porenraum primär mit Gas und Öl gefüllt und das Gas löste sich erst später bei der Absenkung in größere Tiefen. Der heute gemessene Entlösungsdruck entspräche dann einer späteren Absenkungstiefe. Andererseits ist es bei unserer Unkenntnis der chemischen Prozesse der Erdölbildung nicht auszuschließen, daß sich unter bestimmten Bedingungen sehr methanarme Kohlenwasserstoffgemenge bilden, deren Gasentlösungsdrucke weit unter dem Druck ihres Bildungs- und Ansammlungsraumes liegen und zu geringe Bildungstiefen der Lagerstätten vortäuschen.

In manchen Fällen scheint aber der Gasentlösungsdruck die Tiefenlage der Lagerstättenbildung recht zutreffend anzuzeigen, so daß auf dieser Grundlage eine geologische Datierung möglich ist. So wendete Gussow (1955) diese Hypothese mit gutem Erfolg zur Aufklärung der Bildungsgeschichte der Öllagerstätten in der canadischen Provinz Alberta an. In Nordwestdeutschland enthalten die Lagerstätten der Antiklinalen des Bentheimer Sandsteins (Valendis) im Emsland Öle, deren Entlösungsdrucke im allgemeinen nicht sehr viel niedriger als die vorgefundenen Lagerstättendrucke sind. Eine Absenkung der ursprünglich mit gerade gesättigtem Öl gefüllten Gesteine um einige hundert Meter (für die einzelnen Lagerstätten verschieden) seit der Lagerstättenbildung würde diese Verhältnisse erklären und erscheint geologisch möglich. Im östlichen Niedersachsen ist das Bild sehr viel uneinheitlicher; es gibt sowohl fast gesättigte wie auch stark untersättigte Lagerstätten. Im Gebiet des Jura-Unterkreide-Troges von Broistedt-Wittingen (auch Gifhorner Trog genannt) scheinen diese Unterschiede in großen Zügen mit der komplizierten geologischen Geschichte des Gebietes im Einklang zu stehen (Roll 1951, 1956; Hecht 1959): Lagerstätten, die vornehmlich in Doggersandsteinen (Vorhop, Rietze, Hardesse, Meerdorf), zum Teil auch im Valendis (Leiferde) der Trogmitte unter mächtiger Unterkreide vorkommen, enthalten gesättigte oder nahezu gesättigte Öle; die jetzige Tiefe (zwischen 800 und 2 000 m) sollte daher etwa der Tiefe der Schichten zur Zeit der Ölakkumulation entsprechen oder diese nur wenig übertreffen. Die Bildung dieser Lagerstätten gegen Ende der Unterkreidezeit ist auch aus geologischen Gründen plausibel. Dagegen enthalten Lagerstätten der östlichen und westlichen Randgebiete des Troges in Sandsteinen des Rhät (Hohne), Lias (Hohne, Eldingen) und Dogger (Rühme, Ehra, Calberlah, Lüben) stark untersättigte Öle mit großen Unterschieden zwischen Entlösungsdruck (p_S) und Lagerstättendruck (p_L) (z. B. Eldingen: $p_S = 13$ at, $p_L = 167$ at; Lüben $p_S = 16$ at, $p_L = 135$ at). Diese heute in Tiefen von 500 bis 1800 m liegenden, im Gegensatz zur Trogmitte von dünner Unterkreide und mächtiger Oberkreide bedeckten Lagerstätten haben sich schon verhältnismäßig früh am Ende der Jurazeit oder während der Unterkreide in flacher Tiefenlage gebildet.

Wird der Inhalt einer Kohlenwasserstofflagerstätte bis zu Tage gefördert, so ergibt sich je nach der Gestalt des Phasendiagramms unter den Bedingungen der Erdoberfläche ein bestimmtes Volumenverhältnis von Gas zu Öl. Dieses „Gas-Öl-Verhältnis" ist eine für jede Lagerstätte typische und technisch wichtige Zahl, die je nach der Natur des Öls und den Lagerstättenbedingungen in weiten Grenzen schwanken kann. Nach einer Zusammenstellung für amerikanische Lagerstätten (LEVORSEN 1956, S. 444) kommen dort in Öllagerstätten Gas-Öl-Verhältnisse zwischen fast 0 und etwa 900 : 1 vor; für Kondensatlagerstätten steigt dieses Verhältnis bis auf fast 3500 : 1. In deutschen Erdöllagerstätten liegen die häufigsten Gas-Öl-Verhältnisse zwischen 10 : 1 und 40 : 1. Lagerstätten gesättigter Öle werden im allgemeinen höhere Gas : Öl-Verhältnisse ergeben als solche mit ungesättigtem Öl.

Die Kohlenwasserstoffe der Porenräume wurden als Systeme aus flüssiger und gasförmiger Phase behandelt. Vielfach spielen aber auch feste Phasen eine Rolle. So erkennt man in vielen Erdölen unter dem Mikroskop Ausscheidungen kleiner Paraffinkristalle, und manche Öle erstarren unter den Bedingungen der Erdoberfläche zu Massen von vaselinartiger Konsistenz. Für ein paraffinreiches Öl des Erdölfeldes Barenburg b. Nienburg a. d. Weser haben HADDENHORST und KOCH (1959) die Bedingungen der Ausscheidung von Paraffinkristallen untersucht. Die Schmelztemperatur, bei deren Unterschreitung die Kristallisation einsetzt, nimmt bei diesem Öl oberhalb des Entlösungsdruckes mit steigendem Druck zu; unterhalb des Entlösungsdruckes steigt die Schmelztemperatur mit fallendem Druck und zunehmender Entgasung. Das Phasendiagramm solcher Erdöle sähe schematisch etwa so aus, wie dies in Abb. 73 dargestellt ist. Aus homogen-flüssigen oder flüssig-gasförmigen Systemen können durch isotherme Druckänderung, durch isobare Abkühlung oder auch durch gleichzeitige Druck -und Temperaturänderungen, wie sie nicht nur durch technische Maßnahmen hervorgerufen, sondern auch natürlich in der Erdrinde hervorgebracht werden können, feste Phasen ausgeschieden werden.

Physikalische Eigenschaften der Erdöle. Die bei Atmosphärendruck und Zimmertemperatur bestimmte Dichte des entgasten Öls (Totöl) liegt für die meisten Vorkommen zwischen 0,73 und 1,0. In californischen Feldern (Ventura Co.) hat man Öle gefunden, die schwerer als Wasser sind ($\varrho = 1,04—1,02$), doch sind das ebenso Ausnahmen wie die aus Kondensatlagerstätten geförderten leichten Öle mit Dichten von 0,7 und darunter. Nach LEVORSEN (1956) liegt die Totöldichte der Hauptmenge der in der Welt geförderten Erdöle im engen Bereich zwischen 0,85 und 0,89. Die Dichte der Öle ist um so geringer, je höher der Gehalt an leichten Molekülarten ist. Wegen der großen Vielfalt der chemischen Zusammensetzung enthalten benachbarte Lagerstätten, ja manchmal sogar verschiedene Bereiche derselben Lagerstätte Öle mit unterschiedlicher Dichte. Während, wie erwähnt,

Öle getrennter Lagerstätten häufig um so leichter sind, je tiefer sie liegen, beobachtet man in manchen zusammenhängenden Lagerstätten zuunterst schweres und darüber leichteres Öl. Paraffinische Öle haben im allgemeinen geringere Dichten als naphthenische.

Aus der an der Oberfläche gemessenen Totöldichte kann man nicht ohne weiteres auf die Dichte des Erdöls unter den Bedingungen der Tiefe schließen.

Dazu müssen die Änderungen bekannt sein, die die flüssige Phase bei Abkühlung und Druckentlastung erfährt. Diese Veränderungen kann man an Proben studieren, die unter Lagerstättenbedingungen gewonnen wurden und über Tage allmählich abgekühlt und entlastet werden (vgl. S. 184). Ist V_L das Volumen einer Menge flüssiger Phase bei Lagerstättenbedingungen und V_0 das aus dieser Menge nach Abkühlung und Entlastung auf den Zustand der Erdoberfläche entstandene Totölvolumen, so nennt man das Verhältnis

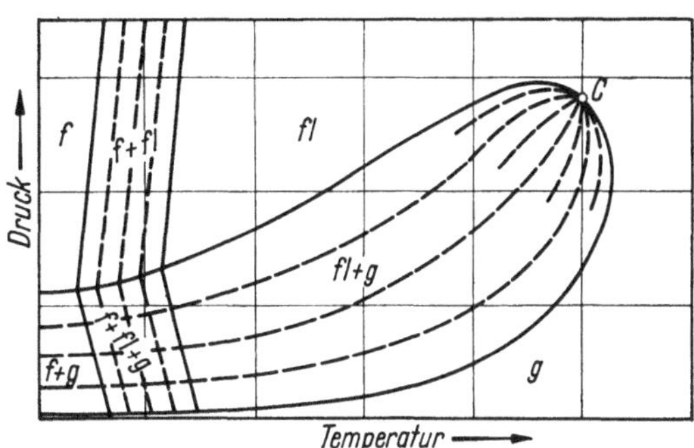

Abb. 73. *Schema des Phasendiagramms eines Erdöls unter Berücksichtigung der Ausscheidung fester Bestandteile*, nach HADDENHORST u. KOCH. *f*: feste Phasen; *fl*: Flüssigkeit; *g*: Gas

$$\beta = V_L/V_0 \tag{257}$$

den Formationsvolumenfaktor. Den typischen Gang von β mit dem Lagerstättendruck p_L zeigt Abb. 74 für einige deutsche Erdöle. Die Kurven gelten für die Lagerstättentemperaturen der verschiedenen Vorkommen. Das Maximum von β liegt immer beim Gasentlösungsdruck des betreffenden Öles. Das bedeutet, daß, von diesem Druck ausgehend, sowohl Druckerhöhung als auch Druckentlastung eine Schrumpfung der flüssigen Phase hervorruft. Die Volumenabnahme mit

steigendem Druck ist eine Folge der normalen Kompressibilität. Die Schrumpfung mit abnehmendem Druck kommt dadurch zustande, daß die Verringerung des Ölvolumens durch die Verdampfung der leichtflüchtigen Komponenten den Effekt der Kompressibilität übertrifft. Die für 0 at Überdruck verzeichneten Werte von β bezeichnen die nur noch durch Abkühlung hervorgerufene

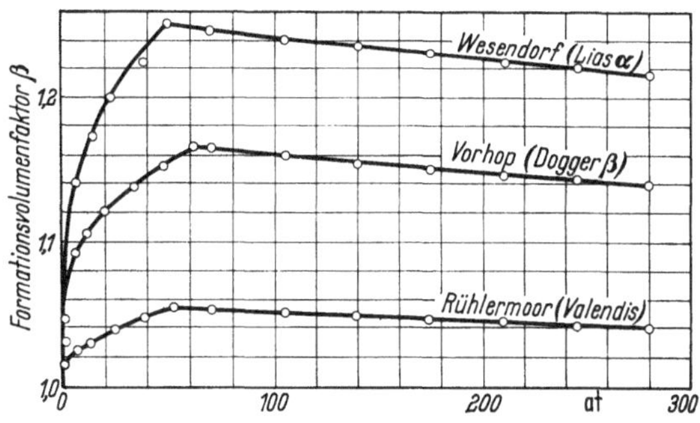

Abb. 74. *Formationsvolumenfaktor einiger deutscher Erdöle* (nach MOELLER und HADDENHORST)

Schrumpfung des entgasten Öles. Ist ϱ_0 die Totöldichte und ϱ_L die Dichte des Öles in der Lagerstätte, bedeutet G das Gas/Öl-Verhältnis und ϱ_G die Gasdichte, so gilt:

$$\varrho_L = \frac{1}{\beta}\left(\varrho_0 + G \cdot \varrho_G\right). \tag{258}$$

Da die Gasdichte neben der des Öles in der Regel zu vernachlässigen ist, ergibt sich die Dichte in der Lagerstätte aus Totöldichte und Formationsvolumenfaktor.

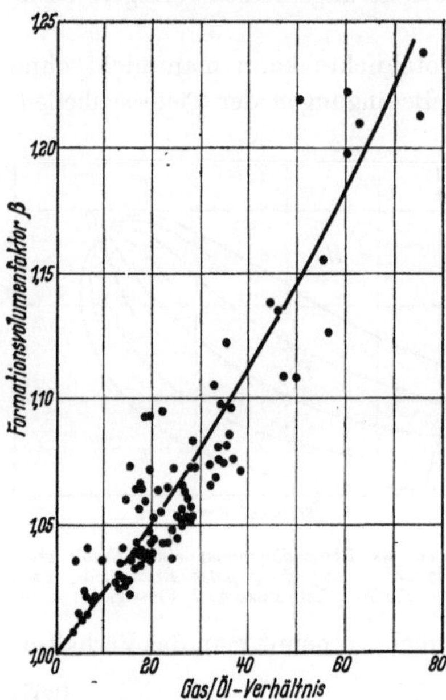

Abb. 75. *Beziehung zwischen Formationsvolumenfaktor und Gas/Ölverhältnis für einige deutsche Erdöle* (nach MOELLER und HADDENHORST)

Demnach ist die Dichte des Öles beim Entlösungsdruck am geringsten und nimmt von diesem Punkt aus sowohl mit fallendem wie auch mit steigendem Druck zu.

Der für den Entlösungsdruck geltende maximale Formationsvolumenfaktor kann sehr verschiedene Werte zwischen wenig über 1 bis über 1,5 annehmen. Er ist um so größer, je höher das Gas/Öl-Verhältnis ist. Für einige nordwestdeutsche Öle ist diese Beziehung in Abb. 75 wiedergegeben.

Der Kompressibilitätskoeffizient der Erdöle oberhalb des Entlösungsdruckes

$$\varkappa = \frac{1}{V}\left(\frac{\partial V}{\partial p}\right)_{T\,=\,\mathrm{const.}} \tag{259}$$

ist von der Größenordnung 10^{-5} bis 10^{-4} at^{-1} und damit meist höher als der von Wasser ($5 \cdot 10^{-5}\ \mathrm{at}^{-1}$). Er hängt von der chemischen Zusammensetzung ab und nimmt mit steigendem Anteil an schweren Kohlenwasserstoffen ab. Daher ist die Kompressibilität der Öle um so größer, je höher das Gas/Öl-Verhältnis und je geringer die Dichte ist. Für eine Reihe deutscher Öle ist diese Beziehung in Abb. 76 dargestellt. Mit steigendem Druck nimmt der Kompressibilitätskoeffizient wenig ab; er wächst mit zunehmender Temperatur.

Der Koeffizient für thermische Ausdehnung

$$\alpha = \frac{1}{V}\left(\frac{\partial V}{\partial T}\right)_{p\,=\,\mathrm{const.}} \tag{260}$$

liegt für die Erdöle etwa zwischen 70 und $200 \cdot 10^{-5}$ pro ° C, d. h. wesentlich über dem Ausdehnungskoeffizienten des Wassers ($18 \cdot 10^{-5}$). Im allgemeinen haben schwere Öle kleinere, leichte Öle höhere Koeffizienten.

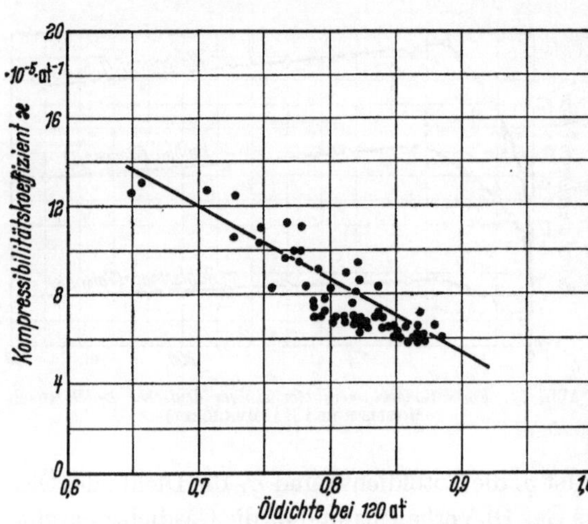

Abb. 76. *Beziehung zwischen Kompressibilitätskoeffizient und Öldichte bei 120 at und jeweiliger Lagerstättentemperatur für einige deutsche Erdöle* (nach MOELLER und HADDENHORST)

Die Viscosität eines Erdöls hängt stark von Druck und Temperatur, vor allem aber von der Zusammensetzung der flüssigen Phase ab.

Die Viscosität des Totöls sagt daher nur wenig über die Fließeigenschaften des Öles in größeren Tiefen aus, dessen Zähigkeit wohl immer geringer sein wird. Man untersucht heute, um diese Viscosität zu ermitteln, die unter Lagerstättenbedingungen entnommenen Proben mit einem Kugelfallviscosimeter bei verschiedenen Drucken und Temperaturen (Näheres bei PIRSON 1958). Die Ergebnisse solcher Messungen an Ölen aus deutschen Erdöllagerstätten sind in den Abb. 77 und 78 zusammengestellt.

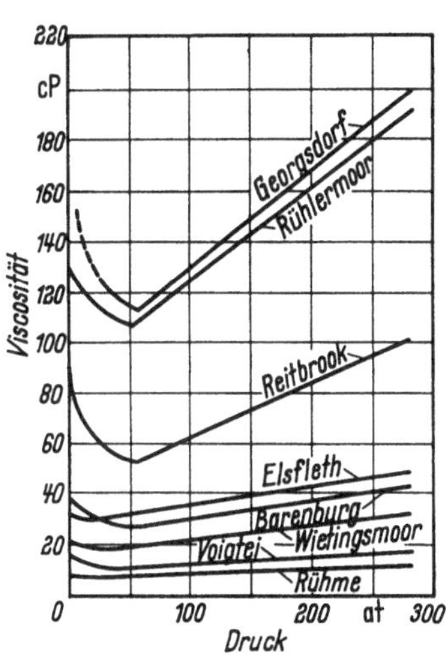

Abb. 77. *Viscosität hochviscoser deutscher Erdöle bei Lagerstättentemperatur in Abhängigkeit vom Druck* (nach MOELLER und HADDENHORST)

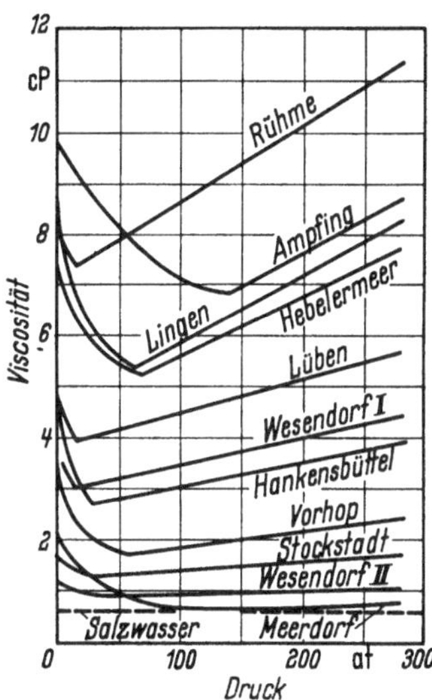

Abb. 78. *Viscosität niedrig- und mittelviscoser deutscher Erdöle bei Lagerstättentemperatur in Abhängigkeit vom Druck* (nach MOELLER und HADDENHORST)

Alle Kurven zeigen ein Minimum der Viscosität, das jeweils beim Entlösungspunkt liegt. Von diesem Druck ausgehend, nimmt die Viscosität mit fallendem Druck zu, da dann zunehmend leichtere Molekülarten verdampfen. Oberhalb des Entlösungsdruckes nimmt die Viscosität mit steigendem Druck zu, wie dies dem normalen Verhalten der Flüssigkeiten entspricht. Dieser Anstieg der Viscosität erfolgt linear und ist offenbar um so steiler, je höher die Viscosität ist. Mit zunehmender Temperatur nimmt die Viscosität, wie stets bei Flüssigkeiten, ab.

Wie schon die Auswahl der Abb. 77 und 78 zeigt, variieren die Viscositäten der Erdöle sehr stark. Leichte Öle mit hohen Gasgehalten haben Viscositäten, die denen des Wassers gleichen. Mit höheren Gehalten an schweren Molekülarten kann die Viscosität auf mehr als den 100fachen Wert des Wassers ansteigen. Daher verhalten sich die Öle bei der Verdrängung durch Wasser so außerordentlich verschieden (vgl. S. 110f.). Für die ungefähre Abschätzung der Viscosität von Ölen unter Lagerstättenbedingungen auf Grund der Viscosität des Totöls, der Dichte und des Gas/Öl-Verhältnisses liegen empirische Diagramme vor, für die z. B. auf das Buch von BURCIK (1957) verwiesen sei.

Oberflächenspannungen zwischen Totöl und Gasphase sind im Bereich zwischen etwa 25 und 40 dyn cm^{-1} gemessen worden. Im Gleichgewicht mit gasförmigen Kohlenwasserstoffen nimmt die Oberflächenspannung der Öle um so mehr ab,

je mehr sich Druck und Temperatur den Bedingungen des kritischen Punktes
nähern, wo die Oberflächenspannung schließlich ganz verschwindet.

Die Grenzflächenspannung zwischen Erdöl und Elektrolytlösungen hängt von
der Zusammensetzung des Erdöls und von einem eventuellen Gehalt der Lösung
an grenzflächenaktiven Bestandteilen ab, die sich an der Grenzfläche zwischen Öl
und Wasser anreichern können. Die an einer Gruppe von Ölen aus Texas gemessenen Grenzflächenspannungen gegen Lagerstättenwasser (LIVINGSTON 1939 nach
LEVORSEN 1956) lagen bei 20° C zwischen 15 und 35 dyn cm⁻¹, bei 40° C zwischen
8 und 15 dyn cm⁻¹ und bei 55° C zwischen 8 und 19 dyn cm⁻¹. Diese Messungen
wurden an Totölen ausgeführt. Nach Untersuchungen von HOCOTT (1939, nach
MUSKAT 1949) an verschiedenen gashaltigen Ölen hat die Grenzflächenspannung
gegen Wasser beim Entlösungsdruck ein Maximum und nimmt von dort aus
sowohl mit abnehmendem als auch (langsamer) mit zunehmendem Druck ab.

Physikalische Eigenschaften der Erdgase. Die für ideale Gase gültige Beziehung

$$pV = nRT \qquad (261)$$

für das Volumen (V) von n Molen eines Gases beim Druck p und der absoluten
Temperatur T ($R = 82{,}1$ cm³ at/Grammol) gilt für die in den Gesteinen vorkommenden Gasmischungen meist nur sehr ungenau. Das Verhalten dieser nicht-
idealen Gase kann man formal durch die folgende Gleichung beschreiben:

$$pV = nZRT. \qquad (262)$$

Der sog. Kompressibilitätsfaktor Z ist je nach der Abweichung vom idealen
Gasgesetz mehr oder weniger von 1 verschieden und seinerseits eine Funktion von
Druck und Temperatur. In Abb. 79 sind die Kompressibilitätsfaktoren für Methan,
Äthan und Propan bei 60° in Abhängigkeit vom Druck dargestellt. Es bestehen
also sehr erhebliche Abweichungen vom idealen Verhalten und große Unterschiede
zwischen den einzelnen Gasen. Eine für viele Gase zutreffende, gemeinsame,
empirische Funktion für Z in Abhängigkeit von Druck und Temperatur kann man
auf der Basis des Theorems der übereinstimmenden Zustände gewinnen. Nach
diesem Theorem soll das Verhalten aller Gase gleichartig sein, wenn man Druck
und Temperatur im reduzierten Maßstab ausdrückt. Die Reduktion wird so vorgenommen, daß Temperatur und Druck durch die kritischen Werte der betreffenden Substanzen dividiert werden. Es gilt also für die reduzierten Daten T_r und p_r:

$$T_r = T/T_K; \quad p_r = p/p_K. \qquad (263)$$

Für die wichtigsten Bestandteile der Erdgase sind in der folgenden Tabelle
die kritischen Drucke und Temperaturen zusammengestellt.

Tabelle 39. *Kritische Daten der wichtigsten Bestandteile der Erdgase*
(T_K = krit. Temp. in ° C, p_K = krit. Druck in at

	Mol.-Gewicht	spez. Gewicht[1]	T_K [°C]	p_K [at]
Stickstoff[2]	28,016	0,9673	−147,1	33,5
Kohlendioxyd	44,01	1,5291	31,0	73
Schwefelwasserstoff	34,08	1,5392	100,4	89
Methan	16,04	0,5545	−82,5	45,7
Äthan	30,07	1,049	35	49
Propan	44,09	1,550	96,81	42,0
n-Butan	58,12	2,091	152,0	34,5

[1] auf trockene Luft = 1 bezogen.   [2] Luftstickstoff mit Argon

In Abb. 80 ist der Verlauf des Kompressibilitätsfaktors Z in Abhängigkeit von reduzierter Temperatur und reduziertem Druck nach STANDING (1952) dargestellt. Die Kurven sind empirisch gewonnen und vor allem für die Kohlenwasserstoffe der Erdgase mit recht guter Genauigkeit brauchbar. Es zeigte sich sogar, daß auch das Verhalten von Gasgemischen mit diesen Funktionen beschrieben werden kann. Dazu muß die molare Zusammensetzung des Gasgemischs bekannt sein. Man berechnet dann sog. „pseudokritische“ Drucke und Temperaturen, indem man für jede Komponente das Produkt aus Molenbruch und kritischem Wert dieser Komponente bildet und die Produkte addiert. Druck und Temperatur, für die der Faktor Z gesucht wird, werden dann durch Division durch diese „pseudokritischen“ Daten reduziert, worauf

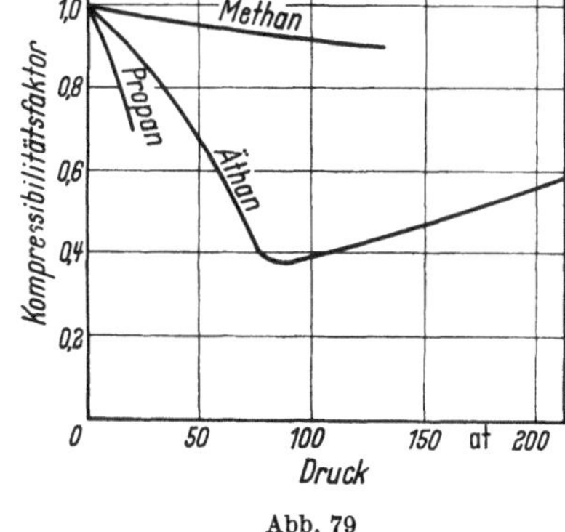

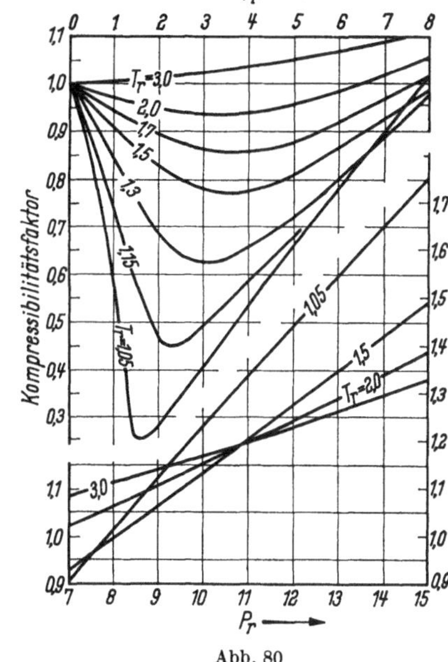

Abb. 79   Abb. 80

Abb. 79. *Kompressibilitätsfaktoren von Methan, Äthan und Propan bei 60° nach* STANDING

Abb. 80. *Kompressibilitätsfaktoren für Gemische von Kohlenwasserstoffen in Abhängigkeit von reduziertem Druck und reduzierter Temperatur* nach STANDING

man den gesuchten Z-Wert den Kurven der Abb. 80 entnehmen kann. Dieses Verfahren liefert für Gase, die reich an niedrigmolekularen Kohlenwasserstoffen sind und nicht mehr als 20% N_2 und 4% CO_2 enthalten, brauchbare Werte. Größere Beimengungen höherer Paraffine stören (STANDING 1952).

Die Dichte eines nur aus einer Komponente mit dem Mol.-Gewicht M bestehenden Gases berechnet man bei Gültigkeit des idealen Gasgesetzes zu

$$\varrho = \frac{pM}{RT}, \tag{264}$$

bzw. bei nichtidealem Verhalten nach

$$\varrho = \frac{pM}{ZRT}. \tag{265}$$

Die Dichte eines Gasgemisches bekannter Zusammensetzung kann man aus dem mittleren Molekulargewicht $\overline{M}$ und dem Kompressibilitätsfaktor Z berechnen:

$$\varrho = \frac{p\overline{M}}{ZRT}. \tag{266}$$

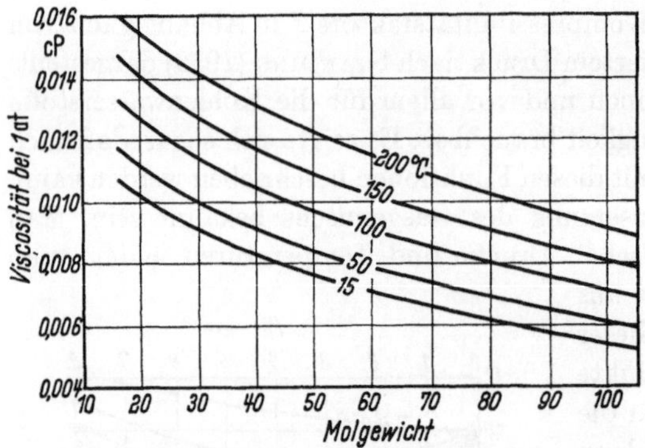

Abb. 81. *Viscosität gasförmiger Kohlenwasserstoffe bei 1 at und verschiedenen Temperaturen* (nach CARR, KOBAYASHI und BURROWS aus BURCIK)

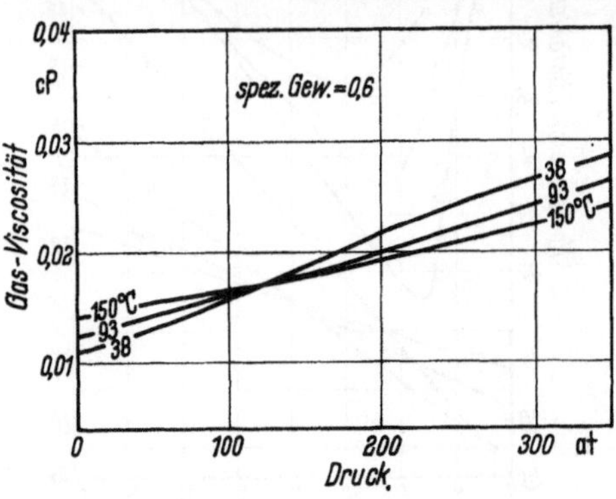

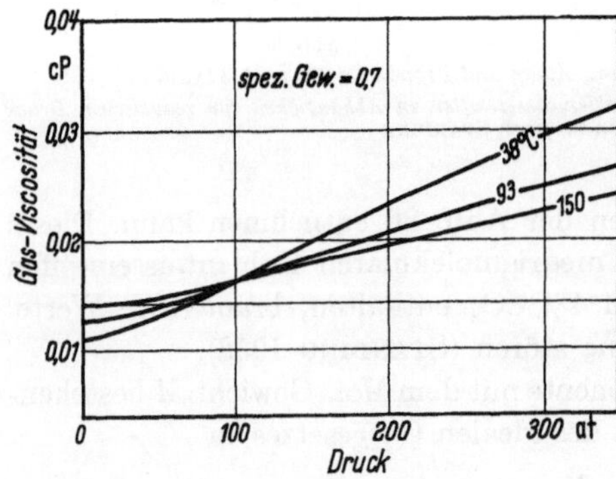

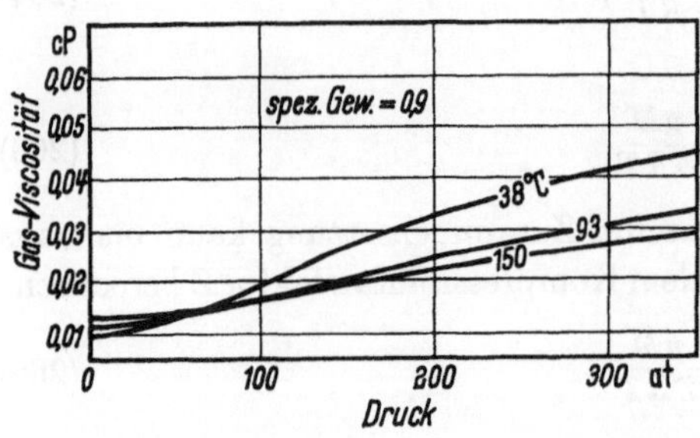

Abb. 82. *Viscosität gasförmiger Kohlenwasserstoffgemische verschiedenen spezifischen Gewichtes in Abhängigkeit von Druck und Temperatur* (nach BICHER und KATZ aus BURCIK)

$\overline{M}$ erhält man als Summe der für jede Komponente gebildeten Produkte aus Molenbruch und Molekulargewicht. Wie die Abb. 80 zeigt, sind die Z-Werte für mittlere Drucke kleiner als 1. Die wirklichen Dichten der Gase sind also in den Porenräumen der Gesteine unter Umständen wesentlich höher, als man sie nach dem idealen Gasgesetz berechnen würde.

Statt der wahren Gasdichte werden vielfach die auf Luft bezogenen spez. Gewichte (d_L) angegeben. Bei Vernachlässigung von Z gilt:

$$d_L = \frac{\overline{M}}{29} . \qquad (267)$$

Die Viscosität idealer Gase nimmt mit dem Mol.-Gewicht zu, ist unabhängig vom Druck und steigt proportional $T^{1/2}$ mit der Temperatur. Gasförmige Kohlenwasserstoffe verhalten sich, insbesondere bei den erhöhten Drucken des Porenraums anders. Die Abhängigkeit der Viscosität von Kohlenwasserstoffgasen von Molekulargewicht und Temperatur bei einem Druck von 1 at zeigt nach Messungen von CARR, KOBAYASHI und BURROWS (aus BURCIK 1957) Abb. 81. Bei diesem niederen Druck nimmt die Viscosität ähnlich wie bei idealen Gasen mit steigender Temperatur zu, doch sinkt sie mit steigendem Molekulargewicht. Bei diesem Druck sind die Viscositäten der Kohlenwasserstoffe niedriger als die aller anderen Gase, mit Ausnahme des Wasserstoffs, dessen Viscosität von ähnlicher Größe ist. Mit steigendem Druck ändert sich das Verhalten der Kohlenwasserstoffe, wie die Abb. 82 nach Messungen von BICHER und KATZ (aus BURCIK 1957) an Methan, Propan und Mischungen beider zeigen. Über 200 at nimmt die Viscosität wie bei Flüssigkeiten mit steigender Temperatur ab und mit steigendem Molekulargewicht (spez. Gewicht) zu.

Auf Grund des Theorems der übereinstimmenden Zustände kann man nach CARR, KOBAYASHI und BURROWS (BURCIK 1957) die Viscosität von Kohlenwasserstoffgasen für beliebige Drucke und Temperaturen auf folgende Weise ermitteln:

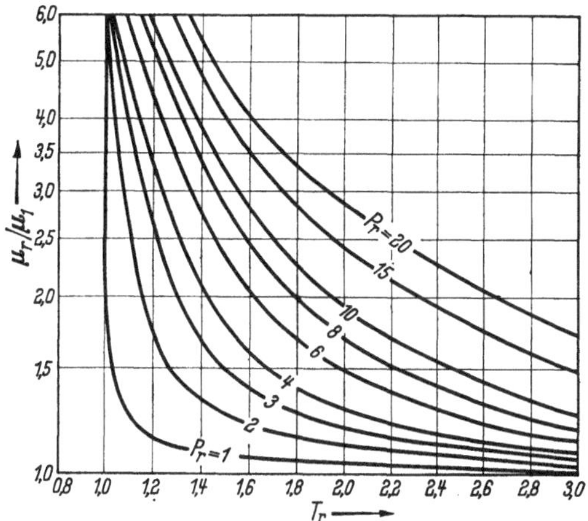

Abb. 83. *Zur Berechnung der Viscosität gasförmiger Kohlenwasserstoffgemische*

Bedeutet μ_r die Viscosität des Gases bei der reduzierten Temperatur $T_r = T/T_K$ und dem reduzierten Druck $p_r = p/p_K$ und μ_1 die Viscosität desselben Gases bei der Temperatur T und dem Druck $p = 1$ at, so ist nach den Messungen dieser Autoren das Verhältnis μ_r/μ_1 eine für alle Kohlenwasserstoffe gleiche Funktion von reduzierter Temperatur und reduziertem Druck. Diese Funktion ist in Abb. 83 dargestellt. Dieselbe Funktion soll auch für Kohlenwasserstoffgemische gelten. Die Reduktion muß dann in der geschilderten Weise mit Hilfe der pseudokritischen Temperatur und des pseudokritischen Druckes vorgenommen werden. Für ein Kohlenwasserstoffgas mit bestimmtem wahren oder mittleren Molekulargewicht kann man aus den Kurven der Abb. 81 μ_1 ermitteln. Dann erhält man für die gewünschten Werte von reduzierter Temperatur und reduziertem Druck das Verhältnis μ_r/μ_1 aus Abb. 83 und schließlich den gesuchten Wert μ_r.

Literaturverzeichnis

ADCOCK, C. M.: Natural gas in Britain. — I Giacimenti Gassiferi dell'Europa Occidentale. Vol. I. Academia Nazionale dei Lincei. Roma 1959.

Agip Mineraria: Descrizione dei giacimenti gassiferi Padani. — I Giacimenti Gassiferi dell' Europa Occidentale. Vol. II. Academia Nazionale dei Lincei. Roma (1959).

ANDREASEN, A. H. M.: Über die Beziehung zwischen Kornabstufung und Zwischenraum in Produkten aus losen Körnern. Kolloid Z. **50**, 217 (1930).

ANDRES, J., E. BRAND, W. v. ENGELHARDT u. H. FÜCHTBAUER: Die Erdgaslagerstätten im Zechstein von Nordwestdeutschland. I Giacimenti Gassiferi dell'Europa Occidentale. Vol. I. Academia Nazionale dei Lincei. Roma 1959.

ANDRICHUK, J. M.: Stratigraphy and facies analysis of Upper Devonian reefs in Leduc, Stettler and Redwater areas, Alberta. Bull. Amer. Assoc. Petrol. Geol. **42**, 1 (1958).

ARCHIE, G. E.: Electric resistivity as an aid in core analysis interpretation. Trans. Amer. Inst. Min. Met. Engrs. **146**, 54 (1942).

— Electrical resistivity — an aid in core analysis interpretation. Bull. Amer. Assoc. Petrol. Geol. **31**, 350 (1947).

— Introduction to petrophysics of reservoir rocks. — Bull. Amer. Assoc. Petrol. Geol. **34**, 943 (1950).

ATHY, L. F.: Density, porosity and compaction of sedimentary rocks. Bull. Amer. Assoc. Petrol. Geol. **14**, 1 (1930).

BARTON, D. C.: Problems of petroleum geology. Bull. Amer. Assoc. Petrol. Geol. **18**, 109 (1934).

BEAUMONT, E. DE: Application du calcul à l'hypothèse de la formation par épigénie des anhydrites, des gypses et des dolomies. Bull. Soc. Géol. France. Sér. 1. **8**, 175 (1837).

BERG, R. R.: Feldspathized sandstones. J. Sediment. Petrol. **22**, 221 (1952).

BICHER, L. B., and D. L. KATZ: Viscosity of natural gases. Trans. Amer. Inst. Min. Met. Engrs. **155**, 244 (1944).

BOSWELL, P. G. H.: The natural moisture content, voids (porosity) and compaction of unconsolidated clayey rocks. Liverpool Manchester Geol. J. **1**, Part 3, 223 (1953).

BOTSET, H. G.: Flow of gas liquid mixtures through consolidated sand. Trans. Amer. Inst.Min. Met. Engrs. **136**, 91 (1940).

BREHLER, B.: Über das Verhalten gepreßter Kristalle in ihrer Lösung. Neues J. Min., Mh. **1951**, 110.

BROOKS, B. T.: Active surface catalysts in formation of petroleum. Bull. Amer. Assoc. Petrol. Geol. **32**, 2269 (1948); **33**, 1600 (1949).

— and A. E. DUNSTAN: Crude oils, chemical and physical properties. The Science of Petroleum. London, New York. Vol. 5, Part I. (1950).

BROWNSCOMBE, E. R., R. L. SLOBOD and B. H. CAUDLE: Laboratory determination of relative permeability. Oil Gas J. **48**, 68, 98 (1950).

BUCKLEY, S. E., and M. C. LEVERETT: Mechanism of fluid displacement in sands. Trans. Amer. Inst. Min. Met. Engrs. **146**, 107 (1942).

BURCIK, E. J.: Properties of petroleum reservoir fluids. New York 1957.

CALHOUN, J. C.: Fundamentals of reservoir engineering. Univ. Oklahoma Press 1953.

CARMAN, P. C.: Fluid flow through granular beds. Trans. Inst. chem. Eng. **15**, 150 (1937).

— Some physical aspects of water flow in porous media. Discuss. Farad. Soc. **3**, 72 (1948).

— Flow of gases through porous media. London 1956.

— and P. L. R. MALHERBE: Diffusion and flow of gases and vapours through micropores. II. Surface flow. Proc. Roy. Soc. (Lond.) **203**, 165 (1950).

CARR, N. L., R. KOBAYASHI and D. B. BURROWS: Viscosity of hydrocarbon gases under pressure. J. Petroleum Technol. Oct. 1954.

CASAGRANDE, A.: The structure of clay and its importance in foundation engineering. J. Boston Soc. C. E. **19**, 168 (1932).

CAUDLE, B. H., R. L. SLOBOD and E. R. BROWNSCOMBE: Further developments in the determination of relative permeability. Trans. Amer. Inst. Min. Met. Engrs. **192**, 145 (1951).

CHALKLEY, H. W., J. CORNFIELD and H. PARK: A method for estimating volume surface ratio. Science **110**, 295 (1949).

CHAVE, K. E.: Aspects of the biochemistry of magnesium. J. Geol. **62**, 266, 587 (1954).

CHIN, W. S., and W. ROSE: Examination of components of limestone porosity by Chalkley method. Bull. Amer. Assoc. Petrol. Geol. **35**, 615 (1951).

CLARK, N. J., H. M. SHEARIN, W. P. SCHULTZ, K. GARMS and J. L. MOORE: Miscible drive — its theory and application. — J. Petroleum Technol. **10**, 11 (1958).

CLARKE, F. W.: The data of geochemistry. United States Geological Survey. Bulletin 770. Washington 1924.

CORNELL, D., and D. L. KATZ: Flow of gases through consolidated porous media. Ind. Eng. Chem. (Industr.) **45**, 2145 (1953).

CORRENS, C. W.: Die Sedimente des äquatorialen Atlantischen Ozeans. Meteor-Expedition Bd. 3, Teil 3 (1937).

— Die Sedimentgesteine. In F. W. BARTH, C. W. CORRENS u. P. ESKOLA: Die Entstehung der Gesteine. Berlin 1939.

— Growth and dissolution of crystals under linear pressure. Discuss. Farad. Soc. 5, 267 (1949).

— u. W. STEINBORN: Experimente zur Messung und Erklärung der sogenannten Kristallisationskraft. Z. Krist. (A) **101**, 117 (1939).

DANIEL, E. J.: Fractured reservoirs of Middle East. Bull. Amer. Assoc. Petrol. Geol. 38, 774 (1954).

DICKINSON, G.: Geological aspects of abnormal reservoir pressures in Gulf coast, Louisiana. Bull. Amer. Assoc. Petrol. Geol. 37, 410 (1953).

DOEGLAS, D. J.: De interpretatie van Korrelgrooteanalysen. Verh. Geol. Mijnb. Gen., Geol. Serie. 15. Harlem 1950.

DRAKE, L. C., and H. L. RITTER: Macro pore size distributions in some typical porous substances. Ind. Eng. Chem. (Anal. Ed.) 17, 782, 787 (1945).

DÜCKER, A.: Ein Untersuchungsverfahren zur Bestimmung der Mächtigkeit des diluvialen Inlandeises. Mitt. Geol. Staatsinstitut Hamburg 20, 3 (1951).

ECKHARDT, F. J.: Über Chlorite in Sedimenten. Geol. Jb. Hannover 75, 437 (1958).

EMERY, K. O., and S. C. RITTENBERG: Early diagenesis of California basin sediments in relation to origin of oil. Bull. Amer. Assoc. Petrol. Geol. 36, 735 (1952).

ENGELHARDT, W. v.: Interstitial water of oil bearing sands and sandstones. Proceedings 4 th World Petroleum Congress. Section I, 399. Roma 1955.

— Die chemische Zusammensetzung der Gase. In J. ANDRES, E. BRAND, W. v. ENGELHARDT u. H. FÜCHTBAUER (s. d.) (1959).

— u. H. PITTER: Über die Zusammenhänge zwischen Porosität, Permeabilität und Korngröße bei Sanden und Sandsteinen. Heidelberger Beitr. Min. Petrogr. 2, 477 (1951).

— u. E. SCHINDEWOLF: Zur Filtration von Tonsuspensionen. Kolloid-Z. 127, 150 (1952).

— u. W. TUNN: Über das Strömen von Flüssigkeiten durch Sandsteine. Heidelberger Beitr. Min. Petrogr. 4, 12 (1954).

— E. TROMMSDORF u. W. TUNN: Verfahren zur Erhöhung der Ölausbeute beim Wasserfluten von Erdöllagerstätten. Deutsches Patent Nr. 950 182 (1956). US-Patent Nr. 2 842 492 (1958).

— u. A. v. SMOLINSKI: Die Reaktion von Polyphosphaten mit Tonmineralen. Kolloid-Z. 151, 47 (1957).

— u. H. LÜBBEN: Untersuchungen zum Einfluß von Grenzflächenspannung und Randwinkel auf die Verdrängung von Öl durch Wasser in porösen Körpern. Erdöl u. Kohle 10, 826 (1957).

EUCKEN, A.: Lehrbuch der chemischen Physik. Band II, 2: Kondensierte Phasen und heterogene Systeme. Leipzig 1944.

EVERDINGEN, A. F. VAN: The skin effect and its influence on the productive capacity of a well. Trans. Amer. Inst. Min. Met. Engrs. 37, 171 (1953).

— and W. HURST: The application of the Laplace transformations to flow problems in reservoirs. Trans. Amer. Inst. Min. Met. Engrs. 186, 302 (1949).

FABIAN, H. J.: Carbon-ratio-Theorie, geothermische Tiefenstufe und Erdgas-Lagerstätten in Nordwestdeutschland. Erdöl u. Kohle 8, 141 (1955).

FACCA, G.: Three gas-bearing fields in the Po-valley (North Italy). Proceedings 3 rd World Petroleum Congress. Section I, 256. Leiden 1951.

FAIRBRIDGE, RH. W.: The dolomite question. — Regional aspects of carbonate deposition. A Symposium. Soc. Econ. Palaeontol. Mineral. Special Publ. Nr. 5. Tulsa 1957.

FANCHER, G.: HENRY DARCY — Engineer and benefactor of mankind. J. Petroleum Technol. 207, 12 (1956).

FARIS, S. R., L. S. GOURNAY, L. B. LIPSON and T. S. WEBB: Verification of tortuosity equations. Bull. Amer. Assoc. Petrol. Geol. 38, 2226 (1954).

FATT, I., and H. DYKSTRA: Relative permeability studies. Trans. Amer. Inst. Min. Met. Engrs. 192, 249 (1951).

FORSMAN, J. P., and J. M. HUNT: Insoluble organic matter in sedimentary rocks. Geochim. Cosmochim. Acta 15, 170 (1958).

FOTHERGILL, C. A.: The cementation of oil reservoir sands and its origin. Proceedings 4 th World Petroleum Congress. Section I, 301. Roma 1955.

FRASER, H. J.: Experimental study of the porosity and permeability of clastic sediments. J. Geol. 43, 910 (1935).

FRIEDL, K.: Die Tiefenwässer der Gösting-Domung. Erdöl u. Kohle 9, 505 (1956).

FÜCHTBAUER, H.: Zur Petrographie des Bentheimer Sandsteins im Emsland. Erdöl u. Kohle. 8, 616 (1955).

— Zur Nomenklatur der Sedimentgesteine. Erdöl u. Kohle. 12, 605 (1959 a).

— Zur Petrographie der Zechsteindolomite westlich der Ems. In J. ANDRES, E. BRAND, W. v. ENGELHARDT u. H. FÜCHTBAUER (s. d.) (1959 b).

— Die Schüttungen im Chatt und Aquitan der deutschen Alpenvorlandsmolasse. Eclogae geol. Helv. 51, (1958). (im Druck).

— u. H. REINECK: Nach unveröffentlichten Untersuchungen.

GARREAU, J.: Dolomitisation et problèmes de reservoir dans le champ de Parentis. — Proceedings 5 th World Petroleum Congress. Section I. New York 1959.

GATES, J. J., and W. T. LIETZ: Relative permeabilities of California cores and the capillary pressure method. Amer. Petroleum Inst. Drilling and Production Practice (1950).

GILBERT, CH. M.: Cementation of some California Tertiary reservoir sands. J. Geol. 57, 1 (1949).

GINSBURG, R. N.: Early diagenesis and lithification of shallow-water carbonate sediments in South-Florida. — Regional aspects of carbonate deposition. A Symposium. — Soc. Econom. Palaeontol. Mineral. Special Publ. Nr. 5. Tulsa 1957.

GLASS, H. D., P. E. POTTER and R. SIEVER: Clay mineralogy of some basal Pennsylvanian sandstones, clays and shales. Bull. Amer. Assoc. Petrol. Geol. 40, 750 (1956).

GORANSON, R. W.: Physics of stressed solids. — J. Chem. Physics 8, 323 1940.

GRIFFITHS, J. C.: A review of dimensional orientation of quartz grains in sediments. Producers Monthly 17, Nr. 3 1953.

— and M. A. ROSENFELD: Further test of dimensional orientation of quartz grains in Bradford sand. Amer. J. Sci. 251, 192 (1953).

GRIM, R. E.: Clay mineralogy. New York (1953).

GUSSOW, W. C.: Time of migration of oil and gas. Bull. Amer. Assoc. Petrol. Geol. 39, 547 (1955).

HADDENHORST, H. G., u. R. KOCH: Untersuchung des Einflusses von Druck und Temperatur auf die Ausscheidung von Feststoffen in Erdöl. Erdöl u. Kohle 12, 65 (1959).

HAEBERLE, F. R.: Relationship of hydrocarbon gravities to facies in Gulf Coast. Bull. Amer. Assoc. Petrol. Geol. 35, 2238 (1951).

HAMILTON, E. L., H. W. MENARD: Density and porosity of sea floor surface sediments off San Diego, California. Bull. Amer. Assoc. Petrol. Geol. 40, 754 (1956).

HANDIN, J., and R. V. HAGER: Experimental deformation of sedimentary rocks under confining pressure. Bull. Amer. Assoc. Petrol. Geol. 41, 1 (1957).

HASSLER, G. L.: Method and apparatus for permeability measurements. US-Patent Nr. 2345935 (1944).

— R. R. RICE and E. H. LEEMANN: Investigations on the recovery of oil from sandstones by gasdrive. Trans. Amer. Inst. Min. Met. Engrs. 118, 116 (1936).

— BRUNNER, E., and T. J. DEAHL: The rôle of capillarity in oil production. Trans. Amer. Inst. Min. Met. Engrs. 155, 155 (1944).

HEALD, M. T.: Authigenesis in West Virginia sandstones. J. Geol. 58, 624 (1950).

— Stylolites in sandstones. J. Geol. 63, 101 (1955).

— Cementation of Simpson and St. Peter Sandstones in parts of Oklahoma, Arkansas and Missouri. J. Geol. 64, 16 (1956a).

— Cementation of Triassic arcoses in Connecticut and Massachusetts. Bull. Geol. Soc. Amer. 67, 1133 (1956b).

HECHT, F.: Migration, Tektonik und Erdöllagerstätten im Gifhorner Trog (Nordwestdeutschland). Erdöl u. Kohle 12, 303 (1959).

HEDBERG, H. D.: The effect of gravitational compaction on the structure of sedimentary rocks. Bull. Amer. Assoc. Petrol. Geol. 10, 1035 (1926).

— Gravitational compaction of clays and shales. Amer. J. Sci. 231, 241 (1936).

HEDEMANN, K. A.: Sedimentationsverhältnisse des unteren Dogger beta, besonders seiner Sandsteinbänke, im NW-Teil des Gifhorner Troges. Roemeriana. Dahlgrün-Festschrift. Clausthal-Zellerfeld. 1, 335 (1954).

HENRIKSEN, D. A.: Fillmore oil field. — Guide to the geology and oil fields of the Los Angeles and Ventura regions. Amer. Assoc. Petrol. Geol. Ann. Meeting Los Angeles (1958).

HINSON, H. H.: Reservoir characteristics of Rattlesnake oil and gas field, San Juan County, N. Mexico. Bull. Amer. Assoc. Petrol. Geol. 31, 731 (1947).

HOFMANN, F.: Untersuchungen über den Einfluß der Körnung auf die Verdichtungsfähigkeit und das betriebliche Verhalten von Gießereisanden. Gießerei 43, 105 (1956).

HOFMANN, U., u. A. HAUSDORF: Über das Sedimentvolumen und die Quellung von Bentonit. Kolloid-Z. 110, 1 (1945).

— WEISS, A., G. KOCH, A. MEHLER and A. SCHOLZ: Intracrystalline swelling, cation exchange and anion exchange of minerals of the montmorillonite group and kaolinite. — Clays and clay minerals. The Pennsylvania State University (1955).

HOPKINS, M. E.: Geology and petrology of the Anvil rock sandstone of southern Illinois. Div. Illinois State Geol. Surv. Urbana. Circular 256 (1958).

HORNER, D. R.: Pressure build-up in wells. — Proceedings 3 rd World Petroleum Congress. Section II, 503. Leiden 1951.

HUBBERT, M. K.: The theory of ground-water motion. J. Geol. 48, 785 (1940).

— Entrapment of petroleum under hydrodynamic conditions. Bull. Amer. Assoc. Petrol. Geol. 37, 1954 (1953).

HUBBERT, M. K.: Darcys law and the field equations of flow of underground fluids. J. Petroleum Technol. **207**, 222 (1956).

HUGHES, R. V.: Directional permeability trends. Proceedings 3 rd World Petroleum Congress. Section II, 467. Leiden 1951.

HUNT, J. M.: Composition of crude oil and its relation to stratigraphy in Wyoming. Bull. Amer. Assoc. Petrol. Geol. **37**, 1837 (1953).

— and G. W. JAMIESON: Oil and organic matter in source rocks of petroleum. Bull. Amer. Assoc. Petrol. Geol. **40**, 477 (1956).

HURST, W.: Establishment of the skin effect and its impediment to fluid flow into a well bore. Petroleum Eng. **25**, Nr. 11 (1953).

ILLING, L. V.: Bahaman calcareous sands. Bull. Amer. Assoc. Petrol. Geol. **38**, 1 (1954).

JASMUND, K.: Die silikatischen Tonminerale. Weinheim 1955.

JENNINGS, J. Y.: Surface properties of natural and porous media. Producers Monthly **21**, 20 (1957).

JONES, O. TH.: The compaction of muddy sediments. Quaterly J. Geol. Soc. (Lond.) **1944**, 137.

JOHNSON, W. E., and R. B. HUGHES: Directional permeability measurement and their significance. Pennsylvania State Coll., Min. Ind. Exp. Sta. Bull. **52**, 180 (1948).

JOHNSTON, N., and C. M. BEESON: Water permeabilities of reservoir sands. Trans. Amer. Inst. Min. Met. Engrs. **160**, 41 (1945).

KATZ, D. L., and F. KURATA: Retrograde condensate. Ind. Eng. Chem. **32**, 817 (1940).

KAY, W. B.: Liquid vapor phase equilibrium relations in the ethane-n-heptane system. Ind. Eng. Chem. **30**, 459 (1938).-

KENNEDY, H. T., and E. T. GUERERO: The effect of surface and interfacial tensions on the recovery of oil by water flooding. Trans. Amer. Inst. Min. Met. Engrs. **201**, 124 (1954).

KING (1898) nach A. GAITHER : A study of porosity and grain relationships in experimental sands. J. Sedimentary Petrol. **23**, 180 (1953).

KLINKENBERG, L. J.: The permeability of porous media to liquids and gases. Amer. Petroleum Inst. Drilling Prod. Pract. **1941**, 200.

— Analogy between diffusion and electrical conductivity in porous rocks. Bull. Geol. Soc. Amer. **62**, 559 (1951).

KNEBEL, G. M., and G. RODRIGUEZ-ERASO: Habitat of some oil. Bull. Amer. Assoc. Petrol. Geol. **40**, 547 (1956).

KOZENY, J.: Über die kapillare Leitung des Wassers im Boden. Akad. Wiss. Wien S.-b. A **136**, 271 (1927).

KREJCI-GRAF, K., F. HECHT u. W. PASLER: Über Ölfeldwässer des Wiener Beckens. Geol. Jb. Hannover **74**, 161 (1957).

KUENEN, PH. D.: Marine Geology. New York 1950.

KUNDT, A., u. E. WARBURG: Über Reibung und Wärmeleitung verdünnter Gase. Ann. Physik Chemie **155**, 525 (1875).

LAGALLY, M.: Vorlesungen über Vektor-Rechnung. Leipzig 1949.

LEAS, W. J., J. L. JENKS and C. R. RUSSEL: Relative permeability to gas. Trans. Amer. Inst. Min. Met. Engrs. **189**, 65 (1950).

LEMCKE, K., W. v. ENGELHARDT u. H. FÜCHTBAUER: Geologische und sedimentpetrographische Untersuchungen im Westteil der ungefalteten Molasse des süddeutschen Alpenvorlandes. Beih. Geol. Jb. Hannover 11 (1953).

— u. W. TUNN: Tiefenwasser in der süddeutschen Molasse und in ihrer verkarsteten Malmunterlage. Bull. Ver. Schweizer. Petrol.-Geol. u. Ing. **23**, 35 (1956).

LEVERETT, M. C.: Capillary behaviour in porous solids. Amer. Inst. Min. Met. Engrs. **142**, 152 (1942).

— W. B. LEWIS: Steady flow of gas-oil-water mixtures through unconsolidated sands. Amer. Inst. Min. Met. Engrs. **142**, 107 (1941).

LEVORSEN, A. J.: Geology of petroleum. San Francisco 1956.

LIPPMANN, F.: Ton, Geoden und Minerale des Barrême von Hoheneggelsen. Geol. Rdsch. **43**, 475 (1955).

LOWRY, W. D.: Factors in loss of porosity by quartzose sandstones of Virginia. Bull. Amer. Assoc. Petrol. Geol. **40**, 489 (1956).

LUTHER, H., H. JESSE u. W. ANDERS: Über den Aufbau deutscher Erdöle und das Verhalten ihrer Gasölfraktion bei der katalytischen Spaltung. Bergbauwissenschaften **6**, 216 (1959).

MANEGOLD, E.: Kapillarsysteme. Heidelberg 1955.

MARSAL, D.: Die Berechnung der Verwässerung von Erdöllagerstätten in eindimensionaler Näherung. Erdöl u. Kohle 10, 61, 141, 218 (1957).

MARSHAL, C. E.: The colloid chemistry of the silicate minerals. New York 1949.

MEENTS, W. F., A. H. BELL, O. W. REES and W. G. TILBURY: Illinois oil field brines. Their geologic occurrence and chemical composition. Div. Illinois State Geol. Surv. Urbana 1956.

MEINSCHEIN, W. G.: Origin of petroleum. Bull. Amer. Assoc. Petrol. Geol. 43, 925 (1959).

MESSER, E. S.: Interstitial water determination by an evaporation method. Trans. Amer. Inst. Min. Met. Engrs. 192, 269 (1951).

MEYER, K. H., et J. F. SIEVERS: La perméabilité des membranes. I. Théorie de la perméabilité ionique. Helv. chim. Acta 19, 649 (1936).

MÖLLER, F., u. H. G. HADDENHORST: Die physikalischen Eigenschaften deutscher Erdöle unter Lagerstättenbedingungen. Erdöl-Z. 1957, 2.

MOORE, H. S.: The muds of the Clyde sea area III. J. Marine Biol. Assoc. 17, 325 (1931).

MORAWIETZ, F. H.: Die Anlösungserscheinungen in der Juranagelfluh und ihre Bedeutung für die Diagenese. Diss. Univ. Tübingen 1958.

MORSE, R. A., P. L. TERWILLIGER and S. T. YUSTER: Relative permeability measurements on small core samples. Producers Monthly 11, 19 (1947).

MÜLLER, H.: Die Petrographie der Rot-Muschelkalkgrenzschichten bei Steudnitz nördlich Jena. Chem. d. Erde 19, 392 (1958).

MUELLER, J. C., and H. R. WANLESS: Differential compaction of Pennsylvanian sediments in relation to sand-shale ratios, Jefferson County, Illinois. J. Sedimentary Petrol. 27, 80 (1957).

MURRAY, H. H., and J. L. HARRISON: Clay mineral composition of recent sediments from Sigsbee Deep. J. Sedimentary Petrol. 26, 363 (1957).

MURRAY, J., and R. IRVINE: On the chemical change which takes place in the composition of sea water associated with blue mud on the floor of the ocean. Trans. Roy. Soc. Edinburgh 37, 481 (1895).

MUSKAT, M.: Flow of homogenous fluids through porous media. New York, Toronto, London 1937.

— Physical principles of oil production. New York 1949.

NEWELL, N. D., and J. K. RIGBY: Geological studies on the Great Bahama Bank. — Regional aspects of carbonate deposition. A Symposium. Soc. Econ. Palaeontol. Mineral. Special Publ. Nr. 5. Tulsa 1957.

NORTON, F., and A. JOHNSON: Fundamental study of clay V: Nature of water film in plastic clay. J. Amer. Ceram. Soc. 27, 77 (1944).

NIGGLI, P.: Gesteine und Minerallagerstätten. II. Exogene Gesteine und Minerallagerstätten. Basel 1952.

OSOBA, J. S., J. G. RICHARDSON, J. G. KERVER, J. A. HAFFORD and P. M. BLAIR: Laboratory measurements of relative permeability. Trans. Amer. Min. Met. Engrs. 192, 47 (1951).

PETTIJOHN, F. J.: Sedimentary rocks. 2. Ed. New York 1957.

PIAZ, G. DAL.: Il bacino quaternario Polesano-Ferrarese e i suoi giacimenti gassiferi. — I Giacimenti Gassiferi dell'Europa Occidentale. Vol. II. Academia Nazionale dei Lincei. Roma 1959.

PIRSON, S. J.: Oil reservoir engineering. 2. Edition. New York. 1958.

POLLARD, T. A., and P. M. REICHERTZ: Core analysis practices. Basic methods and new developments. Bull. Amer. Assoc. Petrol. Geol. 36, 230 (1952).

PURCELL, W. R.: Capillary pressures. Their measurement using Mercury and the calculation of permeability therefrom. Trans. Amer. Inst. Min. Met. Engrs. 186, 39 (1949).

RAPOPORT, L. A., and W. J. LEAS: Relative permeability to liquid in liquid-gas systems. Trans. Amer. Inst. Min. Met. Engrs. 192, 83 (1951).

REISBERG, J., and T. M. DOSCHER: Interfacial phenomena in crude-oil-water systems. Producer's Monthly 20, 28 (1956).

ROLL, A.: Jurassic troughs and oil deposits in Northwest Germany. — Proceedings 3 rd World Petroleum Congress. Section I, 329. Leiden 1951.

— Zur Strukturgeschichte der Salzstöcke von Wesendorf und Hohenhorn. Geotekton. Symposium zu Ehren von HANS STILLE. S. 228. Stuttgart 1956.

ROOF, J. G., and W. M. RUTHERFORD: Rate of migration of petroleum by proposed mechanism. Bull. Amer. Assoc. Petrol. Geol. 42, 963 (1958).

Rose, W.: Theoretical generalisations leading to the evaluation of relative permeability. Trans. Amer. Inst. Min. Met. Engrs. **186**, 111 (1949).
— Some problems of relative permeability measurement. Proceedings 3rd World Petroleum Congress. Section II, 446. Leiden 1951.
— Conflicting ideas on problem of relative permeability. Petroleum Engr. **26**, B-58 (1954).
— and W. A. Bruce: Evaluation of capillary character of petroleum reservoir rock. Trans. Amer. Inst. Min. Met. Engrs. **186**, 127 (1949).
— and M. R. J. Wyllie: A note on the theoretical description of wetting liquid relative permeability data. Trans. Amer. Inst. Min. Met. Engrs. **186**, 329 (1949).
— — Specific surface areas and porosities from photomicrographs. Bull. Amer. Assoc. Petrol. Geol. **34**, 1748 (1950).
Rosenberg, D. U. von: Mechanics of steady-state single-phase fluid displacement from porous media. J. Amer. Inst. Chem. **2**, 55 (1956).
Rossini, F. D., and S. S. Shaffer: Analysis, purification and properties of petroleum hydrocarbons. Summary of API-projects on fundamental research on petroleum in 1954. 34th Ann. Meeting Amer. Petroleum Inst. Chicago 1954.
Rühl, W., u. C. Schmid: Über das Verhältnis der vertikalen zur horizontalen absoluten Permeabilität von Sandsteinen. Geol. Jb. Hannover **74**, 447 (1957).
Rusnak, G. A.: The orientation of sand grains under conditions of unidirectional fluid flow. J. Geol **65**, 384 (1957).

Saweljew, W. Z. nach L. B. Ruchin: Grundzüge der Lithologie. Berlin 1958.
Scheidegger, A. E.: The physics of flow through porous media. Toronto 1957.
Schippek, F.: Die Erdgasfelder der Österreichischen Mineralölverwaltung. I Giacimenti Gassiferi dell'Europa Occidentale. Vol. I. Academia Nazionale dei Lincei. Roma 1959.
Schmid, C.: Die retrograde Kondensation und ihre Bedeutung für Destillatfelder. Erdöl u. Kohle **3**, 422 (1950).
— Das Dampf-Flüssigkeitsgleichgewicht und seine Anwendung in der Erdölpraxis. Erdöl u. Kohle **5**, 477 (1952).
— Über die effektive und relative Durchlässigkeit poröser Ölspeichergesteine. Erdöl u. Kohle **9**, 73 (1956).
Schneider, K. W.: Die Untersuchung nordwestdeutscher Rohöle unter Anwendung chromatographischer Analysenmethoden. Erdöl u. Kohle **2**, 87 (1947).
Schoeller, H.: Géochimie des eaux souterraines. Application aux eaux des gisements de pétrole. Rev. Inst. franc. Pétrole **10**, 181, 219, 507, 671, 823 (1955).
Schofield, R. K., and C. Dakshinamurti: Ionic diffusion and electrical conductivity in sands and clays. Discuss. Farad. Soc. **3**, 56 (1948).
Schultze, K.: Kapillarität, Verdunstung und Auswitterung. Kolloid-Z. **36**, 65 (1925a).
— Kapillarität und Benetzung. Kolloid-Z. **37**, 10 (1925b).
Schumann, H.: Die Raumgestaltung von Gesteinsporen. Erdöl und Tektonik in Nordwestdeutschland. Hannover **1949**, 321.
Seibold, E., G. Müller u. H. Fesser. Chemische Untersuchungen eines Sapropels aus der mittleren Adria. Erdöl u. Kohle **11**, 296 (1958).
Shepard, F. P., and D. G. Moore: Central Texas coast sedimentation: characteristics of sedimentary environment, recent history and diagenesis. Bull. Amer. Assoc. Petrol. Geol. **39**, 1463 (1955).
Shepard, F. S.: Marginal sediments of Mississippi delta. Bull. Amer. Assoc. Petrol. Geol. **40**, 2538 (1956).
Siever, R.: Petrology and geochemistry of silica cementation in some Pennsylvanian sandstones. — Silica in Sediments. Soc. Econ. Palaeontol. Mineral. Tulsa 1959.
Sitter, L. U. de: Diagenesis of oil field brines. Bull. Amer. Assoc. Petrol. Geol. **31**, 2030 (1947).
Skempton, A. W.: Notes on the compressibility of clays. Quarterly J. Geol. Soc. (Lond.) **1944**, 119.
Slobod, R. L.: A review of methods used to increase oil recovery. Producers Monthly **22**, 24 (1958).
Sloss, L. L., and D. E. Ferray: Microstylolites in sandstone. J. Sedimentary Petrol. 18, 3 (1948).
Smith, P. V.: Studies on origin of petroleum: Occurrence of hydrocarbons in recent sediments. Bull. Amer. Assoc. Petrol. Geol. **38**, 377 (1954).
Smith, W. O.: Capillary flow through an ideal uniform soil. Physics **3**, 139 (1932).
Sorby, H. C.: On the application of quantitative methods to the study of the structure and history of rocks. Quarterly J. Geol. Soc. (Lond.) **64**, 172 (1908).
Stahl, C. D., and R. F. Nielsen: Residual water and residual oil by capillary pressure techniques. Producers Monthly **14**, 19 (1950).

STANDING, M. B.: Volumetric and phase behaviour of oil field hydrocarbon systems. New York 1952.

STEARNS, G. M.: Oklahoma deepest production. Petroleum Engr. **1957**, B-61 (April).

STEVENS, N. P.: Origin of petroleum — a review. Bull. Amer. Assoc. Petrol. Geol. **40**, 51(1956).

— E. E. BRAY and E. D. EVANS: Hydrocarbons in sediments of Gulf of Mexico. Bull. Amer. Assoc. Petrol. Geol. **40**, 975 (1956).

STOCKDALE, P. B.: The stratigraphic significance of solution in rocks. J. Geol. **34**, 399 (1926).

STORER: Costipazione dei sedimenti argillosi nel bacino Padano. I Giacimenti Gassiferi dell'Europa Occidentale. Vol. II. Academia Nazionale dei Lincei. Roma 1959.

STRAUB, E.: Das Gasfeld Stockstadt. — I Giacimenti Gassiferi dell'Europa Occidentale. Vol. I. Academia Nazionale dei Lincei. Roma 1959.

SUTTON, G. H., H. BERKHEMER and J. E. NAFE: Physical analysis of deep sea sediments. Geophysics **32**, 779 (1957).

TALLMAN, S. L.: Sandstone types: their abundance and cementing agents. J. Geol. **57**, 582 (1949).

TAYLOR, G. J.: Dispersion of soluble matter in solvent flowing slowly through a tube. Proc. Roy. Soc. A **219**, 186 (1953).

TAYLOR, J. M.: Pore space reduction in sandstones. Bull. Amer. Assoc. Petrol. Geol. **34**, 701 (1950).

TEICHMÜLLER, M. u. R.: Die stoffliche und strukturelle Metamorphose der Kohle. Geol. Rdsch. **42**, 265 (1954).

TEICHMÜLLER, R.: Sedimentation und Setzung im Ruhrkarbon. Neues Jb. Geol. Palaeontol. Mh. **1955**, 145.

TEORELL, T.: An attempt to formulate a quantitative theory of membrane permeability. Proc. Soc. exper. Biol. Med. **33**, 282 (1935).

TERWILLINGER, P. L., L. E. WILSEY, H. N. HALL, P. M. BRIDGES and R. A. MORSE: An experimental and theoretical investigation of gravity drainage performance. Trans. Amer. Inst. Min. Met. Engrs. **192**, 285 (1951).

TERZAGHI, K.: Erdbaumechanik. Wien 1925.

— Influence of geological factors on the engineering properties of sediments. Econ. Geol. 50. Anniversary Vol., 557 (1955).

TERZAGHI, R.: Compaction of lime mud as a cause of secondary structure. J. Sedimentary Petrol. **10**, 7 (1940).

THORNTON, O. F.: A note on the valuation of relative permeability. Trans. Amer. Inst. Min. Met. Engrs. **186**, 328 (1949).

— and D. L. MARSHAL: Estimating interstitial water by the capillary pressure method. Trans. Amer. Inst. Min. Met. Engrs. **170**, 69 (1947).

THORP, E. M.: The sediments of the Pearl and Hermes Reef. J. Sedimentary Petrol. **6**, 109 (1936).

TICKELL, F. G., O. E. MECHEM and R. C. McCURDY: Some studies on the porosity and permeability of rocks. Trans. Amer. Inst. Min. Met. Engrs. **103**, 250 (1933).

TIMM, B. C., and J. J. MARICELLI: Formation waters in South-West-Louisiana. Bull. Amer. Assoc. Petrol. Geol. **37**, 394 (1953).

TIŠLER, J.: Gisement du gaz naturel de la Yougoslavie. — I Giacimenti Gassiferi dell'Europa Occidentale. Vol. I. Academia Nazionale dei Lincei. Roma 1959.

UMBGROVE, J. H. F.: Structural boundaries of the Netherlands and the origin of Holland. Geol. en Mijnbow **13**, 213 (1951).

VACHER, J. P.: Le gisement de gaz de Lacq. — I Giacimenti Gassiferi dell'Europa Occidentale. Vol. I. Academia Nazionale dei Lincei. Roma 1959.

VALETON, I.: Petrographie des süddeutschen Hauptbuntsandsteins. Heidelberger Beitr. Mineral. Petr. **3**, 335 (1953).

VERSLUYS, J.: Die Kapillarität der Böden. Mitt. Inst. Bodenkd. **7**, 117 (1917).

WALDSCHMIDT, W. A.: Cementing materials in sandstones and their probable influence on migration and accumulation of oil. Bull. Amer. Assoc. Petrol. Geol. **25**, 1839 (1941).

WATTS, E. V.: Some aspects of high pressure in the D 7 zone of the Ventura Avenue field. Trans. Amer. Inst. Min. Met. Engrs. **174**, 191 (1948).

WEAVER, CH. E.: The clay petrology of sediments. Proceedings 6th Nat. Conference on Clays and Clay Minerals. New York **1959**, 154.

WEISS, A., R. FAHN u. U. HOFMANN: Nachweis der Gerüststruktur in thixotropen Gelen. Naturwissenschaften **39**, 351 (1952); Ber. Dtsch. Keram. Ges. **30**, 21 (1953).

Weller, J. M.: Compaction of sediments. Bull. Amer. Assoc. Petrol. Geol. **43,** 273 (1959).

Westmann, A. E. R., and H. R. Hugill: The packing of particles. J. Amer. Ceram. Soc. **13,** 767 (1930); **19,** 127 (1936).

Wicke, E., u. U. Voigt: Bedeutung der Oberflächendiffusion für die Nutzung poröser Kontakte. Angew. Chemie B **19,** 94 (1947).

Williamson, E. D.: The effect of strain on heterogenous equilibrium. Phys. Rev. **10,** 275 (1917).

Winsauer, W. O., H. M. Shearin. P. H. Masson and M. Williams: Resistivity of brine saturated sands in relation to pore geometry. Bull. Amer. Assoc. Petrol. Geol. **36,** 253 (1952)

Wolf, K. L.: Physik und Chemie der Grenzflächen. Bd. II. Berlin-Göttingen-Heidelberg: Springer 1959a.

— Theoretische Chemie. 4. Aufl. Leipzig 1959b.

Wyckoff, R. D., H. G. Botset, M. Muskat and D. W. Reed: Measurement of permeability of porous media. Bull. Amer. Assoc. Petrol. Geol. **18,** 161 (1934).

— — The flow of gas-liquid mixtures through unconsolidated sands. Physics **1,** 329 (1936).

Wyllie, M. R. J.: A quantitative analysis of the electrochemical component of the self-potential curve. Trans. Amer. Inst. Min. Met. Engrs. **186,** 17 (1949).

— An investigation of the electrokinetic component of the self-potential curve. Trans. Amer. Inst. Min. Met. Engrs. **192,** 1 (1951a).

— Theoretical considerations involved in the determination of petroleum reservoir parameters from electric log data. Proceedings 3 rd World Petroleum Congress. Section II, 378. Leiden 1951b.

— Clay technology in well log interpretation. — Gulf Research and Development Company Pittsburgh, Pa. Research Project 4-G-1. Geology Division. Report No. 24. 1952.

— Role of clay in well-log interpretation. First National Conference on Clays and Clay Technology 1952. California Division of Mines Bulletin 169 (San Francisco 1955).

— Verification of tortuosity equations. — Bull. Amer. Assoc. Petrol. Geol. **39,** 266 (1955).

— and G. H. F. Gardner: The generalized Kozeny-Carman equation. World Oil, March 1958; 121; April 1958, 210.

— and W. D. Rose: Application of the Kozeny equation to consolidated porous media. Nature **165,** 972 (1950a).

— — Some theoretical considerations related to the quantitative evaluation of the physical characteristics of reservoir rock from electric log data. Trans. Amer. Inst. Min. Met. Engrs. **189,** 105 (1950b).

— and M. B. Spangler: Application of electrical resistivity measurements to problem of fluid flow in porous media. Bull. Amer. Assoc. Petrol. Geol. **36,** 359 (1952).

Sachverzeichnis